调速系统与节能

编　常瑞增

机械工业出版社

本书介绍了中、高压交－直－交变频
控制方式和选择；PLC 按照工艺要求，操
顺序，调节频率控制电动机的转速，对
切换；现场总线和光纤网络实现双向、串
成自动控制功能的网络系统与控制系统；
水泵和平运、上运、下运、长距离以及港
图文并茂，辅以大量的工程应用实例，反
系统与节能的最新应用水平。

本书可供从事中、高压风机、水泵和各
设计人员、节能改造的技术人员、施工维
大专院校相关专业师生阅读。

图书在版编目（CIP）数据

中、高压变频调速系统与节能/常瑞增
社，2020.9
ISBN 978-7-111-66621-9

Ⅰ.①中… Ⅱ.①常… Ⅲ.①变频调速

中国版本图书馆 CIP 数据核字（2020）第

机械工业出版社（北京市百万庄大街 22 号
策划编辑：林春泉 责任编辑：林春泉 陈文
责任校对：樊钟英 封面设计：王 旭
责任印制：李 昂
北京机工印刷厂印刷
2021 年 1 月第 1 版第 1 次印刷
184mm×260mm·27.5 印张··677 千字
0 001—1 500 册
标准书号：ISBN 978-7-111-66621-9
定价：129.00 元

电话服务　　　　　　　网络服务
客服电话：010 - 88361066　机 工 官 网：www.cmpbook. c
　　　　　010 - 88379833　机 工 官 博：weibo. com/cmp19
　　　　　010 - 68326294　金 书 网：www. golden - book.
封底无防伪标均为盗版　机工教育服务网：www. cmpedu. com

中、高压变频

主编

器的工作原理，对异步电动机的
控系统中多台设备的起动、制动
"工频运行"与"变频运行"的
行、多节点的数字通信，共同完
变频调速系统在中、高压风机、
口胶带输送机系统的应用。本书
映了目前国内中、高压变频调速

各种胶带输送机的变频调速系统
修人员和能源管理岗位人员以及

主编 . —北京：机械工业出版

 Ⅳ. ①TM921. 51

第 184270 号

（邮政编码 100037）

龙

.com

952

.com

前　言

近年来，随着中、高压大功率电力电子技术的快速发展，变频器的性价比越来越高，体积也越来越小。中、高压变频调速系统，以其优异的调速、起（制）动性能和高效节电效果，被很多行业的使用者认为是最有发展前途的调速方式。

风机和泵类在许多行业被称为流体机械，传统的操作方式是利用挡板或阀门开度的大小或放空的方法来调节风量或流量，其耗能大、经济效益差。目前，根据企业的工艺要求，通过调节频率降低电动机转速以减少风量或流量，由于风机和泵类在一定的条件下，功率与转速的三次方成正比，故低速时耗能大大降低，只要选择符合 GB/T 21056—2007《风机、泵类负载变频调速节电传动系统及其应用技术条件》中规定的风机和泵类，合理地安装变频调速设备后，就能得到显著的节能效果。

胶带输送机因其运量大、运输效率高，广泛用于工业、农业、港口的煤炭、焦炭、铁矿石、石灰石、散化肥、粮食、散装水泥等的输送。虽然胶带输送机属于恒转矩负载，其变频节能效果不如二次方转矩负载的风机、泵类好，但由于上述散料运输生产的特殊性，胶带输送机满载的时间较短，采用大功率变频调速系统，在轻载或空载时，根据运量的变化动态地调频控制带速，其节能效果也是非常明显的。

随着节能减排的需要，我国早期使用的风机、泵类设备及胶带输送机都面临着设备变频调速节能的升级改造，市场潜力很大，应大力推广；对能调速和需要调速的风机泵类及胶带输送机的新建项目，建议直接采用变频调速系统，早投入，早回报。

以变频器、PLC、现场总线和现代控制技术为核心的中、高压大功率变频调速系统涉及的理论和技术，不但新且深而广。一些电气技术人员、管理人员对二次侧有延边三角形多绕组移相变压器的图样看不懂；对本身消耗电能的中、高压变频器用于调速并且还能节能不理解……因此，为他们在设计或选用电气线路提供必要的基础知识，为他们在节能改造时选择方法、参数和节能分析计算提供依据，也为普通电气施工人员、维修人员学习新技术，编写了本书。书中没有过多的数学公式推导、理论综述，而是结合实际的图表，讲述工作原理，给出选择方法和注意事项。在本书的写作中，总结并写出了我们积累多年的工作经验，查阅了许多文献资料，引用了大量的工程实例，在此对原作者表示敬意和感谢！

参加本书编写的还有陈丙祥、刘曾敏、王存龄、曾永捷、常青，在本书的编写中还得到机械工业出版社林春泉老师的大力支持和帮助，在此对她表示诚挚的感谢！

虽然愿望良好，但由于水平有限，书中难免有错误和不足，希望读者给与批评指正。

常瑞增

2020 年 8 月

目　　录

第1章　中、高压变频调速系统中的变频器

进入 21 世纪后，随着中、高压变频器、PLC、现场总线和光纤通信技术以及控制理论的迅速发展，以这些新技术为核心而组成的中、高压变频调速系统被普遍认为是最具发展前景的调速方式。

利用电力半导体器件的通断作用将电压和频率固定不变的工频交流电变换为电压或频率可变的交流电的电能控制装置称作"变频器"。本书采用我国电气传动领域的习惯，将电压为 110V、220V、380V 的变频器称为低压变频器，电压为 500V、690V、1140V 的变频器称为中压变频器，电压为 3kV、3.3kV、6kV、6.6kV、10kV 的变频器称为高压变频器。

低压变频器现已普及，国内外都有较成熟的产品。中、高压变频器与低压变频器相比，不仅电压高，而且功率大。然而电压高导致器件耐压成为主要矛盾，电压高及功率大所带来的谐波干扰也已成为重要问题，由于中、高压变频器往往用于重要场合，对其可靠性有更高的要求。

1.1　中、高压变频器技术的发展

在传统调速系统中，直流调速以其控制简单、调速精度高等特点长期处于主导地位，但是由于换向器的存在，使得结构复杂、事故率高、维修工作量大、过电流能力不强、环境适应差、单机难以实现大功率、特大功率和高速度化，加之难以应用在一些易燃、易爆场合等原因，一直限制了其应用范围的进一步扩大。正是因为直流调速系统存在这些难于解决的缺点，才促使人们着力研究交流传动技术。相比较而言，交流异步电动机具有环境适应能力强、过电流能力强、牢固耐用、结构简单、容易维护及价格低廉等优点，但异步电动机的调速性能难以满足生产要求。尽管人们早就知道改变交流异步电动机的频率即可改变它的速度，但只有在电力电子器件、控制理论和高性能微处理器得到飞速发展后，才为高性能交流调速系统的实现奠定了基础，进入实用化阶段，使得交流调速性能可以和直流调速相媲美、相竞争，并渐渐取代直流调速，淘汰了用旋转变频发电机组作为可变频率电源对异步电动机的调速方式。下面简要介绍这些新技术、新理论对变频器带来的突飞猛进的发展。

1.1.1　新型电力电子器件促进了变频器的发展

变频器的核心器件是电力半导体开关器件，随着高性能、大功率电力半导体器件的出现，变频器也不断地向前发展。

最早推动中、高压变频器工业化应用的因素是关键功率器件——晶闸管（SCR）的出现，早期的交 – 交高压变频器技术和电流型高压变频器技术都是基于 SCR 发展起来的。由于 SCR 开关性能的缺陷，随后成功开发了一种高电压、大电流、自关断器件——门极关断（Gate – Turn – Off，GTO）晶闸管。20 世纪 80 年代末期，随着低压绝缘栅双极型晶体管（LV – Insulated Gate Bipolar Transistor，LV – IGBT）的问世，促使在 1995 年推出了基于LV –

IGBT 功率单元串联的高压变频器，基本解决了之前高压变频器谐波成分大、功率因数低的问题。1998 年又推出了基于 HV - IGBT 的三电平结构高压变频器，IGBT 具有输入阻抗高、开关速度快、元器件损耗小、驱动电路简单、驱动功率小、极限温度高、热阻小、饱和电压降和电阻低、电流容量大、抗浪涌能力强、安全区宽、并联容易、稳定可靠及模块化等一系列优点，是一种理想的开关器件。

在 IGBT 问世时，还推出了基于集成门极换流晶闸管（Integrated Gate Commutated Thyristor, IGCT）的三电平结构高压变频器。IGCT 是把 MOS 结构置于 GTO 晶闸管外面来协助关断的电力电子器件，具有电流大、阻断电压高、开关频率高、可靠性高、结构紧凑、导通损耗低等特点，而且成本低、成品率高，有很好的应用前景。

GTO 晶闸管、IGBT 及 IGCT 的比较见表 1-1。

表 1-1　GTO 晶闸管、IGBT 及 IGCT 的比较

比较项目	GTO 晶闸管	LV - IGBT	HV - IGBT	IGCT
电压等级	大多数高压等级都有	高压时需多个串联	高压时需多个串联	大多数高压等级都有
通态损耗	小	中	大	小
开关损耗	高	低	中	低
开关频率	低	高	高	高
缓冲器	需要	不需要	不需要	不需要
同步门驱动器	不需要	需要	需要	不需要
门极驱动	独立门驱动器	紧凑型门驱动器	紧凑型门驱动器	集成型驱动器

由于目前的电力电子器件（IGBT）电压耐量（800～1200V）的限制，中、高压变频调速领域还不能像低压变频调速领域那样，用单一的电力电子器件完成变频调速。通常用多脉冲变压移相整流（见 1.6 节和 1.7 节）、多电平逆变器（见 1.8 节）、多重化单元串联型逆变器（见 1.9 节）的方式解决中高压的变频调速。

IGBT 和 IGCT 在中、高压变频器中得到应用后，现在持续向开关损耗更低、开关速度更快、耐压更高、容量更大的方向发展。

1.1.2　变频器随着控制理论技术的创新而发展

变频器不断采用新控制理论技术而发展，集中体现下面三个方面：

1）第 1 代变频器以电压/频率（U/f）恒定控制（见 1.11.1 节）为代表，实现这种控制的方法有很多，目前中、高压通用变频器大多采用正弦脉冲宽度调制（Sinusoidal Pulse - Width Modulation, SPWM）控制方式（见 1.11.2 节）来实现。这种控制方法的特点是：控制电路简单、成本较低，但系统性能不高，控制曲线会随负载变化，转矩响应慢，频率低于 20Hz 时，电动机输出转矩下降，转矩利用率不高。

2）第 2 代变频器采用矢量控制方式（见 1.11.4 节），矢量控制的一个突出优点是：可以使电动机在较低速时的输出转矩达到额定转矩。现在，由矢量控制的交流变频器组成的传动系统已实现了数字化、智能化、模块化控制；同时在软件配置上也实现了标准化，还提供了许多非标准功能，如手动、自动设定、输入设定值的通用性、自动重启功能等。矢量控制的交流变频调速系统的动、静态性能已完全能够与直流调速系统相媲美，是目前比较成熟、完善的技术。

3）继矢量控制系统以后，又发展了一种直接转矩控制（Direct Torgue Control，DTC）交流变频调速系统（见 1.11.5 节）。该技术避开了矢量控制中的两次坐标变换及求矢量模与相角的复杂计算工作，直接在静止的定子坐标系上计算电动机的转矩与磁通，控制器结构简单，具有良好的动、静态性能。

1.1.3　变频器应用微机新技术的发展

随着微机控制技术的迅速发展，交流调速控制领域出现了以微处理器为核心的微机控制系统。

开始时，采用将 CPU、ROM、RAM、定时器、D – A 转换器等直接集成到一块芯片上的单片机，20 世纪 80 年代采用以 DSP（Digital Signal Processor，数字信号处理器）为基础的内核，配以电动机控制所需的外围功能电路，集成在单一芯片内的 DSP 单片电动机控制器。DSP 和普通的单片机相比，数字运算处理能力增强 $10 \sim 15$ 倍，确保了系统有更优越的控制性能。数字控制使硬件简化，柔性的控制算法使控制具有很大的灵活性，可实现复杂控制规律，使现代控制理论应用在运动控制系统中成为现实；易于与上层系统连接进行数据传输，便于故障诊断、加强保护和监视功能，使系统智能化（如有些变频器具有自调整功能）。1996 年前后，将控制器、PWM、A – D 转换器等组成一体做成芯片，使得微处理器在性能上获得质的飞跃。近年来，微机集成电路（IC）的集成度以惊人的速度发展，采用微机控制技术同时可以对变频器进行控制和保护。

在控制方面，计算确定开关器件的导通和关断时刻，使逆变器按调制策略输出要求的电压；通过不同的编码实现多种传动调速功能，如各种频率的设定和执行，启动、运行方式的选择，转矩控制的设定与运行，加减速设计与运行，制动方式的设定和执行等；通过接口电路、外部传感器、微机构成调速传动系统。

在保护方面，在外部传感器及 I/O 电路配合下，构成完善的检测保护系统，可完成多种自诊断保护方案。保护功能包括主电路、控制电路的欠电压、过电压保护，输出电流的欠电流、过电流保护，电动机或逆变器的过载保护，制动电阻的过热保护以及失速保护。采用人工智能技术对变频器进行故障诊断，构成故障诊断系统，该系统由监控、检测、知识库（故障模式知识库或故障诊断专家系统知识库）、推理机构、人机对话接口和数据库组成，不仅在故障发生后能准确地指出故障性质、部位，且在故障发生前也能预测发生故障的可能性。在变频器启动前对诊断系统本身及变频器主电路（包括电源）、控制电路等进行一次诊断，清查隐患。若发现故障现象，则调用知识库推理、判断故障原因并显示不能开机，如无故障则显示可以开机，开机后，实时检测诊断。工作时对各检测点进行循环查询，存储数据并不断刷新，若发现数据越限，则认为可能发生故障，立即定向追踪。若几次检查结果相同，则说明确实出现故障，于是调用知识库进行分析推理，确定是何种故障及其部位并显示出来，严重时则发出停机指令。

1.1.4　变频器应用现场总线和光纤通信技术的发展

在网络日益普及的今天，对普通的点对点硬线连接方式而言，通过现场总线和光纤通信连接的变频器系统可以最大程度地降低系统维护时间，提高生产效率，减少运行成本。一般变频器系统配置最基本的 RS – 232/RS – 485 串行通信协议、PROFIBUS 等现场总线协议以及局域网协议，对不同用户的其他要求，可配置和选用不同的网络协议。目前，安装的现场总线模块有 PROFIBUS – DP、INTERBUS、Device Net、CANopen 和 MODBUS Plus 等。用户可以有更多的选择，根据生产过程选择 PLC 型号和品牌，并可以非常简单地集成到现有的网络中去。而且，通过现场总线模块可以不考虑变频器的型号，而以同一种语言与不同功率段、不同型号的变频器进行组合，如功率、速度、转矩、电流、设定值等，详见第 3 章有关内容。

由于采用了现场总线和光纤通信，通过 PLC 可以方便地进行组态和系统维护，包括上传、下载、复制、监控和参数读写等。

目前推出的变频器具有极其灵活的通信功能，通过现场总线和光纤，不仅可在变频器之间进行通信，还可与 PLC 或上一级自动化系统进行通信。此外，随着变频器的进一步推广和应用，用户也在不断地提出各种新的要求，促进了变频器功能的多样化。

随着新型电力电子器件和控制技术的发展，高性能微处理器的应用以及现场总线和光纤通信技术的应用，中、高压变频器的性价比越来越高，体积也越来越小，而厂家仍然在不断地提高其可靠性以实现变频器的进一步小型轻量化、高性能化、多功能化以及无公害化。

1.2　中、高压变频器的工作原理和电路组成

1.2.1　中、高压变频器的工作原理

变频调速是通过改变电动机的电源频率实现速度调节的。由电机原理可知，交流异步电动机的实际转速 n 为

$$n = \frac{60f}{p}(1 - s) = n_0(1 - s) \tag{1-1}$$

式中　n_0——电动机的同步转速；

p——电动机的极对数；

f——电动机的运行频率；

s——电动机的转差率。

从式（1-1）可以看出，电动机的同步转速 n_0 正比于电动机的运行频率（$n_0 = 60f/p$）。由于转差率 s 一般情况下比较小（$0 \sim 0.05$），如果能连续改变电动机的供电频率 f，就可以连续改变电动机的同步转速，使其转速可以在一个较宽的范围内连续可调，这就是中、高压变频器的工作原理。

中、高压变频调速属于无级调速，它在运行的经济性、调速的平滑性以及机械特性等方面有明显的优势，已成为交流调速的主流。

1.2.2　中、高压变频器的电路组成

中、高压变频器的技术种类多种多样。但是，无论对哪种产品而言，从电路组成上来说，中、高压变频器的电路都分为主电路和控制电路两部分，其典型电路框图如图 1-1 所示。

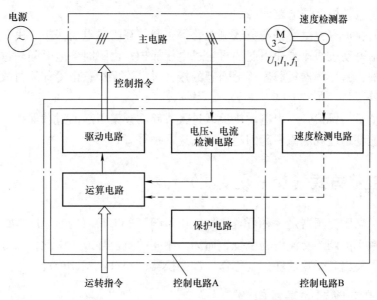

图 1-1　中、高压变频器的典型电路框图

1. 主电路

为异步电动机提供调压调频电源的电力变换部分称为变频器的主电路，如图 1-1 所示。按中、高压变频器的组成来分，主电路分为交 – 交直接变频系统（见 1.3 节）和交 – 直 – 交间接变频系统（见 1.4 节）。另外，异步电动机需要制动时，有时要附加"制动电路"。

2. 控制电路

为异步电动机供电（电压、频率可调）的主电路提供控制信号的电路，称为控制电路。如图 1-1 所示，仅以控制电路 A 部分构成控制电路时，无速度检测电路，为开环控制；在控制电路 B 部分，增加了速度检测电路，因此，对于转速指令，可以进行使电动机的转速控制更精确的闭环控制。

在控制电路中，又包括以下几部分电路。

（1）运算电路

将外部的速度、转矩等指令同检测电路的电流、电压信号进行比较运算，决定逆变器的输出电压、频率。

（2）电压、电流检测电路

与主电路电位隔离，检测电压、电流等参数并将其转换成运算电路可用的信号。

（3）驱动电路

驱动主电路开关器件的电路。它与控制电路隔离，使主电路开关器件导通、关断。

（4）速度检测电路

以装在异步电动机轴上的速度检测器（TG、PLG 等）的信号为速度信号，将其送入运算电路，根据指令和运算结果，可使异步电动机按指令转速运转。

（5）保护电路

检测主电路的电压、电流等参数，当发生过载或过电压等异常情况时，为防止变频器和异步电动机的损坏，使变频器停止工作或抑制电压、电流值。通常，保护电路可分为变频器保护电路和异步电动机保护电路两种。

对变频器的保护有：由变频器负载侧短路等引起的瞬时过电流保护；由负载过大等引起的过载保护；由电动机快速减速引起的再生过电压保护；由瞬时停电时间超过数十毫秒引起的瞬时停电保护；由变频器负载侧接地引起的接地过电流保护；由冷却风机故障引起的冷却风机异常保护等。

对异步电动机的保护有：由电动机负载过大或起动频繁引起的过载保护；由变频器输出频率或电动机速度超过规定值引起的超频或超速保护等。

1.3　直接变换方式（交 - 交变频）

交 - 交中、高压变频器是一种可直接将恒压恒频（CVCF）的交流电（如工频）直接变换成为电压及频率可调的交流电的系统，而无需中间的直流环节。因此，又称其为直接式变频器。有时为了突出其变频功能，也称作周波变换器（Cycloconverter）。

1.3.1　交 - 交变频器的基本电路

常用的交 - 交变频器输出的每一相都是一个由正（VF）、反（VR）两组晶闸管可控整流装置反并联的可逆线路。也就是说，每一相都相当于一套直流可逆调速系统的反并联的晶闸管可逆线路，如图 1-2 所示。两组变流电路接在同一个交流电源上，实际使用的交 - 交变频器为三相输入、三相输出电路。

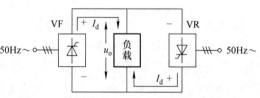

图 1-2　单相输出交 - 交变频器的可逆电路

1.3.2　交 - 交变频器的控制方式

1. 整半周控制方式

正、反两组晶闸管可控整流装置按一定周期相互切换，在负载两端就可获得交变的输出电压 u_o，u_o 的幅值取决于各组可控整流装置的触发延迟角 α，u_o 的频率取决于正、反两组整流装置的切换频率。如果触发延迟角一直不变，则平均输出电压波形为方波，如图 1-3 所示。

图 1-3　方波型平均输出电压波形

2. 触发延迟角 α 调制控制方式

要获得正弦波输出，就必须在每一组整流装置导通期间按正弦规律不断地改变其触发延迟角。例如，在正向组导通的半个周期中，使触发延迟角 α 由 $\pi/2$（对应于平均电压 $u_o = 0$）逐渐减小到 0（对应于 u_o 最大），然后再逐渐增大到 $\pi/2$（u_o 再变为 0），如图 1-4 所示。

当 α 按正弦规律变化时，半周内的平均输出电压即为图 1-4 中虚线所示的正弦波。反向组负半周的控制也是这样。

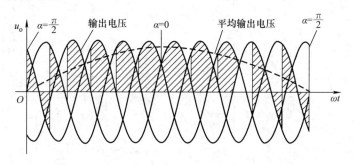

图 1-4　单相输出交 – 交变频器的正弦波电压波形

1.3.3　三相交 – 交变频器

三相交 – 交变频器电路由三组输出电压相位各差 120°的单相交 – 交变频器组成，电路接线方式主要有如下几种。

1. 公共交流母线进线方式

公共交流母线进线方式如图 1-5 所示，此电路由三相彼此独立、输出电压相位互差 120°的单相交 – 交变频电路组成。电源进线通过进线电抗器接在公共的交流母线上。因为电源进线端公用，所以三组输出端必须隔离。为此，交流电动机的三个绕组必须拆开。此种接线方式主要用于中等容量的交流调速系统。

2. 输出星形联结方式

输出星形联结方式如图 1-6 所示，三组输出端

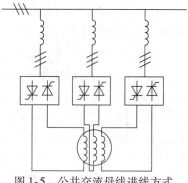

图 1-5　公共交流母线进线方式
（三相交 – 交变频电路简图）

为星形联结，电动机的三个绕组也是星形联结，电动机中性点不和变频器中性点接在一起，电动机只引出三根线。因为三组输出连接在一起，其电源进线必须隔离，所以分别用三个变压器供电。

综上所述：交 – 交变频器虽然在结构上只有一个变换环节，省去了中间直流环节，看似简单，但所用的元器件数量却很多，总体设备相当庞大。

交 – 交变频器主电路开关器件处于自然关断状态，不存在强迫换流问题，所以第 1 代电力电子器件——晶闸管就能完全满足它的要求。这些设备都是直流调速系统中常用的可逆整流装置，在技术和制造工艺上都很成熟，目前国内有些企业已有可靠产品。

这类交 – 交变频器的缺点是输入功率因数较低、谐波电流含量大、频谱复杂，因此必须配置谐波滤波和无功补偿设备。其最高输出频率不超过电网频率的 1/3 ～1/2，使其应用受到限制。一般主要用于轧机主传动、球磨机、水泥回转窑等大容量、低转速的调速系统，供电给低速电动机直接传动时，可以省去庞大的齿轮减速箱。

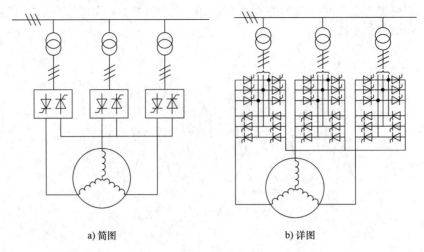

a) 简图   b) 详图

图 1-6 输出星形联结方式（三相交 – 交变频电路）

1.3.4 矩阵式交 – 交变频器

第 1 代脉冲宽度调制（Pulse Width Modulation，PWM）变频器已经广泛应用于交流变频调速系统。但是，近几年随着 PWM 变频器的普及，它对周边设备所造成的影响也日益突出，如电源的高次谐波引起的误动作，电源干扰引起的误动作和射频干扰引起的误动作等。同时，其还易造成电动机性能的劣化，如电动机冲击电压引起的绝缘老化，电动机轴电压引起的电动机轴承损坏等，这些问题都使人们去寻求一种真正的环保型变频器，使全控型开关器件的矩阵式交 – 交变频器是这样一种变频器，它没有中间直流环节，类似于 PWM 控制方式，输出电压和输入电流的低次谐波都较小，输入功率因数可调，能量可双向流动，以获得四象限运行，但当输出电压必须为正弦波时，最大输出输入电压比只有 0.811。

由于矩阵式交 – 交变频器没有中间直流环节，不但省去了体积大、价格贵的电解电容，也不像交 – 直 – 交变频器必须在一定年限更换铝电解电容（如 5 ~ 8 年更换一次铝电解电容），可使交 – 交变频器能长时间可靠工作。它能实现功率因数为 1、输入电流为正弦以及四象限运行，系统的功率密度大，并能实现轻量化。目前，这类变频器尚处于开发研究阶段，其发展前景非常好，几个主要的传动供应商（罗克韦尔、西门子等公司）都在研究该项技术。

1.4 间接变换方式（交 – 直 – 交变频）

1.4.1 交 – 直 – 交变频器的基本结构

目前，变频器主要采用交 – 直 – 交（Variable Voltage Variable Frequency，VVVF）变频方式，先把工频交流电通过整流器变换成直流电，然后再把直流电变换成频率、电压均可控制的交流电以供给交流异步电动机，它又称为间接交流变流电路，最主要的优点是输出频率不再受输入电源频率的制约。

交 - 直 - 交变频器电路一般由整流器、直流电路、逆变器和控制电路四部分组成。由于整流器、直流电路和逆变器三部分是给异步电动机提供调频调压功能的电力部分，故这三部分又称为交 - 直 - 交变频器的主电路。整流器将交流电变换成直流电，直流电路对整流器的输出进行平滑滤波，逆变器将直流电再逆成交流电；控制电路完成对主电路的控制。另外，变频器还有操作显

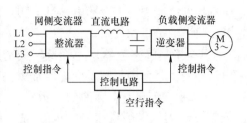

图 1-7　交 - 直 - 交变频器的基本构成

示电路和保护电路，交 - 直 - 交变频器的基本构成如图 1-7 所示。图 1-8 给出 ABB ACS 5000 交 - 直 - 交 6kV 水冷变频器结构实例。

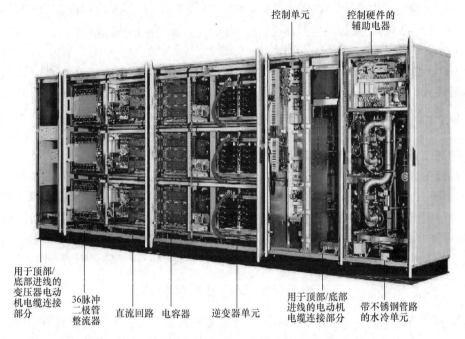

图 1-8　ABB ACS 5000 交 - 直 - 交 6kV 水冷变频器结构实例

1.4.2　多脉冲二极管/晶闸管整流电路

整流电路（整流器）把电源的交流电变换为直流电（DC），这个过程叫作整流。一般三相变频器的整流电路由三相全波整流桥组成，它的主要作用是对工频的外部电源进行整流，并给逆变电路（逆变器）和控制电路提供所需要的直流电源。

传统三相整流器由于输入电流中含有大量谐波，对电网及其他用电设备都带来了较大的危害。谐波污染殃及同一电网上的其他用电设备，甚至影响电力系统的正常运行；谐波还会干扰通信和控制系统，严重时会使通信中断、系统瘫痪；谐波电流也会使电动机损耗增加，因而发热增加，效率及功率因数下降，以至不得不"降额"使用。从本质而言，任何中、高压变频器或多或少都会产生输入谐波电流，只是程度不同而已。

在变频器输入侧消去谐波的方法很多，其中之一就是将整流器输入电路产生谐波的相位

差，利用并联两组以上脉冲电路谐波相位差，将谐波分量相互抵消，常用多脉冲二极管/晶闸管整流器。为降低网侧线电流畸变，目前中、高压变频器常用 12、18、24、30 或更高脉冲的二极管/晶闸管整流器。一般说来，二极管/晶闸管整流器的脉波数目越多，输出网侧电流的谐波畸变越小，但制造成本会增加。图 1-9 所示为不控整流和 24 脉冲变压整流输入电流谐波对比[2]，由图可得，不控整流输入电流谐波较大，24 脉冲整流输入电流谐波仅含 $24k \pm 1$（$k = 1$，2，3）次谐波，满足了 IEEE

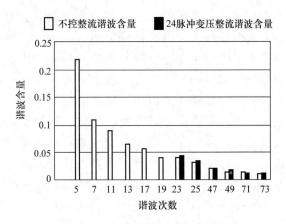

图 1-9　不控整流和 24 脉冲变压
整流输入电流谐波对比图

519—1992 电源系统谐波控制推荐规程和要求标准的谐波要求。因此，多脉冲整流技术能够有效降低输入电流的谐波含量。例如，西门子公司、罗宾康公司的 3 ~ 10kV 完美无谐波变频器采用了 18 ~ 48 脉冲二极管整流器，ABB 公司 6kV 的 ACS 5000 采用 36 脉冲二极管整流器。

多脉冲二极管整流器多用于电压源型逆变器（Voltage Source Inverter，VSI）传动系统。多脉冲晶闸管整流器多用于电流型逆变器（Current Source Inverter，CSI）传动系统。

由于多脉冲变压整流技术可有效降低输入电流谐波含量，提高功率因数，减小输出电压脉动，同时又具有可靠性高、过载能力强、适合宽变频输入、EMI 低等优点，所以目前采用多脉冲变压整流技术的中、高压变频器成为主流产品。

后文 1.6 节和 1.7 节对于多脉冲二极管/晶闸管整流器进行了较详细的介绍。

1.4.3 （电流源型、电压源型）直流电路及再生制动

变频器的直流电路有滤波电路和制动电路等不同形式。滤波电路是指直流中间电路用储能元件——电容器或电感来缓冲感性负载电动机和直流电路之间的无功功率交换，对整流电路的输出波形进行平滑处理，减小直流电压或电流的波动，以保证逆变电路和控制电源能够得到质量较高的直流电。直流电路分为电流源型直流电路和电压源型直流电路。

1. 电流源型直流电路

当交 - 直 - 交变频器的直流电路采用大电感滤波时，经电感滤波后加于逆变器的电流波形比较平直，输出电流基本不受负载的影响（如果串联电感非常大，就成为恒流源了），电源外特性类似电流源，因而称为电流源型直流电路，如图 1-10 所示。

电流源型变频器一个突出的优点是当电机处于再生发电状态时，反馈到直流侧的再生电能可以方便地回馈到交流电网，不需要主电路中附加任何设备，而是通过逆变器的换流（电力电子器件交替通和断）改变电动机绕组中功率流向，同时也不需要增加输入部分的电气器件。这种电流源型变频器有制动发电能力，又可设置电流环提高承载能力，适合需要快速减速和调速范围宽的场合。

2. 电压源型直流电路

在交－直－交变频器中，当直流电路采用大电容滤波时，直流电压波形比较平直，在理想情况下是一个内阻抗为零的恒压源，具有这种直流电路的逆变装置称为电压源型逆变器，电压源型直流电路如图 1-11 所示。中、高压变频器采用多脉冲变压二极管整流器时，多用于电压源型逆变器传动系统。

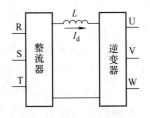

图 1-10　电流源型直流电路

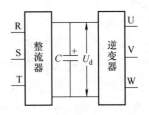

图 1-11　电压源型直流电路

对变动的直流电流而言，电容器的内阻抗小，电容器上的电压比较稳定，更不可能反向，但电动机的电流易于变动，其非常适合电动机负载快速变化的场合。由于一般电压源型直流电路采用的多脉冲二极管整流器是三相不可控的，直流电路的电压不能反向，当要求电动机⊖四象限运行时，即将再生电能逆变为与电网同频率、同相位的交流电回馈电网，解决这个问题的最有效办法是采用有源逆变技术，如图 1-12 所示[3]。图中所示主电路是为节能降耗，对已运行的变频调速系统进行了改造的方案。对于新建项目，采用电流追踪型 PWM整流器组成方式，实现功率的双向流动，同时这样的拓扑结构可完全控制交流侧和直流侧之间无功功率和有功功率的交换，效率高、经济效益好，后文第 7 章对电压源型四象限变频器有较详细的阐述。

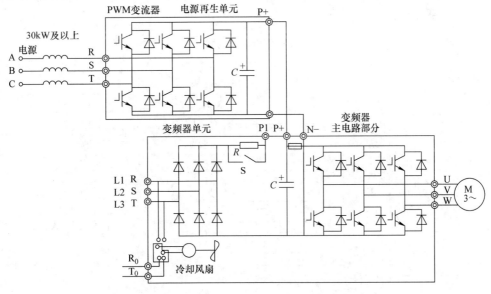

图 1-12　逆变器与能源再生变频器组合时的连接电路

⊖　结合工程实际，本书统一采用术语"电动机"。

在电压源型逆变器传动系统中，对负载电动机而言，变频器是一个交流电压源。在不超过电压容量的情况下，可以驱动多台电动机并联运行，具有不选择负载的通用性。

电压源型逆变器采用大电容对直流平波，有时为了减小电源合闸时对电容器和整流器的涌流冲击，也可在电容器之前串一个小的电抗或电阻，如图 1-12 中的限流电阻 R 及开关 S 构成的电路，但电容器是起主导作用的。

3. 再生制动电路

当异步电动机负载在再生制动区域使用时（转差率为负），断开交流输入电源后，存储在滤波电容器中的再生能量会使直流环节电压升高。为抑制电压升高，利用设置在中间的直流电路中的电力电子开关快速接通制动电阻，制动电阻吸收电动机的再生电能，实现快速能耗制动，这就是设置再生制动电路的目的。图 1-13 所示为吸收电动机再生电能的制动电阻电路原理图。再生制动电路还可采用可逆整流电路把再生能量反馈给电网，图 1-14 所示为回馈电网制动电路的原理图[3]。

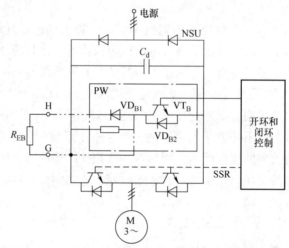

图 1-13　吸收电动机再生电能的制动电阻电路原理图

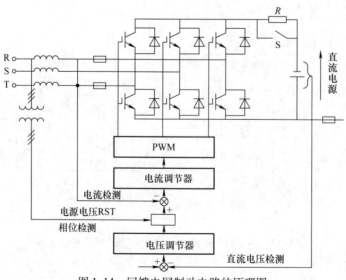

图 1-14　回馈电网制动电路的原理图

图 1-14 中采用电流追踪型 PWM 整流器，这样容易实现功率的双向流动，且具有很快的动态响应速度。同时，这样的拓扑结构使得我们能够完全控制交流侧和直流侧之间的无功功率和有功功率的交换，且效率可高达 97%，经济效益较高，热损耗为能耗制动的 1%，还不污染电网。所以回馈电网制动电路特别适用于需要频繁制动的场合，电动机的功率也较大，此时节电效果明显。按运行的工况条件不同，平均约有 20% 的节电效果[3]。

1.4.4　电流源型与电压源型变频器的性能比较及应用

电流源型与电压源型变频器的性能比较及应用见表 1-2。

表 1-2　电流源型与电压源型变频器的性能比较及应用

变频器类型	电流源型变频器	电压源型变频器
直流电路滤波环节	电抗器	电容器
转矩脉冲	小	大
输出电压波形	取决于负载，异步电动机负载时近似正弦波	矩形波
输出电流波形	矩形波	近似正弦波，有较大谐波分量
四象限运行	方便，只需调节变流器触发角度	不便，需在电源侧设置反并联逆变器
过电流及短路保护	容易	困难
晶闸管导通方式	120°导通型	180°导通型
对晶闸管的要求	耐压要高，对关断时间无严格要求	耐压较低，关断时间要短
电路结构	较简单	较复杂
调速动态响应	快	较慢
适用范围	对电动机的绝缘要求低、单机可逆拖动、需经常正反转及起动、制动的场合	对电动机的绝缘要求较高，多机拖动、不可逆稳定运行及快速性要求不高的场所

电流源型变频器输入侧的功率因数比较低、谐波大，而且随着工况的变化而变化，电抗器的发热量较大，效率比电压源型变频器低，输出滤波器的设计比较困难，主要应用在需要回馈电能的负载和超大功率场合。

1.4.5　多电平、多重化的逆变电路

逆变电路（逆变器，Inverter）是变频器最主要的部件之一。它的主要作用是在控制电路的控制下，将电源电路输出的直流电变换为频率和电压都任意可调的交流电。逆变电路的输出就是变频器的输出，它被用来实现对异步电动机的调速控制。

当输出电压较高时，为了避免器件串联引起的静态和动态均压问题，同时降低输出谐波及 du/dt 的影响，逆变器可以采用中性点钳位的多电平方式逆变器，也称为中性点钳位（Netural Point Clamped，NPC）方式，可参考 1.8.3 节有关内容。

一般来讲，在高压供电而功率器件耐压能力有限时，如果采用低压开关器件 IGBT 串联，由于开关频率较高，均压等技术问题的解决难度很大，逆变器可采用多重化（功率器件串联）的方法来解决，可参考 1.9 节有关内容。

1.4.6　控制电路

变频器的控制电路包括主控制电路、信号检测电路、门极（基极）驱动电路、外部接口电路以及保护电路等几个部分，也是变频器的核心部分。控制电路的主要作用是将检测电

路得到的各种信号送至运算电路，使运算电路能够根据要求为变频器主电路提供必要的门极（基极）驱动信号，并对变频器以及异步电动机提供必要的保护。

1.4.7　操作显示电路和保护电路

操作显示电路用于运行操作、参数设置、运行状态显示和故障显示。

保护电路接收主控制电路输入的保护指令并实施保护，同时也直接从检测电路接收检测信号，以便对某些紧急情况实施保护。保护电路的功能分为对变频器的保护和对异步电动机的保护两种。

对变频器的保护有：由变频器负载侧短路等引起的瞬时过电流保护；由负载过大等引起的过载保护；由电动机快速减速引起的再生过电压保护；由瞬时停电时间超过数十毫秒引起的瞬时停电保护；由变频器负载侧接地引起的接地过电流保护；由冷却风机故障引起的冷却风机异常保护等。

对异步电动机的保护有：由电动机负载过大或起动频繁引起的过载保护；由变频器输出频率（或电动机速度）超过规定值引起的超频（超速）保护等。

1.5　单元串联型变频器采用的移相变压器

1.5.1　采用隔离移相变压器输入的原因

交 - 直 - 交中、高压变频器需先把工频交流电通过整流器变换成直流电，整流过程中会产生大量谐波并严重污染电网。输出用 IGBT PWM 逆变电路，输出电压是非正弦（阶梯形）的；输出电流近似正弦（SPWM 调制）。输入和输出都存在非正弦波而产生的谐波。谐波使电动机发热增加、振动增大、噪声增大；谐波与电线电容谐振产生过电压，危害绝缘，耐压降低，以致造成过电压击穿；谐波干扰计算机系统正常工作，对电子线路设备造成不稳定的影响，影响正常使用，严重时以致无法正常工作。

中、高压变频器因电压高、功率大，一旦有谐波干扰，影响更大、危害更严重。为此，美国制定了限制谐波的 IEEE 519—1992《电源系统谐波控制推荐规程和要求》，1993 年我国制定了 GB/T 14549—1993《电能质量　公用电网谐波》国家标准，见表 1-3[1]。

表 1-3　国家公用电网谐波电压相电压限值标准

电网标称电压 /kV	电压总谐波畸变率 （%）	各次谐波电压含有率（%）	
		奇次	偶次
0.38	5.0	4.0	2.0
6、10	4.0	3.2	1.6
35、66	3.0	2.4	1.2
110	2.0	1.6	0.8

另外，标准还规定，电压稳态相对谐波含量的方均根值不超过 10%，其中任何奇次谐波均不超过 5%，任何偶次谐波均不超过 2%，短时（持续时间小于 30s）出现的任一次谐波含量不超过 10%。

抑制谐波污染的有效措施有两个：其一是在系统中设置滤波装置；其二是对整流变压器进行移相，使整流脉波数达到 12 脉冲以上，若采用 30 脉冲变频，则基本可不加任何滤波器就能满足各国供电部门对电压和电流失真最严格的要求。因此，移相变频器是多脉冲二极管/晶闸管整流器不可缺少的组成部分，多重化单元串联电压源型高压变频器须用隔离移相变压器输入的主要原因如下：

1）多重化单元串联电压源型高压变频器利用功率单元串联来弥补功率器件 IGBT 耐压能力的不足，隔离变压器为功率单元提供较低电压（如 AC 690V）输入。

2）功率单元串联之后，每个功率电压等级不再相同，隔离变压器变换得到需要的二次电压值，为功率单元提供足够的隔离电压。

3）实现一次、二次线电压的相位偏移，以消除谐波。保证本变频器系统对电网的谐波干扰在国家标准规定的限制值以内。

移相变压器基本为干式变压器，目前其绝缘等级有 B 级、F 级及 H 级。这些变压器的出现，可以让用户有更多的选择。其材料的耐热绝缘等级与其最高工作温度的关系可见参考文献 4。

1.5.2　移相变压器二次侧的延边三角形绕组

整流设备常采用三相桥或双反星带平衡电抗器的整流电路。这些接线方式下，即使电网侧采用了星形和三角形接线的双绕组结构，脉波数 P 也只能达到 12，而脉波数 $P \geqslant 18$ 的整流设备必须以设置移相绕组的方式实现。整流变压器进行移相有多种方式：曲折形、延边三角形及多边形等。延边三角形移相因一次侧有三次谐波电流的闭合回路，无论二次绕组采用何种接线方式，都不会使感应电压波形畸变，且因移相而增加的变压器容量较小，如移相 7.5°时，多边形移相和曲折形移相的等效容量增加 6.68%，而延边三角形移相的等效容量增加 2.64%，故其有很好的经济性，已成为整流产品的主流结构，广泛应用在 35kV 及以下的移相变压器产品上。

移相变压器的一次绕组有两种接线方式，即星形（Ｙ）联结和三角形（△）联结，而二次绕组一般都为延边三角形联结，根据绕组的不同联结方式，变压器二次绕组线电压的相位可以领先或者滞后其一次绕组线电压一个角度 δ，移相角 δ 在 0° ~ 30°范围内。下面介绍这两种延边三角形。

延边三角形绕组由两部分线圈组成，每相绕组取一部分（k2）接成三角形，另一部分绕组（k1）为三角形的延伸，图 1-15 所示为延边三角形移相变压连接图[2]，输出电压 U_{a1}、U_{b1}、U_{c1} 分别为三相三角形绕组与延伸绕组电压的矢量和，超前输入电压 U_a、U_b、U_c 的角度为 δ，如图 1-16 所示。另一种延边三角形绕组也是由三角形

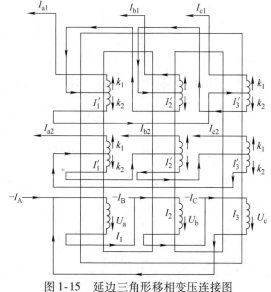

图 1-15　延边三角形移相变压连接图

绕组及其延伸绕组构成的，但其输出略有不同，输出电压 U_{a2}、U_{b2}、U_{c2} 滞后输入电压 U_a、U_b、U_c 的角度为 δ，如图 1-17 所示。因此，U_{a1}、U_{b1}、U_{c1} 与 U_{a2}、U_{b2}、U_{c2} 互差 2δ。

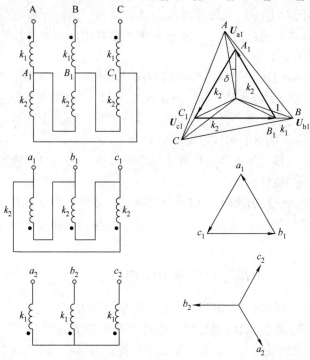

图 1-16 U_{a1}、U_{b1}、U_{c1} 超前输入电压 U_a、U_b、U_c（角度为 δ）的连接和矢量图

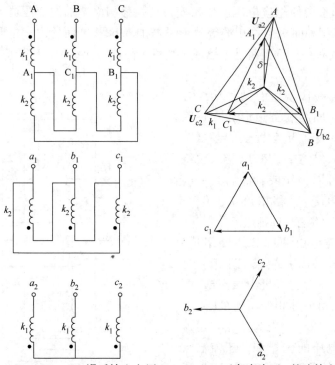

图 1-17 U_{a2}、U_{b2}、U_{c2} 滞后输入电压 U_a、U_b、U_c（角度为 δ）的连接和矢量图

1.5.3　移相变压器的移相原理

移相变压器是多脉冲整流器中最关键的部件之一，移相变压器一次绕组主要有两种接线方式，即星形（Y）和三角形（△）。而二次绕组接线方式一般有延边三角形、星形、三角形等，当一次绕组为Y或△接线而二次绕组为延边三角形接线时，可使二次绕组线电压超前或者滞后一次绕组线电压 $0°\sim30°$（移相角度）。通过移相变压器，使多个二次绕组依次移开一个相同的相位角和幅值相等的多相电压，接到各组三相整流桥，整流桥输出接平衡电抗器均流输出至负载，其输出直流电压波形在一个交流周期内多于 6 个脉冲。由于各组三相输入电压间的相移，使得各三相整流桥产生的谐波有部分可以相互抵消，不反映到高压侧，从而有效降低了输入电流的 THD（Total Harmonic Distortion，总谐波畸变率），提高了功率因数并减小了输出电压脉动。同时，多脉冲整流技术具有可靠性高、过载能力强、适合宽变频输入、EMI（Electro Magnetic Interference，电磁干扰）低等优点，适用于中功率和大功率场合。

1.5.4　多脉冲整流器用移相变压器示例

两卷或三卷电力变压器的一次绕组和二次绕组常用星形绕组或三角形绕组，而移相变压器的二次绕组与常用的电力变压器不同，为抑制谐波污染而采用了延边三角形（⋖ 和 ⋗）绕组。根据绕组的不同连接方式，变压器二次绕组线电压的相位可以领先或滞后其一次绕组一个角度 δ。为方便选用多脉冲整流器用移相变压器，图 1-18 给出用于 12 脉冲整流器、18 脉冲整流器、24 脉冲整流器、30 脉冲整流器和 36 脉冲整流器的移相变压器示例。

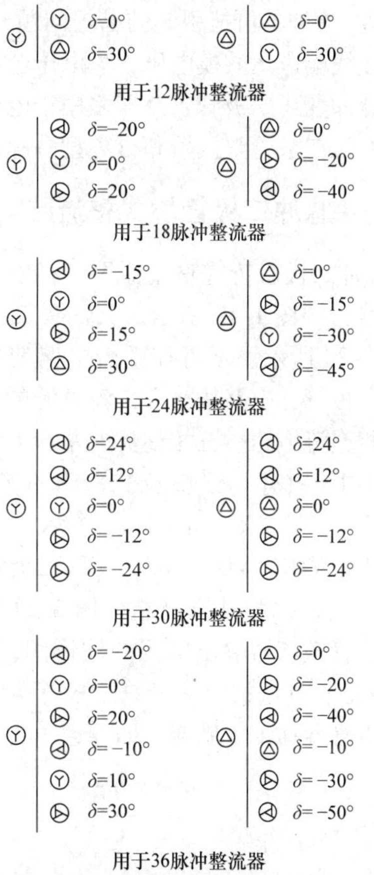

图 1-18 给出了用于多脉冲二极管/晶闸管整流器的几种移相变压器的例子。变压器的绕组用中心含："Y" "△" "⋗"和"⋖"的圆圈表示，其中"Y"表示星形联结的三相绕组，"△"表示三角形联结的三相绕组，"⋗"表示超前 δ 的延边三角形，"⋖"表示滞后 δ 的延边三角形。对于 12 脉冲整流器，变压器二次绕组有 2 个，其相位差为 30°。对于 18 脉冲整流器，变压器二次绕组有 3 个，相邻绕组的相位差为 20°。对于 24 脉冲整流器，

用于12脉冲整流器
Y δ=0° / △ δ=30°　　△ δ=0° / Y δ=30°

用于18脉冲整流器
△ δ=-20° / Y δ=0° / δ=20°　　△ δ=0° / δ=-20° / δ=-40°

用于24脉冲整流器
⋖ δ=-15° / Y δ=0° / δ=15° / δ=30°　　△ δ=-15° / δ=-30° / δ=-45°

用于30脉冲整流器
δ=24° / δ=12° / δ=0° / δ=-12° / δ=-24°　　δ=24° / δ=12° / δ=0° / δ=-12° / δ=-24°

用于36脉冲整流器
Y δ=-20° / δ=0° / δ=20° / δ=-10° / δ=10° / δ=30°　　△ δ=0° / δ=-20° / δ=-40° / δ=-10° / δ=-30° / δ=-50°

图 1-18　多脉冲整流器用移相变压器示例

注：用于 36 脉冲整流器中，当一次绕组为星形联结时，$\delta=-20°$ 和 $\delta=-10°$ 两个整流器的直流输出串联供给一个直流负载；$\delta=0°$ 和 $\delta=10°$ 两个整流器的直流输出串联供给一个直流负载；$\delta=20°$ 和 $\delta=30°$ 两个整流器的直流输出串联供给一个直流负载。当一次绕组为三角形联结时，$\delta=0°$ 和 $\delta=-10°$ 两个整流器的直流输出串联供给一个直流负载；$\delta=-20°$ 和 $\delta=-30°$ 两个整流器的直流输出串联供给一个直流负载；$\delta=-40°$ 和 $\delta=-50°$ 两个整流器的直流输出串联供给一个直流负载。

变压器二次绕组有 4 个，相邻绕组的相位差为 15°。对于 30 脉冲整流器，变压器二次绕组有 5 个，相邻绕组的相位差为 12°。对于 36 脉冲整流器，变压器二次绕组有 6 个，相邻绕组的相位差为 10°。

1.6　多脉冲变压二极管桥式整流器

多脉冲变压二极管整流器的主要特点是可以降低电网侧的谐波畸变，其主要原因在于所采用的移相变压器，它可以使各 6 脉冲二极管整流器产生的低次谐波相互抵消。一般说来，二极管整流器脉波数目越多，输出网侧电流的谐波畸变越小。但是，多于 30 脉冲的二极管整流器降低谐波的性能并不明显，所用的变压器成本却增加较多，故而应用受到限制。

多脉冲变压二极管整流器的其他特点，如通常不需要 LC 滤波器或者功率因数补偿器，解决了 LC 滤波器可能引起的谐振问题。采用的移相变压器可以有效防止整流器和逆变器在电动机接线端产生共模电压，该电压会导致电动机定子绕组绝缘的过早损坏。

多脉冲变压二极管整流器多用于电压源型逆变器（VSI）传动系统。它可以分为串联型多脉冲变压二极管整流器和分离型多脉冲变压二极管整流器。

1.6.1　6 脉冲二极管桥式整流器

6 脉冲二极管桥式整流器即三相桥式不可控整流电路，如图 1-19 所示，其两种简化结构框图如图 1-20 所示。不可控整流电路使用的器件为功率二极管，电路按输入交流电源的相数不同分为单相整流电路、三相整流电路和多相整流电路。图 1-19 中有 6 只整流二极管，其中 VD_1、VD_3、VD_5 三只二极管的阴极连接在一起，称为共阴极组；VD_4、VD_6、VD_2 三只二极管的阳极连接在一起，称为共阳极组。图 1-21 给出了 6

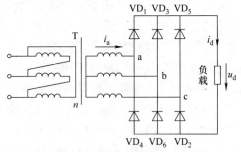

图 1-19　6 脉冲二极管桥式整流器

脉冲二极管整流器输出电压的波形图，共阴极组的三只二极管 VD_1、VD_3、VD_5 在 t_1、t_3、t_5 换相导通；共阳极组的三只二极管 VD_4、VD_6、VD_2 在 t_2、t_4、t_6 换相导通。一个周期内，每只二极管导通 1/3 周期，即导通角为 120°。

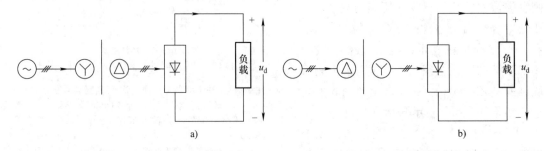

a)　　　　　　　　　　　　　　　　b)

图 1-20　6 脉冲二极管整流器的两种简化结构框图

从图 1-21 所示输出电压波形可以看出，u_d 为线电压中最大的一个，因此 u_d 波形为线电压的包络线。u_d 一个周期脉动 6 次，每次脉动的波形都一样故称之为 6 脉冲二极管整流器。

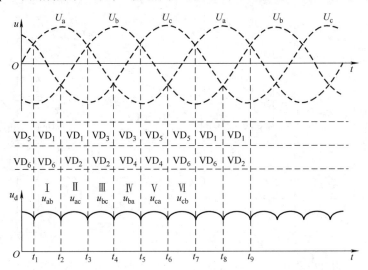

图 1-21　6 脉冲二极管整流器（纯电阻负载）输出电压波形图

在实际的中、高压变频器中，每个二极管可由两个或多个低压二极管串联组成，负载多为大容量的电容器，当电容量足够大时，使直流输出电压基本没有纹波，近似为一个直流电源。U_d 随负载情况的不同而略有变化：轻载时，U_d 接近交流侧供电电源线电压的峰值，直流电流 i_d 可能是断续的，称之为断续电流模式；随着直流电流 i_d 的增加，在供电电源的内部等效电感（也考虑电源侧串联的滤波电感）和移相变压器的漏电感上的电压降会增加，U_d 则会下降；当 i_d 增加到一定值时，它就会变为连续的，整流器就工作在连续电流工作模式下。

6 脉冲二极管整流器输入电流的总谐波失真为 25%，典型电源阻抗下对应的电压失真约为 10%。不能满足 IEEE 519—1992《电源系统谐波控制推荐规程和要求》和 GB/T 14549—1993《电能质量　公用电网谐波》中对谐波限制的要求。

1.6.2　12 脉冲二极管桥式整流器

12 脉冲二极管桥式整流器有串联型和分离型两种。

1. 12 脉冲串联型二极管整流器

12 脉冲串联型二极管整流器的典型结构如图 1-22 和图 1-23 所示，其中包括两个完全相同的 6 脉冲二极管整流器，分别由移相变压器二次侧的两个三相对称绕组供电，两个整流器的直流输出串联连接。为了消除网侧电流 i_a 中的低次谐波，可令图 1-22 中变压器二次侧星形联结的绕组的线电压 u_{ab} 与变压器一次绕组线电压 u_{AB} 同相，此时变压器二次侧星形联结绕组中的电流和变压器二次侧三角形联结绕组中的电流波形相同，只是相位上相差 30°。可令图 1-23 中变压器二次侧三角形联结绕组的线电压 $u_{a'b'}$ 与变压器一次绕组线电压 u_{AB} 同相，此时变压器二次侧三角形联结绕组中的电流和变压器二次侧星形联结绕组中的电流波形相同，只是相位上相差 30°。可以证明，它们一次绕组线电流中的 5 次和 7 次谐波均相差

180°，因此可以相互抵消，降低了大功率整流器线电流的总谐波畸变率。

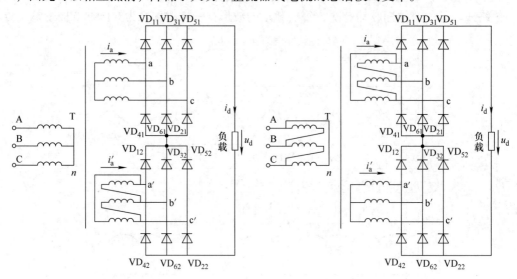

图 1-22　12 脉冲串联型（Ｙ／Ｙ－△）　　　图 1-23　12 脉冲串联型（△／△－Ｙ）
　　　　　二极管整流器　　　　　　　　　　　　　　　二极管整流器

图 1-24 所示为 12 脉冲串联型二极管整流器的简化结构框图。

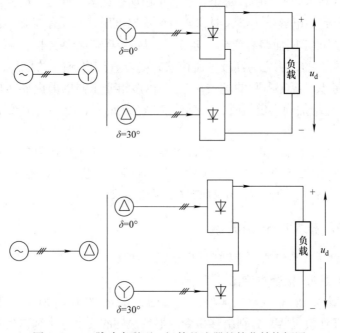

图 1-24　12 脉冲串联型二极管整流器的简化结构框图

　　一般说来，12 脉冲串联型二极管整流器输入电流的总谐波失真为 8.8%，典型电源阻抗下对应的电压失真为 5.9%，仍不能满足 IEEE 519—1992《电源系统谐波控制推荐规程和要求》和 GB/T 14549—1993《电能质量　公用电网谐波》中对谐波限制的要求。实际中为了降低网侧电流的谐波，一般需要采用网侧滤波器。

2. 12 脉冲分离型二极管整流器

12 脉冲分离型二极管整流器的简化结构框图如图 1-25 所示，它和 12 脉冲串联型二极管整流器基本相同，唯一的区别是它有两个独立的直流负载。

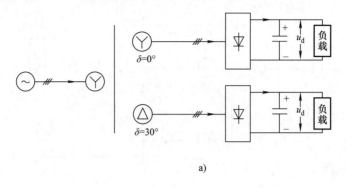

a)

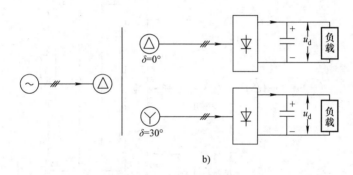

b)

图 1-25　12 脉冲分离型二极管整流器的简化结构框图

12 脉冲分离型二极管整流器的功率因数和网侧的 THD 都比 12 脉冲串联型二极管整流器的功率因数和网侧的 THD 要小些。

1.6.3　18 脉冲二极管桥式整流器

18 脉冲二极管桥式整流器有串联型和分离型两种。

1. 18 脉冲串联型二极管整流器

18 脉冲串联型二极管整流器的简化结构框图如图 1-26 所示，其中二次侧为 3 个完全相同的 6 脉冲二极管整流器，由同一台移相变压器供电。图中一组典型相移角 δ 的取值分别为 $-20°$、$0°$ 和 $20°$。δ 也可以有其他取值，如分别取值为 $0°$、$-20°$ 和 $-40°$。只要移相变压器任意两个相邻绕组都有 $20°$ 的相移，18 脉冲串联型二极管整流器就可以消除 5 次、7 次、11 次和 13 次谐波。变压器的匝数设计，一般为每个二次绕组的线电压都为变压器一次绕组线电压的 $1/3$。

2. 18 脉冲分离型二极管整流器

18 脉冲分离型二极管整流器的简化结构框图如图 1-27 所示，它和 18 脉冲串联型二极管整流器除了直流侧连接方式不同外，实质上基本相同。一般说来，与串联型整流器相比，分离型整流器的 THD 稍好一些，但功率因数稍差些。

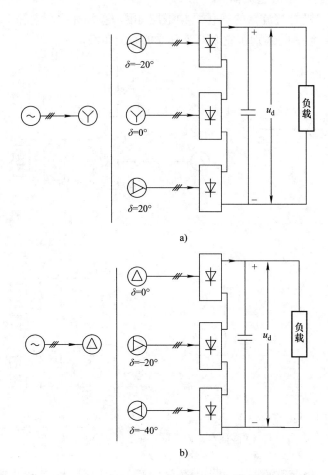

图 1-26　18 脉冲串联型二极管整流器的简化结构框图

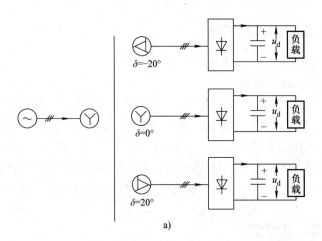

图 1-27　18 脉冲分离型二极管整流器的简化结构框图

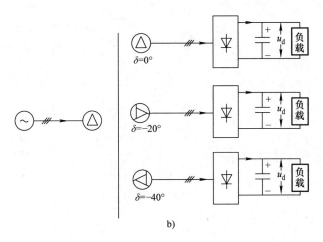

b)

图 1-27　18 脉冲分离型二极管整流器的简化结构框图（续）

1.6.4　24 脉冲二极管桥式整流器

24 脉冲二极管桥式整流器有串联型和分离型两种。

1. 24 脉冲串联型二极管整流器

24 脉冲串联型二极管整流器的简化结构框图如图 1-28 所示，其中 4 个 6 脉冲二极管整流器由移相变压器的 4 个二次绕组供电。为了消除 5 次、7 次、11 次、13 次、17 次和 19 次 6 个主要的谐波，变压器的 4 个二次绕组中任何相邻两个绕组的线电压之间都有 15°的相移。图中一组典型的相移角 δ 取值为 $-15°$、$0°$、$15°$ 和 $30°$，δ 另一组典型的取值为 $0°$、$-15°$、$-30°$ 和 $-45°$。24 脉冲串联型二极管整流器可有效抑制网侧输入电流谐波和输出电压脉动，其网侧电流仅含 $24k \pm 1$ 次谐波，输出电压仅含 $24k$ 次谐波，其幅值与次数成反比。每个二次绕组的线电压都为一次绕组线电压的 1/4。

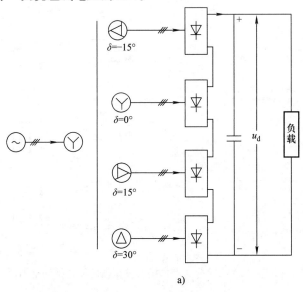

a)

图 1-28　24 脉冲串联型二极管整流器的简化结构框图

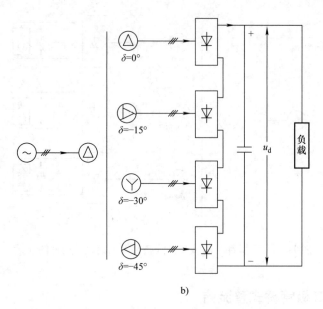

b)

图 1-28 24 脉冲串联型二极管整流器的简化结构框图（续）

24 脉冲串联型整流器线电流的 THD 非常小，可满足 IEEE 519—1992《电源系统谐波控制推荐规程和要求》中对谐波的要求。

2. 24 脉冲分离型二极管整流器

24 脉冲分离型二极管整流器的简化结构框图如图 1-29 所示，它和 24 脉冲串联型二极管整流器除了直流侧连接方式不同外，实质上基本相同。一般说来，与串联型整流器相比，分离型整流器的 THD 稍好一些，但功率因数稍差些。

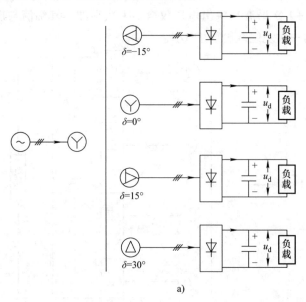

a)

图 1-29 24 脉冲分离型二极管整流器的简化结构框图

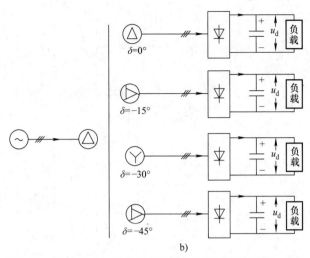

图 1-29　24 脉冲分离型二极管整流器的简化结构框图（续）

1.6.5　36 脉冲二极管桥式整流器

虽然 24 脉冲串联型二极管整流器的线电流 THD 已满足 IEEE 519—1992《电源系统谐波控制推荐规程和要求》中对谐波的要求。但是，国内外的有关厂家为进一步改善网侧的电流波形，得到更小的网侧谐波，还设计了 30、36、42、48 脉冲系列等构成的多级相叠加的整流方式，使其负载下的网侧功率因数接近 1，而无需任何功率因数补偿、谐波抑制装置。由于变压器二次绕组的独立性，使每个功率单元的主电路相对独立，类似常规低压变频器，便于采用现有的成熟技术。36 脉冲二极管桥式整流器的简化结构框图如图 1-30 所示。变压

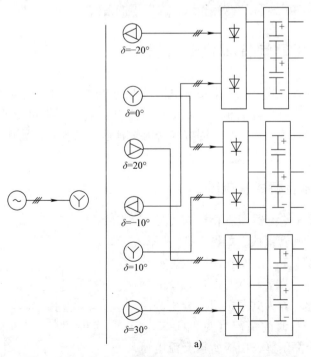

a)

图 1-30　36 脉冲二极管桥式整流器的简化结构框图

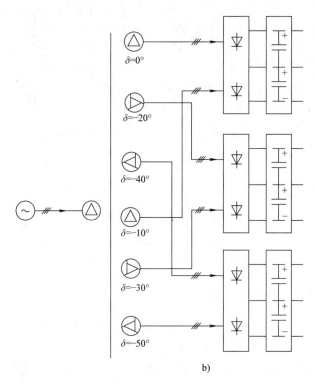

图 1-30　36 脉冲二极管桥式整流器的简化结构框图（续）

器的 6 个二次绕组采用 2×18 脉冲移相变压器模式，任何相邻两个整流器的线电压之间都有 10°的相移。这种移相接法可以有效消除 35 次以下的谐波。

1.7　多脉冲变压晶闸管桥式整流器

多脉冲变压晶闸管桥式整流器多用于电流源型逆变器（CSI）传动系统。晶闸管桥式整流器为电流源型提供了可变的直流电，CSI 将直流电变换为频率可变的三相 PWM 交流电。多脉冲晶闸管桥式整流器的输入功率因数随着触发延迟角而改变，是其主要缺点。

1.7.1　6 脉冲晶闸管桥式整流器

6 脉冲晶闸管桥式整流器即三相桥式可控整流电路，它由 6 个晶闸管组成，如图 1-31 所示。其中，VT_1、VT_3、VT_5 3 个晶闸管的阴极连接在一起，称为共阴极组；VT_4、VT_6、VT_2 3 个晶闸管的阳极连接在一起，称为共阳极组。分析晶闸管的触发延迟角 $\alpha = 0$ 时的情况（见图 1-32）：对于共阴极组的 3 个晶闸管，阳极所接交流电压值最大的 1 个导通；对于共阳极组的 3 个晶闸

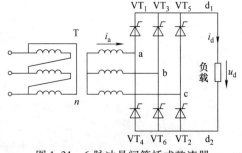

图 1-31　6 脉冲晶闸管桥式整流器

管，阴极所接交流电压值最小的一只导通。任意时刻，共阳极组和共阴极组中各有 1 个晶闸管处于导通状态。

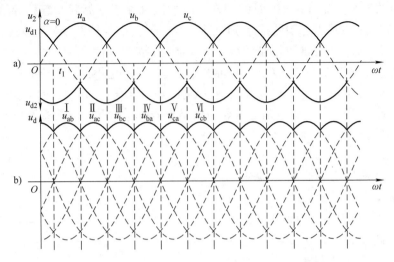

图 1-32　6 脉冲晶闸管桥式整流器带电阻型负载 $\alpha = 0$ 时的波形

从相电压波形（见图 1-32a）可以看出，共阴极组晶闸管导通时，u_{d1} 为相电压的正包络线；共阳极组导通时，u_{d2} 为相电压的负包络线；$u_d = u_{d1} - u_{d2}$，是两者的差值，为线电压在正半周的包络线。

从线电压波形（见图 1-32b）可以看出，u_d 为线电压中最大的一个，因此 u_d 波形为线电压的包络线。

6 脉冲晶闸管桥式整流器带电阻型负载 $\alpha = 0$ 时晶闸管的工作情况见表 1-4。

表 1-4　6 脉冲晶闸管桥式整流器带电阻型负载 $\alpha = 0$ 时晶闸管的工作情况

时段	共阴极组中导通的晶闸管	共阳极组中导通的晶闸管	整流输出电压 u_d
I	VT_1	VT_6	$u_{ab} = u_a - u_b$
II	VT_1	VT_2	$u_{ac} = u_a - u_c$
III	VT_3	VT_2	$u_{bc} = u_b - u_c$
IV	VT_3	VT_4	$u_{ba} = u_b - u_a$
V	VT_5	VT_4	$u_{ca} = u_c - u_a$
VI	VT_5	VT_6	$u_{cb} = u_c - u_a$

6 脉冲晶闸管桥式整流器的特点如下：

1）两只晶闸管同时导通形成供电回路，其中共阴极组和共阳极组各 1 个，且不能为同一相器件。

2）对触发脉冲的要求：按 VT_1—VT_2—VT_3—VT_4—VT_5—VT_6 顺序，相位依次差 60°，共阴极组 VT_1、VT_3、VT_5 的脉冲依次差 120°，共阳极组 VT_2、VT_4、VT_6 也依次差 120°，同一相上下的两个桥臂（即 VT_1 与 VT_4、VT_3 与 VT_6、VT_5 与 VT_2）脉冲相差 180°。

3）u_d 一周期内脉冲 6 次，每次脉冲的波形都一样，因此该电路称为 6 脉冲晶闸管桥式整流器。

4）保证同时导通的 2 个晶闸管均有脉冲可采用两种方法：一种是宽脉冲触发，另一种是常用的双脉冲触发。

$\alpha = 30°$ 时的工作情况与 $\alpha = 0°$ 时的工作情况的区别在于，晶闸管起始导通时刻推迟了 30°，组成 u_d 的每一段线电压因此推迟 30°。从 ωt_1 开始把一个周期等分为 6 段，u_d 波形仍由 6 段线电压构成，每一段导通晶闸管的编号仍符合表 1-4 的规律。

整流器的直流输出平均电压 U_d 在不同触发延迟角下取值不同：$\alpha = 45°$ 时为正；$\alpha = 90°$ 时为零；$\alpha = 135°$ 时为负。当 $\alpha = 180°$ 时，直流输出平均电压 U_d 达到负的最大值。由于实际整流器网侧电感 L_s 不为零，触发延迟角 α 应该小于 180°，以防止晶闸管换相失败。

当整流器输出直流电压为正时，功率从电源流向负载。当整流器输出直流电压为负时，整流器运行在有源逆变模式下，功率从负载回馈到电源，这种情况通常发生在 CSI 传动系统运行在回馈制动过程时。在此过程中，逆变器将电动机转子和机械负载的动能转换为电能并通过整流器回馈到电源，以达到快速回馈制动的目的。晶闸管整流器的双向功率流动能力，使得 CSI 传动系统具备了四象限运行的能力。

带负载的 6 脉冲晶闸管桥式整流器的简化结构框图如图 1-33 所示，图中没有画出晶闸管的阻容（RC）吸收电路。

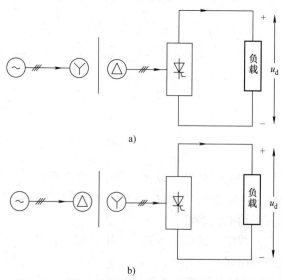

图 1-33　6 脉冲晶闸管桥式整流器的简化结构框图

6 脉冲晶闸管桥式整流器输入电流的总谐波失真随着输入电流的大小和触发延迟角 α 的大小而变化，总谐波畸变率一般大于 25%，典型电源阻抗下对应的电压失真约为 10%，不能满足 IEEE 519—1992《电源系统谐波控制推荐规程和要求》和 GB/T 14549—1993《电能质量　公用电网谐波》中对谐波的限制要求，这在实际系统中，尤其是在大功率系统中是不可接受的。

6 脉冲晶闸管桥式整流器输入功率因数（PF）随输入电流的大小变化很小，而当触发延迟角 α 很大时，功率因数下降很多，实际上这是晶闸管整流器的主要缺点。

1.7.2　12 脉冲晶闸管桥式整流器

12 脉冲晶闸管桥式整流器如图 1-34 所示，它由一个移相变压器和两个完全相同的 6 脉冲晶闸管桥式整流器组成。移相变压器有两个二次绕组，接线方式分别为星形联结和三角形联结，二次绕组线电压通常是一次绕组线电压的一半。两个整流电路的直流输出串联起来供给一个直流负载，为了消除网侧电流 i_a 中的低次谐波，可令变压器二次侧星形联结绕组的线电压与变压器一次绕组线电压同相，变压器二次侧星形联结绕组中的电流和变压器二次侧三角形联结绕组中的电流波形形状相同，只是相位上相差 30°。可以假想图中直流中间电路的直流电感 L_d 足够大，直流电流 I_d 没有纹波。

12 脉冲晶闸管桥式整流器的 THD 性能比 6 脉冲晶闸管桥式整流器好很多，然而它仍不

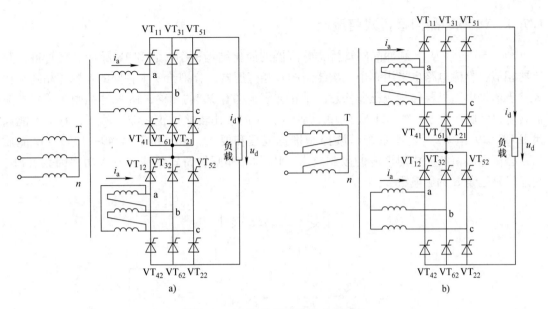

图 1-34　12 脉冲晶闸管桥式整流器

能满足 IEEE 519—1992《电源系统谐波控制推荐规程和要求》和 GB/T 14549—1993《电能质量　公用电网谐波》中对谐波的限制要求。12 脉冲晶闸管桥式整流器输入功率因数（PF）受触发延迟角 α 的影响很大。

12 脉冲晶闸管桥式整流器可作为 CSI 传动系统的整流前端。

图 1-35 所示 12 脉冲晶闸管桥式整流器的简化结构框图。

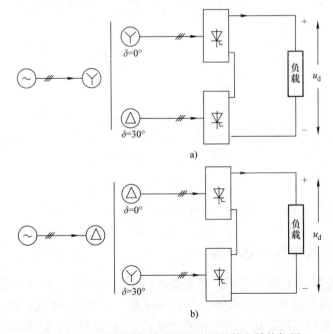

图 1-35　12 脉冲晶闸管桥式整流器的简化结构框图

1.7.3　18 脉冲晶闸管桥式整流器

图 1-36 所示为 18 脉冲晶闸管桥式整流器的简化结构框图，它和 18 脉冲二极管桥式整流器相似，整流电路也采用 3 个二次绕组的移相变压器，分别给 3 个相同的 6 脉冲晶闸管桥式整流器供电。只要移相变压器任意两个相邻绕组都有 20°的相移，18 脉冲晶闸管桥式整流器就可以消除 5 次、7 次、11 次和 13 次谐波，使波形比较接近正弦波。然而，它仍不能满足 IEEE 519—1992《电源系统谐波控制推荐规程和要求》和 GB/T 14549—1993《电能质量　公用电网谐波》中对谐波的限制要求。18 脉冲晶闸管桥式整流器输入功率因数（PF）受触发延迟角 α 的影响很大。

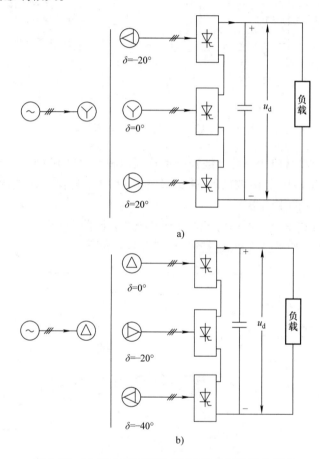

图 1-36　18 脉冲晶闸管桥式整流器的简化结构框图

1.7.4　24 脉冲晶闸管桥式整流器

图 1-37 所示为 24 脉冲晶闸管桥式整流器的简化结构框图，它和 24 脉冲二极管桥式整流器相似，整流电路采用 4 个二次绕组的移相变压器，分别给 4 个相同的 6 脉冲晶闸管桥式整流器供电。只要移相变压器任意两个相邻绕组都有 15°的相移，24 脉冲晶闸管桥式整流器就可以消除 5 次、7 次、11 次、13 次、17 次和 19 次 6 个主要的谐波，24 脉冲晶闸管桥式整流器线电流的 THD 非常低，满足 IEEE 519—1992《电源系统谐波控制推荐规程和要求》中

对谐波的限制要求。24 脉冲晶闸管桥式整流器输入功率因数（PF）随着触发延迟角 α 而改变，这是其主要缺点。

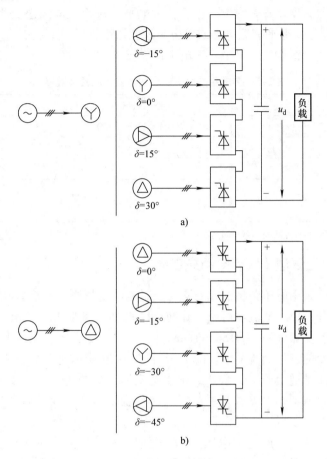

图 1-37　24 脉冲晶闸管桥式整流器的简化结构框图

1.8　高压变频器的多电平逆变器

1.8.1　采用多电平技术的原因

　　世界上很多公司开发了高耐压、低损耗、高速度的功率器件，如西门子公司研制的 HV – IGBT 耐压可达 4.5kV，ABB 公司研制的新型功率器件——集成门极换流晶闸管（IGCT），耐压可达 6kV。但是对于我国标准中的 6kV 和 10kV 电压等级电动机，若直接变频调速，即使用上述耐压等级的功率器件，仍需串联使用，这使得器件数量增加，电路复杂，成本增加，可靠性大为降低。为了避免由功率器件串并联引起的静态和动态均压问题，同时也为降低输出谐波及 du/dt 的影响，高压变频器的逆变器采用的一种方法是直接应用于高压（如 6kV）、不使用变压器和电抗器的二极管钳位式多电平方式。

　　多电平电压源型逆变器有多种结构，通常有二、三、四、五、六电平之分。逆变器额定输出电压正比于有源开关的数量。这就意味着，如果开关数量加倍，则逆变器最大输出电压和输出功率也将增加为原来的两倍，然而随着电压等级的上升，钳位二极管的数量急剧增加，过多的器件数量以及直流电容电压平衡控制增加了逆变器的制造难度和成本。如三电平二极管钳位式逆变器只需要 6 个钳位二极管，五电平二极管钳位式逆变器则需要 36 个，见表 1-5。实际上，这是四电平、五电平或六电平逆变器很少用于工业中的一个主要原因。

本书仅介绍二极管钳位式二电平、三电平逆变器。

表 1-5　多电平二极管钳位式逆变器的器件数量

电平数目	电源开关	钳位二极管*	直流电容
m	$6(m-1)$	$3(m-1)(m-2)$	$(m-1)$
3	12	6	2
4	18	18	3
5	24	36	4
6	30	60	5

注：＊表示所有二极管和有源开关具有相同的电压等级。

1.8.2　二电平电压源型 10kV 传动逆变器

二电平电路形式采用电压源型的交－直－交结构的变频器，其基本电路由整流器、直流环节和逆变器三部分组成。整流器可由 6 脉冲、12 脉冲、18 脉冲、甚至 30 脉冲整流二极管桥组成。电压源型逆变器（Voltage Source Inverter，VSI）的主要功能是将恒定的直流电压变换为幅值和频率可变的三相交流电压。图 1-38 和图 1-39 所示逆变部分给出了大功率系统中应用的二电平电压源型逆变器（简称为二电平逆变器）的主电路。逆变器主要由 6 组功率开关器件 $V_1 \sim V_6$ 组成，每个开关反并联了一个续流二极管，反并联的二极管为反馈能量（包括电动机绕组电感反馈能量、降速时拖动系统释放机械能及线路中分布电感反馈能量）提供回路。根据逆变器工作的直流电压不同，每组功率器件可由两个或多个 IGBT 或 IGCT 等串联组成。开关器件 $V_1 \sim V_6$ 的控制取决于调制波和载波的比较结果，常采用的控制方式有正弦波脉宽调制（Sinusoidal PWM，SPWM）和空间矢量调制（Space Vector Modulation，SVM），器件的开关频率一般低于 1kHz。

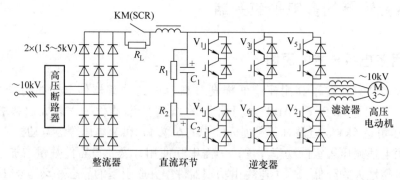

图 1-38　6 脉冲直接高进高出（没有变压器）二电平主电路

图 1-38 和图 1-39 所示直流环节主要由滤波电路（由电容器 C_1、C_2 和均压电阻 R_1、R_2 构成）和限流回路（由预充电电阻 R_L、接触器 KM 或晶闸管构成）组成。

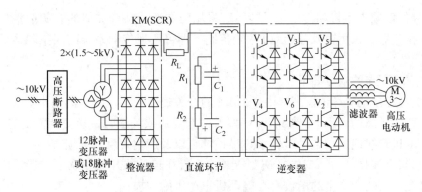

图 1-39　12 脉冲直接高进高出二电平主电路

目前，电解电容器的耐压能到 450V，对于 6～10kV 系统来说，为增大电容量和改善滤波效果，可将若干电容器并联，然后再串联。

在滤波电路中，由于每个电容器的电容量不可能绝对相同，其电容量的离散型较大，若干个电容器并联后，组成的两组电容器 C_1 和 C_2 之间的电容量差异是比较明显的。串联以后，C_1 和 C_2 上的电压分配将是不均衡的，这将导致两组电容器使用寿命的不一致。解决电压不均衡的方法是在两组电容器的两端分别并联电阻值相等的均压电阻 R_1 和 R_2，由于电阻的阻值容易做得比较准确，从而保证了均压的效果。

在预充电环节，当变频器刚接通电源时，滤波电容器 C_1 和 C_2 上的电压为零，而电源电压为 6～10kV（前面介绍为了提高滤波效果，滤波电容器的电容量又很大），因此在刚接通电源的瞬间，必将产生很大的冲击电流，这有可能损坏整流二极管，而且使电源电压瞬间下降为零，对网络形成干扰。

在多脉冲桥式整流器和滤波电容器之间，接入预充电电阻 R_L 和电感元件，将滤波电容器的充电电流限制在一个允许范围内，降低网络电压波形受到的影响。

但 R_L 长期接在电路内，将影响直流电压和变频器输出电压的大小。因此，当滤波电容器已充电完毕后，由接触器 KM 将预充电电阻 R_L 短接。

在许多系列的变频器里，KM 已经由晶闸管（SCR）代替。

二电平 VSI 具有如下特性：

1）模块化设计。将 IGBT 模块、栅极驱动、旁路开关和吸收电路集成到一个开关模块，以便组装和规模化生产，从而可以降低生产成本。模块化设计也有助于传动系统的维护和检修，如在运行现场可快速更换故障模块。

2）控制方案简单。采用正弦波脉宽调制和空间矢量调制方案，所需栅极信号的数量不随开关串联个数的变化而变化，6 组同步开关器件只需要 6 个栅极信号。

3）对串联 IGBT 的有源过电压钳位作用。IGBT 关断时，其最大动态电压可被栅极驱动有效钳位，能够避免开关暂态过电压可能造成的损害。

4）便于实现高可靠性的 $N+1$ 冗余方案。在可靠性要求较高的系统中，可以在逆变器的每个桥臂中都增加一个冗余模块。当某个模块不能正常工作时，可通过旁路电路将其切除，从而使得逆变器系统仍可在满载下连续运行。

5）直流电容预充电电路简单。二电平逆变器只需要一个预充电电路，而多电平逆变器通常需要多套预充电电路。

6）可提供四象限运行和再生制动能力。采用与逆变器结构类似的有源前端，来代替多脉冲二极管整流器，采用输入输出双 PWM 控制，即可实现传动系统的四象限运行和再生制动能力。

二电平 VSI 存在的缺点如下：

1）逆变器输出的 du/dt 较高。由于 IGBT 的开关速度较快，所以其输出电压波形上升沿和下降沿会产生较高的 du/dt。当 IGBT 串联并一起导通或关断时，逆变器输出的 du/dt 尤其高，可使电动机绕组绝缘和电动机轴承过早损坏，以及产生波反射等损害。

2）电动机谐波损耗大。二电平逆变器通常运行在较低的开关频率下，造成电动机和电流的严重畸变，而畸变产生的谐波会在电动机里产生附加损耗。

3）共模电压高。任何变换器的整流和逆变过程都会产生共模电压，如果不采取措施，这些电压将导致电动机绕组的绝缘过早损坏。

通过在逆变器输出和电动机之间增加 LC 滤波器（见图 1-38 和图 1-39），可有效地解决上述的前两个问题。增加滤波器后，逆变器输出过高的 du/dt 将被滤波器电感承受，而不是电动机。因此，电感应具有足够的绝缘强度，能够承受较高的 du/dt。滤波器通常安装在传动装置的柜体里，并通过较短的电缆与逆变器连接，以避免波反射。滤波器可使电动机的电流和电压接近正弦波，从而减小电动机的谐波损耗。

然而，滤波器的引入会产生一些实际问题，如制造成本的增加、基波电压的下降以及滤波器和直流电路之间的环流等。逆变器输出 PWM 电压中的谐波，还可能引起 LC 滤波器的谐振。

对于二电平逆变器的共模电压高问题，可通过使用图 1-39 中的移相变压器，以阻断共模电压，使其有效降低。值得指出的是，移相变压器并不能完全消除共模电压。

图 1-38 和图 1-39 所示为四川省佳灵电气有限公司生产的二电平 10kV—VSI 传动系统。它采用最新的 HV – IGBT，使用该公司的容性母版技术 $1 + N$（只）串联，较好地解决了动态与静态的均压问题。容量小于 1200kW 时，可采用图 1-38 所示系统；容量不小于 1200kW 时，可采用图 1-39 所示系统。系统载波频率为 $0.6 \sim 1.2$kHz。由于在输出端采用了专用的滤波器，谐波分量符合 IEEE 519—1992《电源系统谐波控制推荐规程和要求》。这里的介绍仅供选型参考，必要时需和厂家联系。

图 1-39 的前端采用 12 脉冲二极管整流器，以减小网侧电流的谐波畸变。在对谐波要求更严格的应用中，可以用 18、24 或 36 脉冲二极管整流器（这在前面几节中已有介绍）。

1.8.3　三电平电压源型二极管钳位式逆变器的优缺点

当电压源型变频器输出电压为 $6 \sim 10$kV 时，为了避免整流及逆变器串联引起的动态均压问题，并降低输出的谐波分量，其主电路一般为电压源型的交 – 直 – 交结构，逆变器形式上多采用三电平电路。

图 1-40 给出了三电平二极管钳位式逆变器（Neturai Point Clamped，NPC，通常称为中性点钳位式逆变器）简化电路图。逆变器每相桥臂的结构是相同的，逆变器 A 相桥臂由反并联二极管（$VD_1 \sim VD_4$）的 4 个有源开关（$V_1 \sim V_4$）组成，在中、高压变频器实际应用中，逆变器的开关器件一般采用 IGBT、IGCT 或 GCT。

中性点钳位式三电平变频器整流后的母线电压经两组相串联的电解电容滤波，两组电容的连接点即为此电路的中性点，该点与变频器中每相两个恢复二极管的连接点相连，构成二极管中性点电压钳位电路。

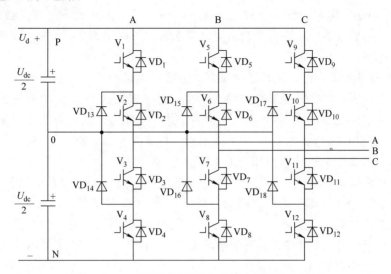

图 1-40　三电平二极管钳位式逆变器简化电路图

1. 中性点钳位式三电平变频器的特性

1）无须采用器件串联，就可以应用于一定电压等级的中压传动系统。如图 1-40 所示，直流侧两个电容器容量相等，且电压相等，均为 $U_{dc}/2$（U_{dc} 为母线电压），变频器每个功率开关管承受的最大电压为母线电压的 1/2，从而实现了用中低压器件无须采用器件串联即可完成高压大容量的逆变。

2）三电平输出谐波分量比二电平少。如图 1-40 所示，以钳位点为参考点，每相均可以输出 $U_{dc}/2$、0 和 $-U_{dc}/2$ 3 个电平，比二电平变频器多了一个电平，其输出谐波和电压变化率 du/dt 明显低于二电平逆变器，从而使输出波形更加优化。

3）无动态均压问题。二极管中性点钳位式三电平逆变器的开关状态见表 1-6，逆变器每个桥臂有 3 个开关状态（P，O，N），"P"表示桥臂上端的两个开关导通，"O"表示中间的两个开关导通，"N"表示下端的两个开关导通。由表 1-6 可以看出，三电平电压源型高压变频器逆变器的一个桥臂中，V_1 和 V_3 互补、V_2 和 V_4 互补（即 V_1 和 V_3、V_2 和 V_4 任何时候都不会出现两个器件同时导通或同时关断的情形），因此不存在器件串联的均压问题。在换相过程中，三电平逆变器的每个有源开关均只承受总直流电压的 1/2。

表 1-6　二极管中性点钳位式三电平逆变器的开关状态

开关状态	器件开关状态（A 相）				逆变器端电压
	V_1	V_2	V_3	V_4	
[P]	通	通	断	断	E
[O]	断	通	通	断	0
[N]	断	断	通	通	$-E$

开关状态从 [O] 转换到 [P]、从 [P] 转换到 [O]、从 [N] 转换到 [O]（或相反

的过程）中，三电平逆变器的每个有源开关均只承受总直流电压的1/2，这还说明不存在动态均压问题。

4）三电平逆变器输入一般采用12脉冲整流方式，要达到国家标准对谐波抑制的要求，可在网侧加有效的滤波器。对谐波抑制有更高要求时，可以采用24脉冲、30脉冲、甚至更多脉冲的整流电路。

5）三电平逆变器输出侧使用普通电动机时，必须附加输出滤波器。假设每个整流桥整流输出电压为 E，两个整流桥的串联点为参考电位点，根据 $V_1 \sim V_4$ 4 个器件的开关状态变化，每相输出对中性点 O 的电压可为 E、0、$-E$ 共 3 个状态，所以称为三电平，相应的另一相对中性点 O 的电位也是 E、0、$-E$ 3 个状态，两个相电压相减后形成的线电压将有 $2E$、E、0、E、$-2E$ 共 5 个电平状态，如图 1-41 所示。

由于逆变器输出侧线电压为 5 电平波形，谐波含量较高，du/dt 较大，仍然需要滤波器（一般在设备内置）。否则影响电动机绝缘。采用 12 脉冲整流方式的三电平电压源型变频器输出的电流总谐波失真可以达到 17% 左右，会引起电动机谐波发热、转矩脉动。输出电压跳变台阶为直流母线电压的 1/2，会影响电动机绝缘，所以一般需配置特殊电动机；若要使用普通电动机，必须附加输出滤波器。

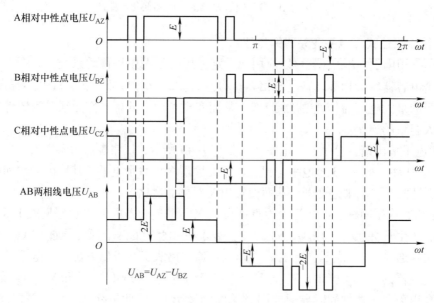

图 1-41　三电平逆变器输出相电压及线电压波形

6）无需额外的器件就可以实现静态电压均衡。当逆变器的最上端 "P" 和最下端 "N" 有源开关的漏电流小于中间开关 "O" 端的漏电流时，即可实现静态电压均衡。

7）在相同的电压容量和器件开关频率下，THD 和 du/dt 比二电平逆变器小。表 1-6 给出三电平电压源型高压变频器逆变桥 A 臂的开关状态，由于三电平逆变器是三相桥臂，共可以组成 27 种开关状态组合，去掉其中 8 种重复的组合，对应 19 种空间电压矢量，空间电压矢量按幅值分为 4 种，即大矢量、中矢量、小矢量和零矢量，对应的幅值分别为 $2U_d/3$、$\sqrt{3}U_d/3$、$U_d/3$ 和 0。在相同的电压容量和器件开关频率下，三电平逆变器的输出谐波和电压变化率 du/dt 明显小于二电平逆变器，采用三电平空间矢量调制（SVPWM）方法可以进行开关序列优化，而且直流母线利用率高，易于数字化，使输出波形更加优化，现已成为其最常用的控制算法。

2. 三电平二极管钳位式逆变器的缺点

1）需要额外的钳位二极管，较为复杂的 PWM 开关模式以及因直流侧两个电容值有限，中性点电流对电容器充放电会使中性点电压产生偏移。

2）三电平电压源型高压变频器主电路器件发生故障时，只能停机，无法实现"带病"降额运行。

3）若电动机电压和电网电压不等，不便于系统旁路（采用星/三角转换方式的 6kV 电动机必须重新改回星形联结）。

三电平电压源型高压变频器的进一步发展有待于更高耐压功率器件的出现和现有产品可靠性的进一步提高。

1.8.4　三电平 3kV 等级逆变器及其拓扑

3kV 三电平电压源型高压变频器的典型电路结构是：输入端采用 12 脉冲整流，两个三相全桥串联。直流回路采用电容器储能，逆变器由 IGBT 或 IGCT 组成三电平电路。这种变频器的典型代表是 ABB 公司生产的 ACS1000 系列和 ACS6000 系列、西门子公司采用高压 IGBT 生产的与此类似的变频器——SIMOVERT MV。图 1-42 所示为 ACS1000 12 脉冲整流三电平电压源型变频器的主电路拓扑结构。为叙述方便，中性点钳位的三电平方式 3kV 等级逆变器，以 ACS1000 系列变频器为例，介绍如下。

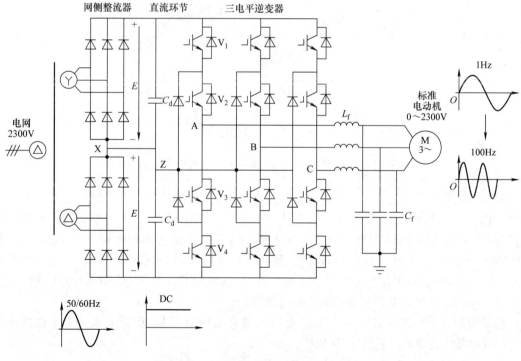

图 1-42　ACS1000 三电平 IGCT 逆变器的主电路拓扑结构原理图

图 1-42 中，将两组三相桥式整流电路用整流变压器联系起来，其一次绕组接成三角形，二次绕组则一组接成三角形，另一组接成星形。整流变压器两个二次绕组的线电压相同，但相位相差 30°，这样 5 次和 7 次谐波在变压器的一次侧将会有 180°的相移，因而能够互相抵消，同样的 17、19 次谐波也会互相抵消。这样经过 2 个整流桥的串联叠加后，即可得到 12 脉冲的整流输出波形，比 6 个脉冲更平滑，并且每个整流桥的二极管耐压可降低一半。采用 12 相整流电路减少了特征谐波含量，网侧特征谐波只有 11 次、13 次、23 次、25 次等。如果对抑制谐波有更高要求，整流电路还可以采用 24 脉冲、30 脉冲或更多脉冲的整流电路，若采用与逆变器结构类似的有源前端来代替多脉冲二极管整流器，并采用输入输出双 PWM 控制，则可实现传动系统的四象限和再生制动运行。

ACS1000 系列变频器的逆变器采用传统的三电平方式，因而输出波形中会不可避免地产生较大的谐波分量（THD 达 12.8%），这是三电平逆变方式所固有的，其线电压波形如图 1-43 所示。因此，在变频器的输出侧必须配置输出 LC 滤波器才能用于普通的笼型电动机。经过 LC 滤波器滤波后，可使其 THD 小于 1%。但由于谐波的原因，电动机的功率因数和效率都会受到一定的影响，只有在额定工况点才能达到最佳的工作状态，随着转速的下降，功率因数和效率都会相应降低。

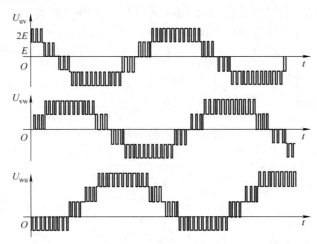

图 1-43　ACS1000 三电平 PWM 逆变器输出线电压波形图

ACS1000 系列变频器的三电平逆变器采用高耐压的 IGCT 功率器件，使用功率器件数量最少（12 只），结构简单、体积小、成本低，避免了器件的串联，提高了装置的可靠性。根据目前 IGCT 及高压 IGBT 的耐压水平，三电平逆变器的输出电压等级有 2.3kV、3.3kV 和 4.16kV。当输出电压要求达到 6kV 时，采用 12 只功率器件已不能满足要求，可采用 ACS5000 变频器或 IGCT 器件串联（见 1.8.5 节），这增加了成本，还会带来均压问题，失去了三电平结构的优势，并且会影响系统的可靠性。

若采用 9kV 耐压的 IGCT，则三电平变频器可直接输出 6kV，但谐波及 du/dt 也相应增加，必须加强滤波功能以满足 THD 指标。

1.8.5　三电平 6kV 逆变器及其拓扑

采用一般的三电平电路无法满足 6kV 电动机输入要求，下面介绍两种适应 6kV 电压要求的由三电平逆变器构成的变频器。

1. 适应6kV电压要求的ACS5000变频器

为适应6kV电压要求,ABB推出了ACS5000变频器。它的每一相都是三电平H桥结构,如图1-44所示。每相通过左右桥臂开关的不同组合,可以输出5个电平,最高输出相电压为3.96kV;线电压9电平,最高输出线电压为6.9kV。

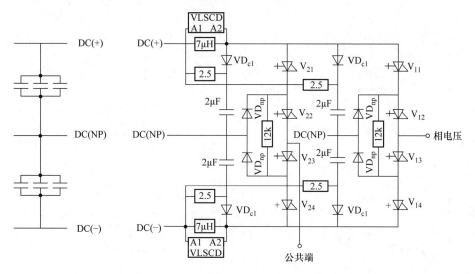

图1-44 ACS5000单相电路拓扑结构

图1-45所示为ACS5000多电平无熔断器电压源型三相逆变器拓扑结构(6kV),逆变器是三电平拓扑结构,36脉冲二极管整流器共有6个移相组,每两个移相组为一个变频单元供电,功率器件为IGCT,没有并联或串联设备。

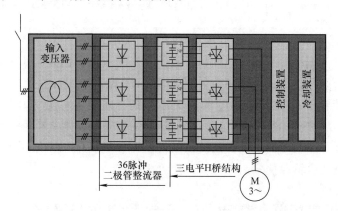

图1-45 ACS5000多电平无熔断器电压源型逆变器拓扑结构(6kV)

此电路的优点是避免了IGCT器件直接串联可能带来的问题,成功借鉴了ACS1000的电路结构;缺点是由于无法采用共用直流母线结构,直流电容的容量将会非常大,成本大大增加,控制变得相对复杂。

2. 适应6kV电压要求的IGCT串联三电平变频器

为了充分利用三电平结构共用母线的优点,以及IGCT器件可以直接串联使用的特点,广东明阳龙源电力电子有限公司与清华大学合作，采用 IGCT 串联三电平结构，成功研制了 IGCT 串联三电平结构高压变频调速系统（国家科技攻关项目 2002BA219C），直接输出 6.3kV 电压，取得了多项专利并填补了国内空白。图 1-46 所示为该系统主电路拓扑结构。该系统已在热电厂、供水厂、钢厂等不同工艺要求的风机、水泵负载上得到应用，系统运行可靠，可以实现复杂控制，完全满足工艺要求，节能效果明显。

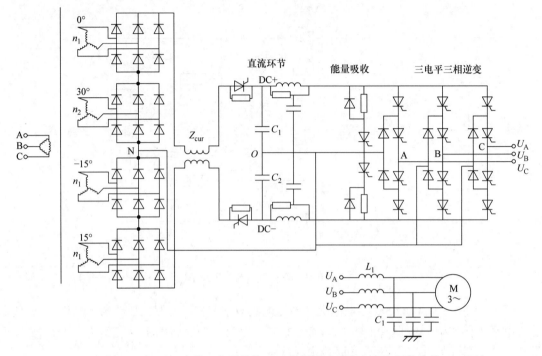

图 1-46　IGCT 串联三电平结构 6kV 变频调速系统主电路拓扑结构

图 1-46 中，输入整流使用了多重化整流技术，采用 24 脉冲整流供电，从而降低了交流输入侧电流的谐波含量，使网侧功率因数得到了较好的改善，也使得变压器一次电流波形接近正弦波，电网谐波污染小；直流环节采用 IGCT 快速保护技术和直流电抗母线过电流抑制技术，实现了系统快速保护和母线过电流快速抑制；逆变器部分采用二极管钳位三电平 IGCT 串联技术，可直接输出 6.3kV 电压；能量吸收部分可以实现电动机的快速制动，为控制上实现矢量控制等高精度的快速算法提供硬件基础；逆变输出采用了 LC 滤波器，大大减少了输出电压的谐波含量，使输出电压波形接近正弦波。

1.9　中、高压变频器的多重化单元串联型逆变器

1.9.1　采用多重化单元串联型技术的原因

由于我国大功率电动机一般都采用 690V、3kV、6kV、10kV 供电，所以必须采用中、高压变频器进行调速。限于目前功率器件（GTO 晶闸管、IGBT、IGCT 等）的电压耐量有限，上述单只功率器件无法完成 6kV 或 10kV 直接变频任务。如果串联使用，由于开关频率

较高以及均压等技术问题，实用难度很大。国内外各变频器生产厂商八仙过海，各有高招，因此主电路拓扑结构不尽一致，虽不像低压变频器那样具有成熟的、一致性的拓扑结构，但都较成功地解决了中、高压耐压，大容量这些难题。但归纳起来主要有两种：一是采用 1.8 节介绍的高耐压器件的多电平技术，另一种就是本节介绍的低耐压器件的多重化单元串联型技术。

所谓多重化单元串联型技术，就是中、高压变频器每相由多个低压 PWM 功率单元串联，叠波升压实现高压输出，各个功率单元由一个多绕组的移相隔离变压器供电，移相隔离变压器的二次绕组彼此隔离，分别供电。移相电源通过改变串联功率单元数量，可以很方便地得到不同电压等级的输出，而不受功率器件耐压的限制。功率单元为交－直－交结构，相当于一个三相输入、单相输出的低压电压源型变频器，用高速微处理器实现控制和以光纤隔离驱动。所有功率单元在结构和电气性能上完全一致，可充分利用常压变频器的成熟技术，因而具有很高的可靠性。采用功率单元串联，而不是用传统的器件串联来实现高压输出，因此不存在器件均压的问题，且维护简单、置换方便。多重化单元串联型技术从根本上解决了一般 6 脉冲和 12 脉冲变频器所产生的谐波问题，可实现完美无谐波变频。

多重化单元串联型技术比较好地解决了半导体的耐高压问题，减小了脉动转矩，功率因数也较高，电压冲击小，谐波量很小。完美无谐波高压变频器具有下述优点：可靠性高、高压直接输出、无升压变压器；输入功率因数在 0.95 以上，无需功率因数补偿；正弦波输入，无需滤波器，采用单元串联多电平 PWM 技术、正弦输出波形（无需输出滤波器）几乎完美，适用普通电动机；当某个功率单元出现故障时，应用功率单元自动旁路技术，可无间断运行；采用内部干式变压器和功率单元模块化设计，维护方便，实现了全数字控制；系统总效率高达 97%。虽然多重化单元串联型变频器的功率器件数目多、体积大，但是，目前其他方法无法取代它的市场主流地位，完美无谐波高压变频器被越来越广泛地应用于工业生产。

目前国内外众多厂家生产的多重化单元串联型高压变频器，驱动功率已达到了 7000kW，但三电平高压变频器受到器件耐压的限制，尚难以实现 6kV 和 10kV 的直接高压输出，虽然 1.8 节介绍了一些产品，但目前不是市场的主流；而多重化单元串联型技术的输出电压能够达到 10kV 甚至更高，在我国已经得到了广泛应用。

1.9.2　基于 IGBT 组成的多重化逆变器功率单元

为了便于生产和维修，多重化单元串联型技术的高压变频器采用了功率单元模块化设计，功率单元的电路结构如图 1-47 所示。它是由熔断器、三相桥式整流器、直流滤波电容及 IGBT 单相全桥逆变器组成的电压型功率单元，单元中的直流滤波电容要足够大，以使变频器可以承受 30% 的电源电压下降和 5 个周波的电源电压失电。功率单元为三相输入、单相输出的交－直－交 PWM 电压源型变频器，移相变压器二次侧输出的三相交流电经功率单元的三相二极管整流后，通过滤波电容形成平直的直流电，再经过四个 IGBT 构成的 H 形单相逆变桥，逆变器通过光纤接收信号，采用 PWM 方式（双极性调制法、单极性调制法）控制 $V_1 \sim V_4$（IGBT）的导通和关断，输出单相 PWM 波形。每个单元仅有三种可能的输出电压状态：当 V_1 和 V_4 导通时，L1 和 L2 的输出电压状态为 1；当 V_2 和 V_3 导通时，L1 和 L2 的输出电压状态为 -1；当 V_1 和 V_2 或者 V_3 和 V_4 导通时，L1 和 L2 的输出电压状态为 0。

逆变器输出采用多电平移相式 PWM 技术，同一相的功率单元，输出相同幅值和相位的基波电压，但串联各单元的载波之间互相错开一定电角度，实现多电平 PWM，叠加以后输出电压的等效开关频率和电平数大大增加，输出电压非常接近正弦波。逆变器的控制脉冲波形由参考正弦波和三角波产生。

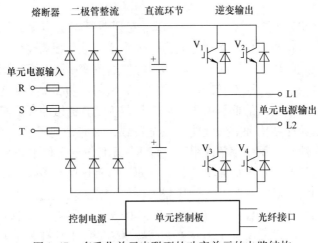

图 1-47　多重化单元串联型的功率单元的电路结构

1.9.3　多重化单元串联型 6kV 逆变器及其拓扑

6kV 逆变器一般由 15 个或是 18 个功率单元构成，每相由 5 个或 6 个功率单元组成，功率单元额定电压为 690V 或 640V。若 6kV 逆变器由 15 个功率单元组成，每 5 个功率单元串联构成一相（见图 1-48），串联成一相后的相电压为 $690V \times 5 = 3450V$，对应的三相星形联结线电压为 6kV。

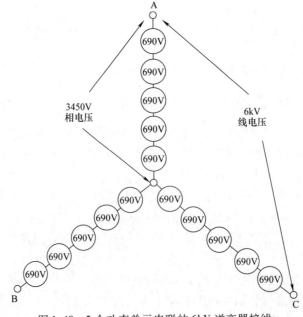

图 1-48　5 个功率单元串联的 6kV 逆变器接线

图 1-49 所示为 6kV 逆变器主电路的拓扑结构图，图中的变压器有 5 组三相对称的二次绕组，每组互差 12°相位角。图中以中间 △ 接法为参考（0°），上、下方各有两套分别超前（12°、24°）和滞后（-12°、-24°）的 4 组绕组，所需相差角度可通过变压器的不同联结组标号来实现，这对输出波形更加有利。逆变器采用多重化的脉宽调制（PWM）技术，输出的电压波形如图 1-50 所示。

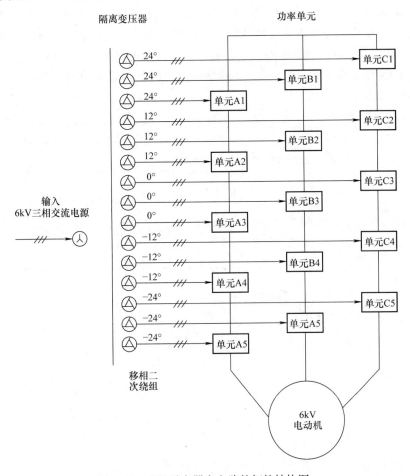

图 1-49　6kV 逆变器主电路的拓扑结构图

图 1-49 中的每个功率单元都是由低压 IGBT 构成的三相输入、单相输出的低压 PWM 电压型逆变器组成的。每个功率单元的输出电压为 1、0、-1 三种状态电平，每相 5 个单元叠加，就可产生 11 种不同的电平等级，分别为 ±5、±4、±3、±2、±1 和 0。用这种多重化技术构成的高压变频器也称为单元串联多电平 PWM 电压型变频器。每个功率单元承受全部的输出电流，但仅承受 1/5 的输出相电压和 1/15 的输出功率。变频器由于采用多重化 PWM 技术，由 5 对依次相移 12°的三角载波对基波电压进行调制。对 A 相基波调制所得的 5 个信号，分别控制 $A_1 \sim A_5$ 五个功率单元，经叠加可得图 1-50 所示具有 11 级阶梯电平的相电压波形，它相当于 30 脉冲变频，理论上 19 次以下的谐波都可以抵消，总的电压和电流失真率可分别低于 1.2% 和 0.8%。由图 1-50 可见，这种变频器输出波形很接近正弦波，谐波分量很小，堪称完美无谐波（Perfect Harmony）变频器。

它的输入功率因数可达 0.95 以上，而不必设置输入滤波器和功率因数补偿装置。变频器同一相的功率单元输出相同的基波电压，串联各单元之间的载波错开一定的相位，每个功率单元的 IGBT 开关频率若为 600Hz，则当 5 个功率单元串联时，等效的输出相电压开关频率为 6kHz。功率单元采用低的开关频率可以降低开关损耗，而高的等效输出开关频率和多电平可以大大改善输出波形。波形的改善除能减小输出谐波外，还可以降低噪声、du/dt 值和电动机的转矩脉动。所以这种变频器对电动机无特殊要求，可用于普通笼型电动机，且不必降额使用，对输出电缆长度也无特殊限制。由于功率单元有足够大的滤波电容，变频器可承受 30% 电源电压下降和 5 个周期的电源丧失。这种主电路拓扑结构虽然使器件数量增加，但由于 IGBT 驱动功率很低，且不必采用均压电路、吸收电路和输出滤波器，可使变频器的效率高达 96% 以上。

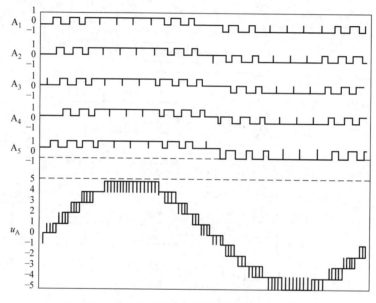

图 1-50　5 个功率单元串联的脉宽调制输出电压波形

1.9.4　多重化单元串联型 10kV 逆变器及其拓扑

10kV 逆变器一般由 24 个或 27 个功率单元组成，每 8 个或 9 个功率单元串联构成一相。若 10kV 逆变器由 27 个功率单元组成，每相由 9 个功率单元组成（见图 1-51），功率单元额定电压为 690V，工作电压为 640V，串联成一相后的相电压为 5773V，对应的三相星形联结线电压为 10kV。

图 1-52 所示为 10kV 逆变器主电路的拓扑结构图，每个功率单元都是由低压 IGBT 构成的三相输入、单相输出的低压 PWM 电压型逆变器组成的。每个功率单元的输出电压为 1、0、−1 三种状态电平，每相 9 个单元叠加，就可产生 19 种不同的电平等级，分别为 ±9、±8、±7、±6、±5、±4、±3、±2、±1 和 0。每个功率单元分别由输入变压器的一组二次绕组供电，功率单元之间及变压器二次绕组之间相互绝缘。二次绕组采用延边三角形接法，实现多重化，以达到降低输入谐波电流的目的。对于 10kV 电压等级变压器来说，给 27 个功率单元供电的 27 个二次绕组，每 3 个为一组，分为 9 个不同的相位组，互差约 6.7°电

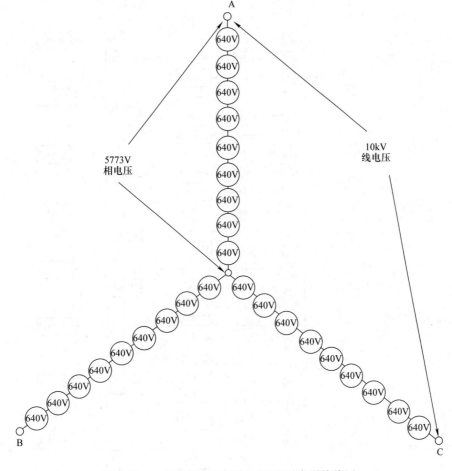

图 1-51　9 个功率单元串联的 10kV 逆变器接线图

角度，形成 54 脉冲的整流电路结构，可有效地抵消 53 次以下的谐波，输入电流波形接近正弦波，总的谐波电流失真可达到 1% 左右。由于输入电流谐波失真很小，逆变器输入的综合功率因数可达到 0.99 以上。

1.9.5　多重化单元串联型高压变频器的星点漂移功能

多重化单元串联型高压变频器每相中的功率单元是串联的，当它的某个功率单元出现故障时，利用它的星点漂移功能，可自动退出系统，而其余的功率单元可继续维持电动机的运行，以减少停机造成的损失，系统采用模块化设计，可迅速替换故障模块。

采用高压变频器的星点漂移功能将故障功率单元旁路，不影响变频器的电流容量，但电压容量将下降。通常，所要求的电动机电压大致与速度成正比，所以变频器满足应用要求的最大速度也将下降。因此，在一个或多个功率单元发生故障后，使电动机有效电压最大是十分重要的。目前，西门子罗宾康完美无谐波高压变频器以及山东新风光电子科技发展有限公司的 JD—BP 高压系列变频器都采用高压变频器的星点漂移功能。根据山东新风光电子科技发展有限公司的有关资料，下面介绍星点漂移功能。[5]

图 1-53 ~ 图 1-58 说明了变频器的有效输出电压，其中功率单元用圆圈表示为简单的电

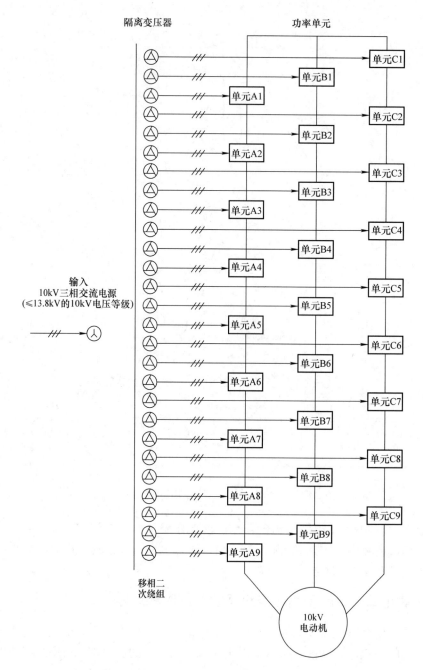

图 1-52　10kV 逆变器主电路的拓扑结构图

压源。

　　图 1-53 中，15 单元变频器中无功率单元故障被旁路，100% 的单元在使用，可提供 100% 的电压。A 相电压指令相对 B 相电压指令有 120° 的相移，对 C 相的相移也为 120°。

　　当变频器某相功率单元因故障被旁路时，输出电压将变得不平衡，例如，图 1-54 中 A 相两个功率单元故障后被旁路，87% 的单元在使用。A 相电压指令相对 B 相电压指令有 120° 的相移，对 C 相的相移也为 120°。

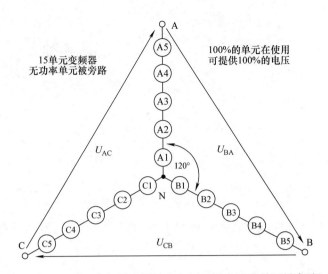

图 1-53　15 单元变频器有效输出电压（没有功率单元被旁路）

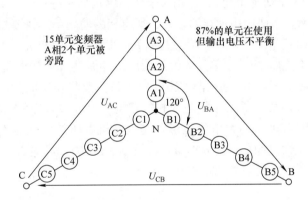

图 1-54　15 单元变频器有效输出电压（A 相 2 个功率单元被旁路）

图 1-54 所示故障情况发生后，为输出三相平衡的电动机电压，有两种方法：

一种方法是在其他没有发生故障的两相中旁路掉相同的单元数，如图 1-55 所示。很显然，这种方法避免了不平衡，但牺牲了电压容量，87% 的功率单元是正常的，但是仅有 60% 的功率单元在使用，所以只能提供 60% 的电压。

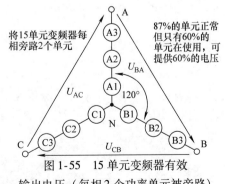

图 1-55　15 单元变频器有效输出电压（每相 2 个功率单元被旁路）

另一种更好的方法如图 1-56 所示，这种方法利用功率单元的星形点是浮动的且不连接电动机中性点的事实，所以星形点可以偏离电动机中性点，功率单元电压的相位角可以被调整，因而尽管功率单元组电压不平衡，但是仍可以得到平衡的电动机电压。

图 1-56 中，余下 87% 的正常功率单元在使用，可提供 80% 的输出电压。功率单元电压的相位角被调整，因而 A 相与 B 相以及 A 相与 C 相的相位差为 132.5°，而不是通常

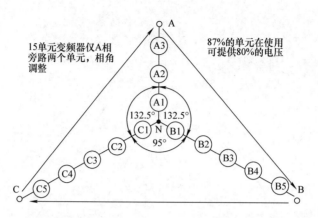

图1-56　15单元变频器有效输出电压（A相2个单元被旁路，相角调整）

的120°。

　　同样，中性点漂移方法可应用于更加极端的情况。如图1-57所示，变频器原来每相有5个功率单元（总共15个功率单元），A相5个功率单元全部正常，但B相有1个、C相有2个功率单元发生故障。不使用中性点移动时，所有相的功率单元数要减到与C相功率单元一致以得到平衡的电动机电压，B相必须旁路掉1个正常的功率单元，A相必须旁路掉2个正常的功率单元，仅有60%的功率单元被继续使用，可提供60%的电压。

　　如果如图1-57所示，使用中性点漂移方法时，只需要将发生故障的功率单元旁路，功率单元电压的相位角被调整，所以A相与B相的相位差为96.9°，而A相与C相的相位差为113.1°，而不是通常的120°。功率单元星形点与电动机电压的中性点不再一致，但电动机电压仍然是平衡的。中性点漂移使得80%的单元被继续使用，可提供70%的电压。图1-58所示为只发生一个单元故障时可提供的电压对比情况。

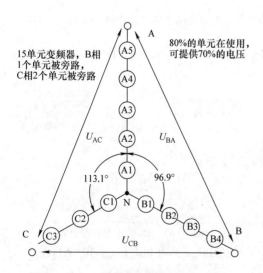

图1-57　15单元变频器有效输出电压
（中性点漂移法）

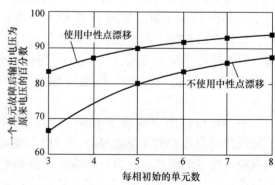

图1-58　只发生一个单元故障时可提供的电压

1.9.6　多重化单元串联型高压变频器的优缺点

多重化单元串联型高压变频器的优点如下：

1）由于采用功率单元串联，可采用技术成熟、价格低廉的低压 IGBT 组成逆变单元，无须输出变压器，通过串联单元的个数即可得到 3kV、6kV、10kV 不同的输出电压要求。

2）中、高压变频器采用单元串联矢量控制正弦波脉宽调制叠波输出，完美的输出波形大大削弱了输出谐波含量，输出波形几近完美的正弦波，无须输出滤波装置，可以驱动普通高压电动机，而不会增加电动机温升、降低电动机容量，电动机电缆一般无长度限制。

3）由于功率单元具有相同的结构及参数，便于将功率单元做成模块化，维护简单，可实现冗余设计。即使在少数功率单元故障时也可通过单元旁路功能将该功率单元短路，系统仍能正常或降额运行，可减少停机时造成的损失。

4）高压主电路与控制器之间为光纤连接，安全可靠。

5）输入功率因数高，网侧不需要添加功率因数补偿装置。

6）对电缆、电动机绝缘无损害，电动机谐波少，减小了轴承、叶片的机械振动，不会因为谐波转矩而降低设备使用寿命。

其缺点如下：

1）使用的功率单元及功率器件数量太多，6kV 系统约使用 150 只功率器件（90 只二极管，60 只 IGBT），装置的体积大、重量大，10kV 系统使用的功率器件更多，体积和重量也更大。

2）无法实现能量回馈及四象限运行。

3）当电网电压和电动机电压不同时，无法实现旁路切换控制。

目前，对于我国标准中的 6kV 和 10kV 电压等级电动机，其他的方式一般需要串联功率器件，高压器件应用的可靠性不是太高，采用多重化单元串联型高压变频器成为市场的主流。

1.10　多脉冲整流、多重化逆变器高压变频器的结构实例

国内外各变频器生产厂商的电路拓扑结构不尽一致，本节介绍北京利德华福 HARSVERT‑A 系列高压变频调速系统的结构实例。

HARSVERT‑A 系列高压变频调速系统本体包括变压器柜、功率柜、控制柜（高压开关柜或旁路柜可选）等所有部件及内部连线，用户只需连接高压输入、高压输出、低压控制电源和控制信号线即可。各部分的主要特点简述如下：

1. 变压器柜的特点

该高压变频调速系统按需要可直接输入 3kV、6kV、10kV 电压，根据电压等级和模块串联级数，一般采用由 24、30、42、48 脉冲系列等构成多级相叠加的整流方式，可以大大改善网侧的电流波形（网侧电压、电流谐波指标满足 IEEE 519—1992《电源系统谐波控制推荐规程和要求》和 GB/T 14549—1993《电能质量　公用电网谐波》中的要求）。负载下的网侧功率因数接近 1，无需任何功率因数补偿、谐波抑制装置。

为了确保整个高压变频调速系统的稳定性，使其不会因变压器的故障而受到影响，控制系统为变压器提供了相应的测量和保护项目：

1）变压器配封闭强迫风冷系统，操作人员可随时了解变压器运行温度，还可以设定控制器温度转折点，实现超温报警、超温跳闸等。

2）温度保护采用三路巡检温度控制器，可以输出温度轻度过温和严重过热保护，具有就地和远方超温报警功能。

3）变压器柜内装设有电压、电流检测器件，该高压变频调速系统把相关电压检测融入功率柜的功率单元中，极大限度地减少了日常维护的工作量并减小了整个设备的体积。

2. 功率柜的特点

功率柜可直接输出 3kV、6kV、10kV 等级电压，其特点如下：

1）功率单元采用模块化设计，每一个功率单元都可以从机架上非常方便的抽出、移动和更换，所有功率单元是完全一致的，如果某一单元由于故障而不能正常工作，可以在允许设备退出的时间用备用单元将其替换，更换一个单元的时间只需 5min，且无需专用工具。

2）采用多重化逆变器技术，根据电压等级不同采用级数不同的解决方案，通过每个功率单元的 U、V 输出端子相互串接而成星形接法给电动机供电，通过对每个单元的 PWM 波形进行重组，得到非常好的 PWM 波形，du/dt 小，可减少对电缆和电动机的绝缘损坏，无需输出滤波器就可以使输出电缆长度很长，电动机不需要降额使用，可直接用于旧设备的改造；同时，电动机的谐波损耗大大减少，消除了由此引起的机械振动，减小了轴承和叶轮的机械力。

3. 控制柜的特点

控制柜是整个高压变频调速系统的核心，控制器精心设计的算法可以保证电动机达到最优的运行性能。人机界面提供友好的全中文 WIN CE 监控和操作界面，同时还可以实现远程监控和网络化控制。控制器还包括一台内置的 PLC，用于柜体内开关信号的逻辑处理，以及与现场各种操作信号和状态信号（支持 DCS 硬连接/MODBUS/RS485/PROFIBUS/以太网等）的协调，并且可以根据用户的需要扩展控制开关量，增强了系统的灵活性。控制器采用 VME 标准箱体结构，各控制单元板采用 FPGA、CPLD 等大规模集成电路和表面焊接技术，系统具有极高的可靠性。控制器与功率单元之间采用光纤通信技术，低压部分和高压部分完全可靠隔离，系统具有极高的安全性，同时具有很好的抗电磁干扰性能。采用温度检测模块，可以随时监控高压变频器各个部位的温度。

控制柜的人机界面集中了所有的操作和指示，现场操作员经过简短的培训即可熟练地掌握调速系统的使用，其直观的故障显示功能可以方便地告诉使用人员变频器的当前故障，结合技术手册，可以迅速排除常见的故障。

控制柜采用了多路、多种电源供电接口，如一路交流供电、一路直流供电、双路交流供电、一路交流加一路直流供电。另外，每套变频调速系统都配置了 UPS（不间断电源），即使在双路电源出现故障时，控制系统也能继续运行 30min。

图 1-59 所示为该高压变频调速系统示意图。

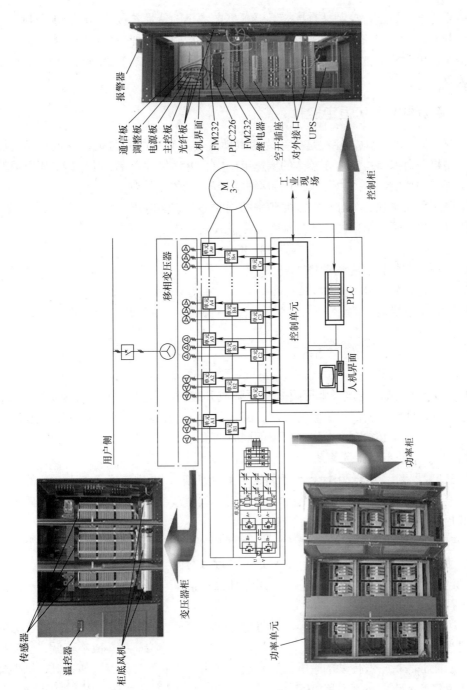

图 1-59 HARSVERT – A 系列高压变频调速系统示意图

1.11　交 – 直 – 交变频器对异步电动机的控制方式

变频器对电动机进行控制，是指变频器根据电动机的特性参数及运转要求，对电动机进行电压、电流、频率的控制以达到负载和工艺的要求。因此，即使变频器的主电路相同、逆变器件相同、单片机的位数也相同，只是控制方式不同，其控制效果是不一样的，所以控制方式很重要。

1.11.1　变频器的 U/f 恒定控制

电压/频率（U/f）恒定控制是指在改变电动机电源频率的同时也改变电动机电源的电压，使电动机磁通保持恒定，在较宽的调速范围内，电动机的效率、功率因数不下降。因为是控制电压与频率的比，所以称其为电压/频率（U/f）恒定控制。

那么采用变频调速，为什么在改变频率的同时还要改变电压？

异步电动机定子绕组内的感应电动势可由下式表示[1]：

$$E_1 = 4.44f_1 W_1 k_{W1} \phi_1 \approx U_1$$

式中　E_1——定子每相感应电动势（V）；

　　　f_1——定子电压频率（Hz）；

　　　W_1——定子绕组匝数；

　　　k_{W1}——定子绕组系数；

　　　ϕ_1——定子绕组磁通（Wb）；

　　　U_1——定子相电压（V）。

可见，$\phi_1 \propto U_1/f_1$。当定子电压频率 f_1 下降或升高时，若 U_1 不变，会导致磁通 ϕ_1 的增大或减小，从而使电动机的最大转矩减小，甚至发生电动机堵转，或者使磁通饱和。因此，为了维持磁通恒定，必须在调节电源频率的同时调节电压，即以 $U_1/f_1 = C$ 控制。

根据 U_1 和 f_1 的不同比例关系，变频器有以下几种调速方式：

1）当变频器频率大于 20Hz 且小于额定频率 50Hz 时，电磁转矩 T 与 U_1/f_1 的二次方成正比，为使 T 保持不变（即电动机拖动负载能力不发生改变），在调频的同时要调压。这种恒磁通变频变压调速方式又称恒转矩调速。

2）变频器频率大于额定频率 50Hz 时，需保持 U_1 等于额定电压。这种升频定压调速方式称为恒功率调速。需要说明的是，这只是一种近似的恒功率调速方式。

3）变频器频率低于 20Hz 时，为避免电动机输出转矩下降，一般变频器都要在低频区进行电压补偿。

综上所述，U/f 恒定控制（$U/f = C$）是在不大于额定频率的情况下，改变电动机电源频率的同时也改变电动机电源电压，它的特点是控制电路结构简单、成本较低，机械特性硬度也较好，能够满足一般传动的平滑调速要求，多用于节能型变频器，如风机、泵类机械的节能运转及生产流水线的工作台传动等。但是，这种控制方式在低频时，由于输出电压较低，转矩受定子电阻电压降的影响比较显著，使输出最大转矩减小。另外，其机械特性终究没有直流电动机硬，动态转矩能力和静态调速性能都还不尽如人意，且系统性能不高、控制曲线会随负载的变化而变化，转矩响应慢、电动机转矩利用率不高，低速时因定子电阻和逆变器死区效应的存在而使性能下降，稳定性变差等。因此，人们又研究出矢量控制变频调速。

1.11.2 用 SPWM 方法实现 U/f 恒定控制

采用电压源型变频器对异步电动机实现 U/f 恒定控制（$U/f = C$）的方法很多，目前，中、高压通用变频器大多采用正弦脉冲宽度调制（Sinusoidal Pulse Width Modulation，SPWM），即三相交流经整流和电容滤波后，形成恒定幅值的直流电压加在逆变器上，逆变器的功率开关器件按一定规律控制其导通和关断，在输出端获得一系列幅值相等而宽度不等的矩形脉冲电压波形，使其输出脉冲电压的面积与所希望输出的正弦波在相应区间内的面积相等。如改变脉冲宽度，即可控制逆变器输出交流基波电压的幅值；改变调制周期，即可控制其输出频率，这样就同时实现了调压和调频。

目前，SPWM 有 4 种方法可以实现：等面积法、硬件调制法、软件生成法和低次谐波消去法。其中，软件生成法有两种基本算法，即自然采样法和规则采样法。下面仅介绍采用自然采样法如何实现 U/f 恒定控制。

自然采样法通常采用等腰三角波作为载波，因为等腰三角形上下宽度与高度呈线性关系，且左右对称，当它与任意一条不超过可调制范围的光滑曲线相交时，都会得到一组等幅、等矩、脉冲宽度正比于该曲线值的矩形脉冲。图 1-60 所示为自然采样法形成的 SPWM 波，图中交点 A 为发出脉冲的初始时刻，B 点为脉冲结束时刻；T_C 为三角波的周期，t_2 为 AB 之间的脉宽时间，t_1 和 t_3 为间隙时间，$T_C = t_1 + t_2 + t_3$。自然采样法以正弦波为调制波、等腰三角波为载波进行比较，在两个波形的自然交点时刻控制开关器件的通断，用正弦波作为调制信号的基准信号时，可获得脉宽与正弦波值对应的一系列等幅不等宽的脉冲，图 1-61 所得波形就是用 PWM 波代替正弦半波的波形。

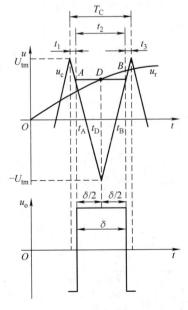

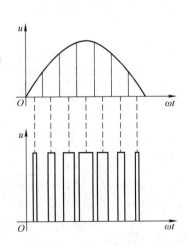

图 1-60 自然采样法形成的 SPWM 波　　　图 1-61 用 PWM 波代替正弦半波的波形

图 1-61 所示脉冲序列信号用于逆变器电子开关的开通与关断控制时，改变正弦波基准信号的幅值和频率，即可相应地改变逆变器的输出电压与频率。图 1-62 所示为 SPWM 波形实际应用于单相桥式 PWM 逆变电路，负载为电感性，电力晶体管作为开关器件。电力晶体管的控制方法为：在正半周，让晶体管 VT_2、VT_3 一直处于截止状态，而让晶体管 VT_1 一直保持导通、晶体管 VT_4

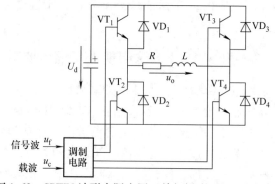

图 1-62　SPWM 波形实际应用于单相桥式 PWM 逆变电路

交替通断。当 VT_1 和 VT_4 都导通时，负载上所加的电压为直流电源电压 U_d。当 VT_1 导通而 VT_4 关断时，由于电感性负载中的电流不能突变，负载电流将通过二极管 VD_3 续流，如果忽略晶体管和二极管的导通电压降，则负载上所加电压为零。如负载电流较大，那么直到使 VT_4 再一次导通之前，VD_3 也一直持续导通。如负载电流较快地衰减到零，在 VT_4 再次导通之前，负载电压也一直为零。这样输出负载上的电压就有 0、U_d 两种电平。同样在负半周，让 VT_1、VT_4 一直处于截止状态，而让 VT_2 保持导通、VT_3 交替通断。当 VT_2、VT_3 都导通时，负载上加有电压 $-U_d$，当 VT_3 关断时，VT_4 续流，负载电压为零。因此，在负载上可得到 $-U_d$ 和 0 两种电平。

以上分析可知，控制 VT_3 或 VT_4 的通断，就可使负载上得到 SPWM 波形。从载波和调制波频率之间的关系看，有同步调制、异步调制和分段调制三种。从 PWM 的极性来看，控制方式通常分为单极性方式和双极性方式。

如图 1-63 所示，三角波 u_c 为载波，正弦波 u_f 为调制波，在调制波 u_f 的正半周内载波为正极性的三角波，在负半周内为负极性的三角波，当调制信号波为正弦波时，在 u_f 和 u_c 的交点时刻产生控制信号，用来控制 VT_3 或 VT_4 的通断，这样得到一组幅值相等而脉冲宽度正比于对应区间正弦波曲线函数值的矩形脉冲 u_o。SPWM 逆变器输出基波电压的大小和频率均由调制电压来控制：当改变调制电压的幅值时，脉宽随之改变，即可改变输出电压的大

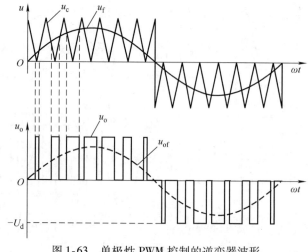

图 1-63　单极性 PWM 控制的逆变器波形

小；当改变调制电压的频率时，输出电压频率随之改变。图 1-63 所示 PWM 波形只在一个方向上变化的控制方法称为单极性方式。

如图 1-64 所示，三角波 u_c 为载波，正弦波 u_f 为调制波，在调制信号波 u_f 的半周内，载波 u_c 在正负两个方向上变化，所得到的 PWM 波形也是在两个方向上变化。当调制信号波为正弦波时，在 u_f 和 u_c 的交点时刻产生控制信号，用来控制 VT_3 或 VT_4 的通断，这样得到一组幅值相等而脉冲宽度正比于对应区间正弦波曲线函数值的矩形脉冲 u_o。SPWM 逆变器输出基波电压的大小和频率均由调制电压来控制：当改变调制电压的幅值时，脉宽随之改变，即可改变输出电压的大小；当改变调制电压的频率时，输出电压频率随之改变。图 1-64 所示 PWM 波形在两个方向上变化的控制方法称为双极性方式。

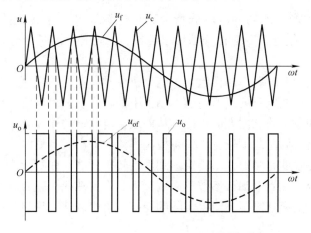

图 1-64　双极性 PWM 控制的逆变器波形

上面谈到的自然采样法是由模拟控制来实现的，是早期使用的方法，现在已很少使用。目前可由微机进行数字控制，或者采用 SPWM 专用集成芯片来产生 SPWM 波，有的单片机本身就带有 SPWM 端口。

1. 11. 3　变频器的电压空间矢量控制

电压空间矢量控制（磁通轨迹法）方式又称 SVPWM 控制方式，它是通过控制电动机的气隙磁通，减小低频时异步电动机的转矩脉动。因为电压矢量的积分是磁通矢量，其实质是磁通轨迹控制，使磁通的轨迹在圆周上以内切多边形逼近圆，通常有六边形磁通轨迹控制（见图 1-65a）和圆形磁通轨迹控制（见图 1-65b）。它们可用普通的 PWM 控制，可进行开环或闭环控制。因此，这种控制方式较 $U/f = C$ 控制在性能有所提高，由于引入频率补偿，减小了电动机的脉动和噪声，所以能基本满足 0 ~ 50Hz 频率段的性能要求，适用于一般精度较低的调速设备。另外，将输出电压、电流闭环，能提高动态的精度和稳定度，但控制电路环节较多，且没有引入转矩的调节，所以系统性能没有得到根本改善。

1. 11. 4　变频器的矢量控制

矢量控制（磁场定向法）方式又称 VC（Vector Control）控制方式，它实质是将交流电动机等效为直流电动机，分别对速度、磁场两个分量进行独立控制。具体是将异步电动机的

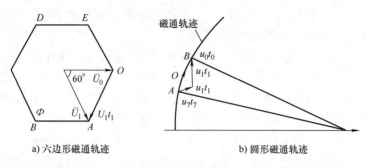

a) 六边形磁通轨迹　　　　　　　　b) 圆形磁通轨迹

图 1-65　空间电压矢量（磁通轨迹法）控制原理图

定子电流矢量分解为产生磁场的电流分量（励磁电流）和产生转矩的电流分量（转矩电流），经过相应坐标变换与反变换，分别加以控制，并同时控制两个分量的幅值和相位，即控制定子电流矢量。

矢量控制方法成功实施后，使交流异步电动机变频调速后的机械特性以及动态变频性能都达到了与直流电动机调压时的调速性能不相上下的程度。它可调整变频器的输出电压，使电动机的输出转矩和电压的二次方成正比，从而改善电动机的输出转矩特性。它的优点是转矩可以连续平滑调节，调速范围较宽。矢量控制方法的提出具有划时代的意义，使用矢量控制，可以使电动机在较低速时的输出转矩达到额定转矩。然而在实际应用中，由于转子磁链难以准确观测，系统特性受电动机参数的影响较大，需要在线调整，且等效直流电动机控制过程中所用矢量旋转变换较复杂，使得实际的控制效果难以达到理想分析的结果。

1.11.5　变频器的直接转矩控制

1. 直接转矩控制的基本原理

1985 年，德国鲁尔大学的德彭布罗克（DePenbrock）教授首次提出了直接转矩控制变频技术。该技术在很大程度上解决了上述矢量控制的不足，并以新颖的控制思想、简洁明了的系统结构、优良的动静态性能得到了迅速发展。

直接转矩控制（Direct Torque Control，DTC）系统直接在定子坐标系下分析交流电动机的数学模型，控制电动机的定子磁链（而不是转子磁链）和转矩。它不需要将交流电动机等效为直流电动机，因而省去了矢量旋转变换中的许多复杂计算；它不需要模仿直流电动机的控制，也不需要为解耦而简化交流电动机的数学模型。

直接转矩控制的基本原理是把电动机和逆变器看作一个整体进行控制，逆变器所有开关状态的变化都以交流电动机的电磁过程为基础，将交流电动机的转矩控制和磁链控制有机地统一。直接转矩控制估计定子磁链时，由于定子磁链的估计只涉及定子电阻，所以对电动机参数的依赖性大大减弱，可以获得快速的转矩响应。

图 1-66 给出了直接转矩控制的原理框图。直接转矩控制将检测到的电动机定子电压和电流送入计算器，根据计算的结果分别控制异步电动机的转速和磁链。转速调节器（ASR）的输出作为电磁转矩的给定信号 T_e^*，在 T_e^* 后面设置转矩内环，它可以抑制磁链变化对转速子系统的影响，从而使转速和磁链子系统实现了近似的解偶，因此能获得较高的静、动态性能。[3]

除转矩和磁链砰 – 砰控制外，直接转矩控制的核心问题就是转矩和定子磁链反馈信号的

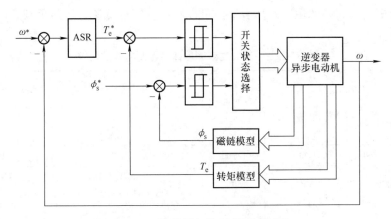

图 1-66　直接转矩控制的原理框图

计算模型，以及如何根据两个砰 - 砰控制器的输出信号选择电压空间矢量和逆变器的开关状态。

DTC 系统采用的是两相静止坐标（$\alpha\beta$ 坐标），图 1-66 中，根据给定定子磁链和反馈信号进行砰 - 砰控制，按控制程序选取电压空间矢量的作用顺序和持续时间。在电压空间矢量按磁链控制的同时，优先接受转矩的砰 - 砰控制。

2. 直接转矩控制的特点

直接转矩控制系统和矢量控制系统都是已经获得实际应用的高性能交流调速系统。两者都采用转矩和磁链分别控制，这符合异步电动机动态数学模型所需的控制要求。直接转矩控制的特点如下：

1）直接转矩控制直接在定子坐标系下分析交流电动机的数学模型，避开了矢量控制中的两次坐标变换及求矢量模与相角的复杂计算工作，直接在静止的定子坐标系上计算电动机的转矩与磁通，它所需的信号处理工作简单。其使转矩响应时间控制在 1 拍以内，且无超调，控制性能更好。

2）直接转矩控制磁场定向所用的是定子磁链，只要知道定子电阻就可以把它观测出来；而矢量控制磁场定向所用的是转子磁链，观测转子磁链需要知道电动机转子电阻和电感。因此，直接转矩控制方式大大减少了矢量控制技术性能易受参数变化影响的问题。

3）直接转矩控制采用空间矢量的概念来分析三相交流电动机的数学模型和控制其各物理量，使问题变得简单明了。

4）直接转矩控制技术不需要专门的 PWM 波形发生器，因而控制线路简单，特别适用于电压型逆变器，方便实现数字化控制。

变频器直接转矩控制的具体特点还可以参见 6. 6. 2 节和 9. 7. 4 节实例中有关内容。

1. 11. 6　变频器几种控制方法的比较

1. 11. 1 ~ 1. 11. 5 节的几种控制方式比较见表 1-7。[1]

需要说明的是：传统的 U/f 控制精度不高，响应不够及时，往往无法满足低速大转矩负载或重载起动的电动机。采用了无速度传感器矢量控制的变频器仅需对三相电压、两相电流进行检测，即可根据预先自动测定的电动机模型，进行异步电动机的磁通和转矩解耦控制，实现低速大转矩负载起动和运行。从表 1-7 可以看出，实现低速大转矩负载起动和运行可选直接转矩控制。

表 1-7　交 – 直 – 交变频器四种控制方式的比较

控制方式	U/f 恒定控制		电压空间矢量控制	矢量控制		直接转矩控制 *
反馈装置	不要 PG	带 PG 或 PID 调节器	不要	不要 PG	带 PG 或编码器	不要
速比 i	<1/40	1/60	1/100	1/100	1/1000	1/100
起动转矩（在 3Hz）	150%	150%	150%	150%	零转速时为 150%	零转速时为 150% ~ 200%
静态速度精度	± (0.2 ~ 0.3)%	± (0.2 ~ 0.3)%	±0.2%	±0.2%	±0.02%	±0.2%
适用场合	一般风机、泵类等	较高精度调速、控制	一般工业上的调速或控制	低频要保证转矩的场合（调速或控制）	伺服拖动、高精传动、转矩控制	重载起动、起重负载转矩控制系统，恒转矩波动大负载

注：* 直接转矩控制，在带 PG 或编码器后，可拓宽至 1:1000，静态速度精度可达 ±0.01%。

1.12　中、高压变频器的选择

变频器的正确选择对于控制系统的正常运行是非常关键的。

变频器具有较多的品牌和种类，价格相差也很大，要根据工艺环节的具体要求选择技术成熟、运行可靠、性价比相对较高的品牌和种类。

用于一般场合的为通用（或标准）变频器，除此以外，还有高性能变频器及为满足各行业不同应用特点而设计的专用变频器，例如风机、泵类专用变频器，用于下行胶带输送机的四象限运行变频器等，专用变频器和通用变频器的不同点、特殊要求和性能特点在后文进行介绍。用户可根据自己的实际工艺要求和运用场合选择不同类型的变频器，此处主要介绍变频器的一般选择方法。

通用变频器的选择，要充分考虑负载类型、起动转矩的要求、负载要求的调速范围、负载转矩的变动范围和工作环境，然后选择变频器的类型、防护结构、额定输入输出参数、控制参数、电流和容量。变频器规格选择时应注意根据要求采用合适的方式和计算公式，根据工程实际情况确定具体调速方案，包括逆变器与电动机的对应关系、整流器与逆变器的对应关系（是否采用成组驱动）、起动和制动部分的结构形式及配置规模、采用何种控制方式等，其中包括一些控制精度、控制参数、显示模式参数、保护特性参数及环境参数五大类，还要根据需要选择附件。在相关的产品资料中，选择出适用的规格型号及订货号。

1.12.1　根据负载类型选择变频器

变频器类型选择的基本原则是根据负载的要求进行选择，因此选择时必须要充分了解所驱动的负载特性。几种根据负载的要求选择方法如下：

1. 风机和泵类等二次方律负载

各种风机、水泵和油泵中，随着对叶轮的转动，空气或液体在一定的速度范围内所产生的阻力与转速的二次方成正比，且随着转速的减小，转矩按转速的二次方减小。由于这种负载所需的功率与速度的三次方成正比，当所需风量、流量减小时，利用变频器通过调速的方式来调节风量、流量，可以大幅节约电能。但是，这类负载在高速时的功率需求增加过快（与负载速度的三次方成正比），所以不应使这类负载超工频运行。

该类负载在过载能力方面的要求较低，由于负载转矩与速度的二次方成反比，所以低速运行时负载减轻（罗茨风机除外），又因为这类负载对转速精度没有特殊要求，故选型时最主要的问题是如何得到最佳的节能效果，并考虑较少的初投资，只要变频器容量不小于选用的电动机容量即可。更多内容可参考第 4 章的有关介绍。

2. 胶带输送机等恒转矩负载

此类负载的负载转矩与转速无关，任何转速下负载转矩总保持恒定。恒转矩负载又分为摩擦类负载和位能式负载。

摩擦类负载的起动转矩一般为额定转矩的 150% 左右，制动转矩一般为额定转矩的 100% 左右，所以变频器应选择那些具有恒定转矩特性，并且起动和制动转矩都比较大、过载时间长和过载能力大的变频器，例如，一般胶带输送机就属于这类负载。

多数具有恒转矩特性的负载，其转速精度及动态性能等方面要求一般不高，当对调速范围或负载转矩变化不大时，考虑选用 U/f 控制方式或无反馈矢量控制的变频器；当对调速范围要求很大时，应考虑采用有反馈矢量控制的变频器。对于负载转矩变化大的负载，U/f 控制方式不能同时满足重载和轻载时的要求，所以不应该选用 U/f 控制方式的变频器。如果工艺对机械特性的要求高，可考虑选择矢量控制方式的变频器。当对动态性能有较高要求时，则考虑采用有速度反馈的矢量控制方式的变频器。若胶带输送机要考虑事故停车后的重载起动，则可考虑选择直接转矩控制的变频器。

位能式负载一般要求有大起动转矩和能量回馈功能，能够快速实现正反转，变频器应选择具有四象限运行能力的变频器，可参考第 7 章有关内容。

3. 恒功率负载

这类负载在不同转速下的负载功率基本恒定，其转矩与速度成反比，一般要求低速时有较硬的机械特性，只有这样才能满足生产工艺对控制系统的动静态指标要求，例如，机床主轴就是恒功率负载。如果对动静态指标要求不高，可选用一般工业用通用变频器；对于要求精度高、响应快的生产机械，宜选用矢量控制的通用变频器。

4. 其他类型负载

其他类型负载有两类：一类是负载转矩与转速成正比的直线律负载，如轧钢机和碾压机，此类负载可参考二次方律负载选择变频器；另一类是在不同运行速段具有恒转矩负载或具有恒功率负载的混合特性负载，大部分金属切削机床都是这种负载。

1.12.2　变频器防护结构的选择

变频器属于电子器件装置，潮湿、腐蚀性气体及尘埃等易造成电子器件锈蚀、接触不良、绝缘降低，进而形成短路。作为防范措施，应对控制板进行防腐防尘处理，并采用封闭式结构。变频器的防护结构选择见表 1-8。

表1-8　变频器的防护等级

防护等级	结构形式	第一位数的含义	第二位数的含义	应用举例
IP00	开启式	0 表示无防护	0 表示无防护	专用于电控室内
IP20	一般封闭式	2 表示防止 12mm 的固体异物	0 表示无防护	干燥、清洁、无尘的环境
IP40	封闭式	4 表示防止大于 1mm 的固体异物	0 表示无防护	—
IP54	密封式	5 表示防尘	4 表示防溅水	有一定尘埃、一般的湿、热环境
IP65	密封式	6 表示无尘埃进入	5 表示防喷水	较多尘埃、且有较高的湿、热及有腐蚀性气体的环境

变频器防护结构符号的代号由表征字母（IP）及其后面的两个表征数字组成，第一位数字表示外壳对固体异物和壳内部件的防护等级，第二位数字表示由于外壳进水而引起有害影响的防护等级，具体内容可参考 GB/T 14048.1—2012《低压开关设备和控制设备第 1 部分：总则》中的附录 C，也可在参考文献 4 第 1 章中找到有关内容。

变频器内部产生的热量大，根据使用场所的要求和散热的经济性，可选用一般封闭式（IP20）、封闭式（IP40）或密封式（IP54 或 IP65）结构，并根据变频器对温度的要求，采取必要的通风措施，另外，定期检查变频器的空气滤清器及冷却风扇也是非常必要的。除此之外，有的还选用大型工业级空调作为变频器室散热或保温（特殊的高寒地区）的重要手段。

1.12.3　变频器的输入输出参数

1. 输入侧的额定参数

额定输入参数包括电源输入相数、电压、频率（我国规定工频为 50Hz）、允许电压频率波动范围、瞬时低电压允许值（相当于标准适配电动机 85% 负载下的试验值）、额定输入电流和需要的电源容量。

2. 输出侧的额定参数

额定输出参数包括通用变频器的额定输出电压、输出频率范围、输出频率的精度、0.5Hz 时的起动转矩、额定输出电流（在驱动低阻抗的高频电动机等场合，允许输出电流可能比额定值小）、额定过载电流倍数等。变频器的最大输出频率因型号的不同而差别很大，通常有 50Hz/60Hz、120Hz 或更高，通用变频器中，大容量的大都属于 50Hz/60Hz 一类，而最大输出频率超过工频的变频器多为小容量的。

（1）额定输出电压

变频器输出电压的等级是为了适应异步电动机的电压等级而设计的，通常等于电动机的工频额定电压。变频器规格表中给出的输出电压，是变频器可能的最大输出电压，即基频下的输出电压。

（2）输出频率范围

即输出频率的最大调节范围，通常以最大输出频率 f_{max} 和最小输出频率 f_{min} 来表示。各种变频器的输出频率范围不尽相同，通常最大输出频率为 120Hz 或更高，最小输出频率为

0.1~1Hz。

目前，我国普通电动机的电源频率为50Hz，额定频率对应的运行速度为额定转速。在超速运行时需注意两点：第一，变频器在50Hz以上区域时，其输出电压不变，为恒功率输出特性，故高速运行时转矩减小；第二，高速区域运行的转速不能超过电动机的最高转速，否则会影响电动机的使用寿命，甚至使电动机损坏。在进行频率选择时，应根据变频器的使用目的来确定最高频率，例如，风机、泵类及输送散料的胶带输送机当采用变频调速节能的变频器时，一般选择最大输出频率 f_{max} 为50Hz。

（3）输出频率的精度

它通常给出两种指标：模拟设定（如最高频率的 +0.2%）和数字设定（如最高频率的 +0.01%）。输出频率的设定分辨率通常给出三种指标：模拟设定（如最高频率的1/3000，60Hz时为0.02Hz）、数字设定（如小于99.99Hz时为0.01Hz，大于100.0Hz时为0.1Hz等）和串行通信接口连接设定（如最高频率的1/20000，小于60Hz时为0.003Hz，120Hz时为0.006Hz等）。

（4）0.5Hz时的起动转矩

这是变频器重要的性能指标，优良的变频器在0.5Hz时能输出180%~200%的高起动转矩。这种变频器可根据负载要求实现短时间平稳加、减速，快速响应急变负载。

（5）额定输出电流

额定输出电流是指允许长时间输出的最大电流，是用户选择变频器的主要依据（见1.12.6节）。

（6）额定输出容量

采用变频器对异步电动机进行调速时，在异步电动机确定后，通常根据异步电动机的额定电流来选择变频器的容量，或者根据异步电动机实际运行中的电流值（最大值）来选择变频器容量。变频器容量的选择是一个重要且复杂的问题，具体的选定可见1.12.7节。

1.12.4　变频器控制参数及过载能力的选择

选用变频器时，可根据控制参数及其说明选择所需要的参数，并核对与自己需要是否相符（有些参数可能用不上，可以不予考虑）。

频率上下限：通常指预设的频率上限值和下限值。

跳越频率控制：通常设定跳越点的个数、跳跃频率设定范围等，主要用来避免机械共振。

变频器的过载能力：是指允许其输出电流超过额定电流的能力。根据主电路半导体器件的过载能力，通用变频器的电流瞬时过载能力常常设计成150%额定电流、1min或120%额定电流、1min，变频器允许过载的时间只有1min。标准异步电动机的过载能力通常为200%左右，它的发热时间常数常以分钟计算，大功率电动机可达十几分钟甚至若干小时。

1.12.5　变频器输出电流的选择

电动机的发热时间常数通常以分钟计算，中高压电动机的发热时间一般可达十几分钟甚至更长。变频器虽然也有过载能力（通常为150%），但允许过载的时间只有1min，相对于电动机的发热时间常数而言，几乎没有什么过载能力。所以电动机发生过载时，首先损坏的是变频器（如果变频器的保护功能不完善）。变频器输出的额定电流是一个准确反映半导体变频装置负载能力的关键量，在采用变频器驱动异步电动机调速中，确定异步电动机后，通常应根据异步电动机的额定电流来选择变频器，或者根据异步电动机实际运行中的电流值（最大值）来选择变频器。关于中、高压变频器输出的额定电流，提供如下电流选择计算方法以供参考。

1. 变频器驱动单个电动机时的电流选择

由于变频器供给电动机的是脉动电流。电动机在额定运行状态下，用变频器供电与用工频电网供电相比电流要大，所以选择变频器电流或功率时要比电动机电流或功率要大一个等级，一般为

$$I_N \geqslant 1.1 I_{MN} \quad \text{或} \ I_N \geqslant 1.1 I_{Mmax}$$

式中 I_N——变频器的额定电流（A）；

I_{MN}——电动机的额定电流（A）；

I_{Mmax}——电动机的最大运行电流（A）。

需要指出的是，即使电动机负载非常轻，电动机电流在变频器额定电流以内，也不能选用比电动机容量小很多的变频器，这是因为电动机的容量越大，其脉动电流值也越大，很有可能超过变频器的过电流耐量。

需要说明的是，上面的计算公式适合风机、泵类负载以及轻载起动时变频器额定电流的计算；而对于重载起动和频繁起动、制动运行时变频器的额定电流，按下式计算：

$$I_N \geqslant (1.2 \sim 1.3) I_{MN}$$

2. 变频器驱动多台电动机时的电流选择

1）多台电动机由单个变频器供电且同时起动时，所需电流最大。一般情况下，中、高压变频器的功率都比较大，很少采用直接起动，大部分使用变频器功能实行软起动，此时变频器输出的额定电流按下式计算：

$$I_N \geqslant \left(\sum_{i=1}^{m} I_{mi} + \sum_{i=1}^{n} I_{ni} \right) / K_P$$

式中 $\sum_{i=1}^{m} I_{mi}$——所有直接起动电动机的堵转电流之和（A）；

$\sum_{i=1}^{n} I_{ni}$——所有软起动电动机的额定电流之和（A）；

K_P——变频器允许过载倍数，可由变频器产品说明书查得，一般可取 1.3~1.5。

2）多台电动机由单个变频器供电且不同时软起动、软停止时所需电流，可考虑按起动最慢的那台电动机或按起动条件最不利时进行整定计算。这里指出，当几台电动机功率差别大且不能同时起动、工作时，不宜采用一台变频器拖几台电动机，否则变频器的功率会很大，在经济上不合算。

1.12.6 变频器容量的选择

中、高压变频器基本采用订制模式，即一般不会有厂家把产品生产出来等待用户来购买，而是根据用户的需要进行设计和生产。一般中、高压变频器厂家需要用户提供电动机电压、电流和功率这三个重要的参数。半导体变流单元一般只与电动机的电压和电流有关系，

电压决定功率单元电路的串联个数和耐压水平，电流决定功率电路的输出电流能力。对于标准的电动机，变流单元的设计除了整流桥外，与电动机的功率没有关系，这也是变频器有时标明视在功率的原因。这说明：变频器输出容量取决于额定输出电流与额定输出电压下的三相视在输出功率。因此，在异步电动机确定后，考虑到变频器容量与电动机容量的匹配，通常根据异步电动机的额定参数（如电动机的电压、电流和功率）或电动机实际的运行参数来选择变频器。对于变频器的容量，不同的公司有不同的表示方法，一般有以下三种：一是用变频器额定输出电流（A）表示；二是用变频器的额定视在功率（kV·A）表示；三是用额定有功功率（kW）表示。下面介绍根据用这三种表示方法来选择变频器容量：

1）若按变频器的额定输出电流来选择变频器的容量，可按 1.12.5 节的内容来确定。

2）以变频器额定视在功率来选择变频器容量。

若以变频器额定视在功率来选择变频器容量，应使电动机算出的所需视在功率小于变频器所能提供的视在功率，用下面的计算选择方法，使变频器的容量和电动机的容量配合。

1. 变频器驱动单台电动机时的容量选择

连续恒定负载运行时，所需的变频器容量 P_{CN} 按式（1-2）和式（1-3）计算，式（1-2）满足负载的输出要求，式（1-3）用来实现与电动机容量的配合。电动机运行时要同时满足式（1-2）和式（1-3）[3]：

$$P_{CN} \geqslant \frac{kP_M}{\eta\cos\varphi} \tag{1-2}$$

$$P_{CN} \geqslant \sqrt{3}kU_MI_M \times 10^{-3} \tag{1-3}$$

式中　P_M——电动机轴上输出的机械功率（kW）；

　　　η——电动机的效率；

　　$\cos\varphi$——电动机的功率因数；

　　　U_M——电动机的电压（V）；

　　　I_M——电动机的电流（A）；

　　　k——电流波形的修正系数，采用 PWM 方式时，通常取 1.0～1.5；

　　P_{CN}——变频器的额定容量（kV·A）。

2. 变频器驱动多台电动机时的容量选择

变频器同时驱动多台电动机时，需要考虑变频器的过载能力，要保证变频器的额定电流大于所有电动机的运行电流之和。设所有电动机的容量等均相等，当部分电动机直接起动时，考虑变频器的过载能力为 K_P，允许过载的时间为 1min，如果电动机的加速时间在 1min以内，则变频器的驱动容量可按下式（1-4）[3]计算；如果电动机的加速时间大于 1min，则变频器的驱动容量可按式（1-5）[3]计算。

$$K_PP_{CN} \geqslant \frac{kP_M}{\eta\cos\varphi}[N_T + N_S(k_S - 1)] \tag{1-4}$$

$$P_{CN} \geqslant \frac{kP_M}{\eta\cos\varphi}[N_T + N_S(k_S - 1)] \tag{1-5}$$

式中　N_T——电动机并联的台数；

　　　N_S——电动机同时起动的台数；

　　　k_S——电动机起动电流与电动机额定电流的比值；

K_P——变频器允许过载倍数，一般可取 1.3 ~ 1.5。

3. 用适配电动机的额定有功功率（kW）选择变频器的容量

有的公司在变频器说明书中列出了变频器的容量和对应的配用电动机额定有功功率（kW），该电动机容量是指在带恒定负载时可配用的最大电动机容量。根据公司的有关技术数据，如表 1-9 和表 1-10 的技术数据[5]，用适配电动机的额定有功功率（kW）可以选择出对应变频器的容量及型号。

表 1-9　用于异步电动机的 ACS5000 变频器参数表（外置变压器）

电动机数据①			变频器型号（风冷）②	变频器数据			
电压	轴功率			功率	电流	长度	重量③
/kV	kW	hp④		/kV·A	/A	/mm	/kg
6.0	1460	1960	ACS5060 – 36L35A – Ia35 – Ax	1700	160	3300	3000
6.0	1800	2410	ACS5060 – 36L35B – Ia35 – Ax	2100	200	3300	3000
6.0	2150	2880	ACS5060 – 36L35C – Ia35 – Ax	2500	240	3300	3000
6.0	2570	3440	ACS5060 – 36L35D – Ia35 – Ax	3000	290	3300	3000
6.0	3000	4020	ACS5060 – 36L70E – Ia70 – Ax	3500	340	3800	4000
6.0	3350	4490	ACS5060 – 36L70F – Ia70 – Ax	3900	380	3800	4000
6.0	3690	4940	ACS5060 – 36L70G – Ia70 – Ax	4300	410	3800	4000
6.0	4460	5980	ACS5060 – 36L70H – Ia70 – Ax	5200	500	3800	4000
6.0	5230	7010	ACS5060 – 36L70J – Ia70 – Ax	6100	590	3800	4000
6.6	1630	2180	ACS5066 – 36L35A – Ia35 – Ax	1900	170	3300	3000
6.6	2060	2760	ACS5066 – 36L35B – Ia35 – Ax	2400	210	3300	3000
6.6	2490	3340	ACS5066 – 36L35C – Ia35 – Ax	2900	250	3300	3500
6.6	2830	3790	ACS5066 – 36L35D – Ia35 – Ax	3300	290	3300	3000
6.6	3260	4370	ACS5066 – 36L70E – Ia70 – Ax	3800	330	3800	4000
6.6	3690	4940	ACS5066 – 36L70F – Ia70 – Ax	4300	380	3800	4000
6.6	4120	5520	ACS5066 – 36L70G – Ia70 – Ax	4800	420	3800	4000
6.6	4890	6550	ACS5066 – 36L70H – Ia70 – Ax	5700	500	3800	4000
6.6	5750	7710	ACS5066 – 36L70J – Ia70 – Ax	6700	590	3800	4000
6.9	1720	2300	ACS5069 – 36L35A – Ia35 – Ax	2000	179	3300	4000
6.9	2150	2880	ACS5069 – 36L35B – Ia35 – Ax	2500	210	3300	3000
6.9	2570	3440	ACS5069 – 36L35C – Ia35 – Ax	3000	250	3300	3000
6.9	3000	4020	ACS5069 – 36L35D – Ia35 – Ax	3500	290	3300	3000
6.9	3430	4600	ACS5069 – 36L70E – Ia70 – Ax	4000	330	3800	4000
6.9	3860	5170	ACS5069 – 36L70F – Ia70 – Ax	4500	380	3800	4000
6.9	4290	5750	ACS5069 – 36L70G – Ia70 – Ax	5000	420	3800	4000
6.9	5150	6900	ACS5069 – 36L70H – Ia70 – Ax	6000	500	3800	4000
6.9	6010	8050	ACS5069 – 36L70J – Ia70 – Ax	7000	590	3800	4000

① 异步电动机效率为 97.5%，功率因数为 0.88。

② "x" 表示已安装逆变器冷却风机的数量。

③ 重量为近似值。

④ 非法定计量单位，1hp = 745.7W。

表 1-10　10kV 利德华福 HARSVERT – A/VA/S/VS 产品选型表

变频器型号		参考适配电动机参数	尺寸及重量				
			宽度 W /mm	深度 D /mm	高度 H /mm	高度 h /mm	重量 /kg
HARSVERT—A	10/025	315kW/10kV	4554	1200	2634	2320	5100
	10/035	450kW/10kV	4554	1200	2634	2320	5500
	10/040	500kW/10kV	4554	1200	2634	2320	5700
	10/045	630kW/10kV	4554	1200	2634	2320	5900
	10/055	710kW/10kV	4554	1200	2634	2320	6200
	10/065	800kW/10kV	4554	1200	2634	2320	6400
	10/075	1000kW/10kV	4854	1300	2634	2320	7000
HARSVERT—VA	10/090	1250kW/10kV	5754	1300	2634	2320	8000
	10/100	1400kW/10kV	6054	1300	2634	2320	8400
	10/120	1600kW/10kV	6054	1300	2634	2320	8800
HARSVERT—S	10/140	1800kW/10kV	6054	1300	2634	2320	9200
	10/150	2000kW/10kV	6858	1300	2634	2320	10400
	10/185	2400kW/10kV	6858	1400	2634	2320	11000
	10/200	2800kW/10kV	6858	1400	2634	2320	15000
	10/220	3000kW/10kV	8766	1400	2634	2320	18000
HARSVERT—VS	10/260	3400kW/10kV	9066	1500	2634	2320	23000
	10/300	400kW/10kV	9366	1500	2934	2620	25000
	10/400	5000kW/10kV	9366	1500	2934	2620	27000
	10/410	5600kW/10kV	9366	1500	2934	2620	30000
	10/580	8000kW/10kV	14866	1400	3070	2620	32000

注：1. 10kV 系列包括变频器输出 10kV、10.5kV 电压等级。

2. 变频器型号详细说明：A 表示异步电动机普通控制型，S 表示同步电动机普通控制型，VA 表示异步电动机矢量控制型，VS 表示同步电动机矢量控制型。变频器型号中的额定电流值还可细化，具体型号完全按照电动机电流匹配。

3. 功率等级为电动机功率因数为 0.8 时的参考功率等级。

4. 本选型表中尺寸及重量均为变频器本体，不含旁路柜等其他选件。

4. 选择变频器容量时的注意事项

1）通用变频器的容量多数是以千瓦数及相应的额定电流标注的，对于三相通用变频器而言，该 kW 数是指该通用变频器可以适配的 4 极三相异步电动机满载连续运行的电动机功率，一般情况下，可以据此确定需要的通用变频器容量。当电动机不是 4 极时，就不能仅以电动机的容量来选择变频器的容量，必须用电流来校验。

2）选择变频器容量时主要以电动机实际运行的最大电流为依据，以电动机的额定功率作为参考。由于通用变频器输出中包含谐波成分，其电流有所增加，应适当考虑加大容量。当电动机频繁起动、制动工作或处于重载起动且较频繁工作时，可选取大一级的通用变频器，以利于通用变频器长期、安全运行。其次，应考虑最小和最大运行速度极限，满载、低速运行时电动机可能会过热，所选通用变频器应具有可设定下限频率、可设定加速和减速时间的功能，以防止低于该频率下运行。

3）一般风机、泵类负载不宜在 15Hz 以下运行，如果确实需要在 15Hz 以下长期运行，需考虑电动机的容量温升，必要时应采用外置强制冷却措施，或拆除电动机本身的冷却扇叶，利用原扇罩固定安装一台小功率（如 25W，三相）轴流风机对电动机进行冷却。如果电动机的起动转矩能满足要求，宜选用通用变频器的降转矩 U/f 模式，以获得较大的节能效果。若通用变频器用于离心式风机，由于风机的转动惯量较大，加减速时间应适当加大，以避免在加减速过程中出现过电流保护动作或再生过电压保护动作。要特别注意 50Hz 以上高速运行的情况，若超速过多，会使负载电流迅速增大，导致设备烧毁，使用时应设定上限频率，限制最高运行频率。

4）在使用变频器驱动高速电动机时，由于高速电动机的电抗小，高次谐波的增加导致输出电流值增大。所以高速电动机的变频器选型，其容量要稍大于普通电动机的选型。

5）变频器如果需要长电缆运行，应选择 1.14.5 ~ 1.14.6 节中介绍的变频器专用电力电缆和控制电缆；若选择普通电力电缆和控制电缆，则要采取措施抑制普通长电缆对地耦合电容的影响，避免变频器出力不足，变频器容量要放大一级或者在变频器的输出端安装输出电抗器。

6）对于普通的离心泵，变频器的额定电流与电动机的额定电流相符。对于特殊的负载（如深水泵等），则需要参考电动机的性能参数，以最大电流确定变频器的电流和过载能力。

1.12.7　根据不同生产机械选择变频器

不同生产机械的负载性质不同，即使相同功率的电动机，因负载性质不同，所需的变频器容量也不相同。例如，属于二次方转矩负载的风机、泵类所需的变频器容量较胶带输送机、起重机、压缩机等恒转矩负载的变频器容量小。不同生产机械选配变频器的容量参考表见表 1-11。

表 1-11　不同生产机械选配变频器的容量参考表[1]

生产机械	传动负载类别	T_z/T_e			S_f/S_e
		起动	加速	最大负载	
风机、泵类	离心式、轴流式	40%	70%	100%	100%
喂料机	胶带输送、空载起动	100%	100%	100%	100%
	胶带输送、带载起动	150%	100%	100%	150%
	螺杆输出	150%	100%	100%	150%
输送机	胶带输送、带载起动	150%	125%	100%	150%
	螺杆式	200%	100%	100%	200%
	振动式	150%	150%	100%	150%
搅拌机	干物料	150% ~ 200%	125%	100%	150%
	液体	100%	100%	100%	100%
	稀黏液	150% ~ 200%	100%	100%	150%

（续）

生产机械	传动负载类别	T_z/T_e			S_f/S_e
		起动	加速	最大负载	
压缩机	叶片轴流式	40%	70%	100%	100%
	活塞式、带载起动	200%	150%	100%	200%
	离心式	40%	70%	100%	100%
张力机械	恒定	100%	100%	100%	100%
纺织机	纺纱	100%	100%	100%	100%

注：表中，T_z、T_e 分别为电动机的负载转矩、额定转矩；S_f 为变频器的容量；S_e 为电动机的容量。

1.12.8　根据技术参数对比选择变频器

首先，将同一公司不同变频器产品的技术参数（见表 1-12）或几个公司不同变频器产品的技术参数（见表 1-13）进行对比，再根据负载性质、适配电动机功率（kW）、安装地点环境和生产工艺要求，选择中、高压变频器。

表 1-12　ABB 四种高压变频器产品参数对比选型表

产品名称	ACS1000	ACS5000	ACS6000	MEGADRIVE – LCI
变频器类型	VSI – NPC 中性点钳位式电压源型逆变器	VSI – MF 多电平无熔断器式电压源型逆变器	VSI – NPC 中性点钳位式电压源型逆变器	LCI 负载换流型变频器
典型应用	泵、风机、传送带、挤出机、搅拌机、压缩机及研磨机，适合于现有电动机的改造	压缩机、挤出机、泵、风机、研磨机、传送带、船舶推进、线、棒材轧机、高炉鼓风机及燃气轮机起动器	泵、风机、传送带、挤出机、压缩机、研磨机、船舶推进、轧机及矿井提升机	压缩机、泵、风机、高炉鼓风机及抽水蓄能水电站
变频器冷却方式	风冷（A）/水冷（W）	风冷（A）/水冷（W）	水冷（W）	风冷（A）/水冷（W）
功率范围	A：315kW～2MW W：1.8～5MW	A：2～7MW W：5～24MW	W：3～27MW	A：2～31MW W：7～72MW/可更高功率
输入部分	二极管：12/24 脉冲整流器	二极管：36 脉冲整流器	二极管：12/24 脉冲整流器（LSU）或 IGCT、有源整流器（ARU）	晶闸管：6/12/24 脉冲整流器
输出部分	IGCT：三电平 VSI，正弦波输出	IGCT：五电平 VSI – MF，9 电平输出波形	IGCT：三电平 VSI，五电平输出	晶闸管：6/12 脉冲逆变器
输出电压/kV	2.3/3.3/4.0/4.16 选件：6.0/6.6 带升压变压器	6.0～6.9 选件：4.16	3.0～3.3 选件：2.3	2.1～10.0

（续）

产品名称	ACS1000	ACS5000	ACS6000	MEGADRIVE – LCI
最大输出频率（Hz）	66（选件：82.5）	75（更高为选件）	75（双配置，250）	60（选件：120）
弱磁（Hz）	>45（最大1:1.5）	>30（最低为选件）	>6.25（最大1:5）	定制
速度转矩象限				
特殊特性及好处	正弦波输出，在整个速度范围内保持恒定的功率因数，DTC，无熔断器	整个速度范围内保持恒定的功率因数，DTC，无熔断器	整个速度范围内保持恒定的功率因数，优化脉冲调制模式，实现最小化的电网谐波（带 IGCT），DTC，带公共直流母线的多传动结构，无熔断器	大型同步电动机及发电机软起动，无熔断器
应用鼓风机、风机	不匹配产品或非典型产品	不匹配产品或非典型产品	最优匹配产品	最优匹配产品
应用传送带	不匹配产品或非典型产品	不匹配产品或非典型产品	不匹配产品或非典型产品	不匹配产品或非典型产品
应用水泵	最优匹配产品	最优匹配产品	次优匹配产品	次优匹配产品
选件举例	制动斩波器，同步旁路，集成输入变压器	制动斩波器，应用 I/O 监视、联锁，集成输入变压器	无功功率补偿（ARU），制动斩波器，定制	定制
电动机型号	异步电动机	异步、同步或永磁电动机	异步、同步以及/或者永磁电动机	同步电动机

表 1-13　部分国内外高压变频器的技术参数对比选型表

型号	ABB　ACS5000 系列	罗宾康完美无谐波变频器	施耐德 ATV1100 变频器	北京利德华福 HARSVERT – A/D	上海艾帕 INNOVERT 系列
功率或容量	2000～7000kV·A（风冷） 5200～24000kVA（水冷）	180～4950kV·A（风冷）（可选更大功率） （可选水冷）	390～10500kV·A	250～6250kV·A	300～5000kV·A
功率单元	9 电平	9～24 单元串联多电平	每个逆变器单元均为一个 3 电平 NPC 低压 IGBT 逆变器	单元串联多电平	单元串联多电平

（续）

型号	ABB ACS5000 系列	罗宾康完美 无谐波变频器	施耐德 ATV1100 变频器	北京利德华福 HARSVERT - A/D	上海艾帕 INNOVERT 系列
适配电动 机功率 (kW)	2000 ~ 7000（风冷） 5000 ~ 22000（水冷）	149 ~ 4202（风冷）	340 ~ 7700（风冷）	200 ~ 5000（风冷）	225 ~ 3800（风冷）
控制 方式	直接转矩控制	无速度传感器矢量 控制及闭环矢量控制	U/f 类控制，无速 度传感器矢量控制	无速度传感器矢量 控制	$U/f = C$ 类控制， 无传感器矢量控制
整流 方式	36 脉冲整流	18 ~ 48 脉冲二极管 整流	36 脉冲二极管整流	30 脉冲整流	18、30、42 脉冲 整流
输入电 压范围	额定电压 ± 10% （额定电压 - 25% 时， 输出降容）	—	额定电压 ± 10% （额定电压 - 20% 时， 输出降容）	—	额定电压 ± 10% ［额定电压 -（10% ~ 30%）时，输出降 容］
额定输入 电压/kV	6、6.6、6.9	—	3.3、6.6、10	3、6、10	3、6、10
输入频率 /Hz	50/60	50/60	50/60	45 ~ 55	45 ~ 55
输入功 率因数	> 0.95 （基波 > 0.96）	> 0.95（20% ~ 100% 额定转速范围）	> 0.96	0.95 （ > 20% 负载）	0.95 （ > 20% 负载）
输出电 压（kV）	6、6.6、6.9	3.3、3.6、4.0、 4.2、4.4、4.9、6.1、 6.7、7.3、10.6、11.2	3.0、3.3、6.0、 6.6、10	3、6、10	3、6、10
输出频率 范围/Hz	0 ~ 75（可达 200 选 件）	—	正常 0.2 ~ 50/60 延伸 0.2 ~ 120	0.5 ~ 120	0.5 ~ 120
过载能力	—	—	标准 105%/60s 或 120%/60s（冷起动： 冷却风机温度 40℃ 以 下）	120%/1min，150%/ 立即保护动作	120%/1min， 150%/5s， 200%/ 立即保护动作
变频调速 系统效率 （%）	> 98.5	额定运行时，整体 大于 96.5%（包括变 压器）	额定运行时，整体 为 97%（包括变压 器）	额定负载下 > 96	97（额定负载 下，包括输入变频 器）
输入频 率分辨率 /Hz	—	—	—	0.01	0.01
加减速 时间/s	—	—	—	0.1 ~ 3000	—
使用环境 温度/℃	1 ~ 40（在降容条 件下可更高）	正常运行 5 ~ 40 降容运行 40 ~ 50	0 ~ 40	0 ~ 40	0 ~ 40

（续）

型号	ABB ACS5000 系列	罗宾康完美 无谐波变频器	施耐德 ATV1100 变频器	北京利德华福 HARSVERT – A/D	上海艾帕 INNOVERT 系列
海拔 /m	—	—	<1000	<1000	<1000
防护等级	IP21（风冷），IP32（水冷），风冷可选至 IP42，水冷可选至 IP54	IP21（风冷），风冷可选至 IP42	IP31（风冷）	IP20	IP31
冷却方式	风冷、水冷	风冷（可选水冷）	强制风冷	风冷	—
备注	采用一体化变压器，输入电压可为 10 ~ 11kV，50/60Hz	—	—	HARSVERT – A 用于异步电动机 HARSVERT – D 用于同步电动机	功率单元自动旁路，工频/变频切换、编码等为选件

1.13　中、高压变频器外围设备的选择

选定变频器后，下一步是根据实际需要选择与变频器配合工作的各种外围设备，以便保证变频调速系统的正常工作，对电动机和变频器进行必要的保护，减少对其他设备的影响。

1.13.1　变频器的外围设备

不但要正确选择变频器，还要对它的外围设备也要进行正确的选择，只有这样，才能使变频调速系统正常运行。

变频器的外围设备如图 1-67 所示。

1. 避雷器 FV

用于吸收由电源侵入的感应雷击电涌，保护与电源相连接的全部设备。

2. 电源侧真空断路器 QF

用于通断电源，在出现过电流或短路事故时，自动快速切断电源，防止发生过载或短路时的大电流烧毁变频器及线路事故，断路器也是过电流的后备保护。如果需要进行接地保护，也可以采用漏电保护式断路器。在检修用电设备时，QF 起隔离电源的作用。

3. 电源侧真空接触器 KM1

用作变频器电源开关，在变频器跳闸时，将变频器电源切断。在使用制动电阻的情况下，

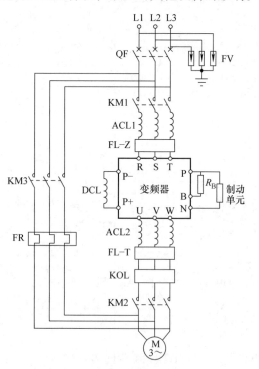

图 1-67　中、高压变频器的外围设备

发生短路时将变频器电源切断。对于电网停电后的重新上电，可以防止自动再投入，以保护
设备及人身安全。

4. 过载继电器 KOL

使用一台变频器驱动多台电动机时，要对电动机进行过载保护，而且还要对不能使用变
频器内电子热保护的电动机进行热保护，见 1.13.4 有关内容。

普通电动机是以在电网电源下运行为前提而设计的，因此能够在电网电源驱动下进行长
期的连续运行。但是，将这样的电动机改为由变频器驱动并连续运转时，由于变频器输出的
谐波影响，即使电动机在额定转速以下运行且电流在额定电流以下，仅由风扇冷却也难以满
足要求。尤其是当负载为恒转矩负载时，电动机在额定转速以下运行时，电动机的电流基本
上等于额定电流，与电网电源驱动相比，电动机的温升会变大，甚至出现烧损电动机的可
能。所以当电动机连续工作在低速区域时，以电动机额定电流为基准而选定的保护用过载继
电器并不能为电动机提供保护，在选择过载继电器时应该加以注意。如果变频器具有电子热
保护功能，则不需要设置外部过载继电器为电动机提供保护。

5. 交流电抗器 ACL1 和 ACL2

ACL1 用于抑制变频器输入侧的谐波电流，改善功率因数。根据电网电压允许的畸变程
度确定是否选择，一般情况建议选用 ACL1。ACL2 用于改善变频器输出电流的波形，抑制
变频器的发射干扰和感应干扰，减小电动机的噪声，ACL2 的选用根据系统需要情况确定。

6. 制动电阻 R_B

在制动转矩不能满足要求时选用，用于频繁制动或快速停车的场合，用于吸收电动机再
生制动的再生电能，可以缩短大惯量负载的自由停车时间；还可以在位能负载下放时，实现
再生运行。

7. 真空接触器 KM2 和 KM3

用于变频器和工频电网之间的切换运行（见 2.8 节），在这种方式下，KM3 是必不可少
的，KM2 和 KM3 之间的联锁可以防止变频器的输出端误接到工频电网上，一旦误接，将损
坏变频器。如果不需要变频器与工频电网的切换功能，可以不要 KM2 和 KM3。

8. 直流电抗器 DCL

用于改善功率因数，抑制电流尖峰。

9. 无线电噪声滤波器 FL – Z

用于减小变频器对外界产生的无线电干扰。

10. 输出滤波器 FL – T

用于抑制变频器产生的无线电干扰，其可分为电源端用滤波器和负载端用滤波器。

另外，还有电涌吸收器、电涌抑制器和用于频率设定的频率设定器。

上述变频器的外围设备中，只有真空断路器 QF 是必选的，其他设备可根据系统需要进
行选择。

11. 电动机

电动机的选择可参考 1.13.8 ~ 1.13.10 节内容。

1.13.2　真空断路器的选择

690V、3kV、6kV、10kV 系统中使用的真空断路器（见图 1-67 中的 QF）用于电源的通

断，即在包括中、高压电动机在内的变频调速主电路中出现过电流或短路事故时自动快速切断电源，且是主电路过电流的后备保护。一般按正常工作条件、短路条件和环境条件综合考虑选用。由于真空断路器通断的是变频调速主电路，还需要考虑变频器对真空断路器选择的影响。为使真空断路器正常运行，需配置必要的继电保护或微机型保护。

1. 按正常工作条件选择

（1）按工作电压选择

选用的真空断路器，其额定电压应符合所在回路的系统标称电压，其允许最高工作电压 U_{max} 不应小于所在回路的最高运行电压 U_P，即

$$U_{max} \geq U_P$$

（2）按工作电流选择

真空断路器具有长期运行过电流保护功能，为了不使其误动作，选择时必须考虑以下因素：变频器内部有大容量滤波电容，在接通电源瞬间，其充电电流可高达额定电流的 2 ~ 3 倍；变频器电流谐波分量很大，当基波电流达到额定值时，实际电流有效值要比额定电流大得多；变频器本身过载能力较强，一般为 120% ~ 150% 额定电流、1min。

综合以上因素，断路器的额定电流应选为

$$I_{QE} = (1.3 ~ 1.4)I_{CN}$$

式中　I_{QE}——真空断路器的额定电流（A）；

　　　I_{CN}——变频器的额定电流（A）。

在电动机要求实现工频和变频器的切换控制的电路中，断路器应按电动机在工频下的起动电流来选择。

（3）按开断电流（或断流容量）选择

真空断路器的开断电流应满足如下要求：

$$I_{br} \geq I_{sct} \quad 或 \quad S_{br} \geq S_{sct}$$

式中　I_{br}——断路器的额定开断电流（kA）；

　　　I_{sct}——断路器触点开始分离瞬间的短路电流有效值（kA）；

　　　S_{br}——断路器的额定断流容量（MV·A）；

　　　S_{sct}——断路器触点开始分离瞬间的短路容量（MV·A）。

按开断电流（或断流容量）选择真空断路器时，宜取断路器实际开断时间（继电保护动作时间与断路器固有分闸时间之和）的短路电流作为选择条件。

2. 按环境条件选择

应按真空断路器安装地点的环境条件校核，如温度、湿度、污秽、海拔、地震烈度等。

3. 按短路热稳定选择

真空断路器按正常工作条件选出后，一般还要按三相短路进行热稳定校核[4]。

4. 真空断路器的继电保护配置

真空断路器通断的变频调速回路设备，特别是旋转电动机在正常运行时，不可避免地会发生事故，因此真空断路器要对电动机进行保护或后备保护配置，及时减轻或排除故障和事故。

传统的机电型保护比较经济实惠，微机型保护由于可靠性较高得到日益广泛的应用。3 ~ 10kV 电动机的继电保护配置见表 1-14。[4]

表 1-14　3～10kV 电动机的继电保护配置

电动机容量 /kW	电流速断保护	纵联差动保护	过载保护	单相接地保护	低电压保护
异步电动机 小于 2000	装设	当电流速断保护不能满足灵敏度要求时装设	生产过程中易发生过载时，或起动、自起动条件严重时应装设	单相接地电流大于或等于 5A 时装设，大于或等于 10A 时一般动作与跳闸，5～10A 时可动作与跳闸或信号	根据需要装设
异步电动机 大于或等于 2000		装设			

继电保护装置的好坏一般用选择性、快速性、灵敏性和可靠性来衡量，它的整定计算可见参考文献 4。

1.13.3　真空接触器的选择

真空接触器的功能是为了控制方便和在变频器出现故障时切断主电源，并防止掉电及故障后的再起动。真空接触器根据连接的位置不同，其型号的选择也不尽相同。下面分别介绍各种情况下真空接触器的选择。[1]

1. 输入侧真空接触器的选择

为控制方便和发生故障（可能是变频器自身故障，也可能是控制电路故障）时自动切换变频器电源，通常在功率较大的变频器和真空断路器之间接有真空接触器（见图 1-67 中的 KM1）。

由于真空接触器本身没有保护功能（只有失电压保护），不存在误操作问题。所以真空接触器主触点的额定电流 I_{KN} 可按稍大于变频器的额定电流 I_{CN} 来选择，即

$$I_{KN} = (1～1.1)I_{CN}$$

式中　I_{KN}——真空接触器的额定电流（A）；

　　　I_{CN}——变频器的额定电流（A）。

变频器的报警接点串联在真空接触器的控制回路中，当变频器内部出现故障时，变频器的报警接点动作（报警），从而使变频器电源端的真空接触器失电释放，保护变频器。

2. 输出侧真空接触器的选择

变频器本身有控制功能，当用一台变频器控制一台电动机时，可不接真空接触器 KM2。但在下述情况下，变频器和电动机之间需接真空接触器（见图 1-67 中的 KM2）：

1）工频电源和变频器交替供电的场合，接线图如图 1-67 所示。因为输出电流中含有较大的谐波成分，其电流有效值略大于工频运行时的有效值，主触点的额定电流一般大于 1.1 倍的电动机额定电流；接线时要注意，两者供电的相序要一致，以确保电动机转向不变，并且真空接触器 KM2 和 KM3 要互锁。也可以参考 2.8 节 PLC 控制的工频与变频切换电路相关内容。

2）一台变频器控制多台电动机的场合。

3）变频器输出侧 U、V、W 端禁止与电网连接，否则会造成电网能量"倒灌"入变频器内而损坏变频器。

另外，由于变频器输出电压中含有大量的谐波分量，其输出侧 U、V、W 端不能接电

容，否则会损坏变频器。

3. 工频真空接触器的选择

工频真空接触器（见图 1-67 中的 KM3）的选择应考虑电动机在工频下的起动情况，其触点电流通常按电动机额定电流再加大一个档级来选择。

1.13.4　热继电器的选择

变频器内部设有电子热过载继电器以保护电动机过载，其性能优于外加热继电器，普通的热继电器在非额定频率下的保护功能并不理想。一般情况下无须装设热继电器，只有在下列情况下，才用热继电器代替电子热过载继电器[1]：

1）所用的电动机不是 4 极电动机。

2）所用的电动机为特殊电动机（非标准通用电动机）。

3）电动机频繁起动。

4）一台变频器控制多台电动机的场合。这是由于变频器容量大，其内部的热保护装置不可能对单台电动机进行过载保护。一台变频器控制多台电动机时的热继电器保护接线可参见图 1-68 中的 FR_1、FR_2 和 FR_3。

5）工频电源和变频器交替供电时的过载保护。当电动机在工频电源下运行时，需由外加热继电器进行过载保护（见图 1-67 的 FR）。

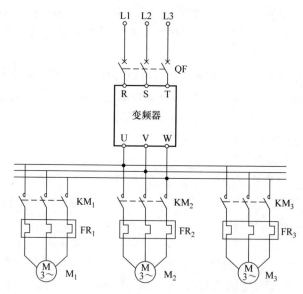

图 1-68　一台变频器控制多台电动机的主电路

6）电子热保护功能的准确度与工作频率的范围有关。当调速系统经常在规定频率范围外工作时，其准确度就差些，此时应配用普通热继电器。当变频器选用外部热继电器对电动机实施过载保护时，以下事项应给予关注：

① 热继电器应装设于变频器输出端。如果装于输入端，由于低频时输入电流远远小于输出电流而起不到保护作用。

② 当普通热继电器用于变频调速时，由于变频器的输出电流中含有大量谐波电流，可

能引起热继电器误动作，故一般应将热继电器的动作电流调大约10%左右。

③ 当变频器与电动机之间的连线过长时，由于高次谐波的作用，热继电器可能误动作。这时需在变频器和电动机之间串联交流电抗器抑制谐波或用电流传感器代替热继电器。

1.13.5　电气制动及制动电阻的计算选择

变频器的电气制动方法有三种：能耗制动、直流制动和回馈制动。[3]

当电动机的功率小于50kW时，变频器的电气制动一般可选能耗制动；当电动机的功率为50~100kW时，变频器的电气制动一般可选直流制动；当电动机的功率大于100kW时，变频器的电气制动一般可选回馈（再生）制动。

对于7.5kW及以下的小容量变频器，一般在其制动单元中随机出厂装有制动电阻；大于7.5kW的变频器对电动机进行电气制动时，需通过计算选择合适的制动电阻。

1. 能耗制动

从高速到低速（或零速），电气的频率变化很快，但电动机的转子带有负载（生产机械），有较大的机械惯性，不可能很快停止，并会产生反电动势 $E > U$（端电压），电动机处于发电状态，其产生的反向电压转矩与原电动机状态转矩相反，而使电动机具有较强的制动转矩，迫使转子较快停下来。对于一般交-直-交变频器的主电路，AC/DC整流电路是不可逆的，因此电动机产生的反电势无法回馈到电网中去，结果造成主电路电容器两端电压升高（称为泵升电压）。当电压超过设定上限值电压（700V）时，制动电路导通，制动电阻上流过电流，从而将电能转换为热能消耗掉，电压随之下降，待到设定下限值（680V）时电路关断。这就是制动单元的工作过程。这种制动方法不可控，制动转矩有波动，但制动时间可以人为设定。

2. 直流制动

在异步电动机定子三相或两相绕组上加直流电压，此时变频器的输出频率为零，定子产生静止的恒定磁场，转动着的转子切割此磁场的磁力线产生制动转矩，迫使电动机转子较快地停止，电动机储存的动能转换为电能消耗于异步电动机的转子电路。

3. 回馈（再生）制动

当电动机功率较大（$\geqslant 100kW$）且设备 GD^2（飞轮转矩）较大时，或是反复短时连接工作时，从高速到低速的降速幅度较大，频率突减，电动机处于发电状态，反电动势 $E > U$（端电压）；或是电动机在某一个频率下运行到停车的过程中，电动机也处于发电状态，反电动势 $E > U$（端电压）；或是位能负载如下行胶带输送机运行时，实际转速大于同步转速，这时也出现电动机处于发电状态，反电动势 $E > U$（端电压）。以上这些情况若制动时间较短，为减少制动过程的能量损耗，将动能转变为电能回馈到电网中去以达到节能效果，可采用有源逆变技术使能量回馈电网的制动装置。对已运行的变频调速系统进行改造时，可采用图1-12所示方案，将再生电能逆变为与电网同频率、同相位的交流电回馈给电网。对于新建项目，可采用图1-14所示方案，采用电流追踪型PWM整流器组成方式，实现功率的双向流动，其动态响应速度快，可以完全控制交流侧和直流侧之间的无功功率和有功功率的交换。

在变频调速系统中，电动机的减速是通过降低变频器输出频率而实现的。当需要电动机比自由减速更快地进行减速时，可以加快变频器输出频率的降低速率，使其输出频率对应的速度低于电动机的实际转速，对电动机进行再生制动。在此情况下，异步电动机处于发电运行状况，负载的机械能将被转换为电能并且被馈还给变频器。如果这部分回馈能量较大，则有可能使变频器的过电压保护设备动作并切断变频器输出，从而使变频器处于自由减速状态，无法达到快速停车的目的。为了避免上述现象出现，使上述能量在直流中间回路的其他部分消耗掉，可利用制动电阻来耗散这部分能量，使电动机的制动能力提高。

中、高压变频调速时的制动电阻一般可参考如下步骤来选择：

1）制动转矩的计算。制动转矩 T_B（N·m）可按下式计算[3]：

$$T_B = \frac{(GD_M^2 + GD_L^2)(n_1 - n_2)}{375t_s} - T_L$$

式中　GD_M^2——电动机的飞轮转矩（N·m²）；

　　　GD_L^2——负载折算到电动机轴上的飞轮转矩（N·m²）；

　　　T_L——负载转矩（N·m）；

　　　n_1——减速开始时的速度（r/min）；

　　　n_2——减速结束时的速度（r/min）；

　　　t_s——减速时间（s）。

2）制动电阻阻值的计算。在进行再生制动时，即使不加耗电的制动电阻，电动机内部也会有20%的铜耗被转换为制动转矩。考虑到这个因素，可以先初步计算制动电阻的预选值：

$$R_{BO} = \frac{U_C^2}{0.1047(T_B - 0.2T_M)n_1}$$

式中　U_C——直流回路电压（V）；

　　　T_B——制动转矩（N·m）；

　　　T_M——电动机额定转矩（N·m）。

如果系统所需制动转矩 $T_B < 0.2T_M$，即制动转矩在额定转矩的20%以下时，则不需要加制动电阻，此时仅电动机内部的有功损耗作用，就可以使直流回路的过电压限制在过电压保护设备的动作水平以下。

在由制动晶体管和制动电阻组成的放电回路中，其最大电流受制动晶体管本身允许电流 I_C 的限制，即制动电阻所能选择的最小值 R_{min} 为

$$R_{min} = \frac{U_C}{I_C}$$

因此，制动电阻 R_B 应由条件 $R_{min} < R_B < R_{BO}$ 决定。

3）制动电阻平均损耗 P_{ro}（kW）的计算。制动中，电动机自身损耗的功率相当于20%额定值的制动转矩，因此可按下式求得电动机制动时制动电阻上的平均功率：

$$P_{ro} = 0.1047(T_B - 0.2T_M)\frac{n_1 + n_2}{2} \times 10^{-3}$$

4）制动电阻额定功率 P_o（kW）的计算。电动机减速模式不同时，制动电阻额定功率的选择是不同的。图1-69给出了减速模式，图1-70给出了制动电阻的功率增加特性示意图。

设 m 为功率增加系数，m 与减速时间的关系如图1-70a所示。设 D 为制动电阻使用率，

$D = t_s/T$，m 与 D 的关系如图 1-70b 所示。

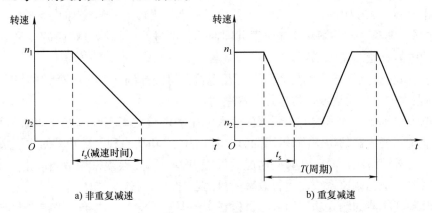

a) 非重复减速　　　　　　　　b) 重复减速

图 1-69　减速模式

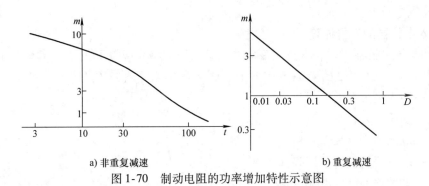

a) 非重复减速

图 1-70　制动电阻的功率增加特性示意图

在选择制动电阻时，应根据电动机的减速模式，首先根据图 1-70 求出功率增加系数 m，并利用前面求得的制动电阻的平均消耗功率 P_{ro} 决定制动电阻的额定功率 P_o：

$$P_o > P_{ro}/m$$

根据上面计算得到的 R_{BO} 和 P_o，可选用相应变频器的选配件或在市场上选择符合要求的标准电阻器。

由于制动电阻的标称功率比实际消耗的功率小得多，并且制动电阻的通电时间难以估算，所以电阻在实际运行过程中的实际通电时间若超过预想的通电时间，将导致过热而损坏。因此，制动电阻应设有过热保护，可以采用热继电器，也可以自行设计保护电路。

1.13.6　交流和直流电抗器的选择

电抗器按电源性质分为交流电抗器和直流电抗器，交流电抗器根据使用目的不同，可分为输入电抗器和输出电抗器。交流或直流电抗器抑制了变频器对于电网以及电网对于变频器的大部分干扰，通常输入侧电抗器总是需要的。

1. 变频器输入（交流）电抗器的选择

输入电抗器串联在电网电源与变频器输入端之间，如图 1-67 中 ACL1 所示，又称进线电抗器，其主要用来抑制输入电流的高次谐波，可有效保护变频器整流单元，改善三相电源的不平衡性，提高输入电源的功率因数和实现变频器驱动与电源之间的匹配。

如下场合应设置输入电抗器：

1）供电变压器的容量大于 500kV·A 或 10 倍变频器的容量，且变频器安装位置离供电变压器的距离在 10m 以内。

2）在同一电源上有晶闸管交流装置共同使用，或进线电源端接有通过开关切换以调整功率因数的电容补偿装置的场合。

3）需要改善变频器输入侧功率因数（用电抗器可提高到 0.75~0.85）的场合。

4）存在大的电压畸变或电源电压不平衡时。

由于电力电子器件的影响，变频器的输入电压和电流波形存在畸变，即除了基波以外，还存在着谐波。变频器的功率因数计算必须用电源的有功功率和无功功率的比值来表示，变频器的功率因数因系统而异，在某些情况下可能很差，因此必须采用适当的措施加以改善，以达到提高整个交流调速系统的运行效率的目的。

为了改善变频器的输入功率因数，可以在变频器输入端接入电抗器来减少谐波。对于大容量变频器而言，有时也采用在变频器内部的整流电路和平滑电容之间接入直流电抗器的方法来代替输入电抗器。

2. 输入电抗器的容量计算

在选择输入电抗器时，一般选用变频器厂家推荐的型号或按下式计算其电感量 L：

$$L = \Delta U_L/(2\pi f I_e) = (0.02~0.04)U_{dx}/(2\pi f I_e)^{[1]}$$

式中　L——输入电抗器的电感量（H）；

U_{dx}——交流输入相电压（V）；

f——电网频率（Hz）；

ΔU_L——电抗器的额定电压降（V）；

I_e——电抗器的额定电流（A）。

电抗器额定电流 I_e 的计算方法如下：

1）单相变频器配置的输入电抗器的额定电流为

$$I_e = I_{fe}$$

式中　I_{fe}——变频器的额定电流（A）。

2）三相变频器配置的输入电抗器的额定电流为

$$I_e = 0.82 I_{fe}$$

3. 变频器输出（交流）电抗器的选择

输出电抗器串联在变频器输出端和电动机之间，如图 1-67 中 ACL2 所示。它的主要作用是补偿长线分布电容的影响，抑制变频器输出谐波产生的不良影响，起到减小变频器噪声和抑制电动机电压振动（突变）的作用，有助于减少变频器的过电流和过电压故障。

4. 变频器输出电抗器的容量计算

在选择输出电抗器时，一般可选用变频器厂家推荐的型号或按下式计算其电感量 L[1]：

$$L = \frac{0.5~1.5}{100} \times \frac{U_x}{2\pi f I_{max}}$$

式中　L——输出电抗器的电感量（H）；

U_x——交流输入相电压（V）；

I_{max}——流过电抗器的最大电流（A），其值可取变频器的额定电流。

5. 变频器直流电抗器的选择

交流电源经变频器整流电路整流后输出的直流电压中总是有纹波的，为抑制纹波，使输出的直流电接近于理想直流电，同时，当电网三相电压不平衡率大于 3% 时，为保护变频器不受过大电流峰值的作用而损坏，还须在变频器直流侧（变频器整流环节与逆变环节之间的回路上）串联一只直流电抗器，如图 1-67 中的 DCL。由于其体积较小，所以许多变频器已将直流电抗器直接装在变频器内。如果同时配用交流电抗器和直流电抗器，则可将变频调速系统的功率因数提高至 0.95。

直流电抗器可选用变频器厂家推荐的型号，或按同样变频器输入电抗器电感量的 2～3 倍选取[1]，即

$$L = (2 \sim 3) L_{AC}$$

式中　L_{AC}——变频器输入电抗器的电感量（mH）。

1.13.7　EMC 滤波器的选择

通常将谐波中 1kHz 以下的称为谐波，1MHz 左右的称为电磁噪声。变频器对外的谐波干扰分为直接传导、感应和辐射三种。除了直流和交流电抗器抑制的干扰以外，还有一些干扰，为了降低无线电干扰，可采用 FIL 滤波器。由于变频器输出的是千赫级的高频脉冲，其输出电缆与地及电动机与地之间存在分布电容，所以会产生谐波电流，该电流的存在使得即使变频器的绝缘正常，剩余电流断路器也会跳闸。此时必须使用具有抑制谐波能力的剩余电流断路器，才会取得满意的效果。[3]

1. 输入侧噪声滤波器

输入侧噪声滤波器实质是由电容和电感组成的复合电路，它对谐波的滤除作用优于单纯的电抗器。如果需要加装滤波器，建议选用变频器厂家推荐的型号。输入侧噪声滤波器的安装位置在变频器之前、其他电器之后；如果装设了输入侧交流电抗器，则滤波器应该在电抗器之后。

2. 输出侧噪声滤波器

PWM 电压波形的开关翼部通过寄生电容产生一个高频脉冲噪声电流，通过存在于电动机电缆和电动机内的寄生电容，使变频器成为一个噪声源。针对变频器输出侧的高频干扰，可采用的对策有两种：一是减少和抑制高频载波的成分；二是阻断载波干扰的传播途径。加装输出侧噪声滤波器属于第一种对策，即减少载波成分。

输出侧噪声滤波器通常是由电感、电容和电阻组成的复合电器，选择时建议选用变频器厂家推荐的规格型号。输出侧噪声滤波器安装在变频器输出侧最靠近变频器的位置[3]。

与阻断载波干扰的传播途径的对策相比，加装输出滤波器的成本较高，因此应该只在阻断方式难以发挥作用时采用。

1.13.8　变频调速电动机的选用

对于中、高压变频调速系统使用的电动机（见图 1-67 中的 M），首先根据电力拖动系统的要求进行选择，不仅要根据用途和使用状况合理选择电动机的结构型式、安装方式和连接方式，还要根据温升情况和使用环境选择合适的通风方式和防护等级。[4] 然后根据驱动负载所需功率选择电动机的容量，并对电动机发生故障时造成的短路、单相接地及过载进行保

护，对电动机装设过电流、电流速断或纵差保护设备。[4]同时，还要考虑变频器性能对电动机输出功率的影响。

1. 电动机最大输入功率的确定

首先要根据机械对转速（最高，最低）和转矩（起动，连续及过载）的要求，确定机械要求的最大输入功率（即电动机额定功率的最小值），负载的功率可按下式计算：

$$P_L = T_L n / 9550$$

式中　P_L——电动机轴上输出的有效机械功率（kW），即负载的功率；

　　　n——电动机转子转速（r/min）。

计算最大输入功率时，机械转速取电动机的额定转速，转矩取设备在起动、连续运行、过载或最高速等状态下的最大连续转矩。

选配泵类负载电动机时，需考虑机泵与所配电动机是否相匹配；一是要避免出现"大马拉小车"现象；二是要尽可能达到最大的节能效果，一般设计裕量应控制在10%左右。通用的标准电动机用于变频调速时，由于变频器的性能会降低电动机的输出功率，最后还需适当增大电动机的容量，留有一定裕量。

2. 电动机极数的确定

电动机的极数决定了它的同步转速，要求电动机同步转速尽可能地覆盖它的整个调速范围；然后，根据同步转速确定电动机的极数。为了充分利用设备潜能，避免浪费，可允许电动机短时间超出同步速度，但必须小于电动机允许的最大速度。

通用变频器是针对交流异步电动机设计的，而且多数通用变频器的预置电动机模型都是4极电动机模型。因此，使用通用变频器时，选择4极笼型异步电动机是合适的。当选择4极笼型异步电动机配备减速比有困难时，也可以选择2极、6极或8极电动机。

3. 散热能力的影响

通用的标准异步电动机的散热能力是按照额定转速下进行自扇风冷设计的，外壳冷却依靠端部的风扇叶片，内部空气流通依靠转子两端的风叶，叶片都固定在转子轴上跟随转子转动。当转速降低时，端部风扇叶片逐步失去散热能力，内部风叶也逐步失去使空气流通的能力。

对于风机、泵类等二次方律负载，随着转速降低，转矩也降低，发热程度降低，因此这类负载选择普通笼型电动机是适合的，但不要在40%同步转速以下长期运行。

对于胶带输送机这类恒转矩负载，电动机调速运行时，其发热不变，但在低速运行时的散热能力降低，可采用另加恒速冷却风扇的办法或采用较高绝缘等级的电动机，以保证低速时的允许输出转矩。

4. 超过额定转速的影响

目前变频器的频率范围一般是0～120Hz，当负载要求的最高转速超过同步转速不多时，或者超过我国异步电动机额定工作频率50Hz不多时，可适当增大电动机的容量，以增加电动机的输出功率，进而保证超额转速下的输出转矩。但由于电动机轴承机械强度和发热等因素的限制，电动机最高转速不能超过同步转速的10%。

1.13.9　调速运行频率变化对电动机的影响

变频调速用电动机通常先按正常工作条件、短路条件和环境条件综合进行选择，一般均选择 4 极电动机，基频工作点设计在 50Hz。除此以外，还需考虑调速中频率变化对电动机的影响。

1. 考虑低频对电动机的影响

变频调速电动机在 0 ~ 50Hz（转速为 0 ~ 1489r/min）范围内做恒转矩运行。

电动机在 25Hz 以下运行时，一般称为低频运行。这时电动机的转速大幅降低，电动机冷却风扇风量不足，电动机温度将升高。如果采用普通电动机（指非专用的变频电动机），则电动机不能承受额定负载。当必须减轻负载运行而负载又不能减轻时，就必须更换更大容量的电动机，变频器的容量也要随之换大。

另外，低频运行时，变频器输出波形中的高次谐波含量将会增多，会明显增加输出导线和电动机的温升，并对周围用电设备产生电子干扰。干扰严重时，还有可能造成变频器的控制信号失常，甚至停机。

低频运行时，还会大大增加电动机的电磁噪声。

2. 考虑高频对电动机的影响

变频调速电动机在 50 ~ 100Hz（转速为 1480 ~ 2800r/min）范围内做恒功率运行。

变频器能输出 50Hz 以上的频率，但普通笼型电动机是以在工频下运转为前提而制造的，如果频率过高，将造成轴承损坏，风扇损坏，定子绕组端子绑扎松脱、变形等。因此，如果在工频以上频率使用，必须确认电动机最高允许频率范围。

3. 考虑变频调速对异步电动机输出转矩的影响

异步电动机只有在额定频率（如 50Hz）下，才有可能达到额定输出转矩，否则电动机的额定输出转矩都不可能用足。例如，当频率调到 25Hz 时，电动机输出转矩的能力约为额定转矩的 90%；当频率调到 20Hz 时，电动机输出转矩的能力约为额定转矩的 80%；当频率调到 10Hz 时，输出转矩约为额定转矩的 50%；当频率调到 6Hz 以下时，一般交流电动机的输出转矩能力极小（矢量控制系统除外），且有步进和脉动现象。

如果无论转速高低都需要有额定输出转矩，则应选用功率较大的电动机降容使用。

1.13.10 变频电动机的特点及使用场合

变频电动机（即变频器专用电动机）是用于变频器的传动电动机。[1]

1. 变频电动机的类型

1）低噪声电动机。在运行频率区域内噪声小、振动小。

2）恒转矩式电动机。在低频区域内提高了允许转矩，如在 5 ~ 50Hz 范围内，可以用额定转矩连续运转。

3）高速电动机。用于高速（高频率）（如 10000 ~ 300000r/min）场合的电动机。

4）带测速发电机的电动机。这里是指用于闭环控制（抑制转速变动）的电动机。

5）矢量控制用电动机。要求电动机惯量小。

2. 变频电动机的特点

1）散热风扇由一个独立的恒速电动机带动，风量恒定，与变频电动机的转速无关。

2）机械强度设计能确保最高速使用时安全可靠。

3）磁路设计既能适合最高使用频率的要求，也能适合最低使用频率的要求。

4）绝缘结构设计比普通电动机更能经受高温和较高冲击电压。

5）高速运行时产生的噪声、振动、损耗等都不高于同规格的普通电动机。

变频电动机的价格要比普通电动机高 1.5 ~ 2 倍。

3. 变频电动机的使用场合

在电动机变频调速改造时，为了节约投资，异步电动机应尽量利用原有电动机，但有下列情况之一时，一定要选用专用的变频电动机：

1）工作频率大于 50Hz，甚至高达 200 ~ 400Hz（一般电动机的机械强度和轴承无法胜任）；工作频率小于 10Hz，负载较大且要长期持续工作（普通电动机靠机内的风叶无法满足散热要求，电动机会严重过热，容易损坏电动机）。

2）调速比 $D \geqslant 10$ 且频繁变化（$D = n_{max}/n_{min}$）。

3）调速比 D 较大，工作周期短，转动惯量 GD^2 也大，正反转交替运行且要求实现能量回馈制动的工作方式。

4）因传动需要，用变频电动机更合适的情况，如要求低噪声、恒转矩、闭环控制等。

1.13.11　Y 系列电动机改成变频电动机的方法

当电动机采用变频调速时，其运行频率一般为 10 ~ 50Hz，此时若采用普通电动机，则在长期低速（低频）运行中会严重发热，缩短电动机的寿命。因此，变频调速的电动机通常采用变频电动机。但有时为了降低成本，充分利用原有设备，或者当购不到合适的变频电动机时，则可将普通的具有 6 个接线端子的 Y 系列电动机改装成变频电动机。

改装的方法[1]：在普通电动机上加装一台强风冷电动机，以加强冷却效果，降低电动机在低速运行时的温升。强风冷电动机与被改装电动机同轴，风叶仍为原电动机的冷却风叶，强风冷电动机的功率和极数按以下要求选择：

1）对于 2 极和 4 极的被改装电动机，功率取被改装电动机功率的 3%，极数与被改装电动机的极数相同。

2）对于 6 极及以上的被改装电动机，功率取被改装电动机功率的 5%，极数选择 4 极。

1.14　变频器的安装环境、电缆布线及选择、接地与使用

使用变频器传动电动机时，在变频器侧和电动机侧电路中都将产生高次谐波，所以必须考虑高次谐波抑制。在安装变频器时，仔细阅读使用说明书，充分考虑变频器的工作环境要求、变频器柜的通风散热、与变频器配套的外围设备能正常工作时应采取的布线措施，以及变频器与电动机或其他外围设备的安装距离，进而选择电力电缆（见 1.14.4 节和 1.14.5 节）和控制电缆（见 1.14.6 节），还要采取正确接地等防干扰措施。

1.14.1　变频器对工作环境的要求

变频器只有在规定的环境中才能安全可靠地工作，若环境条件不满足其要求，则应采用相应的改善措施。变频器的运行环境规定如下：

1. 环境温度

变频器内部是大功率的电子元器件，要求环境温度在一定的范围内才能进行正常运行，一般变频器环境温度为 −10 ~ 50℃（6 ~ 10kV 中、高压变频器环境温度为 0 ~ 40℃），变频器环境温度高达 40℃ 以上时，必须采取强制通风措施将环境温度降下来或者将变频器降容使用，否则电子元器件容易损坏、功能失灵，故应注意通风散热。通常为保证其工作安全、可靠，使用时应考虑留有余地，环境温度控制在 40℃ 以下。安装中，绝对不允许把发热元器件或易发热的元器件紧靠变频器的底部安装。环境温度太高且温度变化较大时，变频器内部易出现结露现象，其绝缘性能会大大降低，甚至可能引发短路事故，必要时应在箱中增加干燥剂。

环境温度超标时对变频器连续输出电流的影响，一般可参考如下数据：当环境温度不大于 40℃ 时，变频器可连续输出 $100\% I_e$（I_e 为额定电流）；当环境温度为 45℃ 时，变频器可连续输出 $80\% I_e$；当环境温度为 50℃ 时，变频器可连续输出 $60\% I_e$。

若有产品说明书，应按说明书的要求进行安装设计和施工。例如，西门子罗宾康的 3 ~ 10kV 完美无谐波变频器允许的正常运行环境和冷却温度为 5 ~ 40℃，允许的降额运行环境和冷却温度为 40 ~ 50℃，允许的存放环境和冷却温度为 −5 ~ 45℃，允许的运输环境和冷却温度为 −25 ~ 70℃；ABB 公司 6kV 的 ACS 5000 环境温度为 1 ~ 40℃（降容的条件下允许的环境温度可更高些）。

变频器的储存温度一般为 −25 ~ 70℃。

2. 环境的相对湿度

变频器安装环境的相对湿度在 40% ~ 90% 为宜，6 ~ 10kV 变频器一般要求为 85%，不结露、无冰冻，否则容易破坏电气绝缘或腐蚀电路板，进而击穿电子元器件，我国南方沿海地区的相对湿度经常大于 90%，这种条件下使用变频器时应采取防潮措施。另外，还要注意防止水或水蒸气直接侵入变频器内，以免引起漏电，甚至打火、击穿。

3. 周围气体

变频器柜的周围应无粉尘和腐蚀性气体，也无爆炸性和可燃性气体或油雾，不受日光直晒，否则会腐蚀电路板及电子元器件，并有可能引起爆炸或火灾事故。

4. 振动

设置场所应远离振动源和冲击源，安装场所的振动加速度应小于 0.6g。因为振动过大会使变频器的紧固件松动，继电器、接触器等器件误动作，电子元器件损坏，导致变频器运行不稳定。

测出振幅 A 和频率 f，然后按下式[1] 求出振动加速度 G：

$$G = (2\pi f)^2 G \times \frac{A}{9800} g$$

式中　A——振幅（mm）；

　　　f——频率（Hz）。

如果在振动加速度 G 超过允许值处安装变频器，应采取防振动措施，如加装隔振器、采用防振橡胶垫、选择有耐振措施的机型等。

5. 海拔

变频器应用的海拔应低于 1000m。海拔过高时，气压下降，容易破坏电气绝缘，1500m 时的耐压降低 5%，3000m 时的耐压降低 20%。另外，海拔超高时，额定电流值将会减小，1500m 时减小为 99%，3000m 时减小为 96%。从 1000m 开始，每超过 100m，允许温度就下降 1%。

6. 变频器的安装

一般应安装在变频器柜箱体上部，并严格遵守产品说明书中的安装要求，固定在耐热、耐振动的坚固物体上，包括金属物和耐热、阻燃的非金属物；变频器必须垂直安装，留足安装空间，一般上下空间大于 120mm，左右空间大于 50mm。

7. 变频器安装的场所

变频器一般安装在无爆炸性气体等危险的场所中，或者安装在防爆场所外的安全场所。

1.14.2　变频器安装柜的尺寸和通风量

中、高压变频器由于容量较大，一般在选型和订货时，采用厂家的定型柜式结构。

变频器安装柜分为开启式机柜、封闭式机柜和密闭式机柜，密封式机柜又分自然式通风机柜和采用风扇强迫通风机柜等。为了保证变频器安全、可靠运行，柜内温度应不超过 40℃。开启式机柜的保护级别为 IP00，封闭式机柜的保护级别为 IP20 或 IP40，密闭式机柜的保护级别为 IP54 或 IP65。

变频器安装柜要有通风回路，气流要通畅。当自然排风不能满足变频器的要求时，可用电风扇强迫排风。安装在安装柜上的风扇应比变频器本身风机总通风量大 30%～50%。柜的进风口设在柜下方，环境较脏的场合要有过滤网，过滤网的风阻要小，且应经常清除灰尘。安装柜内空气不应直通短路，也不应发生热风回流，必要时可设置导风板和挡风板，以改善柜内空气流向，提高冷却效果。当空气冷却不能满足变频器的要求时，可考虑使用水冷。

密闭式机柜的通风量可由下式确定[1]：

$$Q \geqslant \frac{3.1P}{\lambda(t_{m1} - t_{m2})}$$

式中　Q——换气风量（m^3/min）；

　　　P——柜内所有发热设备正常工作时的热损耗（W），可查相应产品的技术资料或向厂家询问；

　　　λ——柜体材料的热导率[W/(cm·℃)]，铁的热导率为 0.803W/(cm·℃)；

　　　t_{m1}——变频器最高允许运行柜内温度（℃），可取 50℃；

　　　t_{m2}——柜体外部环境最高温度（℃），根据实际情况确定，不大于 40℃，当不能满足时，可采取加大柜体尺寸或增加换气风量来达到。

目前，各制造厂生产的中、高压变频器不尽相同，因而其机柜的安装尺寸和通风量也有较大差别，在选用变频器时，应遵守产品说明书中的安装要求。这里，把西门子、罗宾康公司 6kV 完美无谐波变频器的部分封闭式机柜的安装尺寸和换气量进行介绍，见表 1-15。

表1-15　西门子、罗宾康公司6kV完美无谐波部分变频器（电动机电压6kV）

输出电流/A	容量/kV·A	输出轴功率/kW	输出轴功率/hp	整流变压器/kV·A	最大输出电压/kV	功率单元数	换气量/(m³/min)	封闭式机柜尺寸① 宽/mm	深/mm	高/mm	安装柜尺寸图
70	270	224	300	300	6.7	18	249.0	3480	1092	2918	图1-71 （E图）
70	360	298	400	400	6.7	18	249.0	3480	1092	2918	
70	450	373	500	500	6.7	18	249.0	3480	1092	2918	
70	540	448	600	600	6.7	18	249.0	3480	1092	2918	
70	630	522	700	700	6.7	18	249.0	3480	1092	2918	
70	680	560	750	750	6.7	18	249.0	3480	1092	2918	
70	720	597	800	800	6.7	18	249.0	3480	1092	2918	
70	725	602	807	900	6.7	18	249.0	3480	1092	2918	
100	810	671	900	900	6.7	18	249.0	3480	1092	2918	
100	900	746	1000	1000	6.7	18	249.0	3480	1092	2918	
100	990	821	1100	1100	6.7	18	249.0	3480	1092	2918	
100	1035	860	1152	1250	6.7	18	249.0	3480	1092	2918	
140	1130	933	1250	1250	6.7	18	249.0	3480	1092	2918	
140	1220	1007	1350	1350	6.7	18	249.0	3988	1092	2918	图1-72 （F图）
140	1350	1119	1500	1500	6.7	18	249.0	3988	1092	2918	
140	1450	1203	1613	1650	6.7	18	249.0	3988	1092	2918	
200	1540	1306	1750	1750	6.7	18	373.6	4877	1240	2918	图1-73 （G图）
200	1670	1417	1900	1900	6.7	18	373.6	4877	1240	2918	
200	1760	1492	2000	2000	6.7	18	373.6	4877	1240	2918	
200	1980	1679	2250	2250	6.7	18	373.6	4877	1240	2918	
200	2075	1763	2363	2400	6.7	18	373.6	4877	1240	2918	
260	2110	1790	2400	2400	6.7	18	373.6	4877	1240	2918	
260	2200	1865	2500	2500	6.7	18	373.6	4877	1240	2918	
260	2420	2052	2750	2750	6.7	18	373.6	4877	1240	2918	
260	2640	2238	3000	3000	6.7	18	373.6	4877	1240	2918	
260	2700	2292	3073	3250	6.7	18	373.6	4877	1240	2918	

① 相关数据已取整。

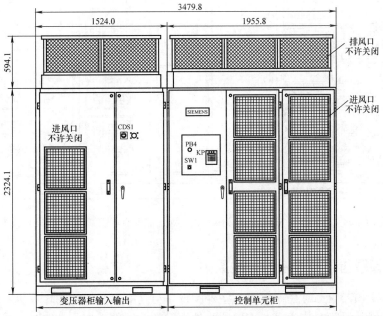

图1-71　西门子、罗宾康公司6kV完美无谐波变频器安装柜尺寸图（E图）

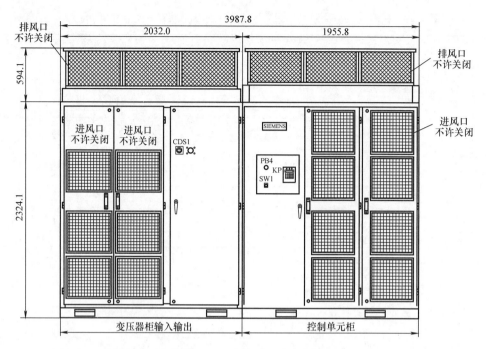

图 1-72　西门子、罗宾康公司 6kV 完美无谐波变频器安装柜尺寸图（F 图）

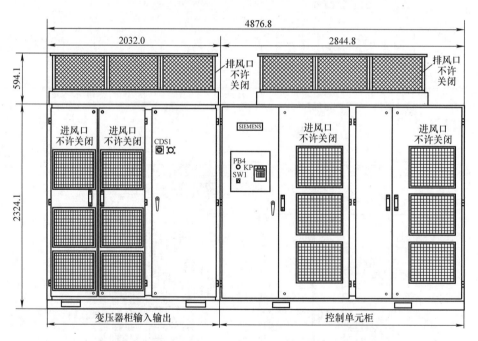

图 1-73　西门子、罗宾康公司 6kV 完美无谐波变频器安装柜尺寸图（G 图）

1.14.3　变频器与外围设备的布线原则

　　中、高压变频器应用时往往需要一些外围设备与之配套，如控制计算机、PLC 装置、测量仪表、传感器及无线电装置等，为使这些外围设备能正常工作，布线时应采取以下措施：

1）当外围设备与变频器共用同一供电系统时，由于变频器产生的噪声沿电缆线传导，可能会使系统中挂接的其他外围设备产生误动作。所以安装时要在变频器输入端安装噪声滤波器，或将其他设备用隔离变压器或电源滤波器进行噪声隔离。

2）电动机电缆应独立于其他电缆走线，其最小距离为 500mm；同时应避免电动机动力电缆与其他信号电缆长距离平行走线，这样才能减少变频器输出电压快速变化而产生的电磁干扰。如果控制电缆和电源电缆交叉，应尽可能使它们交叉 90°。与变频器有关的模拟量信号线与主电路线分开走线，即使在控制柜中也要如此。

3）当外围设备与变频器装入同一安装柜且布线又很接近变频器时，可采取以下方法抑制变频器干扰：

① 将易受变频器干扰的外围设备及信号线远离变频器安装；信号线使用屏蔽电缆线，屏蔽层接地。也可将信号电缆线套入金属管中；信号线穿越主电源线时应确保正交。

② 在变频器的输入输出侧安装无线电噪声滤波器或线性噪声滤波器（铁氧体共模扼流圈），滤波器的安装位置要尽可能靠近电源线的入口处，并且滤波器的电源输入线在安装柜内要尽量短。

4）变频器和电动机的安装距离可分为三种情况：远距离（1000m 以上）、中距离（20 ~ 1000m）和近距离（20m 以内）。由于不同变频器内部的处理方法不同，各生产厂家在使用手册中一般都规定了配用电缆的建议长度和截面面积。

变频器和电动机之间的布线原则是：不超过变频器用户手册规定的电缆长度，并尽量得短。这样减小了电缆的对地电容，可减少干扰的发射源。它的动力电缆应选用变频器的专用电力电缆，即 1.14.5 节介绍的芯数为 "3 + 3" 或 "3 + 3 + 1（总屏蔽层）" 的电缆，若选用屏蔽的三芯电缆（其规格要比普通电动机的电缆大一级）或采用四芯电缆并将电缆套入金属管，其中一根的两端分别接到电动机外壳和变频器的接地侧。在特殊情况下，如果安装电缆过长，可以在变频器输出侧加装合适的电抗器予以补偿，用于解决因进线过长而引起的尖峰电流过大。

应该特别注意的是，电动机的电缆截面面积不能选得太大，否则电缆的电容和漏电流都会因之增加。一般情况下，电缆截面面积每增大一个等级，将使变频器的输出电流相应降低 5%。

5）避免信号线与动力线平行布线或捆扎成束布线，易受影响的外围设备应尽量远离变频器安装；易受影响的信号线应尽量远离变频器的输入输出电缆。

6）当操作台与安装柜不在一处或具有远程控制信号线时，如果安装电抗器或滤波器不能完全满足 EMC，采用屏蔽电动机馈电电缆和空间隔离等措施是必要的。对于数字信号电缆的屏蔽，一定要两端接地；对于不同区域的电缆，不要放在同一电缆槽中；从柜中引出的所有总线电缆和信号电缆必须加以屏蔽，并特别注意各连接环节，以避免干扰信号传入。

1.14.4　变频器常用电力电缆的选择

变频器的输出电缆应选择变频器专用电缆，若输出导线较短（如 $l < 20$m），在变频器产生的谐波对电缆及周围设备的影响不大，不会造成过电流误动作保护，能保证生产安全时，可参考如下方法选用常用电力电缆。

1. 变频器电源主电路电缆的选择

可选择我国已生产的变频器用动力电缆或常用的电力电缆，截面面积可按同容量的中、高压普通电动机选择电缆方法来选择，即根据工程的具体情况，对电缆的导体、芯数、绝缘水平、绝缘材料及护套进行正确的选择，可参考文献 6 的有关内容。电缆应满足允许温升、电压损失、机械强度的要求，还要按短路电流校验其热稳定，热稳定校验可参考文献 6 第 3 章的有关内容。考虑到其输入侧的功率因数较低，应本着宜大不宜小的原则确定电缆的截面面积。

2. 变频器输出电缆截面积的选择

变频器工作时频率下降，输出电压也下降。在输出电流相等的条件下，若输出导线较长（$l > 20\text{m}$），低压输出时电缆线路的电压降 ΔU 在输出电压中所占比例将上升，加到电动机上的电压将减小，因此低速时可能引起电动机发热。所以确定输出电缆导线截面面积时要重点考虑 ΔU 的影响，即

$$\Delta U = \frac{\sqrt{3} I_N R_O l}{1000}$$

式中　U_X——电动机的最高工作电压（V）；

　　　I_N——电动机的额定电流（A）；

　　　R_O——单位长度电缆导线的交流电阻（mΩ/m）；

　　　l——电缆导线长度（m）。

一般要求 $\Delta U \leqslant (2 \sim 3)\% U_X$。

R_O 是导体工作时的电阻。导体工作时的实际电阻与导体工作温度、电流的大小、电流的性质（直流或交流）、导体截面面积、结构状况（趋肤效应）以及敷设状态（临近效应）等有关。[6] 电缆缆芯的交流电阻可用下式计算[6]：

$$R_j = K_{jf} K_{lj} R_\theta = K R_\theta$$

式中　R_j——电缆缆芯的交流电阻（Ω）；

　　　R_θ——电缆缆芯的直流电阻（Ω）；

　　　K_{jf}——趋肤效应系数，当频率为 50Hz、线芯截面面积≤240mm² 时，可取为 1。

　　　K_{lj}——邻近效应系数，因为邻近导体接通交流电时，如电流方向相同，则电流密度最大的地方是两导体相背之表面，相邻的表面几乎无电流通过，所以邻近效应系数 >1。

　　　K——缆芯导体的交流电阻与直流电阻之比值，K 值可由表 1-16 参考选取。

表 1-16　K 值选择用表[6]

电缆类型		6 ~ 35kV 挤塑					自容式充油		
缆芯截面面积/mm²		95	120	150	185	240	240	400	600
缆芯数	单芯	1.002	1.003	1.004	1.006	1.010	1.003	1.011	1.029
	多芯	1.003	1.006	1.008	1.009	1.021			

交流电流通过导线时，导线截面上的电流分布是不均匀的，中心处电流密度小，越接近导线表面，电流密度越大。这种交流电流在导线内趋于导线表层的现象称为趋肤效应。趋肤效应使导线的有效导电截面减小，趋肤效应与频率有关，频率越高，趋肤效应越显著。

7/10kV 单芯和三芯交联聚乙烯电缆工作温度下导体的交流电阻见表 1-17。[6]

表 1-17 7/10kV 单芯和三芯交联聚乙烯电缆工作温度下导体的交流电阻　　　单位：Ω/km

导体截面面积 /mm²	单芯电缆						三芯电缆 所有型号	
	无铠装		细圆钢丝铠装		粗圆钢丝铠装			
	铜芯	铝芯	铜芯	铝芯	铜芯	铝芯	铜芯	铝芯
25	0.9271	1.5385	0.9271	1.5385	0.9271	1.5385	0.9271	1.5385
35	0.6683	1.1130	0.6683	1.1130	0.6683	1.1130	0.6684	1.1130
50	0.4936	0.8220	0.4936	0.8220	0.4936	0.8220	0.4937	0.8220
70	0.3420	0.5681	0.3420	0.5681	0.3420	0.5681	0.3421	0.5682
95	0.2465	0.4105	0.2465	0.4105	0.2465	0.4105	0.2467	0.4106
120	0.1956	0.3247	0.1956	0.3247	0.1956	0.3247	0.1958	0.3248
150	0.1588	0.2645	0.1587	0.2645	0.1587	0.2645	0.1591	0.2647
185	0.1272	0.2108	0.1271	0.2107	0.1271	0.2107	0.1276	0.2110
240	0.0972	0.1609	0.0971	0.1609	0.0971	0.1608	0.0978	0.1613
300	0.0779	0.1290	0.0779	0.1290	0.0778	0.1289	0.0788	0.1295
400	0.0616	0.1010	0.0615	0.1010	0.0615	0.1009	0.0628	0.1018
500	0.0489	0.0789	0.0487	0.0788	0.0487	0.0788	0.0504	0.0799
630	0.0389	0.0619	0.0387	0.0618	0.0386	0.0617	0.0409	0.0632

电缆芯线在 20℃时直流电阻的最大值，即国家规定的作考核指标的标准值见表 1-18。

表 1-18 电缆芯线的直流电阻值[6]

标称截面面积/mm²	20℃ 直流电阻≤（Ω/km）			标称截面面积 /mm²	20℃ 直流电阻≤（Ω/km）		
	铜芯		铝芯		铜芯		铝芯
	1 类/2 类	5 类/6 类	1 类/2 类		1 类/2 类	5 类/6 类	1 类/2 类
1×0.5	36.0	39.0	—	1×70	0.268	0.272	0.443
1×0.75	24.5	26.0	—	1×95	0.193	0.206	0.320
1×1.0	1.81	1.95	–	1×120	0.153	0.161	0.253
1×1.5	12.1	13.3	18.1	1×150	0.124	0.129	0.206
1×2.5	7.41	7.98	12.1	1×185	0.0991	0.106	0.164
1×4	4.61	4.95	7.41	1×240	0.0754	0.0801	0.125
1×6	3.08	3.30	4.61	1×300	0.0601	0.0641	0.100
1×10	1.83	1.91	3.08	1×400	0.0470	0.0486	0.0778
1×16	1.15	1.21	1.91	1×500	0.0366	0.0384	0.0605
1×25	0.727	0.780	1.20	1×630	0.0283	0.0287	0.0469
1×35	0.524	0.554	0.868	1×800	0.0221	—	0.0367
1×50	0.387	0.386	0.641	1×1000	0.0176	—	0.0291

注：1 类导体为实芯导体，2 类导体为紧压绞合导体，5 类导体为通用软导体（即用作一般移动电缆的导体），6 类导体为特软导体（用于特殊移动电缆），5 类和 6 类导体分为镀锡铜导体与不镀锡铜导体。表中的数据为不镀锡铜导体的 20℃直流电阻值，镀锡铜导体的电阻值约增大 1%。

若变频器与电动机之间的电缆长度不是很长，其截面面积可根据电动机的容量来选取。

1.14.5　变频器专用电力电缆的选择

仅靠安装电抗器或者滤波器，不能完全满足 EMC，故采用如屏蔽电动机馈电电缆和空间隔离措施是必要的，从变频器输出到变频电动机选用变频器专用电力电缆也是必需的。

变频器专用电缆的芯数与常用的电缆不同，一般为"3 + 3"或"3 + 3 + 1（总屏蔽层）"，它可以降低变频器谐波对电缆及设备的不良影响，由于目前还没有国家的统一标准，有关厂家按企业标准进行生产命名。下面举例简单说明：

1）上海摩恩电气股份有限公司生产的 0.6/1kV硅橡胶绝缘及护套变频器专用电缆，其主要技术参数为：a. 在屏蔽层传输阻抗测量 30MHz、60MHz 两个点的数据，分别不大于 25Ω/m、50Ω/m。b. 电缆的理想屏蔽系数：铜丝编织屏蔽不大于 0.9，铜丝缠绕铜带绕包复合屏蔽不大于 0.6。c. 硅橡胶绝缘的耐温为 -40 ~ 180℃。d. 具有极好的柔软性和弹性。e.可提高电缆及系统的用电安全性能。图 1-74 给出了0.6/1kV 硅橡胶绝缘及护套变频器专用电缆的典型结构示意图。[6]

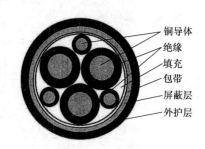

铜导体
绝缘
填充
包带
屏蔽层
外护层

图 1-74　0.6/1kV 硅橡胶绝缘及护套
变频器专用电缆的典型结构示意图

2）安徽江淮电缆集团有限公司生产 0.6/1kV 交联聚乙烯绝缘变频器专用电缆，有较低的有效电容和低传输阻抗，交联聚乙烯绝缘的耐温为 90℃。

3）上海摩恩电气股份有限公司生产中压大功率变频驱动系统用电力电缆，其主要技术参数为，总屏蔽层的截面面积不小于相线截面面积的 50%，屏蔽层传输阻抗在 100MHz 范围内，不大于 1Ω/m；额定电压 U_0/U 可为 8.7/15kV、12/20kV、18/30kV，电缆芯数为"3 + 3 + 1（总屏蔽层）"。主要特点为：具有较小的绝缘介质损耗；具有较强的耐电压冲击性，能经受高速、频繁变频时的脉冲电压；具有良好的屏蔽性能；可降低屏蔽器输出中存在的高次谐波，降低电动机噪声；提供过电流误动作保护，提高电动机的转矩效率；电缆结构紧凑，用电安全性高。

4）曹妃甸煤码头的取装变频调速系统中，从变频器输出到变频电动机的电力电缆，都选择了变频器专用电缆 BPYJVP2 - 1.8/3kV - （3 × 240 + 3 × 35）。

这里还要说明的是：电缆载流量可根据实际负载情况选择，变频器允许的最大到电动机的电缆连接距离应从变频器产品手册中查出。

上述用于各种电压等级的变频器专用电缆的具体性能、规格、结构参数见参考文献6。

1.14.6　变频器用控制电缆的选择

变频器直接输出接到真空接触器、按钮等强电控制回路的控制电缆导线一般选用屏蔽电缆，它的额定电压、屏蔽结构、允许弯曲半径、电缆芯数选择、截面面积计算、外护层材料及护套的选择等可参考文献6第8章有关内容。与变频器有关的模拟信号线最好选用屏蔽双绞线，变频器与上位计算机或 PLC 连接的控制电缆一般按常用的计算机电缆选择，也可按参考文献6第8章有关内容进行选择。目前，我国生产的变频器用微弱小信号控制电缆，主要考虑电缆导体的强度和连接要求，下面对上海摩恩电气有限公司按企业标准生产的变频器用控制电缆的性能、型号、名称及规格进行简单介绍。

1. 用途

主要用于变频器控制回路中微弱电压、电流信号的控制。

2. 技术特性和使用条件

1）该电缆具有良好的双屏蔽效果，可防止强电压对弱电压/电流信号的干扰。

2）该电缆长期工作允许的最高温度达 180℃，最低允许工作温度为 -60℃。

3）合理的敷设间距与有效的屏蔽接地，可以减少静电耦合干扰。

4）具有良好的耐老化性和耐候性。

5）具有极好的柔性和弹性。

3. 型号、名称及规格

变频器用控制电缆的型号、名称及规格见表 1-19。

表 1-19　变频器用控制电缆的型号、名称及规格[6]

型　号	名　称	标称截面面积/mm^2	芯对数
BPKXGGP2	硅橡胶绝缘铜带屏蔽硅橡胶护套变频器用控制电缆	0.75, 1.0, 1.5, 2.5	1~20
BPKXGGPP2	硅橡胶绝缘铜丝编织铜带绕包双屏蔽硅橡胶护套变频器用控制电缆		
BPKXGP2GP2	硅橡胶绝缘铜带分屏蔽铜带总屏蔽硅橡胶护套变频器用控制电缆		
BPKXGPP2GPP2	硅橡胶绝缘铜丝编织铜带绕包双分屏蔽铜丝编织铜带绕包双总屏蔽硅橡胶护套变频器用控制电缆		

4. 结构

变频器用控制电缆的结构示意图如图 1-75 所示。[6]

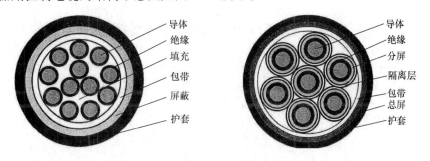

图 1-75　变频器用控制电缆的结构示意图

1.14.7　变频器的接地

变频器正确接地是提高系统灵敏度、稳定性及抑制噪声的重要手段，也是保障人身安全的需要。变频器接地时应注意以下几个问题[1]：

1）变频器接地端子 PE（有的标为 E 或 G）的接地电阻应不大于 4Ω，且越小越好。考虑到当 3~10kV 变频器的高压接地故障时，加在配电 TN 系统的 PE 线或 PEN 线上的接触电压不应超过允许电压 50V，接地端子上的接地电阻宜不大于 1Ω。PE 端可与外壳连接后接地。

2）接地导线若采用绝缘导线，则按机械强度要求，绝缘导线的最小截面面积不应小于 2.5mm²。中、高压变频器的接地线选择时必须满足接地故障时的热稳定要求：参照表 1-20 选择接地线的最小截面面积；接地导线的长度应控制在 20m 以内，且接地必须牢固。

表 1-20　接地线的最小截面面积

相线截面面积 S/mm^2	接地线截面面积 S_p/mm^2
$S \leqslant 16$	S
$16 < S \leqslant 35$	16
$S > 35$	$S/2$

注：使用本表时，应选用最接近标准规格的电缆导线截面面积，若接地线的材质与相线不同，要使其得出的电导相同。

3）接地点应尽量靠近变频器，且接地必须牢固。

4）变频器的接地装置必须与建筑物防雷接地装置分开（相距 5m 以上），不能共用，以免雷击过电压损坏变频器。

5）变频器的接地装置尽量避免与电力系统或动力设备的接地装置共用，以免引起干扰。当然，若电力系统或动力设备的接地装置（地线）干扰不大，不影响变频器的正常工作，接地装置也可共用。

6）变频器的接地线应尽量避开动力回路导线，当不能避开时，应垂直相交，尽量缩短平行走线长度。

7）变频器信号输入线的屏蔽层应接至 PE 端。

8）变频器与控制柜之间的接地应连通，如果实际安装存在困难，可用铜芯导线跨接。

9）接地线应当接于独立端子上，不要用螺钉压在外壳或底板上；接地点尽量靠近变频器，且接地线越短越好。

变频器与其他设备的接地方式如图 1-76 所示。在保证变频器不误动作和人身安全的前提下，接地方式越简单越好。

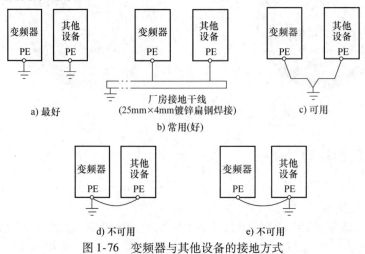

图 1-76　变频器与其他设备的接地方式

图 1-76a 所示为变频器与其他设备各自采用独立的接地装置，这是最好的接地方式，但这种接地方式需耗费大量热镀锌钢材，投资费用高，实际采用较少。图 1-76b 所示为变频器与其他设备分别接于接地干线，一般常用这种接地方式，但当厂房接地干线的干扰较大时，变频器的接地线不应与厂房接地干线相连接。图 1-76c 所示为变频器与其他设备共用一个接地装置，此装置应尽量靠近变频器，其所耗热镀锌钢材比图 1-76a 方式少，投资费用较低。图 1-76d、e 所示为变频器与其他设备经过串接后再接至接地装置（或接地干线），该做法不妥，其不但易引起干扰，而且一旦串接导线断开或连接不良，有的设备就会失去保护作用。

10）通信线路屏蔽层的接地介绍如下：

① 当采用上位机 PLC 通过 RS - 232/485 与变频器进行通信时，由于变频器通信信号一般低于 100kHz，故宜选用一点接地。

② 当采用 PROFIBUS、MODBUS 总线控制时，其高速率通信控制电缆的屏蔽应采用多点接地，最少也应该两端接地。

11）弱电压/电流回路（4～20mA，0～5V/1～5V）有一接地线，该接地线不能作为传送信号的电路使用。

12）电线的接地在变频器侧进行，使用专设的接地端子，不与其他的接地端子共用。

13）使用屏蔽电缆接地线时需要使用绝缘电缆，以避免屏蔽金属与接地的通道或金属管接触。

14）屏蔽电线的屏蔽层应与电线同样长。电线进行中继时，应将屏蔽端子互相连接。

1.14.8　变频器使用的注意事项

若变频器使用不当，则不但不能很好地发挥其优良功能，而且还有可能损坏变频器及其设备，或造成干扰影响等，因此使用中应注意以下事项：

1）正确选用变频器，认真阅读产品说明书，按说明书的要求或前文的要求进行接线、安装、接地、抗干扰、选用外围设备，并在要求的环境温度范围内使用。

2）变频调速系统须在整个调速范围内满足以下要求：

① 电动机的输出功率必须大于负载所需功率。

② 电动机所产生的电磁转矩大于该转速下的负载阻转矩。

需注意，功率相同但极对数不同的电动机，额定转矩是不一样的，其带负载能力也不一样。

3）变频器正常使用的海拔 $h \leqslant 1000m$。在海拔 $h > 1000m$ 的地区使用变频器时，因空气稀薄、散热条件差，应降容使用，一般海拔每增加 1000m，要降低 6% 的电流值。

4）用变频器控制电动机低速运转时，因电动机风叶转速低，应注意通风冷却并适当减轻负载，以免电动机温升超过允许值。对于变频器驱动普通电动机做恒转矩运行的场合，应尽量避免长期低速运行，否则电动机散热效果差，发热严重。如果需要以低速恒转矩长期运行，必须选用变频电动机。

5）当配电变压器的容量大于 10 倍变频器容量时，或变频器接在离配电变压器很近的地方时，由于回路阻抗小，投入瞬间对变频器产生很大的涌流，会损坏变频器的整流元器，应在电网与变频器之间加装交流电抗器。

6）当电网三相电压不平衡率大于 3% 时，变频器输入电流的峰值很大，会造成变频器及连接线过热或损坏电子元器件，需加装交流电抗器。

7）当电网电压高于变频器额定电压时，使用时应适当降低电流，一般电压每增加 2%，电流要降低 4% 。

8）不能为提高功率因数而在进线侧装设过大的电容器，也不能在电动机与变频器之间装设电容器，否则会使线路阻抗下降，变频器的过电流保护可能会误动作，甚至因产生的过流而损坏变频器。

不能为了减少变频器输出电压的高次谐波而并联电容器，否则可能损坏变频器，这时可串联电抗器以减少谐波。

9）用变频器调速的电动机的起动和停止，不能用真空断路器及真空接触器直接操作，而应用变频器的控制端子或变频器面板键盘来操作，否则会造成变频器失控，并可能造成严重后果。

10）变频器与电动机之间一般不宜加装交流接触器，以免断流瞬间产生过电压而损坏逆变器。若需要加装，在变频器运行前，输出接触器应先闭合。

11）如果变频器容量与电动机容量相匹配，则变频器内部的热保护能有效保护电动机；如果两者容量不匹配，需调整其保护值（变频器电子热保护值可在变频器额定电流的 25% ~ 105% 范围内设定）或采取其他保护措施，以保证电动机安全运行。电动机容量偏小会影响有效转矩的输出，容量偏大会增加电流的谐波分量，对系统造成不良影响。

12）当电动机另有制动器时，变频器应工作于自由停机方式，且制动的动作信号应在变频器发出停车指令后再发出。

13）变频器外接制动电阻的阻值不能小于变频器允许所带制动电阻的要求，在能满足制动要求的前提下，制动电阻宜取大些。禁止把应接电阻的端子直接短接，否则，在制动时会通过开关管发生短路事故。

14）严禁用绝缘电阻表（兆欧表）等高阻表直接测量变频器的绝缘电阻。在进行绝缘测量时，必须先断开变频器及所有弱电元件，这些元件都不能用绝缘电阻表测量。变频器不宜做耐压实验。

电动机首次使用或长时间放置后在接入变频器使用之前（变频器与电动机不相连），必须对电动机进行绝缘电阻测量（用 500V 或 1000V 绝缘电阻表测量，测得值不应小于 5MΩ），若绝缘电阻过低，则工作时会损坏变频器。变频器与电动机相连时，不允许用绝缘电阻表测量电动机的绝缘电阻，否则，绝缘电阻表输出的高压会损坏逆变器。

15）正确处理好加速与减速问题，若变频器设定的加减速时间过短，则系统容易受到"电冲击"而有可能损坏变频器，因此在使用变频器时，在负载设备允许的前提下，应尽量延长加减速时间。

如果负载设备需要在短时间内加减速，则必须考虑增大变频器的容量，以免出现过大的电流（超过变频器的额定电流）。对于要求短时间加减速的负载应选用大容量变频器，一般大容量的变频器配有制动系统。

16）避开负载设备的机械共振点。因为电动机在一定的频率范围内，可能会遇到负载设备的机械共振点，产生机械的谐振，影响系统运行。为此，需对变频器设置跳跃频率（或称回避频率），将该频率跳过去。

17）必须采取抗干扰措施，以免变频器受干扰而影响其正常工作，或变频器产生的高次谐波干扰其他电子设备的正常工作。

18）若系统采用工频、变频切换方式运行（见 2.8 节），工频输出与变频输出的互锁要可靠。而且在工频、变频切换时，都要在封锁变频器的输出后再操作变频器。由于触点粘连及大电容接触器电弧的熄灭需要一定的时间，所以在切换顺序及时间上要有最佳的配合。

1.15　中、高压变频调速系统的节能

采用变频调速系统的主要目的有两个：一是为了保证产品质量而调速，可提高设备自动化程度和生产的可靠性，改善运行环境；二是为了节约电能而调速，特别是在风机、水泵和各类胶带输送机上的应用，节能效果显著，降低了生产成本，产生了巨大的社会效益。

1.15.1　变频器的负载类型与节能

变频并不是任何时候可以节约电能，作为电子电路，变频器本身也要耗电（额定功率的 3% ~5%），很多场合下使用变频的性价比并不高。例如，作为"变频电源"的仪器仪表的检测设备，其要求可变频率逆变器输出标准的正弦波，故对波形需要进行必要的整理，一般"变频电源"是"变频器"价格的 15 ~20 倍，变频调速的这种应用并不节能，只可满足设备技术的需求，提高产品的质量。

以节能为主要目的的变频器调速应视负载性质及用途等而定。对于不同的生产机械负载，只有在恒转矩负载和二次方转矩负载上使用变频器调速时才会节能。负载类型与节能的关系见表 1-21。

表 1-21　负载类型与节能关系[1]

负载类型	恒转矩 $T = C$	二次方转矩 $T \propto n^2$	恒功率 $P = C$
主要设备	输送带、起重机、挤压机、压缩机	各类风机、泵类负载	卷扬机、轧机、机床主轴
功率与转速的关系	$P \propto n$	$P \propto n^2$	$P = C$
使用变频器的目的	以节能为主	以节能为主	以调速为主
使用变频器的节能效果	一般	显著	较小（指减压方式）

对于各类风机、泵类、平运胶带输送机、上运胶带输送机、下运胶带输送机、长距离胶带输送机、港口胶带输送机系统的节能，在以后有关章节中还有较详细的介绍，并给出若干工程实例。

1.15.2　变频调速的节能

在电气传动设计中，选择设备设计裕量时，往往需要考虑设备极端条件下的运行情况，从而会导致"大马拉小车"现象，过去因电动机在额定电压的工频情况下运行，电动机定速旋转不可调节，这样运行自然浪费很大。而逆变为频率可调、电压可调的变频器，与 PLC、现场总线以及现场的智能化仪表、传感器等组成变频调速系统，则彻底解决了这一问题。它输出的波形是模拟正弦波，由于它的性价比较高，已广泛用于三相异步电动机调速。

　　离心式风机、水泵、油泵等设备传统的调速方法是通过调节入口或出口的挡板、阀门开度来调节给风量和液体流量，其输入功率大，且大量的能源消耗在挡板、阀门的截流过程中。当使用变频调速时，变频调节响应极快，基本与工况变化同步，如果流量要求减小，通过节能软件降低泵或风机的转速即可满足要求。由于风机和泵类负载在一定的条件下，功率与转速的三次方成正比，使低速时耗能大大降低，所以节能效果显著。

　　在设计上运、平运、长距离、港口用等胶带输送机时，为了保证生产的可靠性，上述胶带输送机设计配用动力驱动时，都留有一定的裕量，选用较大的电动机额定功率；胶带输送机在额定情况下运行少，常常因给料较少达不到额定量而轻载运行；有时由于工艺要求，胶带输送机会空转运行，这说明胶带输送机经常运行在轻载工况，造成"大马拉小车"的电能浪费。根据实际运量动态调节带速，可提高有效负载率，把全速运行中浪费的电能节约了下来，节能效果明显。

　　上述传动系统的变频调速原理、节能的分析和实测、工程应用实例等可参见第 4 ~ 9 章有关内容。

1. 15. 3　四象限变频器的能量回馈节能

　　中、高压变频器的运行象限沿用电动机运行象限的定义，当电动机输出的轴转矩与电动机转向相反时，如电动机需要减速或制动或者下运胶带输送机向下输送物料或者电动机拖动绞车下放重物时，电动机运行在发电模式下，变频器从电动机获得有功功率并回馈电网，节约电能。

　　对于上述传动系统的节能原理、节能分析和实测，工程应用的实例等可见第 7 章内容，电动机减速或制动时的回馈节能见 9. 7 节内容。

1. 15. 4　变频使电动机软起动（软停止）的节能

　　大功率电动机用工频电源直接起动时，起动电流会比额定电流高 6 ~ 7 倍，因此会对电网造成严重的冲击，而且还会对电网容量要求过高，起动时产生的大电流和振动时对某些设备（如挡板、阀门、胶带）的损害极大，对设备、管路的使用寿命极为不利。

　　使用变频器传动后，利用变频器的软起动功能，将使起动电流从零开始，平滑起动（起动时间变长）：一般不超过额定电流，最大值也不会超过额定电流的 2 倍，起动转矩为 70% ~ 120% 额定转矩；对于带有转矩自动增强功能的变频器，起动转矩为 100% 额定转矩以上，可以满载起动。优点是：减轻了对电网的冲击和对供电容量的要求，延长了设备的使用寿命；不但节约了电能，而且节省了设备的维护费用。

　　同样，用变频器使电动机软停止也得到良好的效果。

1. 15. 5　变频器使功率因数提高的节能

　　无功功率不但会增加线损和设备的发热，更主要的是，功率因数的降低导致电网有功功率的降低，大量的无功电能消耗在线路中，设备使用效率低下，浪费严重。我们一般使用的交 - 直 - 交电压源变频调速装置，由于变频器内部滤波电容的作用，功率因数通常由变频前的 0. 85 左右提高到 0. 95 以上；减少了线损，从而减少了无功损耗，增加了电网的有功功率。

第2章　中、高压变频调速系统中的 PLC

PLC 是可编程序控制器（Programmable Controller）的曾用名和可编程逻辑控制器（Programmable Logic Controller）的简称。

PLC 是一种数字运算操作的电子系统，专为在工业环境下应用而设计。它采用了可编程序的存储器，用来在其内部存储程序，执行逻辑运算、顺序控制、定时、计数和算术运算等操作的指令，并通过数字的、模拟的输入和输出，控制各种类型的机械或生产过程。

当利用中、高压变频器构成变频调速系统时，许多情况是采用变频器和 PLC 配合使用，即采用 PLC 控制变频器，进而变频器再控制电动机运行，以适应变频调速和节能的要求。

2.1　PLC 简介

PLC 是以微处理器为基础，综合了计算机技术、半导体集成技术、自动控制技术、数字技术和通信网络技术发展起来的一种通用工业自动控制装置。它可取代继电器执行顺序控制功能，可通过软件来改变控制过程，且具有体积小、组装灵活、编程简单、抗干扰能力强及可靠性高等优点，代表了当前程序控制的先进水平，PLC 装置已成为自动化系统的基本装置。

2.1.1　PLC 的硬件结构

PLC 种类很多，但结构大同小异，对于中高压变频调速系统使用的 PLC，按硬件结构可分为整体式和模块式。

1. 整体式 PLC

整体式 PLC 又称箱式 PLC，由不同 I/O 点数的基本单元和扩展单元组成。基本单元内有 CPU、I/O、显示面板、存储器和电源等。扩展单元有只配备 I/O 接口和电源的，也有配备特殊功能单元（如模拟单元、位置控制单元）的，使 PLC 的功能得以扩展。其结构紧凑、体积小、价格低，一般小型 PLC 采用这种结构。例如，美国 GE 公司的 GE‑I/J 系列 PLC/西门子公司的 S7‑200 系列 PLC，后者如图 2-1 所示。

a) CPU(基本单元)　　　　　　　b) 扩展模块

图 2-1　西门子 S7‑200 系列 PLC 的整体式结构

2. 模块式 PLC

模块式 PLC 又称组合式 PLC，由机架和各种模块组成。它将 PLC 各部分分成若干个单独的模块，如中央处理单元（CPU 模块）、接口模块（IM）、内存、各种信号模块（SM）[即各种数字或模拟输入输出模块（DI、DO、AI、AO）]、电源模块（PS）、通信模块（CP）等，各模块通过总线连接，安装在机架或导轨上，能够按照不同需求增减模块，灵活组合，构成一个完整的 PLC 应用系统。模块式 PLC 配置灵活，装配方便，便于扩展和维修。一般大、中型 PLC 宜采用模块式结构。例如，西门子公司的 S7 - 300 系列 PLC、S7 - 400 系列 PLC 采用模块式结构，如图 2-2 和图 2-3 所示。有些小型 PLC 也采用这种结构。

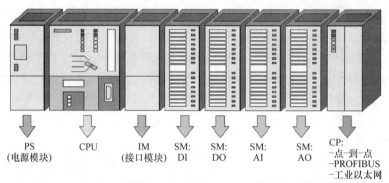

图 2-2　西门子 S7 - 300 系列 PLC 的模块结构

图 2-3　西门子 S7 - 400 系列 PLC 的模块结构
1—电源模块　2—后备电池　3—状态和故障 LED　4—存储器卡　5—有标签区的前连接器
6—CPU1　7—CPU2　8—I/O 模块　9—IM 模块

2.1.2　PLC 的硬件功能

PLC 实质上是一种专用于工业控制的计算机，尽管整体式 PLC 与模块式 PLC 的结构不太一样，但硬件结构基本上与微型计算机相同，各部分的功能也是相同的，如图 2-4 所示。下面对 PLC 的主要组成各部分进行简单介绍。

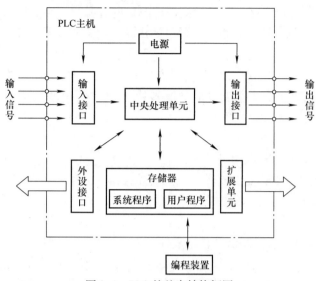

图 2-4 PLC 的基本结构框图

1. 中央处理单元（CPU）

CPU 是 PLC 的控制中枢，它按照 PLC 系统程序赋予的功能接收并存储从编程装置键入的用户程序和数据；检查电源、存储器、I/O 以及警戒定时器的状态，并诊断用户程序中的语法错误。当 PLC 投入运行时，它首先以扫描的方式接收现场各输入装置的状态和数据，并分别存入 I/O 映像区，然后从用户程序存储器中逐条读取用户程序，经过命令解释后按指令的规定执行逻辑或算术运算并将结果送入 I/O 映像区或数据寄存器内。等所有的用户程序执行完毕之后，最后将 I/O 映像区的各输出状态或输出寄存器内的数据传送到相应的输出装置，如此循环运行，直到停止运行。其中，还要进行故障诊断、系统管理等工作。

CPU 的性能对 PLC 的工作效率有很大的影响，故大型 PLC 通常采用高性能的 CPU。近年来，为了进一步提高 PLC 的可靠性，大型 PLC 还采用双 CPU 构成冗余系统，或采用三CPU 的表决式系统。这样，即使某个 CPU 出现故障，整个系统仍能正常运行。

2. 存储器

PLC 的存储器包括系统程序存储器和用户程序存储器两部分。存放系统软件的存储器称为系统程序存储器，存放应用软件的存储器称为用户程序存储器。

（1）系统程序存储器

它用来存放由 PLC 生产厂家编写的系统程序，并已固化到只读存储器（ROM、PROM、EPROM 和 EEPROM）内，用户不能直接更改。系统程序一般包括系统管理程序、指令解释程序、I/O 操作程序、逻辑运算程序、通信联网程序、故障检测程序、内部继电器功能程序等。

（2）用户程序存储器

它用来存放由用户根据生产对象工艺的控制要求而编制的应用程序，用户采用 PLC 编程语言编程，用户程序存储器中的内容可由用户任意修改或增删。用户程序通常存放在随机存储器（RAM）中，由于断电后 RAM 中的程序会丢失，所以 RAM 专门配有后备电池供电。有些 PLC 采用电可擦编程只读存储器（E^2PROM）来存储用户程序，由于断电后 E^2PROM 中的内容不会丢失，所以它无须配备备用电池。

3. 输入/输出（I/O）接口电路

输入/输出（I/O）接口电路通常也称 I/O 单元或 I/O 模块，是 PLC 与工业生产现场之间的连接部件。PLC 通过输入接口可以检测被控对象的各种数据，并以这些数据作为 PLC 对被控对象进行控制的依据；同时，PLC 又通过输出接口将处理结果送给被控对象，以实现控制目的。

PLC 外部输入设备和输出设备所需的信号电平是多种多样的，而 PLC 内部 CPU 只能处理标准电平信号，所以 I/O 接口需要进行电平转换。I/O 接口一般采用光电隔离以提高 PLC 的抗干扰能力。

（1）输入接口电路

它用于接收和采集各种输入信号，如从按钮、开关、触点、光电开关等传送来的开关量输入信号，或由电位器、传感器、变送器等来的模拟量输入信号，模拟量输入接口通常采用 A/D 转换电路，将模拟信号转换成数字信号。

（2）输出接口电路

它用来将经 CPU 处理的控制信号转换成外部设备所需的控制信号（通常有继电器输出、晶闸管输出及双向晶闸管输出三种类型），并送到有关执行设备（如接触器、电磁阀、调节阀、指示灯、调速器等）。模拟量输出接口通常采用 D/A 转换电路，将数字信号转换成模拟信号。

4. 编程装置

编程装置的作用是编辑、调试和输入用户程序，也可在线监控 PLC 内部状态和参数，与 PLC 进行人机对话。它是开发、应用和维护 PLC 不可缺少的工具。编程装置可以是专用编程器，也可以是配有专用编程软件包的通用计算机系统。专用编程器由 PLC 厂家生产，专供该厂家生产的某些 PLC 产品使用，主要由键盘、显示器和通信接口三部分组成。专用编程器有简易编程器和智能编程器两类。

简易编程器只能联机编程，而且不能直接输入和编辑梯形图程序，需将梯形图程序转化为指令表程序才能输入。简易编程器体积小、价格便宜，可以直接插在 PLC 的编程插座上或者用专用电缆与 PLC 相连，编程和调试方便。有些简易编程器带有存储盒，可用来储存用户程序。

智能编程器又称图形编程器，本质上是一台专用便携式计算机，它既可联机编程，又可脱机编程。其可直接输入和编辑梯形图程序，使用更加直观、方便，但价格较高，操作也比较复杂。大多数智能编程器带有磁盘驱动器，提供有录音机接口和打印机接口。

PLC 可通过通信接口与编程器、打印机、其他 PLC、计算机等设备实现通信。PLC 与人机界面（如触摸屏）连接，通过人机界面操作 PLC 或监视 PLC 的工作状态。

5. 扩展单元

PLC 的扩展单元包括 I/O 点数的扩展、存储容量的扩展、联网功能的扩展、各种功能模块的扩展等。在选择 PLC 时，经常需要考虑 PLC 的可扩展能力。

6. 电源

PLC 的电源在整个系统中起着十分重要的作用，如果没有一个良好的、可靠的电源系统，PLC 是无法正常工作的。因此，PLC 的制造商对电源的设计和制造十分重视，一般交流电压波动在 ±10%（或 ±15%）范围内，PLC 对电源的稳定性要求不高，可以不采取其他措施而将 PLC 直接连接到交流电网上去。PLC 的工作电源大多为 220V 交流电源，也有用 24V 直流电源的。PLC 内部有一个稳压电源，用于对 CPU 板、I/O 板及扩展单元供电；有的 PLC 还提供 DC 24V 稳压电源，为外部的传感器供电。

2.1.3　PLC 的软件结构

PLC 的软件由系统程序和用户程序组成。

系统程序由 PLC 制造厂商设计编写，并存入 PLC 的系统程序存储器中，用户不能直接读写与更改。系统程序一般包括系统诊断程序、输入处理程序、编译程序、信息传送程序、监控程序等。

用户程序是用户利用 PLC 的编程语言，根据控制要求编制的程序。在 PLC 的应用中，最重要的是用 PLC 的编程语言来编写用户程序，以实现控制目的。由于 PLC 是专门为工业控制而开发的装置，其主要使用者是广大电气技术人员，为了满足他们的传统习惯和掌握能力，PLC 的主要编程语言采用比计算机语言相对简单、易懂、形象的专用语言。

PLC 编程语言是多种多样的，不同生产厂家、不同系列的 PLC 产品采用的编程语言的表达方式也各不相同，但基本上可归纳为两种类型：一是采用字符表达方式的编程语言，如语句表语言、功能表图语言、高级语言等；二是采用图形符号表达方式的编程语言，如顺序控制用的梯形图，进行逻辑运算完成时间上的顺序控制等。PLC 梯形图使用的是内部继电器、定时/计数器等，都是由软件来实现的，使用方便、修改灵活，是原电气控制线路用控制电缆或电线连接无法比拟的。

2.1.4　PLC 的工作原理

PLC 一般采用"循环扫描、不断循环"的方式工作。

PLC 上电后开始执行系统程序规定的任务，根据输入信号的状态，按照控制要求进行处理判断，按指令步序号（或地址号）做周期性循环扫描，如无跳转指令，则从第一条指令开始逐条执行用户程序，以完成工艺流程要求的操作。PLC 的 CPU 内有指示程序步存储地址的程序计数器，在程序运行过程中，每执行一步该计数器自动加 1，程序从起始步（步序号为零）起依次执行，产生控制输出，到最终步（通常为 END 指令），然后重新返回第一条指令，开始下一轮新的扫描，周而复始地扫描并执行用户程序。PLC 完成一次循环操作所需的时间，称为一个扫描周期，扫描周期通常只有几十毫秒。一次循环过程可归纳为如下几个阶段：公共处理、数据输入及处理、执行用户程序、数据输出及处理、扫描周期的计算。

1. 公共处理

在公共处理阶段，要进行复位监视定时器、硬件检查、用户内存检查等操作。若有异常情况，故障指示灯亮，判断并显示故障的性质。若属于一般性故障，则只报警，而不需要停机，可等待处理。

2. 数据输入及处理

如图 2-5 所示，公共处理阶段后，PLC 以扫描方式依次读入所有输入信号的通/断状态，例如继电器的输入信号接通为"1"，断开为"0"，其他各种辅助继电器等的状态用同样方式表示，并将它们存入输入映像寄存器中。

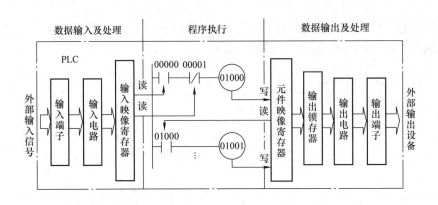

图 2-5　某 PLC 执行用户程序的过程示意图

3. 执行用户程序

如图 2-5 所示，在数据输入及处理后，PLC 转入用户程序执行阶段（用户程序存储在用户程序存储器中）。执行用户程序时所需的外部输入信息，不是直接从输入端读取的，而是从输入映像寄存器中读取的。CPU 按梯形图先左后右、先上后下的顺序逐条解释和执行用户程序，所以不同梯级中的继电器线圈及其触点的状态不可能同时发生改变，其所需的全部信息都是从输入映像寄存器中读取的。

在每个扫描周期的 I/O 刷新阶段，CPU 从 PLC 输入端读取一次信息并存入输入映像寄存器。在此后的一个扫描周期中，尽管 PLC 输入端的状态可能发生变化，但输入映像寄存器中的数据保持不变，一直保持到下一次 I/O 刷新之前。同样，所需的输出继电器或其他编程元件的状态信息（如输出继电器、各种辅助继电器等用 "1" 和 "0" 表示它们的通断状态）是从元件映像寄存器中读取的。在执行用户程序过程中，根据用户程序给出的逻辑关系进行逻辑运算，运算结果再写入元件映像寄存器中。可见，在一个扫描周期中，元件映像寄存器中的内容随程序的执行而变化，前一步的运算结果随即可作为下一步的运算条件，与输入映像寄存器不同。

4. 数据输出及处理

如图 2-5 所示，当程序执行结束后，将元件映像寄存器中的状态传送到输出锁存器中，输出锁存器的输出状态再经输出电路的隔离和功率放大后送到输出端子，用继电器、晶体管或双向晶闸管去驱动外部执行元件动作。另外，输出端子还可以完成与外设接口连接的外围设备（如编程器或通信适配器）的通信处理。

5. 扫描周期的计算

在扫描周期的计算阶段，若预先设定了扫描周期的值，则进入等待，直至达到该设定值后扫描再向下进行；若扫描周期设为不定时，则要进行扫描周期的计算。

完成上述各阶段的处理后，又返回公共处理阶段，周而复始地进行扫描。

2.1.5　PLC 的基本特点

PLC 是以原有的继电器、逻辑运算、顺序控制为基础逐步发展起来的。它的诞生给工业控制带来了革命性的飞跃，与传统的继电器控制相比有着突出的特点。

1. 通用性强，程序修改方便

继电器控制系统中，如果工艺要求稍有变化，控制电路必须随之做出相应变动，所有布线和控制柜极有可能重新设计，费时费力。然而，PLC 可利用存储在机内的程序，根据不同的生产工艺要求，随时对程序进行修改，实现各种控制功能。因此，当工艺过程改变时，只需修改程序即可，外部接线改动极小，甚至可以不做改动，其灵活性和通用性是继电器控制电路无法比拟的。

2. 可靠性高，抗干扰能力强

继电器控制系统中，元器件的老化、脱焊、触点抖动以及触点电弧等现象是不可避免的，这大大降低了系统的可靠性。而在 PLC 控制系统中，大量的开关动作是由无触点的半导体电路来完成的，加之在硬件和软件方面都采取了强有力的措施，使产品具有极高的可靠性和抗干扰能力，可以直接安装在工业现场并稳定工作。

PLC 在硬件方面采取电磁屏蔽、光电隔离、多级滤波等措施，在软件方面采取警戒时钟、故障诊断、自动恢复等措施，并利用后备电池对程序和数据进行保护，因此其被称为"专为适应恶劣的工业环境而设计的计算机"。

3. PLC 限时控制精度高

继电器控制系统中的时间继电器定时精度不高，易受环境影响，而 PLC 定时器时钟脉冲由晶体振荡器产生，精度高、调整方便、定时范围大，定时时间不受环境影响。

4. 编程简单，使用方便

PLC 采用与继电器相似的编程，它面向过程、面向问题的"自然语言"编程方式直观易懂，主要采用梯形图和语句表编写程序，使得广大电气技术人员更容易接纳和理解。同时，设计人员也可根据自己的喜好和实际应用的要求选择其他编程语言。除了梯形图和语句表之外，还存在顺序流程图、结构化文本和功能块图三种编程语言。一个程序的不同部分可用任何一种编程语言来描述，支持复杂的顺序操作功能处理以及数据结构。

5. 功能强大，可扩展

PLC 的主要功能包括开关量的逻辑控制、模拟量控制、模糊控制功能、数字量智能控制、数据采集和监控、通信、联网及集散控制等功能。

PLC 的功能扩展也极为方便，硬件配置相当灵活。根据控制要求的改变，可以随时变动特殊功能单元的种类和个数，再修改相应用户程序就可以达到变换和增加控制功能的目的。

6. 安装、调试方便

PLC 中包含大量的中间继电器、时间继电器、计数器等"软元件"，又用程序代替了硬接线，因此大大减少了接线工作量。PLC 的编程可根据工艺要求事先在实验室中进行并做模拟调试。

7. 维修方便

PLC 具有自我诊断、监视等功能，对其工作状态、故障状态、I/O 状态均有显示（LED 指示灯），一旦发生故障，很容易查明并做出处理。而继电器控制系统的线路复杂、维修难度大、事故率高。

另外，PLC 与继电器控制系统相比，它以软器件代替了硬器件，以软触点代替了硬触点，以软接线代替了硬接线，从而使其器件、触点的寿命达数万甚至数十万小时，且改变接线容易、快捷。

8. PLC 可连成功能很强的网络系统

一般有低速网络和高速网络两种。这两类网络可级联，网上可兼容不同类型的计算机，从而组成控制范围很大的局域网络。

2.1.6　PLC 的几种应用

PLC 的几种应用简单介绍如下：

1. 开关量的逻辑控制

这是 PLC 最基本、最广泛的应用领域，它取代传统的继电器电路，实现逻辑控制、顺序控制，既可用于单台设备的控制，也可用于多机群控及自动化流水线，如多条胶带输送机系统散料输送线等。

2. 模拟量控制

在工业生产过程中，有许多连续变化的量，如温度、压力、流量、液位和速度等，这些量都是模拟量。为了使 PLC 处理模拟量，必须实现模拟量（Analog）和数字量（Digital）之间的相互转换，简称为 A/D 转换或 D/A 转换。PLC 厂家都配套有 A/D 和 D/A 转换模块，可使 PLC 用于模拟量控制。

3. 运动控制

PLC 可以用于圆周运动或直线运动的控制。从控制机构配置来说，早期的 PLC 直接使用开关量 I/O 模块连接位置传感器和执行机构，现在一般使用专用的运动控制模块，如可驱动步进电动机或伺服电动机的单轴或多轴位置控制模块。世界上各主要 PLC 厂家的产品几乎都有运动控制功能，广泛用于各种机械、机床、机器人、电梯等。

4. 工业过程控制

工业过程控制是指对温度、压力、流量、液位、速度等模拟量的闭环控制。作为工业控制计算机，PLC 采用相应的 A/D 和 D/A 转换模块以及各种各样的控制算法程序，完成闭环控制。PID 调节是一般闭环控制系统中用得较多的调节方法，大中型 PLC 都有 PID 模块，目前许多小型 PLC 也具有此功能模块。PID 处理一般是运行专用的 PID 子程序。过程控制在冶金、化工、热处理、锅炉控制等场合有非常广泛的应用。

5. 数据处理

现代 PLC 具有数学运算（含矩阵运算、函数运算、逻辑运算）、数据传送、数据转换、排序、查表、位操作等功能，可以完成数据的采集、分析及处理。这些数据可以与存储在存储器中的参考值进行比较，完成一定的控制操作；也可以利用通信功能传送到其他智能装置，或将它们打印制表。数据处理一般用于大型控制系统，如无人控制的柔性制造系统；也可用于过程控制系统，如造纸、冶金、食品工业中的一些大型控制系统。

6. 通信及联网

PLC 通信含 PLC 间的通信及 PLC 与其他智能设备间的通信。随着工厂自动化网络的发展，现在的 PLC 都具有通信接口，通信非常方便。在中高变频调速系统中，PLC 具有继电器输出模块、晶体管输出模块、模拟输出模块、输出寄存器模块、输出定位模块等的通信接口与变频器相连以控制电动机；PLC 的现场总线接口与变频器通信接口相连，组成网络系统（见 2.7 节）。

2.1.7　PLC 产品简介

PLC 的产品很多，下面仅介绍 6 种国外产品。

1. 西门子 PLC

西门子 PLC 的主要产品是 S5、S7 系列。在 S5 系列中，S5 - 90U、S - 95U 属于微型整体式 PLC；S5 - 100U 是小型模块式 PLC，最多可配置 256 个 I/O 点；S5 - 115U 是中型 PLC，最多可配置 1024 个 I/O 点；S5 - 115UH 是中型机，它是由两台 S5 - 115U 组成的双机冗余系统；S5 - 155U 为大型机，最多可配置 4096 个 I/O 点，模拟量可达 300 多路；S5 - 155H 是大型机，它是由两台 S5 - 155U 组成的双机冗余系统。而 S7 系列是西门子公司在 S5 系列 PLC 基础上推出的新产品，其性价比较高，其中，S7 - 200 系列属于微型 PLC，S7 - 300 系列属于中小型 PLC，S7 - 400 系列属于中高性能的大型 PLC。

2. AB 公司 PLC

AB 公司的 PLC 产品种类丰富、规格齐全，其主推的大、中型 PLC 产品是 PLC - 5 系列。该系列为模块式结构，当 CPU 模块为 PLC - 5/10、PLC - 5/12、PLC - 5/15、PLC - 5/25 时，属于中型 PLC，可配置范围为 256 ~ 1024 个 I/O 点；当 CPU 模块为 PLC - 5/11、PLC - 5/20、PLC - 5/30、PLC - 5/40、PLC - 5/60、PLC - 5/40L、PLC - 5/60L 时，属于大型 PLC，最多可配置 3072 个 I/O 点。该系列中以 PLC - 5/250 功能最强，最多可配置 4096 个 I/O 点，具有强大的控制和信息管理功能。大型机 PLC - 3 最多可配置 8096 个 I/O 点。A - B 公司的小型 PLC 产品有 SLC500 系列等。

3. GE 公司 PLC

代表产品有小型机 GE - 1、GE - 1/J、GE - 1/P 等，除 GE - 1/J 外，其余均采用模块式结构。GE - l 用于开关量控制系统，最多可配置 112 个 I/O 点。GE - 1/J 是更小型化的产品，其 I/O 点最多可配置 96 个。GE - 1/P 是 GE - 1 的增强型产品，增加了部分功能指令（数据操作指令）、功能模块（A/D 转换、D/A 转换等）、远程 I/O 功能等，其 I/O 点最多可配置 168 个。中型机 GE - Ⅲ 比 GE - 1/P 增加了中断、故障诊断等功能，最多可配置 400 个 I/O 点。大型机 GE - Ⅴ 比 GE - Ⅲ 增加了部分数据处理、表格处理、子程序控制等功能，并具有较强的通信功能，最多可配置 2048 个 I/O 点。GE - Ⅵ/P 最多可配置 4000 个 I/O 点。

4. 莫迪康（MODICON）公司 PLC

莫迪康公司的产品有 M84 系列 PLC，其中，M84 是小型机，具有模拟量控制、与上位机通信功能，最多可配置 112 个 I/O 点；M484 是中型机，其运算功能较强，可与上位机通信，也可与多台联网，最多可扩展 512 个 I/O 点；M584 是大型机，其容量大，数据处理和网络能力强，最多可扩展 8192 个 I/O 点；M884 是增强型中型机，具有小型机的结构、大型机的控制功能，主机模块配置 2 个 RS - 232C 接口，可方便地进行组网通信。

5. 三菱公司 PLC

三菱 FX2 系列 PLC 是在 20 世纪 90 年代开发的整体式高功能小型机，它配有各种通信适配器和特殊功能单元。近年来，三菱公司还在不断推出满足不同要求的微型 PLC，如 FX-OS、FX1S、FX0N、FX1N 及 α 系列等产品。三菱公司的大、中型机有 A 系列、QnA 系列、Q 系列，具有丰富的网络功能，最多可配置 8192 个 I/O 点。其中，Q 系列具有超小的体积、丰富的机型、灵活的安装方式、双 CPU 协同处理、多存储器、远程口令等特点，是三菱公司现有 PLC 中性能最高的 PLC。

6. 欧姆龙（OMRON）公司 PLC

欧姆龙 PLC 产品中，大、中、小、微型规格齐全。中型机有 C200H、C200HS、C200HX、C200HG、C200HE、CS1 系列。C200H 有配置齐全的 I/O 模块和高功能模块，具有较强的通信和网络功能。C200HS 是 C200H 的升级产品，指令系统更丰富、网络功能更强。C200HX/HG/HE 是 C200HS 的升级产品，有 1148 个 I/O 点，其容量是 C200HS 的 2 倍，速度是 C200HS 的 3.75 倍，有品种齐全的通信模块，是适应信息化的 PLC 产品。CS1 系列具有中型机的规模、大型机的功能，是一种极具推广价值的新机型。大型机有 C1000H、C2000H、CV 系列（CV500/CV1000/CV2000/CVM1）等。C1000H、C2000H 可单机或双机热备运行，安装带电插拔模块，C2000H 可在线更换 I/O 模块；CV 系列中除 CVM1 外，均可采用结构化编程，易读、易调试，并具有更强大的通信功能。

2.2　PLC 的梯形图及其绘制

2.2.1　梯形图与继电器控制电路的区别

梯形图是在原继电器控制电路图的基础上演变而来的，但两者在符号和表示方法上有所区别。它们的不同之处如下：

1）继电器控制电路图对不同输入元件有不同的符号表示，如开关、按钮、行程开关、转换开关、继电器触点、接触器触点、断路器触点，用不同的图形符号表示；而梯形图中只用常开触点或常闭触点表示，无须考虑其物理属性。

2）继电器控制电路图中的元件触点数是固定的，而梯形图中的元件触点数是无限的。如具有 2 常开、2 常闭辅助触点的继电器在使用中，最多用 2 常开、2 常闭辅助触点接成控制电路，电路若有更改变化，就要更换继电器。而在梯形图中，这个继电器的常开、常闭辅助触点数量可根据需要增减，不受限制。

3）继电器控制电路图由继电器、时间继电器和接触器等硬件和许多连接线组成，而梯形图使用的是 PLC 内部的"软继电器"和"软接线"，靠软件及编程实现控制。梯形图的使用十分灵活方便，修改控制过程也非常方便。

4）继电器控制电路中，最右侧一般是各种继电器线圈；而梯形图中，最右侧必须连接输出元件，可以是表示线圈的存储器"数"，也可以是计数器、定时器、中间继电器等内部元件。

5）继电器控制电路图中的线圈一般为并联，也可以是串联；而梯形图中的输出元件只允许并联，不能串联。但梯形图的触点连接与继电器控制电路的触点一样，可以串联、并联和复联。

2.2.2　梯形图的基本图形符号

绘制梯形图时，首先要用符号表示出各种元素，如常开触点、常闭触点、输出、线圈、并联常开、并联常闭等。由于生产厂家不同，其符号表示也有所不同，具体的图形符号应使用相应 PLC 编程器中的符号。由于梯形图常用的基本符号大同小异，这里把常用的基本符号列在表 2-1 中[1]，供绘制梯形图时参考。

表 2-1　梯形图使用的基本符号

名　称	符　号
母线	
连线	
常开触点	
常闭触点	
线圈	
TIM 定时器指令	TIM 000 #0150
CND 计数器指令	CND 000 #0150
置位指令	SET Y0
复位指令	RST Y0
PID 功能指令	PID EN　END TBL LOOP

　　表 2-1 中：对于常开触点，当该点为逻辑"1"时，梯形图通；为逻辑"0"时，梯形图断。

　　对于常闭触点，当该点为逻辑"0"时，梯形图通；为逻辑"1"时，梯形图断。

　　对于继电器线圈，当前面的条件通时，相当于线圈得电，该点输出逻辑"1"，梯形图通；当前面的条件断时，相当于线圈失电，该点输出逻辑"0"。

　　定时器指令、计数器指令、置位指令、复位指令和 PID 功能指令见 2.3 节有关内容。

2.2.3　梯形图的绘制

梯形图编程需要一定的格式，整个梯形图指令由若干个梯级组成，通常每个梯级又由一个或几个输入元件（不同机型有不同的数量限制）和一个输出元件组成，输出元件必须在梯级的最右侧，输入元件必须在输出元件的左侧。

编程时要一个梯级一个梯级按从上至下的顺序编制。梯形图两侧的竖线称作母线，梯形图的各种符号都要以左母线为起点，右母线（通常省略右母线）为终点，从左向右逐个横向写入。

必须指出，梯形图中的左右母线已失去意义，只是为了维持梯形图的形状而存在。因此，梯形图中的电流称为"虚拟电流"，并不是继电器控制电路中的物理电流。

现以继电器控制电路（见图2-6a）为例，画出PLC的梯形图（见图2-6b）。

梯形图中，无论输入是开关、按钮、行程开关、转换开关，还是继电器、接触器触点，都只用常开触点或常闭触点表示，无须考虑其物理属性。所以绘制梯形图时，首先要用表2-1中的基本符号表示出各种元素，如常开触点、常闭触点、输出、并联常开、并联常闭等。图2-6a中，起动按钮的常开触点用表2-1中常开触点符号—| |—表示，停止按钮的常闭触点和限位开关的常闭按钮用表2-1中常闭触点符号—|/|—表示，继电器的线圈用表2-1中线圈符号—◯—表示。图2-6b中，输入的常开触点符号"放在"小单位区域"1"中，输入的两个常闭触点符号分别"放在""2"和"3"两个小单位区域中，输出的线圈符号"放在"小单位区域"4"中，第1个梯级由前面的3个输入元件和后面的1个输出元件组成，在绘制梯级时，将每一个单位区域连接起来。输出元件出现在梯级的最右侧，输入元件出现在输出元件的左侧。图2-6b中的元件符号表示元件类型或元件种类，元件在网格矩阵中的行列就可以表示名称，它代表硬件中的具体地址，也是元件的一个必要属性。

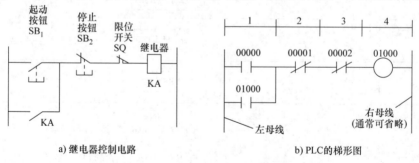

　　a) 继电器控制电路　　　　　　　　　　　b) PLC的梯形图

图2-6　继电器控制电路与PLC梯形图的比较

在图2-6b所示梯形图中，当输入触点00000接通时，电流（虚拟电流）从梯形图左侧经过触点00000（闭合）、触点00001（常闭）、触点00002（常闭）和线圈01000，使线圈01000得电工作，并使触点01000闭合自锁。由此可见，使用PLC梯形图与使用继电器的控制过程大致相同。

2.2.4　梯形图的绘制规则

梯形图语言作为一种标准PLC编程语言，在编制时必须遵循一定的规则，具体如下：

1）外部输入/输出继电器、内部继电器、定时器、计数器等器件的触点可多次重复使用，无须用复杂的程序结构来减少触点的使用次数。

2）梯形图的每一行指令都在左母线右侧开始画起。

3）输出指令不能直接与左母线相连，如果需要，可以通过一个没有使用的内部继电器的常闭触点或者特殊内部继电器的常开触点来连接。

4）触点应在水平线上，不能在垂直分支上，且应遵循自左至右、自上而下的原则。

5）不包含触点的分支应放在垂直方向，不可放在水平位置，以便识别触点的组合和对输出线圈的控制路径。

6）当几个串联回路并联时，应将触点最多的那个串联回路放在梯形图的最上面；当几个并联回路串联时，应将触点最多的并联回路放在梯形图的最左面。

7）不能将触点画在输出线圈的右侧，线圈仅能画在同一行中所有触点的最右侧。

8）梯形图中串联点和并联点的使用次数没有限制，可无限次使用，如图 2-7 所示。

9）两个或两个以上的线圈可以并联输出，如图 2-8 所示。

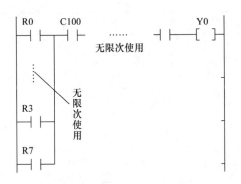
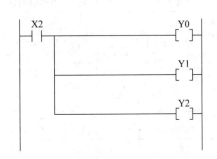

图 2-7　规则 8）的说明图　　　　　　图 2-8　规则 9）的说明图

2.3　PLC 的基本程序指令和功能指令

所谓指令，就是一些二进制代码（也称机器码），用来告诉 PLC 要做什么，如何做。PLC 的指令包括两部分：操作码和操作数。操作码（即指令）表示哪一种操作或运算，用符号 LD、OUT、AND、OR 等表示；操作数（即地址、数据）内包含执行该操作所必需的信息，告诉 CPU 用什么地方的东西来执行此操作，操作数用内部器件及其编号等来表示。

PLC 的基本指令主要用于逻辑处理，是基于继电器、定时器、计数器等软元件的指令，包括顺序输入指令、顺序输出指令、顺序控制指令、定时器和计数器指令等。

2.3.1　PLC 的助记符指令

PLC 的助记符指令是最基本也是最简单的指令，它是用类似计算机的汇编语言表达的。这种语言仅使用文字符号，所使用的编程工具简单（用简单的编程器即可），所以多数 PLC 都配备这种指令。厂家不同，各指令的符号也有所不同，部分 PLC 产品的助记符指令见表 2-2。

表 2-2　部分 PLC 产品的助记符指令[1]

操作性质	对应指令
取常开触点状态	LD、LOD、STR
取常闭触点状态	LDI、LDNOT、STRNOT、LDN
对常开触点逻辑与	AND、A
对常闭触点逻辑与	ANI、AN、ANDNOT、ANDN
对常开触点逻辑或	OR、O
对常闭触点逻辑或	ORI、ON、ORNOT、ORN
对触点块逻辑与	ANB、ANDLD、ANDSTR、ANDLOD
对触点块逻辑或	ORB、ORLD、ORSTR、ORLOD
输出	OUT
定时器	TIM、TMR、ATMR
计数器	CNT、CT、UDCNT、CNTR
微分指令	PLS、PLF、DIFD、SOT、DF、DFN、FD
跳转	JMP—JME、CJP—EJP、JMP—JEND
移位指令	SFT、SR、SFRN、SFTR
置复位	SET、RST、S、R、KEEP
空操作	NOP
程序结束	END
四则运算	ADD、SUB、MUL、DIV
数据处理	MOV、BCD、BIN
运算功能符	FUN、FNC

2.3.2　PLC 常用基本程序指令

PLC 常用的基本程序指令是用类似继电器电路图的符号表达 PLC 实现控制的逻辑关系，这种语言与梯形图语言有对应关系，很容易互相转换，并便于电气工程师了解与熟悉，几乎所有的 PLC 都开发有这种指令，已成为 PLC 常用的基本程序指令。

PLC 常用的基本程序指令（LD、AND、OR、NOT、OUT、END、ANDLD 和 ORLD）的功能[1]介绍如下：

1）LD 指令。梯形图中的符号为┤├，它表示启动一个逻辑行或块。当一个逻辑行用常开触点输入时，采用 LD。

2）AND 指令。梯形图中的符号为┤├，它表示串行连接接常开触点输入。

3）OR 指令。梯形图中的符号为┤├，它表示并行连接接常开触点输入。

4）NOT 指令。它表示逻辑非输入，用于一个常闭触点，有 LDNOT、ANDNOT 和 OR-NOT 三种形式。梯形图上用触点上加一斜杠表示。例如，ANDNOT 或 ANI 表示为┤╱├，ORNOT 表示为┤╱├。

5）OUT 指令。用于驱动编程元件的线圈，梯形图中的符号为─○。其操作元件是 Y（输出继电器）、M（暂存继电器）、S（状态寄存器）、T（定时器）、C（计数器）。OUT 指令用于定时器 T、计数器 C 时需后加常数 K。

6）NED 指令。它表示程序的结束，如果一个程序没有 NED 指令，程序就不能运行，并会指示编程错误。

7）ANDLD 指令。它表示两个块的串行连接。这个指令在用助记符书写的程序中是必需的，其梯形图与助记符的对照如图 2-9 所示。

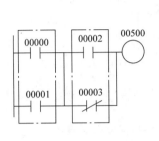

步序(地址)	指令	元件号(数据)
00000	LD	00000
00001	OR	00001
00002	LD	00002
00003	ORNOT	00003
00004	ANDLD	—
00005	OUT	00500

图 2-9　ANDLD 指令梯形图与助记符的对照

8）ORLD 指令。它表示两个块的并行连接。这个指令在用助记符书写的程序中也是必需的，其梯形图与助记符的对照如图 2-10 所示。

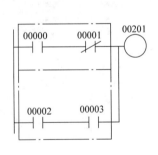

步序(地址)	指令	元件号
00000	LD	00000
00001	ANDNOT	00001
00002	LD	00002
00003	AND	00003
00004	ORLD	—
00005	OUT	00201

图 2-10　ORLD 指令梯形图与助记符的对照

除了上述基本程序指令外，PLC 还有一些用功能数字键表示的基本程序指令。

2.3.3　基本程序指令控制电动机的正反转

表 2-3 给出了电动机正反转的 I/O 分配，图 2-11 给出了基本程序指令操作的电动机正反转运行。

表 2-3　电动机正反转的 I/O 分配表

输　入			输　出		
输入元件	作　用	输入继电器元件号	输出元件	作　用	输出继电器元件号
SB$_1$	正向起动按钮	000001	接触器 KM$_1$	正转	000201
SB$_2$	反向起动按钮	000002	接触器 KM$_2$	反转	000202
SB$_3$	停止按钮	000003	FU	熔断器	
FR	热继电器	000004			

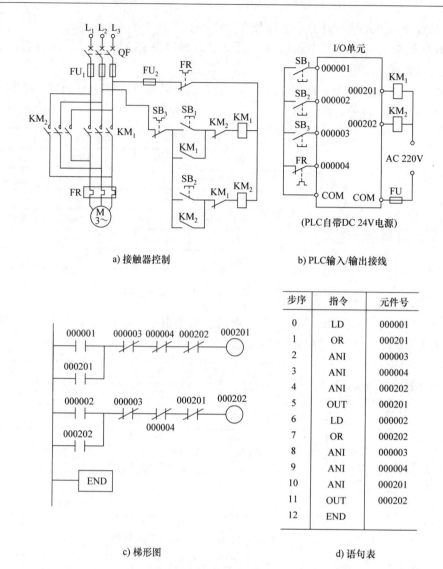

a) 接触器控制　　　　　　　　　　　　b) PLC 输入/输出接线

(PLC自带DC 24V电源)

c) 梯形图　　　　　　　　　　　　　　d) 语句表

步序	指令	元件号
0	LD	000001
1	OR	000201
2	ANI	000003
3	ANI	000004
4	ANI	000202
5	OUT	000201
6	LD	000002
7	OR	000202
8	ANI	000003
9	ANI	000004
10	ANI	000201
11	OUT	000202
12	END	

图 2-11　基本程序指令操作的电动机正反转运行

电动机正转：图 2-11a 中，合上断路器 QF，按下正向起动按钮 SB_1；图 2-11b 中，由于按钮 SB_1 闭合，I/O 单元的端子 000001 与 COM 连接，输入继电器 000001 通过 PLC 内部 DC 24V 电源得电吸合；图 2-11c 中，000001 常开触点闭合。由于 PLC 内的输入继电器 000004 的常闭触点闭合（因图 2-11a 中的热继电器 FR 未过热动作，图 2-11b 中的热继电器 FR 的常开触点未闭合）、输入继电器 000003 的常闭触点闭合、输出继电器 000202 的常闭触点闭合，故 PLC 内的输出继电器 000201 得电吸合并自锁，图 2-11b 中的输出接触器 KM_1 得电吸合，电动机正向起动运转。

电动机反转：图 2-11a 中，按下反向起动按钮 SB_2；图 2-11b 中，由于按钮 SB_2 闭合，I/O 单元的端子 000002 与 COM 连接，输入继电器 000002 通过 PLC 内部 DC 24V 电源得电吸合；图 2-11c 中，000002 常开触点闭合。由于 PLC 内的输入继电器 000004 的常闭触点闭合、输入继电器 000003 的常闭触点闭合、输出继电器 000201 的常闭触点闭合，故 PLC 内的输出继电器 000202 得电吸合并自锁，图 2-11b 中的输出接触器 KM₂ 得电吸合，电动机反向起动运转。

电动机正反向运转通过 PLC 内部输出继电器 000201 和 000202 的常闭触点实现电气联锁。

停机时，按下停止按钮 SB₃，图 2-11b 中，由于按钮 SB₃ 闭合，I/O 单元的端子 000003 与 COM 连接，输入继电器 000003 通过 PLC 内部 DC 24V 电源得电吸合；图 2-11c 中，输入继电器 000003 的常闭触点断开，输出继电器 000201 或 000202 失电释放；图 2-11b 中的输出接触器 KM₁ 或 KM₂ 失电释放，电动机停止运行。

电动机过载时，图 2-11b 中热继电器 FR 的常开触点闭合，I/O 单元的端子 000004 与 COM 连接；在图 2-11c 中，PLC 内的输入继电器 000004 的常闭触点断开，输出继电器 000201 或 000202 失电释放；图 2-11b 中的接触器 KM₁ 或 KM₂ 失电释放，电动机停止运行。

2.3.4　定时器指令的功能

定时器是一种按时间动作的继电器，相当于继电器控制系统中的时间继电器。一个定时器可有多个常开触点和常闭触点，触点的数量不受限制，下面说明它的指令功能。[1]

定时器为通电延时，当定时器的输入为 OFF（断）时，定时器的输出为 OFF（断）；当定时器的输入为 ON（通）时，开始定时，定时时间到，定时器的输出为 ON（通）。若输入继续为 ON，则定时器的输出保持为 ON；当定时器的输入变为 OFF 时，定时器的输出随之变为 OFF。常见的定时单位有 0.01s、0.1s 和 1s 等几种。

定时器指令（TIM）的图形符号及说明如图 2-12 所示。

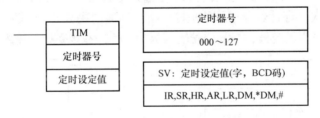

图 2-12　TIM 的图形符号及说明

图 2-12 中，"＊DM" 表示间接 DM 地址，其操作数据的内容不是实际的数据，而是另一个 DM 的地址，该地址中的内容才表示真正的数据内容。如 ＊DM10 的值是 123，则 ＊DM10 表示的内容实际上是 DM 123 中的内容。

当设定值 SV 为常数时，通常加前缀#号，"#" 代表立即数，表示操作数据的内容就是实际的数字。如 TIM00#100，表示 0 号定时器的设定时间参数是 100，若定时单位为 0.1s，则定时时间为 100 × 0.1s = 10s。

如图 2-13 所示，当 00000 为 ON 时，TIM000 开始定时，定时时间为 15s（150 × 0.1s = 15s），定时到，位 20000 为 ON。

2.3.5　计数器指令的功能

计数器可以作加/减计数、普通计数和高速计数。计数器有两个数据寄存器，一个为设定值寄存器，另一个为当前值寄存器。它们的数据可在运行中进行读写[1]。下面说明它的

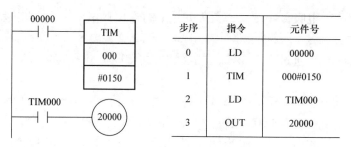

图 2-13　TIM 梯形图及程序

指令功能。

计数器指令（CNT）的图形符号及说明如图 2-14 所示。图中，CP 为计数脉冲输入端，R 为复位端，SV 是 BCD 码，取值范围为 0～9999。计数器可以递减或递增计数，CPM 系列为递减计数器。计数器和定时器的编号是公用的，但使用时编号不能重复。

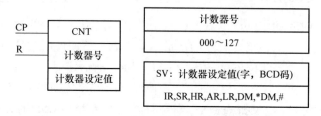

图 2-14　CNT 的图形符号及说明

如图 2-15 所示，当计数脉冲输入端 00000 输入上升沿信号（OFF→ON，即输入由断变为通）时，计数 1 次（即计数器记录的是输入由断到通的次数）。在复位端 00001 输入上升沿信号，当前值返回为设定值，当复位端输入为 ON 时，不接受计数输入。

图 2-15　CNT 梯形图及程序

2.3.6　PLC 定时器与计数器的级联使用

每一种 PLC 的计数器和定时器的设定值都有一定的范围，当实际应用中需要的设定值超出这个范围时，可通过定时器与计数器级联来解决。

图 2-16 所示为定时器与计数器级联的梯形图[1]。图中，T451 形成一个设定值为 20s 的自复位定时器。当 X401 接通时，T451 线圈得电，经 20s 延时后，其常闭触点断开，T451 线圈失电，自动复位，T451 的常开触点闭合。T451 的触点每断开、闭合 1 次，计数器输入 1 个计数脉冲，C461 计数 1 次。当 C461 的计数达到 100 次时，其常开触点闭合，Y430 线圈

得电吸合。从 X401 接通到 Y430 吸合，总的延时时间为 $20s \times 100 = 2000s$。图中，M71 为初始化脉冲。

2.3.7　置位与复位指令的功能

SET 为置位指令，令元件自保持为 ON（接通），其操作元件为 Y（输出继电器）、M（暂存继电器）和 S（状态寄存器）。

RST 为置位的复位指令，令元件自保持为 OFF（断开），操作元件为 Y、M、S 及数据寄存器（D）和变址寄存器（V/Z）。

SET 和 RST 指令可以把一个短信号变成长信号，以维持继电器的吸合状态，其使用方法如图 2-17 所示。[1] 当 X0 接通时，即使再断开，Y0 仍然保持接通，直到 X1 接通为止，两个指令之间可以插入其他程序。

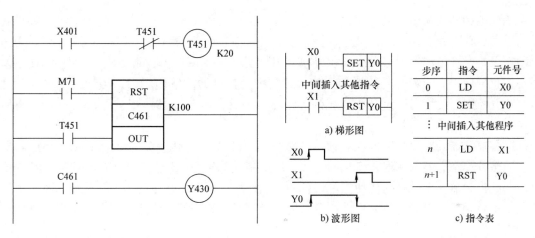

图 2-16　定时器与计数器级联的梯形图　　　　图 2-17　SET 和 RST 指令使用实例

利用 RST 指令也可以将定时器 T、计数器 C、数据寄存器 D 和变址寄存器 V/Z 的内容清零。

2.3.8　PLC 的 PID 功能指令

在 PLC 的实际应用中，为满足温度、速度、压力、流量、电压、电流等工艺变量的控制要求，常常要对这些模拟量（时间上或数值上连续的物理量）进行控制。根据不同的工艺变量要求或节能要求，选用所需的 PLC 功能指令和模拟量控制模块。如图 2-18 所示，一个完整的 PLC 模拟量控制过程包括以下几步：

1）传感器采集信息，并将它转换成标准的电压信号，进而送给 PLC 的模拟量输入单元。

2）模拟量输入单元将标准电压信号转换成 CPU 可处理的数字信号。

3）CPU 按要求对数字信号进行处理，产生相应的控制信号，并传送给模拟量输出单元。

4）模拟量输出单元接收到控制信号后，将其转换成标准信号传给执行器。

5）执行器的驱动系统对此信号进行放大和变换，产生控制作用，施加到受控对象上。

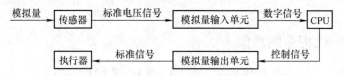

图 2-18　PLC 模拟量控制过程

对模拟量的实际控制中，应用 PID 控制技术是较好的方法之一，也最为方便。PID 控制器就是根据系统的误差，利用比例（P）、积分（I）、微分（D）计算出控制量并进行控制的。

比例控制器的输出与输入误差信号呈比例关系。当仅有比例控制时，系统输出存在稳态误差。

积分控制器的输出与输入误差信号的积分呈正比关系。对于一个自动控制系统，如果其进入稳态后存在稳态误差，则称这个控制系统是有稳态误差的系统（简称有差系统）。为消除稳态误差，在控制器中必须引入积分项。积分项对误差取决于时间的积分，这样即便误差很小，积分项也会随着时间的增加而加大，它推动控制器的输出增大，当增大到一定程度时，积分控制器使稳态误差减小，直到等于零。因此，PI 控制器可以使系统在进入稳态后无稳态误差。

微分控制器的输出与输入误差信号的微分（即误差的变化率）呈正比关系。在控制器中引入微分项，它能预测误差变化的趋势，使抑制误差作用的变化"超前"，这样，具有比例微分的控制器，就能够提前使抑制误差的控制作用等于零，甚至为负值，从而避免了被控量的严重超调。所以对有较大惯性或滞后的被控对象，PD 控制器能改善系统在调节过程中的动态特性。

由于不同厂家生产的 PID 功能指令不同，下面仅简单介绍西门子 S7–200 PID 功能指令。它的 PID 回路控制指令根据输入和回路表（TBL）的组态信息，对相应的 LOOP 执行 PID 回路计算，如图 2-19 所示。

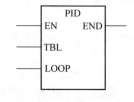

图 2-19　S7–200 PID 回路控制指令

PID 回路控制指令（包括比例、积分、微分回路）可以用来进行 PID 运算。但是，进行这种 PID 运算的前提条件是逻辑堆栈的栈顶（TOS）值必须为 1。该指令有两个操作数：作为回路表起始地址的"表"地址 TBL 和从 0～7 的常数回路编号 LOOP，见表 2-4。回路表用于存放过程变量和 PID 控制参数，见表 2-5。

表 2-4　PID 回路控制指令的有效操作数

输入/输出	数据类型	操作数
TBL	BYTE	VB
LOOP	BYTE	常数（0～7）

程序中最多可以用 8 条 PID 指令，如果两个或两个以上的 PID 指令用了同一个回路号，那么即使这些指令的回路表不同，这些 PID 运算之间也会相互干涉，会产生不可预料的

结果。

表 2-5　PID 回路控制指令的回路表

偏移量	域	格式	类型	描述
0	过程变量（PVn）	实型	输入	过程变量，必须在 0.0~1.0 之间
4	设定值（SPn）	实型	输入	包含设定值，必须标定在 0.0~1.0 之间
8	输出（Mn）	实型	输入/输出	输出值，必须在 0.0~1.0 之间
12	增益（K_p）	实型	输入	增益为比例常数，可正可负
16	采样时间（T_s）	实型	输入	包含采样时间，单位为秒（s），必须是正数
20	积分时间或复位（T_i）	实型	输入	包含积分时间或复位，单位为分钟（min），必须是正数
24	微分时间或速率（T_d）	实型	输入	包含微分时间或速率，单位为分钟（min），必须是正数
28	偏差（MX）	实型	输入/输出	积分项前项，必须在 0.0~1.0 之间
32	前一个过程变量（PV_{N-1}）	实型	输入/输出	包含最后一次执行 PID 指令时所存储的过程变量的值

为了使 PID 运算以预想的采样频率工作，PID 指令必须用在主程序或者定时发生的中断程序中，被定时器控制并以一定频率执行，采样时间必须通过回路表输入到 PID 运算中。

自整定功能已经集成到 PID 指令中，PID 整定控制面板只能用于由 PID 向导创建的 PID 回路。

在 PID 运算前，由于每个 PID 回路的两个输入量——给定值（SV）和过程变量（PV）的范围及测量单位都可能不同，故必须把它们的实际值由 16 位整数转换成标准的浮点型表达形式。

PID 指令的控制方式是：当 PID 盒接通时，为"自动"运行，当 PID 运算不执行时，为"手动"模式。

当指令指定的回路表起始地址或 PID 回路号操作数超出范围，或者 PID 计算的算术运算发生错误，终止 PID 指令的执行时，PLC 将报警。

除 PID 指令外，也可使用 S7 中的 SFB41/FB41、SFB42/FB42、SFB43/FB43 等功能模块实现 PID 控制。

2.3.9　PLC 的通信功能指令

PLC 通信的目的是数据交换。

PLC 的通信功能指令具有通信联网的功能，它使 PLC 与 PLC 之间、PLC 与上位机以及其他智能设备之间能够交换信息，形成一个统一的整体，实现分散/集中控制。

PLC 的通信程序能适应各种通信协议（见第 3 章内容），它的通信程序与控制程序、数据处理程序不同，具有交互性、从属性、相关性和安全性等特点。

PLC 与 PLC 通信。多个 PLC 之间可用标准通信串口建立网络进行通信，或通过通信指令实现通信，也可使用有关通信模块组成通信网络进行通信。

PLC 与计算机通信的功能互补。PLC 不仅能完成逻辑控制、顺序控制，还能进行模拟量处理，完成少数回路的 PID 闭环控制。通用计算机能够连接打印机和显示器，内存量大、编程能力强，其人机界面具有良好的数据显示、过程状态显示及操作功能，这是 PLC 本身不具备的。将 PLC 与计算机连接通信，可达到两者功能的互补。

　　PLC 与智能装置通信。智能装置是指智能仪表、智能传感器、智能执行器及其他带有串口或相关网络接口的装置。由于这些装置有通信口或相关网络接口，所以，其与 PLC 交换数据时可以通信的方式进行。用通信方式交换数据，有连线少、数据量大、抗干扰能力强、传送距离大等优点。PLC 与智能装置通信时，一般在 PLC 上编程，智能装置不需要编程。通信方法包括指令通信和地址映射通信（可参考第 3 章有关内容），指令通信主要用于串口通信。

2.4　PLC 的选择

　　PLC 产品种类繁多，功能各异，价格也不同，选择时应结合实际需要（满足 I/O 点数要求、满足输入/输出信号的性质和技术指标、满足程序存储器容量要求、满足现场对控制响应速度的要求、满足 PLC 的功能指令要求、满足通信等要求），既要满足生产工艺的控制要求，又要做到投资少。

2.4.1　估算 I/O 点数选择 PLC

　　I/O 点数是 PLC 可以接受的输入信号和输出信号的总和，是衡量 PLC 性能的重要指标，是选择 PLC 的重要参数。I/O 点数越多，外部可接受的输入设备和输出设备就越多，控制规模也就越大。下面介绍 I/O 点数的估算和 PLC 的选择：

　　1）输入点数的估算如下：

　　① 按钮、行程开关、接近开关等每一只占一个输入口。

　　② 选择开关中有几个选择位置就占几个输入口。例如，光电管开关每一只占 2 个输入口，位置开关每一只占 2 个输入口。

　　③ 若采用 PLC 的特殊功能指令，则打破上述常规要求。

　　2）输出点数的估算如下：

　　① 接触器、继电器、电磁阀等每一只占一个输出口。

　　② 两只接触器控制电动机正反转或控制双电磁阀等均为每一只占用 2 个输出口。

　　3）模拟量的 I/O 点数用最大通道数（路数）表示。

　　4）实际选用的 I/O 点数与 PLC 的设计点数应不一致，当估算出所需 I/O 点数后，应再增加 10% 以上（一般取 15%～25%）的裕量，以便实际使用的 I/O 点损坏时更换，同时也为新的技改措施留出备用点数。

　　5）对于一个控制对象，由于采用不同的控制方式或编程水平不同，I/O 点数也会有所不同。表 2-6 为典型传动设备及常用电气元件所需的 I/O 点数，[1]可供估算参考。

表 2-6　典型传动设备及常用电气元件所需的 I/O 点数

序　号	电气设备、元件	输入点数	输出点数	I/O 点数
1	Y/△起动的笼型异步电动机	4	3	7
2	单向运行的笼型异步电动机	4	1	5
3	可逆运行的笼型异步电动机	5	2	7
4	单向运行的直流电动机	9	6	15

（续）

序　号	电气设备、元件	输入点数	输出点数	I/O 点数
5	可逆运行的直流电动机	12	8	20
6	单线圈电磁阀	2	1	3
7	双线圈电磁阀	3	2	5
8	比例阀	3	5	8
9	按钮开关	1	—	1
10	光电管开关	2	—	2
11	信号灯	—	1	1
12	拨码开关	4	—	4
13	三档波段开关	3	—	3
14	行程开关	1	—	1
15	接近开关	1	—	1
16	抱闸	—	1	1
17	风机	—	1	1
18	位置开关	2	—	2
19	功能控制单元			20（16, 32, 48, 64, 128）
20	单向绕线转子异步电动机	3	4	7
21	可逆绕线转子异步电动机	4	5	9

6）根据 I/O 点数的多少选择 PLC：

超小型或微型 PLC：64 点以下。

小型 PLC：64 ~ 512 点。

中型 PLC：512 ~ 2048 点。

大型 PLC：2048 ~ 8192 点。

超大型 PLC：8192 点以上。

I/O 点数越多，控制关系越复杂、存储器容量也越大、要求 PLC 指令及其功能就越多、指令执行的过程也越快，当然价格也越贵。

2.4.2　根据输入技术指标选择 PLC

PLC 的输入技术指标包括输入信号电压类型、等级、输入 ON（通）电流、输入 OFF（断）电流及输入响应时间等。举例如下：输入信号电压为 DC 24V，±10%；AC 100 ~ 220V，±10%，50/60Hz。输入 ON（通）电流为 DC 输入 4.5mA 以上（或 3.5mA 以上）；AC 输入 3.8mA 以上。输入 OFF（断）电流为 DC 输入 1.5mA 以下（或 1.0mA 以下）；AC 输入 1.7mA 以下。输入响应时间为 DC 输入约 10ms；AC 输入约 30ms。

不同的 PLC 产品，其输入技术指标会有不同，应根据实际要求选择 PLC。[1]

2.4.3　根据输出形式和技术指标选择 PLC

PLC 在工作过程中，常需要通过输出模块中的继电器触点、晶体管和双向晶闸管集电极开路输出三种形式将 PLC 的运行状态通知外部。继电器输出接口可驱动交流或直流负载，但其响应时间长，动作频率低；而晶体管输出和双向晶闸管输出接口的响应速度快，动作频率高，但前者只能用于驱动直流负载，后者只能用于驱动交流负载。它们在连接送给外部的信号时，也必须考虑继电器和晶体管的允许电压、允许电流、环境温度等负载因素，以及噪声的影响。各种输出形式所适用的负载见表 2-7。[1]

表 2-7　PLC 三种输出形式适用的负载

输出形式	适用负载
继电器输出一般触点可承受 AC 250V/2A（也有 300V/5A）、DC 24V/2A	不加消火花电路时，适用于干簧继电器、小型继电器、固态继电器、固态定时器、小容量氖泡、发光管等；有消火花电路时，适用于电磁接触器、继电器、小容量感性继电器，也常用于适当容量的发光管、白炽灯等
晶体管输出一般为 DC 24V/0.5A（环境温度在 55℃ 以下）	适用于继电器、指示灯等小容量装置，主要用于数控装置、计算机数据传输、控制信号传输等快速反应的场合（晶体管有近 0.1mA 的漏电流，用它来驱动特别微小的负载时，要引起注意）
双向晶闸管输出一般为 AC 120 ~ 239V/1A（环境温度在 55℃ 以下）	适用于大容量的感性负载，如大容量的接触器、电磁阀以及大功率电动机等（双向晶闸管有 1 ~ 2.4mA 的漏电流，但在额定负载下，理论寿命是无限的）

表 2-7 中基本适用的是感性负载，而在对容性负载进行开闭时，则应以和感性负载串联的方式接入限流电阻，以保证开闭时的浪涌电流不超过继电器和晶体管的允许电流。

新型 PLC 的输出模块可输出开关信号、数字信号、频率信号、脉冲信号和模拟信号等多种信号，但使用较多的是开关信号。近年来，模拟信号的使用有所增多，但大多是在配合过程控制仪表和执行装置时使用。输入和输出的电流信号主要有 0 ~ 10mA、0 ~ 20mA 和 4 ~ 20mA 三种。输入和输出的电压信号有 ±15mV、±1V、±2.5V、±5V、±10V、0 ~ 2V、0 ~ 5V、0 ~ 10V 和 1 ~ 5V、1 ~ 10V 等。

2.4.4　根据用户程序存储容量选择 PLC

PLC 存储容量是指用户程序存储器的容量。

在编制 PLC 程序时，需要大量的存储器来存放变量、中间结果、保持数据、定时计数、单元设置和各种标志等信息。这些程序和数据的种类与数量越多，表示 PLC 存储和处理各种信息的能力越强。

用户程序存储器的存储量取决于 PLC 可容纳用户程序的长短，一般以字或步为单位来计算。16 位二进制数字为 1 个字，每 1024 个字为 1 千字，通常编程时，一般的逻辑操作指令每条占 1 个字，计时、计数和移位指令占 2 个字，一般数据操作指令每条占 2 个字。

用户程序所需要存储容量可按以下方法估算：对于开关量控制系统，存储器字数等于 I/O 信号总数乘以 8；对于有模拟量输入/输出的系统，每一路模拟量信号大约需要 100 字的存储容量。

用户程序存储器的容量大，可以编制出复杂的程序。一般来说，8 千字以下的用户程序存储量可选用小型 PLC，256 千字以上的用户程序存储量可选用大型 PLC。从发展趋势看，用户程序存储量总是在不断增大的。

2.4.5　根据现场对控制响应速度的要求选择 PLC

扫描速度是指 PLC 执行用户程序的速度，是衡量 PLC 性能的重要指标之一。一般以扫描 1 千字用户程序所需的时间来衡量扫描速度，通常以 ms/千字为单位。PLC 用户手册一般会给出执行各条指令所用的时间，可以通过比较各种 PLC 执行相同操作所用的时间，来衡量各 PLC 扫描速度的快慢。

在使用 PLC 进行控制（特别在进行顺序控制）时，CPU 需要时间进行处理，存在一定时间（扫描时间）的延迟，在设计控制系统时或选择 PLC 时，需要考虑扫描速度的影响。对于以开关量为主的控制系统，一般机型都能满足 PLC 的响应时间（包括输入滤波时间、输出滤波时间和扫描周期）。对于有模拟量控制的系统，需要考虑响应时间，不同的控制系统对 PLC 的扫描速度有不同的要求，可选用不同型号的 CPU 以适用于不同的控制系统，如有的 PLC 的 CPU 适用于逻辑控制系统，有的 CPU 适用于 PID 调节系统，有的 CPU 适用于统计管理控制。

2.4.6　根据 PLC 的专用功能指令选择 PLC

PLC 的基本指令只能组成一个简单的控制系统，但当遇到需要进行数据处理、需要通信的复杂控制系统，就必须使用 PLC 的功能指令。另外，为了增加 PLC 的功能，许多厂家开发了专用功能软件。专用功能指令主要包括以下指令：

1）数据操作指令。包括数据传送指令、数据移位指令、数据比较指令及其他数据指令。

2）常用控制指令。包括子程序控制指令、中断控制指令和块指令。

3）高级指令及其他指令。包括数据控制指令、通信网络指令、测试与错误诊断指令及其他指令。

4）特殊功能单元。近年来，各 PLC 厂商非常重视特殊功能单元和支持软件的开发，为编制 PLC 程序和增加监控 PLC 工作的功能，而开发支持软件；为增加 PLC 的功能，而开发专用功能单元。特殊功能单元种类日益增多，功能越来越强，使 PLC 的控制功能日益扩大。

特殊功能单元种类的多少、指令功能数量的多少与功能的强弱，是衡量 PLC 产品性能的一个重要指标。编程指令的功能越强、数量越多，PLC 的处理能力和控制能力也越强，用户编程也就越简单和方便，越容易完成复杂的控制任务。PLC 的功能指令非常丰富，按 PLC 的功能强弱不同，PLC 可分为低档、中档和高档三类。

1）对于具有逻辑运算、定时、计数、移位、自诊断及监控等基本功能的较简单控制系统，可选用低档 PLC。

2）对于除具有低档 PLC 的功能外，还具有模拟量输入/输出、算术运算、数据传送和比较、数制转换、远程 I/O、子程序、通信联网等功能的较复杂的控制系统，可选用中档 PLC。

3）对于除具有中档 PLC 的功能外，还具有带符号算术运算、矩阵运算、逻辑运算、二次方根运算及其他特殊功能函数的运算、制表及表格传送等功能以及很强的通信联网功能的控制系统（一般用于大规模过程控制或构成分布式网络控制系统），可选用高档 PLC。

2.4.7　根据通信要求选择 PLC

通信是指系统之间按一定规则进行的信息传输和交换，根据控制系统对 PLC 通信的要求（选择相应的标准通信串口、通信指令、通信协议宏、通信功能模块、通信速度、通信站数、通信网络（见第 3 章有关内容）等来选择 PLC。

另外，还应考虑使用方便、维护简单等因素。

2.5　PLC 的安装及接线要求

2.5.1　PLC 的安装要求

PLC 的安装应符合以下要求：

1）PLC 应在符合 2.6.1 节要求的工作环境中进行安装，并要考虑各厂家产品对于环境条件的特殊安装规定。

2）PLC 周围应留出大于 80mm 的空间，以便通风和拆装。

3）为正常阅读 PLC 单元面板上的字，并利于 PLC 散热，PLC 应立式安装，而不能水平安装。

4）PLC 基板变形会使电路板元器件承受应力而造成虚焊并引起电路工作异常，因此 PLC 应安装在平整的表面或机架上。

5）在一般情况下，两个机架之间的距离应大于 80mm，以利于通风散热。

6）PLC 的安装应远离大型电动机、电焊机、电力变压器、整流变压器和大功率接触器、电磁铁等强电磁场设备。

7）采取屏蔽等抗干扰措施，以防 PLC 遭受强电磁场、静电或其他干扰。

8）按 2.5.2~2.5.4 节的要求选用和连接电线或电缆，不允许随意改动。

2.5.2　PLC 的电源接线要求

PLC 电源接线应符合以下要求[1]：

1）为保证 PLC 的电源质量，它的供电电源应取自电压较稳定的干线或由变电所母线引出的专用线，必要时应考虑加装稳压器或不间断电源（UPS）。

2）电源线最好用截面面积不小于 $2mm^2$ 或 $4mm^2$ 的双绞线，此外，CPU、I/O 和负载等应尽可能采用单独电源供电。

3）当电源噪声过大时，应接入隔离变压器阻止噪声干扰。

4）如图 2-20 所示，隔离变压器和低通滤波器的接线要求：电网电源先经隔离变压器、低通滤波器后再引入 PLC；变压器采用双屏蔽隔离技术，一次侧屏蔽层接中性线以隔离外部电源的干扰，二次侧屏蔽层与 PLC 系统控制柜共地；隔离变压器的二次绕组不能接地。

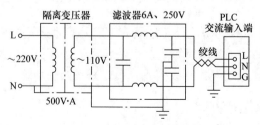

图 2-20　PLC 电源部分的接线[1]

5）在 PLC 的交流输入端接入压敏电阻、浪涌吸收器等，并使这些电子元器件和 PLC 的接地端分别接地，以防电网的浪涌过电压窜入 PLC。

6）PLC 与柜内动力线的距离应大于 20cm。

2.5.3　PLC 的输入/输出接线要求

PLC 的输入/输出接线应符合以下要求[1]：

1）I/O 信号线与高电压、大电流的主电路导线或电源线之间的距离应大于 10cm。

2）I/O 信号线应与主电路导线、电源线分开，否则 I/O 信号线应采用屏蔽电缆，在 PLC 侧将电缆屏蔽层接地（若两端接地，效果更佳）。

3）传递模拟信号的屏蔽线的屏蔽层应一端接地。为了泄放高频干扰，数字信号线的屏蔽层应并联电位均衡线，其电阻应小于屏蔽层电阻的 1/10，并将屏蔽层两端接地。如果无法并联电位均衡线，或只考虑抑制低频干扰，也可以一端接地。

4）继电器输出单元对直流电源极性无要求，而场效应晶体管输出单元对电源极性有严格的要求，一旦极性接反，可能导致严重事故。

5）输入单元的公共端（COM）和输出单元的公共端不能连接在一起。

6）为防止接线因分布电容而引起干扰，所有接线应尽可能短，必要时采用绞线或屏蔽线。

7）当 PLC 输入端或输出端接有感性元件时，应在元件两端并联续流二极管（直流电路）或 RC 电路（交流电路），以抑制电路断开时产生的过电压，如图 2-21 所示。

图 2-21 中，电阻 R 可取 51～120Ω；电容 C 可取 0.1～0.47μF，其额定电压应大于电源峰值电压；续流二极管 VD 可选用额定电流为 1A、耐电压高于电源电压 3 倍的二极管。

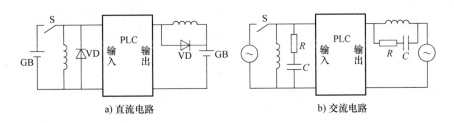

a) 直流电路　　　　　　　　　　　　b) 交流电路

图 2-21　输入、输出端的接线[1]

8）PLC 与传感器的连接应注意以下问题：如果传感器的漏电流小于 1mA，可以不考虑漏电流会导致 PLC 误动作；如果传感器的漏电流超过 1mA，应在 PLC 的输入端并联一个合适的电阻 R，如图 2-22 所示。一般接近开关、光电开关等两线式传感器的漏电流较大，需注意。

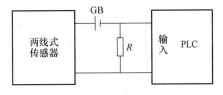

图 2-22　传感器漏电流超过 1mA 时的接线[1]

电阻 R 可按下式估算[1]：

$$R \leqslant \frac{U_{\mathrm{L}} U_{\mathrm{e}}/I_{\mathrm{e}}}{I(U_{\mathrm{e}}/I_{\mathrm{e}}) - U_{\mathrm{L}}}$$

式中　R——电阻（Ω）；

$\quad\quad\quad U_L$——PLC 输入电压低电平的上限值（即 PLC 的关断电压），取 0.5V；

$\quad\quad\quad U_e$、I_e——PLC 的额定输入电压（V）和额定输入电流（A），U_e/I_e 即 PLC 的输入阻抗（Ω）；

$\quad\quad\quad I$——传感器漏电流（A）。

2.5.4　PLC 输入接口与电气元件的接线要求

PLC 输入接口与电气元件的接线应符合以下要求[1]：

PLC 输入接口有不同的电压等级，如 AC 110V、AC 220V、DC 24V 等，其中最简单的是 DC 24V（PLC 自带电源），只要将电气元件（如按钮等）接在 X 与 COM 之间即可。

以电动机起停控制电路为例，其控制电路如图 2-23a 所示，硬件接线如图 2-23b 所示，梯形图如图 2-23c 所示。

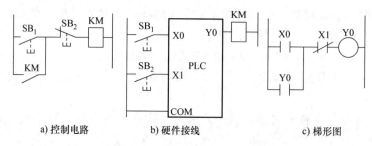

图 2-23　电动机起停控制的接线

按下起动按钮 SB_1，PLC 内部的 X0 触点被接通，继电器 Y0 得电吸合，接在输出模块上的接触器 KM 得电吸合。松开 SB_1，由于 Y0 有自锁触点，故 Y0 仍吸合，电动机起动运行。按下停止按钮 SB_2，PLC 内部 X1 触点断开，继电器 Y0 失电释放，KM 失电释放，电动机停止运行。

接线时，除注意 PLC 输入接口电压的类型（交流或直流）、高低外，还要注意输入接口的电流方向：如果电气元件是按钮等机械触点，则不存在电流方向问题，当触点接通后，电流由 X 流向元件再流入 COM，如图 2-24a 所示；如果 PLC 输入接口的电流是向外的，电气元件是接近开关等电子元件，则应当配用 NPN 集电极开路型晶体管，其接线如图 2-24b 所示；如果 PLC 输入接口的电流方向是向内的，则应配用 PNP 集电极开路型晶体管。

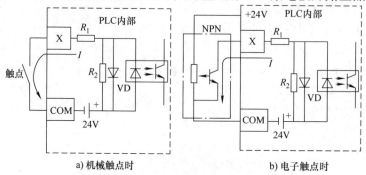

图 2-24　PLC 输入接口与电气元件的接线

2.6 PLC 要求的工作环境及使用要点

2.6.1 PLC 要求的工作环境

PLC 只有在规定的环境中才能安全可靠的工作，它要求的运行环境如下：

1）PLC 周围应无腐蚀性气体，无易燃、易爆气体及导电粉尘。

2）环境温度范围为 0~50℃，相对湿度范围为 10%~50%。

3）通风良好。

4）PLC 主机应远离强电磁场，参见 2.5.1 节的要求 6)。

5）PLC 不能承受直接振动和冲击。

6）当环境温度和相对湿度达不到规定要求时，可考虑将 PLC 安装在密闭的室内，并装上空调器或通风设备。当采用强制通风时，最好从室内向室外排风。若由室外向室内鼓风，则应在入口处加装过滤网，且应远离恶劣环境，以保证室内空气的质量，过滤网应定期清理。

对于环境条件的规定，各厂家产品有所不同，可参见 PLC 产品的通用性能。

2.6.2 PLC 的使用要点

PLC 的使用要点如下：

1）为使 PLC 处于良好的工作状态，应按 2.5 节的要求做好 PLC 的安装和接线，平时还要注意维护和保养。若 PLC 在有导电粉尘的环境中使用，应采取封闭安装或采取隔离措施，并经常清除粉尘。

2）电源线要求见 2.5.2 节的要求 2)，供电电源线长度不宜超过 15m，否则应采用更大截面面积的导线，以减少电压损失。

3）做好抗干扰措施。尤其是对输入/输出的接线，更应充分重视，当输入或输出端接有感性元件时，抑制负载通断时产生的电磁干扰的措施如下：

① PLC 尽可能远离大电动机等起动装置、弧焊设备、冶炼炉、变流装置等。

② 在接触器和继电器上采用消火花措施。

③ 大型电动机或电气设备采用专用变压器供电。

④ 馈电柜装设浪涌吸收器。

⑤ 真空断路器上装设阻容吸收回路及压敏电阻。电容器既可以减缓过电压的上升陡度，又可以降低截流过电压；电阻可以减少断路器重燃次数并降低多次重燃过电压。具体做法如下：在断路器出线端加 RC 吸收回路，采取星形接线、中性点接地方式，每相用一只 0.1~0.3μF 的电容器，其电压应高于线电压（如装在 6kV 回路的电容器，要选用 10kV 等级的）；每相电阻用阻值为 100~200Ω、功率不小于 300W 的瓷管电阻。

压敏电阻接在断路器出线端，星形接线、中性点接地。

4）PLC 的正确接地可使它安全可靠的运行，更是抗干扰的重要措施之一。接地的具体要点如下：

① 为抑制干扰，必要时可考虑 PLC 单独接地，接地电阻原则上应小于 100Ω，但有的

PLC 机型要求接地电阻应大于 10Ω，甚至要求应大于 4Ω。

② 当 PLC 不能单独接地时，可与其他设备公用接地线共同接地，但接地点必须靠近 PLC，使 PLC 接地线最短，否则不能共同接地。注意，切不可将 PLC 的接地线拉长后接到其他设备的接地线上。

③ 不可将 PLC 接地线与建筑物金属结构连在一起，否则雷电冲击电流或静电电荷会损坏 PLC。

④ PLC 的接地线应采用截面面积不小于 $2mm^2$ 的铜芯线，其长度应小于 20m。PLC 的接地线应与电源线、动力线分开，以免在 PLC 的接地线上感应出电流（电压）而损坏 PLC。

⑤ 两台 PLC 互通时的接地，如接地线电阻值大于 20Ω 或与其他设备连接在同一接地带，则接地可能失效或给 PLC 系统带来干扰，此时应在 PLC 接地加一只 1～10kΩ 的电阻后再接地，且在干扰源上加装浪涌吸收器，吸收器也要可靠接地。

⑥ PLC 上有一个噪声滤波端子（LG），通常不要求接地，但如果电气干扰严重，可将该端与保护端（GR）短接后一起接地，这样会对抑制电气干扰起到一定的作用。

⑦ 由多台 PLC 柜和其他电控柜组成的 PLC 系统接地，必须要保证所有柜体外壳的保护接地和柜内系统接地、底板和机架接地及屏蔽接地的完整性。后三者的接地线可采用截面面积为 $4mm^2$ 及以上的多股铜芯软导线，汇流至一个接地点后，再连接至厂房的接地干线上，接地干线（保护接地）可采用 $25mm \times 4mm$ 的镀锌扁钢。应避免多点接地，以防在各接地点之间形成电位差。整个厂房的接地系统只允许有一个共用的接地干线网，但若为串联连接，整条连接线各点连接必须十分可靠，否则一旦连接线某处断线或接触不良，此处前面的柜便会出现电位差，引起干扰。

相对而言，并联连接的可靠性较高。

5）在 PLC 的交流输入端接入压敏电阻、浪涌吸收器，并做好接地等工作，可防护 PLC 的过电压及雷击影响。

6）PLC 使用时的保护措施如下：

① 必要时在每条 PLC 输出线路上装设熔断器，熔断器熔体的额定电流按输出电流选择，以防止负载短路损坏 PLC 的输出单元。

② 电动机正反转控制的电路等，除外部电路采取互锁措施外，PLC 编程时也应设计触点互锁，以确保安全。

③ 如有必要，可考虑在 PLC 外部负载上装设过电流保护、过电压保护等装置。

2.7　PLC 与变频器的连接

在变频调速系统中，最为常见的是 PLC 与变频器的组合应用，即采用 PLC 控制变频器，进而变频器再控制电动机的运行，以适应生产自动化的要求。PLC 和变频器的连接方式有很多，这里仅介绍变频器和 PLC 配合使用时的接线方式、电平转换及接线注意事项。

2.7.1　利用 PLC 的继电器输出模块与变频器连接

PLC 的开关量输出一般可与变频器的开关量输入端直接相连。这种控制方式的接线简单、抗干扰能力强。利用 PLC 的开关量输出可以控制变频器的起动与停止、正转与反转、点动、转速和加减速时间等，能实现较为复杂的控制要求，但只能实现有级调速。

　　PLC 通常利用继电器输出模块触点与变频器进行连接，如图 2-25 所示。使用这种连接方式时，为防止出现因接触不良而带来的误动作，要考虑触点容量及继电器的可靠性。目前，许多厂家生产的 PLC 和变频器，在继电器触点容量满足要求时，不会造成变频器的误动作。当变频器输入信号通过继电器等感性负载时，由于继电器开闭产生的浪涌电流带来的噪声有可能引起变频器的误动作，在设计变频器的输入信号电路时，可参考图 2-26 所示的正确连接方式，而不能采用图 2-27 所示的错误连接方式[7]。

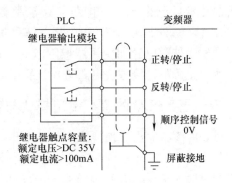

图 2-25　PLC 的继电器输出模块触点与变频器的连接

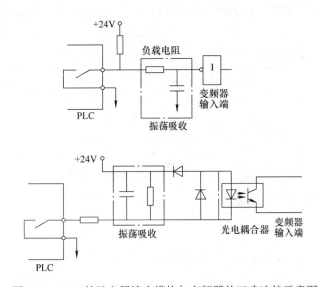

图 2-26　PLC 的继电器输出模块与变频器的正确连接示意图

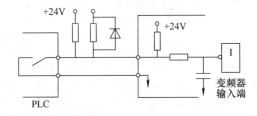

图 2-27　PLC 的继电器输出模块与变频器的一种错误连接示意图

2.7.2　利用 PLC 的晶体管输出模块与变频器连接

　　PLC 除了利用 2.7.1 节介绍的继电器输出模块触点与变频器进行连接外，还可利用 PLC 的晶体管输出模块与变频器进行连接，如图 2-28 所示。

使用 PLC 的晶体管输出模块与变频器连接时，需要考虑晶体管自身的电压、电流容量等因素，以保证系统的可靠性。另外，当输入开关指令信号进入变频器时，有时会发生外部电源和变频器控制电源（DC 24V）之间的串扰，正确的连接方法见 2.7.8 节的相关内容。

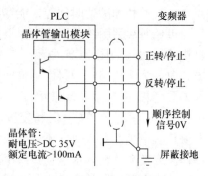

图 2-28　PLC 的晶体管输出
模块与变频器的连接

2.7.3　利用 PLC 的模拟输出模块与变频器连接

PLC 的模拟输出模块输出 0～5V、0～6V 及 0～10V 电压信号或 0～20mA、4～20mA 电流信号，作为变频器的模拟量输入信号。其控制变频器的输出频率，从输出端子连接相应的指示器即可显示变频器的运转状态（如运行正常、故障、输出频率值等），如图 2-29 所示。由于接口电路因输入信号而异，所以必须根据变频器的输入阻抗选择 PLC 的输出模块。而连线阻抗的电压降以及温度变化、元器件老化等带来的温度漂移，可通过 PLC 内部的调节电阻和变频器内部参数进行调节。

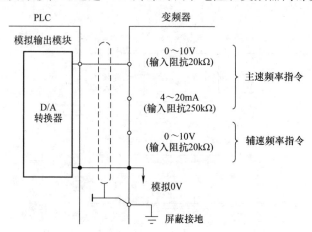

图 2-29　PLC 的模拟输出模块与变频器的连接

当变频器和 PLC 的电压信号范围不同时，例如变频器的输入信号为 0～10V 而 PLC 的输出电压信号为 0～5V，可通过变频器的内部参数进行调节。但由于在这种情况只能利用变频器 A/D 转换器的 0～5V 部分，所以和输出信号为 0～10V 的 PLC 相比，变频器进行频率设定时的分辨率将会更差。反之，当 PLC 的输出电压信号为 0～10V 而变频器的输入信号电压为 0～5V 时，虽然也可通过降低变频器内部增益的方法使系统工作，但由于变频器内部的 A/D 转换器被限制在 0～5V，将无法使用高速区域。这时若要使用高速区域，可通过调节 PLC 参数或电阻的方式将输出电压降低，如图 2-30 所示。[7]

2.7.4　利用 PLC 的输出寄存器模块与变频器连接

变频器可以用 PLC 的输出寄存器模块作为频率指令信号。通用变频器通常都备有作为选件的数字信号输入接口卡，可直接利用 BCD 信号或二进制信号设定频率指令。使用数字信号接口卡进行频率设定，可避免模拟信号电路的电压降和温差变化带来的误差，以保证必

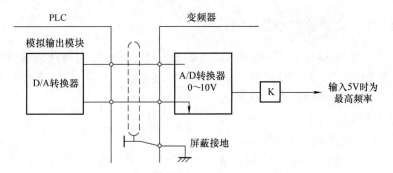

图 2-30　模拟输出模块输入信号的电平转换

要的频率精度，如图 2-31 所示。[7]

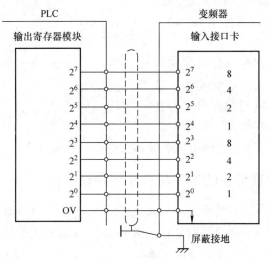

图 2-31　PLC 的输出寄存器模块与变频器的连接

2.7.5　利用 PLC 的输出定位模块与变频器连接

变频器也可以将脉冲序列作为频率指令信号，以脉冲序列作为频率指令时，需要使用 f/U 变换器将脉冲序列转换为模拟信号。当利用这种方式进行精密转换器电路和变频器内部的转速控制时，必须考虑 f/U 变换电路的零漂、由温度变化带来的漂移以及分辨率等问题，如图 2-32 所示。[7]

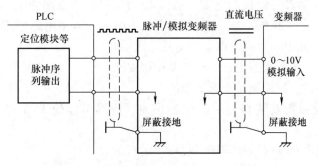

图 2-32　脉冲序列作为频率指令时的连接

2.7.6　PLC 输入变频器触点信号的连接

在变频器的工作过程中，常需要通过继电器触点或晶体管集电极开路输出的形式将变频器的内部状态（运行状态）通知外部的 PLC。而在 PLC 输入这些信号时，必须考虑继电器和晶体管的允许电压、允许电流等因素，以及噪声的影响，如图 2-33 所示。在主电路的开闭是以控制 AC 220V 继电器的线圈或 AC 220V 的辅助触点，而有的控制信号（DC 12~24V）的开闭是以晶体管进行控制的场合。应注意将布线分开，以保证 AC 220V 侧的噪声不传至 DC 12~24V 侧。

对带有线圈的继电器等感性负载进行控制时，感性负载需并联浪涌吸收器或续流二极管；对容性负载进行控制时，容性负载需串联浪涌吸收器或续流二极管，以保证通断时的浪涌电流值不超过继电器和晶体管的允许电流值。[7]

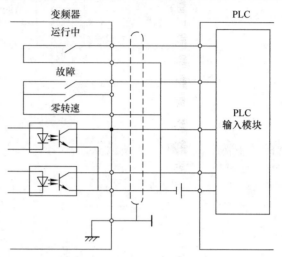

图 2-33　PLC 输入变频器触点信号的连接

2.7.7　利用 PLC 的现场总线接口与变频器通信连接

中、高压变频调速系统一般采用中型或大型 PLC，这些 PLC 基本上都具有标准的现场总线接口，其中 RS – 485（有的提供 RS – 232 接口）通信方式控制变频器的方案得到了广泛的应用，因为它抗干扰能力强、传输速率高、传输距离远且造价低廉。PLC 通过其配套的通信模块，或其 CPU 内置的 PROFIBUS – DP 接口，或其 CPU 内置的 MPI 接口，或通过 PLC 的通信模块进行点对点的数据通信，通过这些接口的现场总线或光纤网络与变频器连接，进行数据交换和联锁控制，具体的通信连接可参考第 3 章有关内容。

2.7.8　PLC 与变频器配合使用时应注意的问题

PLC 与变频器配合使用时应注意以下问题。

1. 变频器运行中产生的电磁干扰对 PLC 的影响

变频器在运行中会产生较强的电磁干扰，而 PLC 以数字电路为主，工作灵敏度高，很容易受到各种外界电磁干扰的影响。为保证 PLC 不因变频器主电路断路器及开关器件等电磁干扰源产生的噪声而出现故障，PLC 与变频器连接时应注意以下几点：

1）PLC 系统接地抗干扰措施见 2.6.2 节使用要点 4）。

2）电源部分的抗干扰措施见 2.5.2 节。

3）当 PLC 和变频器安装在同一操作柜中时，应尽可能使 PLC 和变频器的电线分开走线。

4）使用屏蔽线和双绞线以达到提高抗噪声的目的。

2. PLC 扫描时间的影响[7]

在使用 PLC 进行顺序控制时，如对多条胶带输送机进行顺序控制，由于 CPU 进行处理需要时间，故总是存在一定时间（扫描时间）的延迟。在设计控制系统时，必须考虑上述扫描时间的影响，尤其在某些场合下，当变频器运行信号投入的时刻不确定时，变频器将不能正常运行。在以自寻速功能构成系统时必须加以注意，图 2-34 以图形化的方式给出了运用自寻速功能时的参数设定及其含义，图中"＊"表示寻速信号应此运行（正转/反转）信号先接通或同时接通。

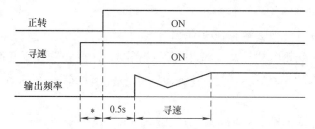

图 2-34　运用自寻速功能时的参数设定及其含义

3. 通过数据传输进行的控制

在某些情况下，变频器的控制（包括各种内部参数的设定）是通过 PLC 或上位机完成的。在这种情况下，必须注意信号线的连接以及所传数据顺序格式等是否正确，若有异常，将不能得到预期的结果。此外，在需要对数据进行高速处理时，往往需要利用专用总线构成系统。

4. 外部电源和变频器控制电源间的串扰[7]

当输入开关信号进入变频器时，有时会发生外部电源和变频器控制电源（DC 24V）之间的串扰。正确的接法如图 2-35 所示。

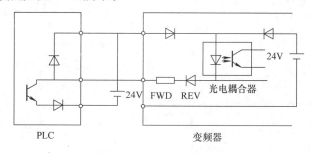

图 2-35　输入信号防干扰的连接方法[7]

2.8　PLC 控制的工频与变频切换电路

由于 PLC 和变频器的产品较多，它们的功能和接线也不尽相同，本节先举例介绍继电器控制的"工频"与"变频"切换，再介绍 PLC 控制的"工频"与"变频"切换，可全面了解"工频"与"变频"切换的工作原理。PLC 控制与传统的继电器控制相比，有着更突出的优点。

2.8.1　工频与变频运行切换的原因

在交流变频调速控制系统中，根据工艺要求，有时需要进行"工频运行"与"变频运行"的切换。

部分机械如大型中央空调系统的冷却水泵、大型锅炉的鼓风机和引风机，港口胶带输送机系统等，在运行过程中是不允许停机的，这些设备运行过程中，变频器一旦运行异常或因故障而跳闸，为了保证生产的有序进行，其必须能够自动切换为"工频运行"，同时进行声光报警。

电动机变频运行时，当频率升到50Hz（工频）并保持长时间运行时，应将电动机切换为工频电网供电，让变频器"休息"或根据系统需要，用变频器控制其他电动机运行。

当生产不能因现场变频器维护和检修而停止时，为使变频器发挥更大的作用，选择"工频运行"。

电动机运行在工频电网供电时，若工艺变化需要进行调速运行，此时必须将电动机由"工频运行"切换到"变频运行"。

2.8.2　继电器控制切换的主电路和控制电路

由于变频器的产品较多，它们的功能不同，各接线端子也不尽相同，图 2-36 所示为继电器控制的工频与变频运行的主电路及控制电路。[3]

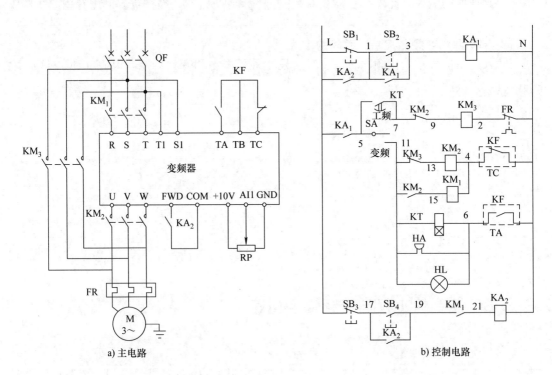

a) 主电路　　　　　　　　　　　　　b) 控制电路

图 2-36　继电器控制的工频与变频运行的主电路和控制电路

三相工频电源通过真空断路器 QF 接入，主电路中各真空接触器 KM_1、KM_2、KM_3 的功用如下：

1）KM_1 用于将电源线接至变频器的输入端。

2）KM_2 用于将变频器的输出接至电动机。

3）KM_3 用于将工频电源直接接至电动机。

注意，KM_2 和 KM_3 绝对不能同时接通，否则会损坏变频器，因此 KM_2 和 KM_3 之间必须有可靠的互锁。此外，因为在工频运行时，变频器不可能对电动机进行过载保护，所以必须接入热继电器 FR，用于工频运行时的过载保护。

工频与变频切换时，应先断开 KM_2，使电动机脱离变频器；经适当延时再后合上 KM_3，将电动机接至工频电源。

注意，KM_2 和 KM_3 之间需要有非常可靠的互锁，经验表明，除电气互锁外，采用有机械互锁装置的接触器是必要的。同时，从 KM_2 断开到 KM_3 闭合之间的延迟时间是必要的，通常称之为"切换时间"。

2.8.3　继电器控制的工频和变频运行

切换控制电路图 2-36b 中，由于在切换完成后，要求变频器的报警输出信号能维持到操作人员采取措施之后，所以变频器内部控制电路的电源线 T_1 和 S_1 应接在 KM_1 的主触点之前。

控制电路的工作过程如下[3]：

1. 工频运行

图 2-36b 中，运行方式由转换开关 SA 选择，当 SA 旋至"工频"（工频运行方式）时，SA（5－7）接通，按下起动按钮 SB_2，继电器 KA_1 得电动作：

KA_1 辅助触点（1－3）闭合，KA_1 自锁；

KA_1 辅助触点（L－5）闭合，KM_3 线圈得电动作；

KM_3 主触点闭合，电动机工频起动并运行；

KM_3 辅助触点（11－13）断开，防止 KM_2 通电。

按下停止按钮 SB_1，继电器 KA_1 断电，KA_1 辅助触点（1－3）断开，KA_1 辅助触点（L－5）断开，KM_3 线圈断电，电动机停止运行。

2. 变频运行

图 2-36b 中，当变频器运行时，须将转换开关 SA 旋至"变频"变频运行方式时，SA（5－11）接通。

（1）变频器通电　按下起动按钮 SB_2，继电器 KA_1 得电动作；

KA_1 辅助触点（1－3）闭合，KA_1 自锁；

KA_1 辅助触点（L－5）闭合，KM_2 线圈得电动作；

KM_2 主触点闭合，将电动机接至变频器；

KM_2 辅助触点（7－9）断开，防止 KM_3 线圈通电；

KM_2 辅助触点（11－15）闭合，KM_1 线圈得电；

KM_1 辅助触点（19－21）闭合，允许电动机起动和运行。

（2）电动机起动　按下起动按钮 SB_4，继电器 KA_2 得电动作：

KA_2 辅助触点（变频器上 FWD – COM 端子）闭合，电动机起动并运行；

KA_2 辅助触点（17 – 19）闭合，KA_2 自锁；

KA_2 辅助触点（L – 1）闭合，在电动机停机前，防止变频器切断电源。

（3）电动机停止运行　按下停止按钮 SB_3，继电器 KA_2 的线圈断电，KA_2 辅助触点（L – 1）断开，再按下停止按钮 SB_1，继电器 KA_1 的线圈断电，KA_1 辅助触点（1 – 3）断开，KA_1 辅助触点（L – 5）断开，KM_2 和 KM_1 的线圈断电，电动机停止运行。

2.8.4　继电器控制的变频器故障切换及处理

图 2-36 中，当变频器发生故障时，其报警输出端子 KF 动作：

KF（4 – N）断开，KM_2 和 KM_1 断电，电动机脱离变频器、变频器脱离电源；

KF（6 – N）闭合，时间继电器 KT 得电，KT（5 – 7）延时后闭合，KM_3 主触点闭合，电动机切换至工频运行；

蜂鸣器 HA 鸣叫，报警指示灯 HL 闪烁，声光报警。

当操作人员得到报警信号后，应首先将转换开关 SA 切换至工频运行的位置：

SA（5 – 7）闭合，使电动机保持工频运行状态；

SA（5 – 11）断开，时间继电器 KT 断电，声光报警停止。

2.8.5　PLC 控制的工频和变频切换图及参数

PLC 控制的工频和变频切换电路接线如图 2-37 所示，图中主电路的真空断路器、真空接触器 KM_1、KM_2、KM_3 及主电路中热继电器 FR 的功用，还有 KM_1、KM_2、KM_3 的动作顺序参见 2.8.2 的有关说明。表 2-8 列举了 PLC 输入/输出端子的配置参数。由于变频器和 PLC 的产品较多，它们的功能相同，但各接线端子不尽相同，2.8 节介绍的内容以及图 2-37 ~ 图 2-39 作为介绍 PLC 控制的工频和变频工作原理的参考[7]。

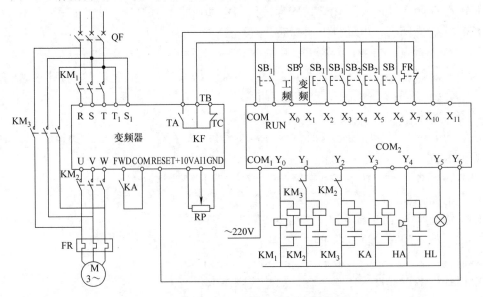

图 2-37　PLC 控制的工频与变频切换电路接线图

表 2-8　PLC 输入/输出端子的配置参数表

名　称	代　号	输入端子	元件号	名　称	代　号	输出端子	元件号
工频运行	SA	X0	X00001	变频电源真空接触器	KM_1	Y0	Y00001
变频运行	SA	X1	X00002	变频输出真空接触器	KM_2	Y1	Y00002
工频起动按钮	SB_1	X2	X00003	工频电源真空接触器	KM_3	Y2	Y00003
工频停止按钮	SB_1	X3	X00004	变频升速继电器	KA	Y3	Y00004
变频起动按钮	SB_2	X4	X00005	蜂鸣器	HA	Y4	Y00005
变频停止按钮	SB_2	X5	X00006	指示灯	HL	Y5	Y00006
变频器故障复位	SB	X6	X00007	U/f 故障复位按钮	RESET	Y6	Y00007
电动机过载保护	FR	X7	X00008	—	—	—	—
变频器故障跳闸	TA, TB	X10	X00011	—	—	—	—

图 2-37 中，转换开关 SA_1 用于控制 PLC 的运行。运行方式由三位开关 SA 进行选择，当 SA 合至"工频"运行方式时，按下起动按钮，PLC 将 KM_3 的线圈接通，电动机进入工频运行状态，按下停止按钮，电动机停止运行；当 SA 合至"变频"运行方式时，按下起动按钮，PLC 将 KM_2 的线圈接通后，KM_1 的线圈也随后接通，电动机进入变频运行状态，按下停止按钮，电动机停止运行。SB 用于变频器发生故障后的复位。为了使 KM_3 和 KM_2 不能同时接通，除了 PLC 内部的软件（梯形图）中有互锁环节外，外部电路中也必须在 KM_3 和 KM_2 之间进行互锁。按下变频起动按钮的同时，PLC 使中间继电器 KA 动作，变频器的 FWD 与 COM 接通，电动机开始升速，进入变频器运行状态；KA 动作后，停止按钮将失去作用，以防止直接通过切断变频器电源使电动机停机。在变频运行中，一旦变频器因故障而跳闸，蜂鸣器 HA 和指示灯 HL 能进行声光报警。

2.8.6　PLC 控制的工频运行过程和梯形图

图 2-38 给出了 PLC 控制的工频运行的梯形图。

1. 工频运行

图 2-37 中，转换开关 SA_1 用于控制 PLC 的运行，首先将 SA_1 旋至"RUN（运行）"，然后将选择开关 SA 旋至"工频"运行方式，使输入继电器 X_0 动作，图 2-38 中 X00001 的常开触点闭合并保持，为工频运行做好准备。

图 2-37 中，按下工频起动按钮输入继电器 X_2 得电动作，图 2-38 中 X00003 常开触点闭合，通过变频 KM_2 的辅助常闭触点（Y00002）、工频停止按钮的输入继电器 X_3 的辅助常闭触点（X00004）、电动机热继电器 X_7 的常闭触点（X00008），使输出继电器 Y_2 的虚拟线圈（Y00003）得电动作并保持；PLC 外，通过变频器 KM_2 的辅助常闭触点，KM_3 的线圈得电动作，KM_3 主触点闭合，电动机在工频电压下起动并运行。

图 2-39（见 2.8.7 节）中，输出继电器 Y_2 的常闭触点（Y00003）断开，防止输出继电器 Y_1 的虚拟线圈（Y00002）动作，从而防止 KM_2 通电。

图 2-37 中，PLC 外，KM_3 辅助常闭触点断开，防止 KM_2 线圈通电。

2. 工频停止运行

图 2-37 中，按下工频停止按钮 ST_1，工频停止输入继电器 X_3 得电动作，图 2-38 中，

X_3 的常闭触点（X00004）断开，使输出继电器 Y_2 的虚拟线圈（Y00003）失电动作并保持；PLC 外部，通过 KM_2 的辅助常闭触点，KM_3 失电动作，KM_3 主触点断开，电动机停止运行。

3. 工频过载停车

如果电动机在运行中过载，热继电器常开触点 FR 闭合，输入继电器 X_7 得电动作，X_7 的常闭触点（X00008）断开，使输出继电器 Y_2 虚拟线圈（Y00003）失电复位；PLC 外部，通过 KM_2 的辅助常闭触点，KM_3 失电复位，其主触点断开，电动机停止运行。

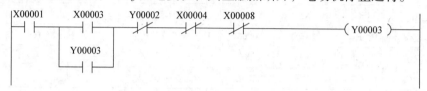

图 2-38　PLC 控制的工频运行梯形图

2.8.7　PLC 控制的变频运行过程和梯形图

图 2-37 中，将转换开关 SA_1 旋至 "RUN（运行）"，然后将选择开关 SA 旋至 "变频" 运行方式。图 2-39 所示为 PLC 控制的变频运行梯形图，图中，使输入继电器 X_1 动作，X00002 的常开触点闭合并保持，为变频运行做好准备。

1. 变频器通电

图 2-37 中，按下变频起动按钮 SF_2，输入继电器 X_4 动作，图 2-39 中，X_4 的 X00005 常开触点闭合，通过工频 KM_3 的辅助常闭触点（Y00003）、变频停止按钮 ST_2 的输入继电器 X_5 的常闭触点（X00006）、电动机热继电器 X_7 的常闭触点（X00008）、变频器故障跳闸继电器的常闭触点（X00011），使输出继电器 Y_1 的虚拟线圈（Y00002）动作，它的常开触点（Y00002）闭合使 Y_1 自锁并保持；PLC 外，通过工频 KM_3 的辅助常闭触点，变频 KM_2 线圈得电动作，KM_2 主触点闭合，将电动机接到变频器的输出端。此外，图 2-37 中，PLC 外，KM_2 的辅助常闭触点断开，防止 KM_3 通电动作；图 2-38 中，输出继电器 Y_1 的常闭触点（Y00002）断开，防止输出继电器 Y_2（Y00003）动作，从而防止 KM_3 通电动作；另一方面，图 2-39 中，KM_2 的辅助常开触点（Y00002）闭合，通过变频器故障跳闸继电器的常闭触点（X00011），使输出继电器 Y_0 的线圈（Y00001）得电动作，从而使接触器 KM_1 的线圈得电动作，使变频器接通电源。

2. 变频运行

（1）变频起动运行

图 2-39 中，如前所述，由于变频器通电时，按下变频起动按钮 SB_2，输入继电器 X_4 动作，X00005 常开触点闭合，由于工频 KM_3 的辅助常闭触点（Y00003）闭合、变频停止按钮 SB_2 的输入继电器 X_5 的常闭触点（X00006）闭合、变频器故障跳闸继电器的常闭触点（X00011）闭合，所以，在变频电源 Y0 的线圈 Y00001 已经得电动作的前提下，输出继电器 Y_3（Y00004）动作并保持。图 2-37 中，PLC 外，变频升速继电器 KA 的线圈得电动作，变频器外的 KA 的常开触点闭合，变频器的 FWD 和 COM 接通，电动机开始升速并运行，进入变频运行阶段。

（2）变频停止运行

图 2-37 中，按下变频停止按钮 SB_2，输入继电器 X_5 动作，图 2-39 中，X_5 的常闭触点 X00006 动作断开，输出继电器 Y_3 的 Y00004 虚拟线圈失电复位；PLC 外，变频升速继电器 KA 的线圈失电，变频器外的 KA 的常开触点复位断开，变频器的 FWD 和 COM 之间断开，电动机停止运行。

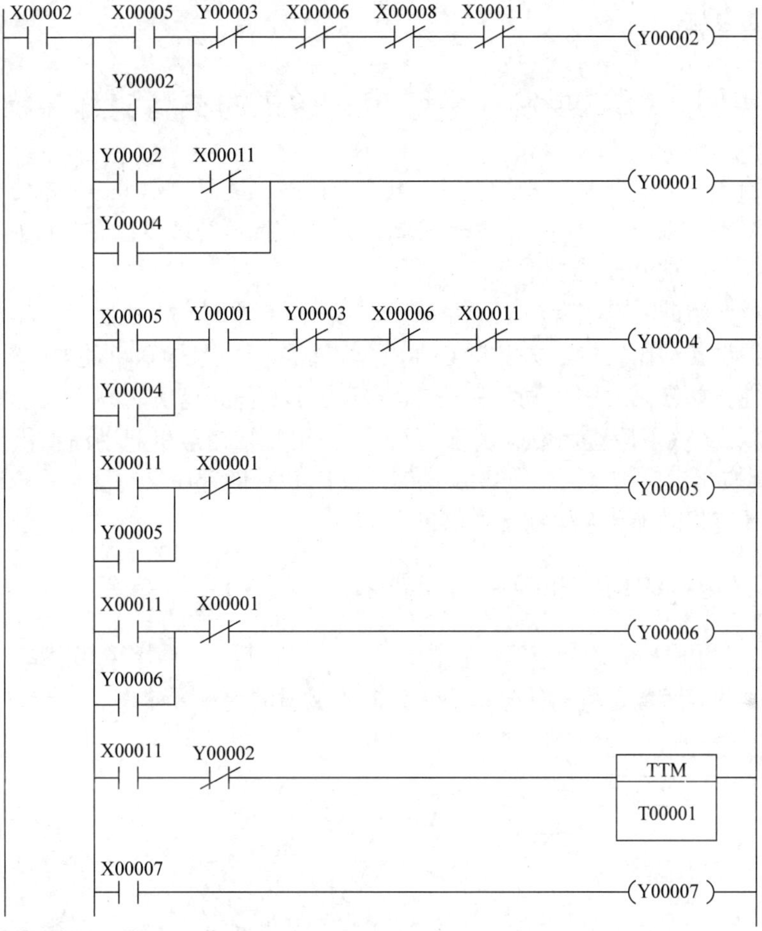

图 2-39　PLC 控制的变频运行梯形图

2.8.8　PLC 控制的变频器故障切换及处理

1. 变频器故障切换

图 2-37 中，如果变频器因故障跳闸，变频器故障跳闸继电器的常开触点（TA – TB）闭合，图 2-39 中 PLC 的输入继电器 X10（X00011）动作，它的常闭触点（X00011）断开：一方面使变频输出继电器 Y_1（Y00002）和变频升速继电器 Y_3（Y00004）复位，从而输出继电器 Y_0（Y00001）、KM_2 和 KM_1、KA 也相继复位，变频器停止工作；另一方面，X10 的常开触点（X00011）闭合，使输出继电器 Y_4（Y00005）和 Y_5（Y00006）动作并保持，蜂鸣器 HA、指示灯 HL 工作，进行声光报警。

2. 故障处理

变频器声光报警后，操作人员应立即将图 2-37 中的 SA 旋至"工频"运行位，准备工频起动。随后按下工频起动按钮 SB_1，这时，图 2-38 中的输入继电器 X_0 的常开触点（X00001）闭合，工频起动按钮 SB_1 的常开触点（X00003）闭合：一方面使控制系统正式转入工频运行方式；另一方面，使图 2-39 中的 Y_4（Y00005）和 Y_5（Y00006）复位，停止声光报警。当变频器的故障处理完毕、重新通电后，需首先按下复位按钮 SB，使 X_6 动作，X_6 的常开触点（X00007）闭合，从而使 Y_6（Y00007）动作，变频器的 RESET 接通，使变频器的故障状态复位。

2.9　工程实例：PLC 控制 4 台胶带输送机的典型流程和梯形图

早期胶带输送机的电气控制大多采用继电器、接触器控制及手工操作的方式，存在劳动强度大、能耗严重、维护量大、可靠性低等缺点。随着技术的进步，许多行业中胶带输送机系统的继电器控制已被 PLC 控制取代。

后文第 9 章介绍的港口胶带输送机系统 PLC 集中控制和计算机管理，涉及的胶带输送机、单机和保护设备都比较多，本书介绍的 PLC 控制 4 台胶带输送机的典型流程和梯形图，简化了一些条件，如未设集中手动控制、未介绍胶带输送机起动前应联系给料机和收料机（或堆料机）的方式（实际应用中应该有），也未介绍胶带输送机起动前在沿线报警铃给出 30s 报警（实际应用中应该有的安全措施）等，仅用 PLC 的程序流程图和梯形图说明控制多台胶带输送机的流程联锁和逻辑控制，以供参考。

2.9.1　胶带输送机的构成和控制功能要求

选用西门子公司的 S7 – 200 PLC 控制 4 台胶带输送机，[8] 如图 2-40 所示，PD_1、PD_2、PD_3 和 PD_4 分别为胶带输送机的代号，箭头方向为散料的料流方向。

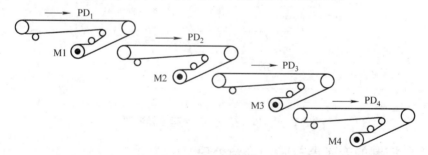

图 2-40　4 台胶带输送机的输送散料示意图

4 台胶带输送机的简化主电路如图 2-41 所示，真空接触器 KM_1 控制 PD_1 输送机的电动机 M1，真空接触器 KM_2 控制 PD_2 输送机的电动机 M2，真空接触器 KM_3 控制 PD_3 输送机的电动机 M3，真空接触器 KM_4 控制 PD_4 输送机的电动机 M4。每台胶带输送机都由对应的真空接触器来切断电路进行保护，隔离开关 QS 起电源隔离作用。回路中省略了过载、短路保护部分。

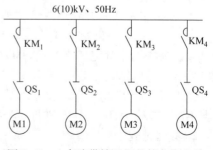

图 2-41　4 台胶带输送机的简化主电路

当采用"自动集中控制"方式时,完全由 PLC 按照多台胶带输送机的工艺要求(见9.2.2 节)来操作生产线上的各台设备。

输送系统起动时先起动最后一台输送机 PD_4,然后间隔几秒或更长时间,从后向前依次起动各台输送机。

输送系统停车时,先停止最前面一台输送机 PD_1,物料运送完毕后,以适当时间间隔依次从前向后停止各台输送机。

当某台输送机发生故障时,该输送机和前面的输送机立即停车,而该输送机以后的输送机待物料运送完后停车。例如,当胶带输送机 PD_2 发生故障时,PD_1、PD_2 立即停车,延时适当时间后 PD_3 停车,再经适当时间间隔后,PD_4 停车。

当电动机的容量不超过电源变压器的 15% ~ 20%、电动机的起动转矩大于负载转矩,并且在起动时不影响同一供电母线上的其他用电设备的正常使用时,可实行直接起动或进行变频起动。电动机应配有短路、过载、过电流、断相和必要的过热等保护。

真空接触器的容量应根据电动机功率来选取,所有真空接触器控制线圈的电压选为AC 220V。

S7 - 200 PLC 的 CPU 单元选用 CPU224,主机的 I/O 点数为 24 点(14 点输入,10 点输出),可扩展到 168 点数字量。

2.9.2　PLC 的 I/O 表分配和外围电路

1. 输入信号

起动按钮 SB_1,需要 1 个输入端,地址号为 I0.0。

停车按钮 SB_2,需要 1 个输入端,地址号为 I0.1。

4 台胶带输送机相对应的故障信号(参见 9.2.2 节的有关内容)按钮,需要 4 个输入端(SB_3、SB_4、SB_5、SB_6),故障信号经它们输入 PLC,它们的地址号分别对应为 I0.2、I0.3、I0.4 和 I0.5,当其中任何一台胶带输送机发生故障时,故障指示灯 HL 便开始报警。各种故障信号(如过电流、断相、短路、过载、胶带输送机跑偏等)均可由这 4 个输入端输入。

故障复位按钮 SB_7,需要 1 个输入端,地址号为 I0.6。

检修转换开关 SA_1(1 个常开触点,1 个常闭触点),常开触点需要 1 个输入端,地址号为 I1.0;常闭触点和 SB_1 串联,共用一个输入地址号。

4 台胶带输送机相对应的现场控制开关,需要 4 个输入端(SB_8、SB_9、SB_{10}、SB_{11}),它们的地址号分别对应为 I1.1、I1.2、I1.3 和 I1.4。

以上共需 12 个输入信号点,考虑到以后系统的调整与扩充,需要留有备用点,确定共需 14 个输入点。

2. 输出信号

4 台胶带输送机的电动机(M1、M2、M3、M4)对应需要 4 个输出端(KM_1、KM_2、KM_3、KM_4),它们的地址号分别对应为 Q0.0、Q0.1、Q0.2 和 Q0.3。

4 台胶带输送机的故障报警灯(HL_1、HL_2、HL_3、HL_4)对应需要 4 个输出端(HL_1、HL_2、HL_3、HL_4),它们的地址号分别对应为 Q1.0、Q1.1、Q1.2 和 Q1.3。

以上共需 8 个输出信号点,考虑到以后系统的调整与扩充,需要留有备用点,确定共需 10 个输出点。

PLC 的 I/O 分配表见表 2-9，PLC 与外围设备的连接电路如图 2-42。[8]

表 2-9　S7 – 200 的 I/O 分配表

输　入			输　出		
名　称	功　能	地　址	名　称	功　能	地　址
SB$_1$	起动按钮	I0. 0	KM$_1$	电动机 M1	Q0. 0
SB$_2$	停车按钮	I0. 1	KM$_2$	电动机 M2	Q0. 1
SB$_3$	故障按钮 1	I0. 2	KM$_3$	电动机 M3	Q0. 2
SB$_4$	故障按钮 2	I0. 3	KM$_4$	电动机 M4	Q0. 3
SB$_5$	故障按钮 3	I0. 4	HL$_1$	故障信号灯 1	Q1. 0
SB$_6$	故障按钮 4	I0. 5	HL$_2$	故障信号灯 2	Q1. 1
SB$_7$	复位按钮	I0. 6	HL$_3$	故障信号灯 3	Q1. 2
SA$_1$	检修转换开关	I1. 0	HL$_4$	故障信号灯 4	Q1. 3
SB$_8$	现场控制开关 1	I1. 1			
SB$_9$	现场控制开关 2	I1. 2			
SB$_{10}$	现场控制开关 3	I1. 3			
SB$_{11}$	现场控制开关 4	I1. 4			

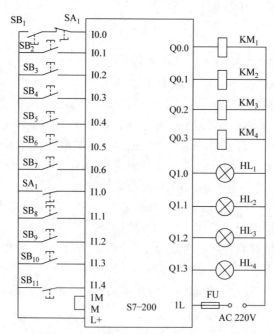

图 2-42　S7 – 200 PLC 与外围设备的连接电路

2.9.3　胶带输送机的程序流程图及说明

4 台胶带输送机的动作程序流程如图 2-43 所示，Q2t、Q3t、Q4t 分别为 PD$_2$（M2）、PD$_3$（M3）、PD$_4$（M4）从起动到额定速度的时间，S1t、S2t、S3t 分别为 PD$_1$（M1）、PD$_2$（M2）、PD$_3$（M3）停车需要的时间。

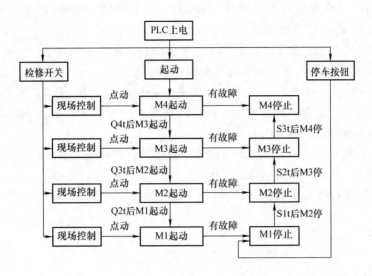

图 2-43　动作程序流程图

在正常情况的起动与停止控制。

当需要传输物料时，确认各胶带输送机及保护设备状态良好，起动报警铃向胶带输送机沿线发出 30s 以上的报警后，PLC 上电初始化。按下起动按钮 SB_1（I0.0），胶带输送机 PD4（M4）先起动，然后经 Q4t 时间起动胶带输送机 PD3（M3），再经过 Q3t 时间起动胶带输送机 PD2（M2），最后经过 Q2t 时间起动胶带输送机 PD1（M1）。

当物料运送完毕需要停车（即第一台胶带输送机 PD1 上的散料已送完）时，只需要按下停车按钮 SB_2（I0.1），第一台胶带输送机 PD1（M1）立即停止工作，以免继续送料；然后经过 S1t 时间，第二台胶带输送机 PD2 上的散料送完，停止第二台胶带输送机 PD2（M2）；再经过 S2t 时间，第三台胶带输送机 PD3 上的散料送完，停止胶带输送机 PD3（M3）；最后经过 S3t 时间，第四台胶带输送机 PD4 上的散料送完，停止胶带输送机 PD4（M4）。

当某台设备出现故障或设备巡检发现隐患时，按下该设备故障按钮，这台胶带输送机以及之前的胶带输送机马上停止工作，其他设备再通过有关延时，按相应的停车顺序停车。

2.9.4　胶带输送机起动的梯形图及说明

根据控制要求及流程图设计的梯形图如图 2-44 所示。

PLC 控制胶带输送机起动的梯形图说明如下：

当按下起动按钮 SB_1（I0.0）时，PLC 内部继电器的线圈 M0.0、M0.1、Q0.3 相继接通。

图 2-44a 中，第 1 行，按下起动按钮 SB_1（I0.0），I0.0 的常开触点闭合，继电器线圈 M0.0 接通并自锁。第 2 行，由于 M0.0 的常开触点闭合，继电器线圈 M0.1 接通并自锁。

图 2-44b 中，第 10 行，由于 M0.1 的常开触点闭合，继电器线圈 Q0.3 接通。主电路的 KM_4 动合触点闭合，PD4 的电动机 M4 起动。

图 2-44a 中，第 3 行，PLC 内部的常开触点（M0.0 和 M0.1）的接通，使时间整定器

T37 延时 Q4t 动作、T37 的常开触点闭合。第 4 行，由于常开触点 M0.0 的闭合、T37 的常开触点闭合，继电器线圈 M0.2 接通。

　　图 2-44b 中，第 9 行，由于 M0.2 的常开触点闭合，继电器线圈 Q0.2 接通。主电路的真空接触器 KM₃ 常开触点闭合，PD3 的电动机 M3 起动。

　　然后，图 2-44a 中，第 3 行，PLC 内部的常开触点（M0.0 和 M0.2）的接通，使时间整定器 T38 延时 Q3t 动作、T38 的常开触点闭合。第 5 行，由于常开触点 M0.0 的闭合、T38 的常开触点闭合，继电器线圈 M0.3 接通。

　　图 2-44b 中，第 8 行，由于 M0.3 的常开触点闭合，继电器线圈 Q0.1 接通。主电路的 KM₂ 常开触点闭合，PD2 的电动机 M2 起动。

　　同理，起动胶带输送机 PD1。

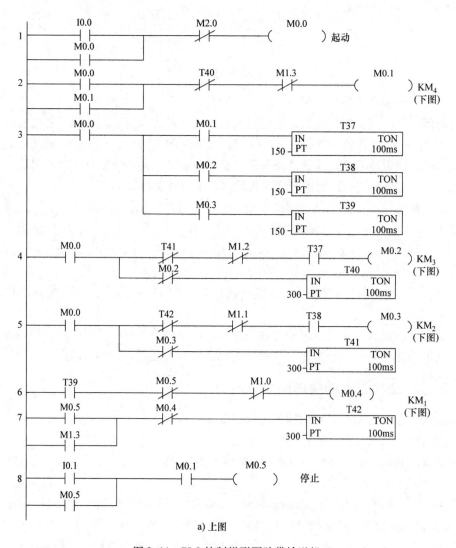

a) 上图

图 2-44　PLC 控制梯形图胶带输送机

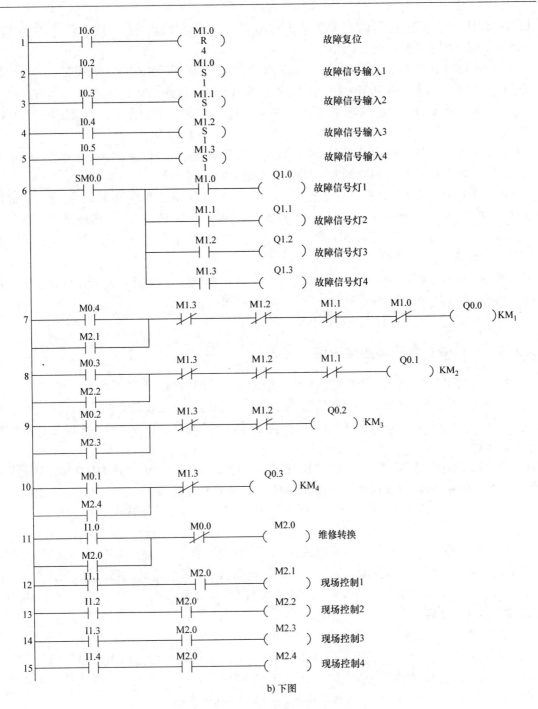

图 2-44　PLC 控制梯形图胶带输送机（续）

2.9.5　胶带输送机停止的梯形图及说明

梯形图如图 2-44 所示，PLC 控制四台胶带输送机停止的梯形图说明如下：

胶带输送机运行时，M0.1、M0.2、M0.3 和 M0.4 常开触点都处于闭合状态，当需要控制四胶带输送机停止运行时（见 2.9.3 节有关停止运行的内容），按下停车按钮 SB₂（I0.1），I0.1 的常开触点闭合。

图 2-44a 中，第 8 行，由于 I0.1 的常开触点闭合，继电器线圈 M0.1 在胶带输送机运行状态时已接通（其常开触点 M0.1 闭合），停止输出继电器线圈（M0.5）接通，其常开触点闭合并自锁。第 6 行，停止输出继电器（M0.5）接通后，其常闭触点断开，线圈（M0.4）失电。

图 2-44b 中，第 7 行，线圈 M0.4 失电后，其常开触点（M0.4）断开，线圈 Q0.0 失电，主电路的 KM₁ 的常开触点断开，PD1 的电动机 M1 停止。

图 2-44a 中，第 7 行，按下停止按钮 SB₂（I0.1），PLC 内部的线圈 M0.5 接通，其常开触点（M0.5）闭合，前面讲，电动机 M1 停止时，线圈 M0.4 已失电，其常闭触点（M0.4）闭合，使时间整定器 T42 延时 S1t 动作。第 5 行，T42 延时 S1t 动作后，T42 的常闭触点（T42）使线圈 M0.3 失电。

图 2-44b 中，第 8 行，线圈 M0.3 失电后，其常开触点（M0.3）断开，线圈 Q0.1 失电，主电路的 KM₂ 的动合触点断开，PD2 的电动机 M2 停止。

以此类推，依次停止胶带输送机 PD3、PD4。

2.9.6 胶带输送机故障的梯形图及说明

梯形图如图 2-44 所示，PLC 控制 4 台胶带输送机故障的梯形图说明如下：

出现胶带输送机故障后需手动控制，按下故障按钮后，出现故障的胶带输送机立即停止运行，该胶带输送机上游的输送机也立即停止运行，下游的输送机按正常停止的延时要求顺序停止运行。

若 PD2 的电动机 M2 发生故障，PD2 的电动机 M2 和 PD1 的电动机 M1 立即停止运转，随后经 S2t 延时后 M3 停止运转，再经 S3t 延时后 M4 停止运转。

图 2-44b 中，第 3 行，按下 SB₄（I0.3）故障按钮 2，故障信号输入 2 的输出线圈 M1.1 接通；随后，在第 6 行，由于线圈 M1.1 的常开触点（M1.1）闭合，输出线圈 Q1.1 接通，故障信号灯 2 亮。第 8 行，由于输出线圈 M1.1 接通，其常闭触点（M1.1）断开，线圈 Q0.1 立即失电，KM₂ 的常开触点断开，PD2 的电动机 M2 停止运转。第 7 行，由于输出线圈 M1.1 接通，其常闭触点（M1.1）断开，线圈 Q0.0 立即失电，KM₁ 的常开触点断开，PD1 的电动机 M1 停止运转。

接着，PD3 延时停车：

图 2-44a 中，第 5 行，由于输出线圈 M1.1 接通，其常闭触点（M1.1）断开，线圈 M0.3 失电，故其常闭触点（M0.3）闭合，使时间整定器 T41 延时 S2t 后动作。第 4 行，T41 延时 S2t 动作后，T41 的常闭触点断开，使线圈 M0.2 失电。

图 2-44b 中，第 9 行，线圈 M0.2 失电后，其常开触点断开，线圈 Q0.2 失电，主电路的 KM₃ 动合触点断开，PD3 的电动机 M3 停止。

之后是 PD4 延时停车：

图 2-44a 中，第 4 行，如上所述，由于线圈 M0.2 失电，其常闭触点闭合，使时间整定器 T40 延时 S3t 后动作。第 2 行，T40 延时 S3t 动作后，T40 的常闭触点使线圈 M0.1 失电。

图 2-44b 中，第 10 行，线圈 M0.1 失电后，其常开触点断开，线圈 Q0.3 失电，主电路

的 KM$_4$ 动合触点断开，PD4 的电动机 M4 停止。

故障排除后，在图 2-44 第 1 行中按下故障复位按钮（I0.6），其常开触点闭合。

2.9.7　胶带输送机检修的梯形图及说明

梯形图如图 2-44 所示，PLC 控制四胶带输送机检修的梯形图说明如下：

由现场的控制按钮对各胶带输送机进行点动控制。

图 2-44b 中，第 11 行，当设备需要检修时，将检修转换开关 SA1（I1.0）置于检修位置，此时 SA1 的常开触点（I1.0）闭合，在胶带输送机没有起动运行即常闭触点 M0.0 闭合时，接通内部继电器线圈 M2.0。

图 2-44a 中，第 1 行，由于继电器 M2.0 得电，其常闭触点断开，将将起动按钮 SB$_1$ 与 PLC 的输入端 I0.0 断开，防止胶带输送机起动运行。

同时，图 2-44b 中，第 12~15 行，继电器 M2.0 的常开触点将各胶带输送机检修按钮接通，这时各胶带输送机的运转将由现场控制开关进行点动控制。

例如，通过控制 PD1 的现场控制开关进行维修介绍如下：

1）PD1 电动机 M1 运行。图 2-44b 中，第 12 行，通过控制 PD1 的现场控制开关 SB$_8$（I1.1）的常开触点闭合，使线圈 M2.1 接通。第 7 行，由于线圈 M2.1 接通，其常开触点闭合，使线圈 Q0.0 接通，真空接触器 KM$_1$ 的常开触点闭合，电动机 M1 运行。

2）PD1 电动机 M1 停止。图 2-44b 中，第 12 行，通过控制 PD1 现场控制开关 SB$_8$（I1.1）的常开触点（M2.1）断开，使线圈 M2.1 失电，电动机 M1 停止。

2.9.8　系统调试

PLC 程序设计结束后，应经人工反复检查和模拟调试；除此以外，因很多现场因素无法预料，必须通过 PLC 和现场控制台控制电动机的起动、切换和停止。发现错误后，立即停止调试并进行修正，并且能够对各种意外情况进行处理。系统调试时，将手动与自动操作控制独立分开，自动操作控制保证电动机程序调试成功后，再转入连续控制，最后连接整个系统试运行。

第3章 变频调速系统中的现场总线和光纤网络

现场总线（FIELDBUS）是以现场单个分散的数字化、智能化的测量和控制设备作为网络节点，在这些网络节点之间、节点和控制室中的控制装置之间用总线相连接，实现双向、串行、多节点的数字通信，共同完成自动控制功能的网络系统与控制系统。

变频调速系统通常由多个不同厂家的数台变频器、PLC、传感器、智能仪表、人机接口（HMI）组成。目前，应着力打破传统的一对一设备连线，不考虑测量和控制设备的型号，而以造价低廉、布线简单、可靠性高、具有同一种语言并且协议开放的现场总线与不同功率段、不同型号的变频器、PLC等设备组成变频调速系统。掌握了这种总线的通信原理，对于更好地利用这种总线技术有着重要的意义。在电磁干扰很大的环境或需要增加高速传输的距离时，采用光纤传输代替双绞线传输。

采用现场总线通信方式后，可与外部控制信号联系，如与管理中心以及上一级控制中心的联系，实现了数据交换和联锁控制；另外，还可以通过PC来方便地进行变频调速系统的组态和维护，包括上传、下载、复制、参数读写等。

3.1 变频调速中常用的现场总线

在传统的工业自动控制中，现场设备之间是一对一进行连接的，采用回路通信方式，由现场汇集的控制电缆成捆地敷设到控制室，控制信息的接收和控制命令的发布都由控制室中的控制器执行。

现场总线的主要特征是采用数字式通信方式取代设备级的 4～20mA（模拟量）/DC24V（开关量）信号，使用一根电缆（光纤）连接所有现场设备。标准化的现场总线具有开放的通信接口、透明的通信协议，允许用户选用不同制造商生产的分散I/O装置和现场设备。现场总线技术的优点：节省硬件成本；设计、组态、安装、调试简便；系统安全可靠性好，可减少故障停机时间；通过增加本安物理通道，可应用于危险区域；系统维护设备更换和系统扩充方便；用户对系统配置设备选型有最大的自主权；可充分发挥现场智能型设备数字式传输的特长，增强了现场级信息集成能力，完善了企业信息系统，为实现企业综合自动化提供了基础。

变频调速系统中的传动可以分为两种：有严格同步要求的传动和无严格同步要求的传动。对于无同步要求的传动，常用的现场总线有 PROFIBUS、Device Net、MOD BUS（Plus）、CANopen。而对于有严格同步和协调控制要求的场合，如长距离胶带输送机的多电动机传动系统、无轴卷筒纸印刷机中的多电动机传动系统，则常用的现场总线有 SERCOS、CAN sync 等。以上常用现场总线的介质访问模式、波特率、最大节点数、通信介质、传输距离等参数见表3-1。[9]

表 3-1　常用现场总线的网络结构和通信性能参数[9]

现场总线名称	PROFIBUS	CANopen	Device Net	MODBUS	MODBUS Plus	SERCOS
介质访问模式	令牌 + 主从	主从	生产者/消费者	主从	令牌	主从
通信速率 bit/s	96k ~ 12M	10k ~ 1M	125k/250k/500k	400、800、900、2k	1M	2M、4M、8M、16M
最大节点数（带中继）	126	127	64	247	64	254
通信介质	双绞线/光纤	双绞线	双绞线	双绞线/电缆	双绞线/电缆	光纤
最远传输距离/m	1200（RS - 485）	5000	500	1200	457	50/250（塑料/玻璃光纤）

表 3-1 中的现场总线简单介绍如下[9]：

PROFIBUS - DP 是 PROFIBUS 应用于高速设备分散控制或自动化控制的现场总线，目前已得到广泛的应用，常用变频器多支持该总线通信，相关内容参见 3.6 节。

CANopen 总线是基于 CAN 的高层协议。它从 CAN 协议中的 11 位标志符（ID0 ~ ID10）定义出通信对象标识（OOB—ID），其中 ID10 ~ ID7 为功能域，定义了四种通信报文；ID6 ~ ID0 为地址域。因此，总线上共可以挂接 127 个节点，但只能有一个主站。CANopen 支持的通信速率有 10/20/50/125/250/800kbit/s 和 1Mbit/s。

Device Net 总线是美国 Rockwell 公司在 CAN 基础上，结合了 CAN 总线的优点，并加入了自己的应用层协议，具有系统化、网络化、开放式等特点。Device Net 总线的特点还包括：支持"热插拔"技术，更换网络设备时不需要断电；网络可组态为对等、多主或主从通信结构；可提供完整的故障诊断功能等。

MODBUS 和 MODBUS Plus 主要用于控制器之间的通信。它的标准通信口采用 RS - 232、RS - 422、RS - 485，网络中只允许有一个主机，采用"命令—应答"方式，主机向从机发送含有地址和功能代码的命令报文，该地址的从机返回一个相应的应答报文。区别于 MODBUS 的主从网络，MODBUS Plus 是对等式的令牌循环网络。MODBUS 和 MODBUS Plus 的通信报文有两种模式，为 ASCⅡ 和 RTU（Remote Terminal Unit）。表 3-2 和表 3-3 是两种方式的报文结构，其中 RTU 模式的报文是以一段不短于 3.5 倍字符发送时间（一般取 $4T$）的静默时间开始的，且以同样标志表示结束。ASCⅡ 模式的报文以冒号作为报头，以两个回车符作为报文结束标志。ASCⅡ 模式可以使传输变得简单，而 RTU 模式可以提高传输效率。在配置每个控制器时，一个 MODBUS 网络上的所有设备都必须选择相同的传输模式和串口参数。这两种现场总线现已被众多的硬件厂商支持并有着广泛的应用，对于 RS - 232 和 RS - 485，相关内容参见 3.3 ~ 3.5 节。

表 3-2　ASCⅡ 模式的报文格式[9]

起始位	设备地址	功能代码	数据	LRC 校验	结束符
:	2 个字符	2 个字符	n 个字符	2 个字符	2CRLF

表 3-3　RTU 模式的报文格式[9]

起始位	设备地址	功能代码	数据	CRC 校验	结束符
T1—T2—T3—T4	8 位	8 位	$N \times 8$ 位	16 位	T1—T2—T3—T4

SERCOS 是应用于数字伺服和运动控制系统中的高速串行实时通信的现场总线接口和协议，它的网络拓扑为环形闭合结构，通信周期可以选择为 $62\mu s/125\mu s/259\mu s\cdots\cdots65ms$。每个光缆环只能有一个主站，每个光缆环最多可以挂接的驱动器数量由所设定的通信周期、数据量、波特率决定。

工业以太网目前的通信速率已达到 10Gbit/s，采用 TCP/IP。它不仅可以成为工业高层网络的信息系统，而且几乎所有的网络底层技术都可用于传输 TCP/IP 的通信，可以实现工业现场设备的远程监控和维护。工业以太网的设备成本远远低于一般的现场总线。

变频调速系统中可供选择的现场总线通信方式很多，普通的风机和泵类节能应用，常用的总线都可以考虑；对于具有严格同步要求的复杂机械、大功率多机驱动的胶带输送机、长胶带输送机、复杂的胶带输送机系统，需要选用具有同步运行功能或实时性高的总线，如 PROFIBUS – DP；对于远程控制，则可以选择以太网通信的控制方式。也就是说，在选择通信协议时，要针对不同的控制要求和现场环境，结合开发成本、可维护性、安全性等因素综合考虑。

3.2 支持常用现场总线通信的变频器和伺服系统

现场总线凭借其突出的优点，已逐步成为工业现场控制系统的主流。而在变频调速系统应用中，全球一些著名变频器生产商开发的产品对各种现场总线的支持程度也越来越高，支持常用现场总线通信的变频器和伺服系统见表 3-4。由于变频调速驱动系统中常用现场总线比较多，本书主要介绍 PROFIBUS。

表 3-4 支持常用现场总线通信的变频器和伺服系统[9]

现场总线	支持常用现场总线通信的变频器和伺服系统
PROFIBUS – DP	ABB 的 ACS600、ACS800 系列；Danfoss 的 VLT2800、5000、6000 系列；Rockwell 的 Power Flex7 系列；施耐德的 ATV58、68 系列；松下电工的 VF 系列；西门子的 Micro Master 420、430、440 系列，罗宾康完美无谐波变频器；Mitsubishi 的 500 系列；Fuji 的 Frenic 5000 VG7S E11S 系列；Baumuller 的 V—Controller 伺服系统等
CANopen	ACS600、ACS800 系列；Microsoft 420（430、440）系列；Frenic 5000 VG7S E11S 系列；Baunuller 的 V—Controller 伺服系统等
Device Net	Power Flex7 系列；Micro Master 420、430、440 系列；Mitsubishi 的 500 系列；Danfoss 的 VLT5000 系列；ABB 的 ACS600、800 系列；Fuji 的 Frenic 5000 VG7S E11S 系列等
MODBUS	ABB 的 ACS400、600、800 系列；施耐德的 ATV28、58 系列等
MODBUS Plus（MODBUS＋）	ABB 的 ACS600 系列；施耐德的 ATV58、68 系列；Danfoss 的 VLT5000 系列；Mitsubishi 的 500 系列（V500、A500、F500）；西门子的罗宾康完美无谐波变频器；Fuji 的 Frenic 5000 VG7S E11S 系列等
SERCOS	Rockwell 的 Kinetix 6000 多轴伺服驱动系统；Baumuller 的 V—Controller 伺服系统
工业以太网	Baumuller 的 V—Controller 伺服系统；ABB 的 ACS600、800 系列；西门子的罗宾康完美无谐波变频器；Rockwell 的 Power Flex 7 系列等

3.3　RS‒232C 和 RS‒485 的串行通信基础

尽管 RS‒232C 和 RS‒485 不属于现场总线国际标准 IEC61158——1999 中的 8 种协议类型，但是作为现场总线的鼻祖，其通信具有设备简单、成本低等优点，至今还有许多设备继续沿用这种通信协议。例如，在控制器之间及上位机和下位机之间的串行通信中，表 3‒4 中的 MODBUS（主从网络）和 MODBUS Plus（令牌循环网络）、PROFIBUS、CANopen 等的物理层，都采用标准通信口 RS‒232、RS‒422、RS‒485 进行串行通信。

串行通信中，参与通信的两台或多台设备通常共享一条物理通路，这条串行通路上所连接的设备在功能、型号上往往互不相同，其中大多数设备除了等待接收数据之外，还会有其他任务。例如，一个数据采集单元需要周期性地收集和储存数据；一个控制器需要负责控制计算或向其他设备发送报文；一台设备可能会在接收方正在进行其他任务时向它发送信息。因此，必须有能应对多种不同工作状态的一系列规则来保证通信的有效性。这些规则包括：使用轮询或者中断来检测、接收信息；设置通信帧的起始、停止位；建立连接握手；实行对接收数据的确认、数据缓存以及错误检查。

3.3.1　RS‒232C 和 RS‒485 串行异步通信数据格式

RS‒232C 和 RS‒485 采用的串行异步收发数据格式是相同的，而最常用的编码格式是异步起停（Asynchronous Start‒Stop）格式，字符是以一系列位元一个接一个传输的。

在串行端口的异步传输中，接收方一般事先并不知道数据会在什么时候到达。在接收方检测到数据并做出响应之前，第 1 个数据位已经过去了。因此，每次异步传输都应该在发送的数据之前设置至少一个起始位，以通知接收方有数据到达，给接收方一个准备接收数据、缓存数据和做出其他响应所需要的时间。而在传输过程结束时，则应由一个停止位通知接收方本次传输过程已停止，以便接收方正常终止本次通信而转入其他工作程序。

串行异步收发（UART）通信的数据格式如图 3-1 所示。

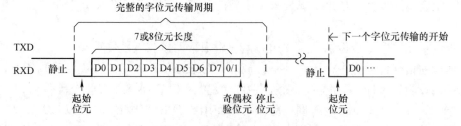

图 3-1　串行异步收发通信的数据格式

若通信线上无数据发送，则该线路应处于逻辑"1"状态（高电平）。当 TXD 发送数据线上向外发送 1 个字符数据时，应先送出起始位（逻辑"0"，低电平）；随后紧跟着数据位，这些数据构成要发送的字符信息，有效数据位的个数可以规定为 5、6、7 或 8；奇偶校验位视需要设定；紧跟其后的是停止位（逻辑"1"，高电平），其位数可在 1、2 中选择其一。所以，一般发送一个字符需要 10bit，带来的一个好结果是使全部的传输速率、发送信号的速率以 10 分划。

3.3.2　连接握手、确认和中断

通信帧的起始位可以引起接收方的注意，但发送方并不知道，也不能确认接收方是否已经做好接收数据的准备。发送方在发送一个数据块之前，通过软件或硬件使用一个特定的握手信号来引起接收方的注意，表明要发送数据，接收方则通过握手信号回答发送方，说明它已经做好接收数据的准备。连接握手可以通过软件，也可以通过硬件来实现。

确认是接收方为表明数据已经收到而向发送方回复信息的过程。有的传输过程可能会收到报文而不需要向相关节点回复确认信息，但是较多的情况需要通过确认来告知发送方数据已经收到。确认报文可以是一个特别定义过的字节，如一个标识接收方的数值。

中断是一个信号，它通知 CPU 有需要立即响应的任务。每个中断请求对应一个连接到中断源和中断控制器的信号，通过自动检测端口事件发现中断并转入中断处理。许多串行端口采用硬件中断。

3.3.3　串行通信的软件设置

串行通信在软件设置有多项，最常见的设置包括波特率、奇偶校验和停止位。

波特率是指从一设备发到另一设备的波特率，即每秒钟多少比特（bits per second，bit/s）。典型的波特率有 300bit/s、1200bit/s、2400bit/s、9600bit/s、19200bit/s 等。一般情况下，通信两端的设备要设为相同的波特率，但有些设备也可以设置为自动检测波特率。

奇偶校验（Parity）用来验证数据的正确性。奇偶校验一般不使用，如果使用，那么既可以做奇校验也可以做偶校验。奇偶校验是通过修改每一发送字节（也可以限制发送的字节）来工作的。如果不做奇偶校验，那么数据是不会被改变的。在偶校验中，因为奇偶校验位（一般是最高位或最低位）会被相应置 1 或 0，所以数据会被改变以使得：在偶校验中，所有传送的数位（含字符的各数位和校验位）中"1"的个数为偶数；在奇校验中，所有传送的数位（含字符的各数位和校验位）中"1"的个数为奇数。奇偶校验可以用于接收方检查传输是否发送生错误——如果某一字节中"1"的个数发生了错误，那么这个字节在传输中一定有错误发生。如果奇偶校验是正确的，那么要么没有发生错误，要么发生了偶数个错误。

停止位是在每个字节传输之后发送的，它用来帮助接收方硬件重同步。

在串行通信软件设置中，D/P/S 是常规的符号表示。8/N/1（非常普遍）表示：8bit 数据，无奇偶校验位，1bit 停止位。数据位可以设置为 6、7 或 8，奇偶校验位可以设置为无（N）、奇（O）或者偶（E）。奇偶校验位可以使用数据中的比特位，所以 8/E/1 表示一共 8 位数据位，其中 1 位为奇偶校验位。停止位可以是 1、1.5 或 2 中选择其一（1.5 用在波特率为 60wpm（word per minuter）的电传打字机上）。

3.4　RS–232C 串行通信接口技术

3.4.1　RS–232C 串行通信接口标准

计算机与计算机或计算机与终端之间的数据传送可以采用串行通信和并行通信两种方

式。由于串行通信方式具有使用线路少、成本低等特点，特别是在远程传输时，可避免多条线路特性的不一致，而被广泛采用。

在串行通信时，要求通信双方都采用一个标准接口，这样可使不同的设备方便地连接起来进行通信。RS-232C 接口（又称 EIA RS-232C，常简称 RS-232）是目前最常用的一种串行通信接口。

RS-232C 是美国电子工业协会（Electronic Industry Association，EIA）制定的一种串行物理接口标准。RS 是英文"推荐标准"的缩写，232 为标识号，C 表示修改次数，代表 RS-232 的最新一次修改（1969），在这之前，有 RS-232B、RS-232A。它是在 1970 年由 EIA 联合贝尔系统、调制解调器厂家及计算机终端生产厂家共同制定的用于串行通信的标准。它的全名是"数据终端设备（DTE）和数据通信设备（DCE）之间串行二进制数据交换接口技术标准"。

3.4.2　RS-232C 接口端子的机械特性

由于 RS-232C 并未定义连接器的物理特性，所以出现了 DB-25、DB-15 和 DB-9 各种类型的连接器，其引脚的定义也各不相同。表 3-5 中列出的是常用 RS-232C 中的 25 针和 9 针 EIA 连接插头信号和引脚分配。9 针插头上带针的为插头（俗称公头），带针孔的为插座（俗称母头），如图 3-2 所示。

信号的标注是从数据终端（DTE）设备的角度出发的，TXD（发送数据）、DTR（数据终端准备好）和 RTS（请求发送）信号是由 DTE 产生的，RXD（接收数据）、DSR（数据设备准备好）、CTS（为发送清零）、DCD（数据信号检测）和 RI（振铃指示器）信号是由数据设备（DCE）产生的。

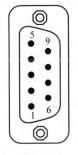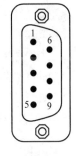

a) 插头　　　　　　　b) 插座

图 3-2　9 针连接器示意图

表 3-5　RS-232C 中的 25 针和 9 针 EIA 连接器引脚分配

端　脚		方　向	符　号	功　能
25 针	9 针			
2	3	输出	TXD	发送数据
3	2	输入	RXD	接收数据
4	7	输出	RTS	请求发送
5	8	输入	CTS	为发送清零
6	6	输入	DSR	数据设备准备好
7	5		GND	信号地
8	1	输入	DCD	数据信号检测
20	4	输出	DTR	数据终端准备好
22	9	输入	RI	振铃指示器

PC 的 RS-232 接口为 9 芯针插座。一些设备与 PC 连接的 RS-232 接口，因为不使用对方的传送控制信号，所有信号都共用一个公共接地，故只需三条接口线，即用 2（接收数

据，RXD，Receive Data，Input）、3（发送数据，TXD，Transmit Data，Output）、5（信号地，GND，Ground）号三根线，现在的笔记本计算机一般不带串口插座，可以购买 USB 串口转换器。

根据设备 RS‑232 接口引脚自制 RS‑232 电缆可见 3.9.2 节图 3‑33。非平衡电路使得 RS‑232 非常容易受两设备间基点电压偏移的影响。对于信号的上升期和下降期，RS‑232 的控制能力相对较差，很容易发生串话的问题。因此，RS‑232 被推荐在短距离（15m 以内）间通信。由于非对称电路的关系，RS‑232 接口电缆通常不是由双绞线制作的。

3.4.3　RS‑232C 接口端子的电气特性

RS‑232C 接口为非平衡型，每个信号用一根导线，所有信号回路共用一根地线，信号速率限于 20kbit/s 内，电缆长度限于 15m 在内。由于是单线，线间干扰较大，其电性能用 12V 标准脉冲，值得注意的是，RS‑232C 采用负逻辑。

RS‑232C 对电气特性、逻辑电平和各种信号线功能都作了规定。

在发送数据（TXD）和接收数据（RXD）数据线上：

逻辑"1"电平（传号 MARK）= −15 ~ −3V；

逻辑"0"电平（空号 SPACE）= 3 ~ 15V。

在 RTS、CTS、DSR、DTR 和 DCD 等控制线上：

逻辑"0"电平，信号有效（接通，ON 状态，正电压）= 3 ~ 15V；

逻辑"1"电平，信号无效（断开，OFF 状态，负电压）= −15 ~ −3V。

根据设备供电电源的不同，±5、±10、±12 和 ±15V 这样的电平都是可能的。

3.4.4　RS‑232C 的传输距离

RS‑232C 标准规定的数据传输速率为 50bit/s、75bit/s、100bit/s、150bit/s、300bit/s、600bit/s、1200bit/s、2400bit/s、4800bit/s、9600bit/s、19200bit/s，驱动器允许有 2500pF 的电容负载，通信距离将受此电容限制。波特率越大，传输速度越快，但稳定的传输距离越短，抗干扰能力越差。

例如，采用 150pF/m 通信电缆时，最大通信距离为 15m；若每米电缆的电容量减小，通信距离可以增加。传输距离短的另一原因是，RS‑232 属单端信号传送，存在共地噪声和共模干扰等问题，因此一般用于 20m 以内的通信。

RS‑232C 标准规定，在码元畸变小于 4% 的情况下，传输电缆长度应为 50ft[⊖]。其实，4% 的码元畸变是很保守的，在实际应用中，约有 99% 的用户是按码元畸变 10% ~ 20% 的范围工作的，所以实际使用中最大距离会远超过 50ft。美国 DEC 公司曾规定允许码元畸变为 10%，进而得出表 3‑6 的试验结果，其中 1#电缆为屏蔽电缆，型号为 DECP. NO. 9107723（内有三对双绞线，每对由 22#AWG 组成，其外覆以屏蔽网），2#电缆为不带屏蔽的电缆，型号为 DECP. NO. 9105856—04（是 22#AWG 的四芯电缆）。

由于 RS‑232C 采用电平传输，在通信传输速率为 19.2kbit/s 时，其通信距离只有 15m。若要延长通信距离，从表 3‑6 的试验结果可以看出，必须以降低通信传输速率为代价。

⊖　ft：英尺，非法定计量单位，1ft = 0.3048m。

表 3-6　美国 DEC 公司对 RS－232C 传输电缆长度试验结果

传输速率/(bit/s)	1#电缆传输距离/m	2#电缆传输距离/m
110	1500	900
300	1500	900
1200	900	900
2400	300	150
4800	300	75
9600	75	75

3.4.5　RS－232C 的传输控制

当需要发送握手信号或数据完整性检测时，需要制定其他设置。公用的组合有 RTS/CTS，DTR/DSR 或 XON/XOFF（实际中不使用连接器管脚而在数据流内插入特殊字符）。

接收方把 XON/XOFF 信号发给发送方来控制发送方何时发送数据，这些信号与发送数据的传输方向相反。XON 信号告诉发送方接收方准备好接收更多的数据，XOFF 信号告诉发送方停止发送数据直到接收方再次准备好。XON/XOFF 一般不建议使用，推荐使用 RTS/CTS 控制流来代替。

XON/XOFF 是一种工作在终端间的带内方法，但是必须两端都支持此协议，而且在突然启动的时候会有混淆的可能。

XON/XOFF 可以工作三线的接口。RTS/CTS 最初是为电传打字机和调制解调器半双工协作通信设计的，每次它只能一方调制解调器发送数据。终端必须发送请求发送信号然后等到调制解调器回应清除发送信号。尽管 RTS/CTS 是通过硬件达到握手，但它有自己的优势。

3.4.6　RS－232C 电平转换器

为了实现采用 +5V 供电的 TTL 和 CMOS 通信接口电路能与 RS－232C 标准接口连接，必须进行串行接口输入/输出信号的电平转换。

目前常用的电平转换器有 MOTOROLA 公司的 MC1488 驱动器、MC1489 接收器，T1 公司的 SN75188 驱动器、SN75189 接收器及美国 MAXIM 公司的单一 +5V 电源供电、多路 RS－232 驱动器/接收器，如 MAX232A 等。

MAX232A 内部具有双充电泵电压变换器，可把 +5V 变换成 ±10V，作为驱动器的电源，具有两路发送器及两路接收器，使用相当方便。其引脚如图 3-3 所示，典型应用如图 3-4 所示。

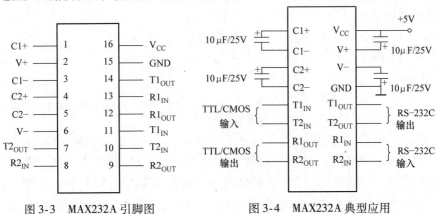

图 3-3　MAX232A 引脚图　　　　　图 3-4　MAX232A 典型应用

3.4.7　RS‐232 标准的不足

经过许多年来 RS‐232 器件以及通信技术的改进，RS‐232 的通信距离已经大大增加。但由于 RS‐232 接口标准出现较早，难免有不足之处，主要有以下四点：

1）接口的信号电平值较高，易损坏接口电路的芯片；又因为与 TTL 电平不兼容，故需使用电平转换电路方能与 TTL 电路连接。

2）传输速率较低，在异步传输时，波特率为 20kbit/s。现在由于采用新的 UART 芯片（16C550 等），波特率达到 115.2kbit/s。

3）接口使用一根信号线和一根信号返回线构成共地的传输形式，这种共地传输容易产生共模干扰，所以抗噪声干扰能力差。

4）传输距离有限，最大传输距离的标准值为 50m，实际上只有 15m 左右。

3.5　RS‐485 串行通信接口技术

3.5.1　RS‐485 串行通信接口标准

RS‐232 通信界面为一对一联机且通常联机长度较短，为改进 RS‐232 通信距离短、速率低、不能多点通信的局限性，又提出了 RS‐422、RS‐485 接口标准。

RS‐485/422 采用平衡发送和差分接收方式实现通信：发送端将串行口的 TTL 电平信号转换成差分信号 A、B 两路输出，经过线缆传输之后在接收端将差分信号还原成 TTL 电平信号。由于传输线通常使用双绞线，又是差分传输，所以有极强的抗共模干扰的能力，总线收发器灵敏度很高，可以检测到低至 200mV 的电压。目前，RS‐485 通信采用双绞线传输可达近 1km，使用光纤传输可达数千米。RS‐485 价格比较便宜，能够方便地添加到任何一个系统中，还支持比 RS‐232 更长的距离、更快的速度以及更多的节点。

3.5.2　RS‐485 接口端子的电气特性

RS‐485 接口采用二线差分平衡传输，若采用 +5V 电源供电，其信号定义如下：

若差分电压信号为 $-2500 \sim -200$mV，为逻辑 "0"。

若差分电压信号为 $200 \sim 2500$mV，为逻辑 "1"。

若差分电压信号为 $-200 \sim 200$mV，为高阻状态。

RS‐485 接口的差分平衡电路如图 3-5 所示，其一根导线上的电压是另一根导线上的电压值取反。接收器的输入电压为这两根导线的电压差（$U_A - U_B$）。差分电路最大的优点是抑制噪声能力，由于它的两根信号线传递着大小

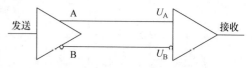

图 3-5　RS‐485 接口的差分平衡电路

相同、方向相反的电流，而噪声电压往往在两根导线上同时出现，一根导线上出现的噪声电压会被另一根导线上出现的噪声电压抵消，所以可以极大地削弱噪声对信号的影响。

差分电路的另一个优点是不受节点间接地电平差异的影响。在非差分（即单端）电路中，多个信号共用一根接地线，长距离传输时，不同节点接地线的电平差异可能相差好几

伏，甚至会引起信号的误读。差分电路则完全不会受到接地电平差异的影响。

在节点数为 32 个、配置有 120Ω 终端电阻的情况下，驱动器至少还能输出电压 1.5V（终端电阻的大小与所用双绞线的参数有关）。

RS–485 的国际标准中并没有规定 RS–485 的接口连接器标准，所以采用接线端子或者 DB–9、DB–25 等连接器都可以。

3.5.3　消除 RS–485 共模干扰的方法

RS–485 通信线由双绞线（两根双绞的线）组成，它通过两根通信线间电压差的方式来传递信号，因此称之为差分电压传输。共模干扰在两根信号线之间传输，属于对称性干扰。消除差模干扰的方法是在电路中增加一个偏值电阻，并采用双绞线。但共模噪声在信号线与地之间传输，属于非对称性干扰。消除共模干扰的方法包括：

1）采用屏蔽双绞线并有效接地。

2）强电场的地方要考虑采用镀锌管屏蔽。

3）布线时远离高压线，更不能将高压电源线和信号线捆在一起走线。

4）不要和电控锁共用一个电源。

5）采用线性稳压电源或高品质的开关电源（纹波干扰小于 50mV）。

3.5.4　RS–485 的传输速率与传输距离

在要求通信距离为几十米到上千米时，广泛采用 RS–485 串行通信标准。

使用 RS–485 接口时，不同线径的电缆其最大通信是不相同的，线径大一些，电缆允许的通信会长一些。对于特定的传输线经，从发生器到负载的数据信号传输所允许的最大电缆长度主要是受通信速率、站数、信号失真及噪声等因素影响。

在低速、短距离、无干扰的场合，可以采用普通的双绞线；反之，在高速、长线传输或噪声大的场合，必须采用高质量的双绞线——阻抗匹配（一般为 120Ω）的 RS–485 专用电缆，干扰严重的环境下还应采用铠装型双绞屏蔽电缆。在使用 RS–485 接口时，对于特定的传输线路，从 RS–485 接口到负载的数据信号传输所允许的最大电缆长度与信号传输的波特率成反比，这个长度主要受信号失真及噪声等因素影响。

最大电缆长度也受传输线损耗与某个传输速率下的信号抖动限制。在抖动达到波特周期的 10% 或以上时，数据可靠性会急剧下降。图 3-6 给出了特定传输线路下，RS–485 驱动器在 10% 信号抖动下不同传输速率对应的电缆长度。

图 3-6 中，第①部分代表线长受主要非抗性（即阻性）线损耗限制的传输速率范围。第②部分中，对于特定的传输线路，主要受信号失真及噪声等所影响。电缆的电抗性损耗随频率的增大而增加，因此频率增大后允许的电缆通信长度就减小了。从 RS–485 接口到负载的数据信号传输所允许的最大电缆长度与信号传输的波特率成反比。第③部分，信号速率较低时（100kbit/s 以下），受传输速率范围内驱动信号的上升时间的限制，影响数据传输距离的主要因素是信号幅值的衰减。假定最大允许的信号损失为 6dBV，则电缆长度被限制在 1200m。

理论上，通信速率在 100kbit/s 及以下时，RS–485 的最长传输距离可达 1219m，但在实际应用中，传输距离因芯片及电缆的传输特性不同而有所差异。通常 RS–485 总线实际

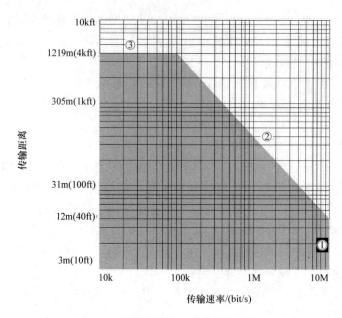

图 3-6　不同传输速率对应的电缆长度

的稳定通信距离远远达不到 1200m。负载 RS - 485 设备多、线材阻抗不合乎标准、线径过细、转换器品质不良、设备防雷保护差、波特率的增大等因素都会降低通信距离。由于 RS - 485 常常要与 PC 的 RS - 232 接口通信，所以实际采用的传输速率为 9.6 ~ 115.2kbit/s。另外，在传输过程中可以采用增加中继的方法对信号进行放大（见 3.5.7 节内容），最多可以增加 8 个中继，也就是说，理论上 RS - 485 的最大传输距离可以达到 10.8km。如果需要更长距离传输，可以采用光纤作为传播介质，收发两端各加一个光电转换器，多模光纤的传输距离是 1km 以内，而单模光纤的传输距离可达 50km。

3.5.5　RS - 485 网络拓扑

RS - 485 接口采用平衡驱动器和差分接收器的组合，抗共模干扰能力强，即抗噪声干扰性好。利用 RS - 485 接口，可以使一个或者多个信号发送器与接收器互联，在多台 PC 或带微控制器的设备之间实现远距离数据通信，形成分布式测控网络系统。

1. RS - 485 的半双工连接

在大多数应用条件下，RS - 485 接口连接都采用半双工通信工作方式，有多个驱动器和接收器共享一条信号通道，驱动数据和接收数据只能在不同时刻出现在信号线上，支持多点数据通信。RS - 485 串行通信系统网络拓扑一般采用终端匹配的总线型结构，采用一条总线将各个节点串联起来，即所有传输线必须由第一站接至第二站，再由第二站接至第二站，依序逐一接至最后一站。

图 3-7a 中，两个 120Ω 电阻是作为串行通信系统终端电阻而存在的，当终端电阻等于电缆的特征阻抗时，可以削弱甚至消除信号的反射。

2. RS - 485 的全双工连接

尽管大多数 RS - 485 的连接是半双工，但是也可以接成全双工 RS - 485 连接，如图 3-7b 所示。在全双工连接中，信号的发送和接收方向都有它自己的规定。在全双工、多节点

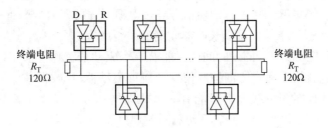

a) RS-485 端口的半双工连接

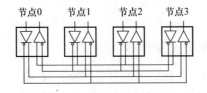

b) 多个 RS-485 端口的全双工连接

图 3-7　RS-485 网络拓扑

连接中，一个节点可以在一条通路上向所有其他节点发送信息，而在另一条通路上接收来自其他节点的信息。

两点之间全双工连接的通信在发送和接收上都不会存在问题，但当多个节点共享信号通路时，需要以某种方式对网络控制权进行管理，这是全双工、半双工连接中都需要解决的问题。

3. 构建网络时的注意事项

在构建网络时，应注意如下几点：

1）在一条双绞线电缆总线上，采用手拉手结构，使用同一种电缆将各个节点串联起来，尽量减少线路中的接点。接点处确保焊接良好、包扎紧密，避免松动和氧化。保证一条单一的、连续的信号通道，并且每个终端设备的分支线长度应尽量短，一般不要超出 5m，以便使引出线中的反射信号对总线信号的影响最小。

2）注意总线特性阻抗的连续性，阻抗不连续点会发生信号的反射。下列几种情况易产生这种不连续性：总线的不同区段采用了不同电缆，或某一段总线上有过多收发器紧靠在一起安装，再或者是过长的分支线引出到总线。在 RS-485 组网过程中，另一个需要注意的是终端电阻问题，在设备少和距离短的情况下，不加终端电阻整个网络能很好的工作，但随着距离的增加，性能将降低。理论上，在每个接收数据信号的中点进行采样时，只要反射信号在开始采样时衰减到足够低，就可以不考虑匹配，但这在实际掌握上有难度。一般终端匹配采用终端电阻方法，RS-485 应在总线电缆的开始和末端都并联终端电阻。

由于星形结构会产生反射信号，从而影响到 RS-485 通信，所以 RS-485 接口连接不能采用星形结构。另外，RS-485 网络还不支持环形网络。如果需要使用星型结构，就必须使用 485 中继器或者 485 集线器。RS-485/422 总线一般最大支持 32 个节点，如果使用特制的 485 芯片，可以达到 128 个或者 256 个节点，最大可以支持到 400 个节点。

3）注意 RS-485 规定的最小总线信号电平。RS-485 驱动器必须在负载上提供最小 1.5V 的差分输出，而 RS-485 接收器则必须能检测到最小为 200mV 的差分输入。这两个值为可靠数据传输提供了足够的裕度，即便信号经过电缆和连接器发生严重衰减时亦如此。而稳健性正是 RS-485 适用于噪声环境长距离联网的主要原因。

4）在一个半双工连接中，同一时间内只能有一个驱动器工作。由于使用一条总线将各个节点串联起来，这就需要通过方向控制信号（例如驱动器/接收器使能信号）控制节点操作的协议，以确保任何时刻总线上都只能有一个驱动器在活动（多个驱动器同时访问总线导致总线竞争）。如果发生两个或多个驱动器同时启用，一个企图使总线上呈现逻辑"1"，另一个企图使总线上呈现逻辑"0"，则会发生总线竞争，在某些元件上就会产生大电流。因此，所有 RS-485 的接口芯片都必须有限流和过热关闭功能，以便在发生总线竞争时保护芯片。

3.5.6　RS-485 上匹配终端电阻的设置

RS-485 串行通信系统随着传输距离的延长，会产生回波反射信号。在 RS-485 串行通信系统的现场施工中，当 RS-485 串行通信系统的传输距离超过一定的长度（如≥100m）时，RS-485 串行通信系统的抗干扰能力就会下降。在这种情况下，一般采用匹配终端电阻的方法，以保证 RS-485 串行通信系统的稳定性。

RS-485 网络中的终端电阻阻值为 120Ω，相当于电缆特性阻抗。因为大多数双绞线电缆特性阻抗为 100~120Ω，所以通常在串行通信系统的始端和末端都采用 120Ω 电阻进行端接。这种匹配方法简单有效，但有一个缺点，即匹配电阻要消耗较大功率，对于功耗限制比较严格的系统不太适合。另外一种比较省电的匹配方式是 RC 匹配，利用一只电容器 C 隔断直流成分，可以节省大部分功率。但电容器 C 的取值是个难点，需要在功耗和匹配质量间进行折中。还有一种采用二极管的匹配方法，这种方案虽未实现真正的"匹配"，但它利用二极管的钳位作用能迅速削弱反射信号，达到改善信号质量的目的，节能效果显著。

终端电阻的正确接法是接在 485 总线的正负之间（见图 3-7a）。

使用 RS-232/RS-485 通信转换器时终端电阻的接法如图 3-8 所示。

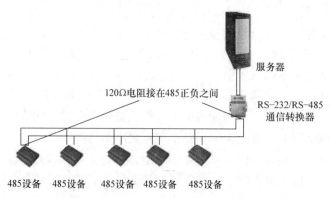

图 3-8　使用 RS-232/RS-485 通信转换器时终端电阻的接法

加 RS-485 中继器时终端电阻的接法如图 3-9 所示。

使用 RS-485 集线器时终端电阻的接法如图 3-10 所示。

噪声环境下，往往用两个 RC 低通滤波器替代这些 120Ω 的电阻，以增强对共模噪声的滤波，如图 3-11 所示。值得注意的是，两个滤波器所用电阻的阻值应相等（最好采用精密

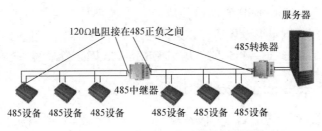

图 3-9　加 RS-485 中继器时终端电阻的接法

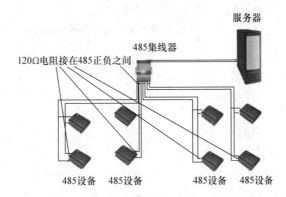

图 3-10　使用 RS-485 集线器时终端电阻的接法

电阻），以确保两个滤波器具有相同的滚降频率。电阻容差过大会导致滤波器转角频率出现偏差，进而导致共模噪声转换为差模噪声，使接收器的抗噪声性能降低。

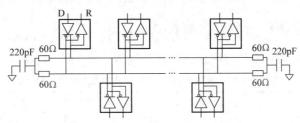

图 3-11　利用 RC 低通滤波器对 RS-485 进行端接

3.5.7　RS-485 通信距离的延长

RS-485 接口的通信距离是 1.2km，节点数限制为 32 个。如果超出限制，那么必须采用 485 集线器来拓展通信距离或节点数。

利用 485 集线器，可以将一个大型 RS-485 网络分隔成若干个网段，485 集线器就如同 RS-485 网段之间连接的"桥梁"。当然，每个网段还是遵循上面的要求，即 1.2km 通信距离，32 个节点数。如图 3-9 所示，图中虽标的是 485 中继器，但 485 集线器是 485 中继器概念的拓广，它是图中左网段与右网段连接的"桥梁"。

利用 485 集线器延长网络距离示例：利用 485 集线器解决 RS-485 分叉问题，如图 3-10 所示。利用 485 集线器构造星形 RS-485 网络，485 集线器是 485 中继器概念的拓广，它不仅解决了多分叉问题，同时也解决了网段之间相互隔离的问题，即某一个网段出现问题

（例如短路等），不至于影响到其他网段，从而极大地提高了大型网络的安全性和稳定性。可以从局域网的总线型到星形发展历程，来体会星形布线网络给我们带来的好处。同样，采用 485 集线器构成的星形 RS – 485 网络也将是 RS – 485 网络发展的一个方向。

3.5.8　RS – 485 采用的通信线和挂接设备数量

RS – 485 通信线必须采用 RVSP 屏蔽双绞线，所用屏蔽双绞线规格与 RS – 485 通信线的距离和挂接设备数有关，见表 3-7。采用屏蔽双绞线，有助于减少和消除两根 RS – 485 通信线之间产生的分布电容以及通信线周围产生的共模干扰。

表 3-7　RS – 485 采用的通信线和挂接设备数量

通信距离/m	设备数量/台	通信线规格/mm²
1 ~ 400	1 ~ 32	0.5
400 ~ 800	1 ~ 16	0.5
400 ~ 800	17 ~ 32	0.75
800 ~ 1200	1 ~ 8	0.5
800 ~ 1200	9 ~ 21	0.75
800 ~ 1200	22 ~ 32	1.0

这里指出的是，采用 5 类网线或超 5 类网线作为 RS – 485 通信线是错误的，这是因为：

1）普通网线没有屏蔽层，不能防止共模干扰。

2）网线线径（只有 $0.2mm^2$）太小，会导致传输距离降低和可挂接设备减少。

3）网络线为单股铜线，相比多芯线而言容易断裂。

3.5.9　RS – 485 和 RS – 232C 主要性能的比较

RS – 485 和 RS – 232C 主要性能指标的比较见表 3-8。

表 3-8　RS – 485 和 RS – 232C 主要性能指标的比较

规范	RS – 232C	RS – 485
最大传输距离/m	15	1200（速率 100kbit/s）
最大传输速度/（bit/s）	20k	10M（距离 12m）
驱动器最小输出/V	±5	±1.5
驱动器最大输出/V	±15	±6
接收器敏感度/V	±3	±0.2
最大驱动器数量	1	32 单位负载
最大接收器数量	1	32 单位负载
传输方式	单端	差分

3.5.10　RS – 485 和 RS – 232C 之间的转换模块

在 RS – 485 串行通信系统中，由于系统最终的数据大多要传输到 PC 中，而 PC 一般都是通过 RS – 232C 串口与 RS – 485 串行通信系统进行数据交换的。所以 RS – 232/RS – 485 转换器就成为 RS – 485 串行通信系统的标准配置。

RS – 232/RS – 485 转换器从性能上可以分为如下几种：无源型 RS – 232/RS – 485 转换

器、有源型 RS – 232/RS – 485 转换器、防雷型 RS – 232/RS – 485 转换器、光隔离型 RS – 232/RS – 485 转换器、防雷光隔离型 RS – 232/RS – 485 转换器。

无源型 RS – 232/RS – 485 转换器体积最小，采用串口窃电技术供电，所以不需要外部电源供电。由于其体积小，无需电源，所以应用灵活。但是，由于其体积小，很多保护电路不能配备，导致对 RS – 485 设备以及 PC 的保护不是很好；且由于采用串口窃电技术，电源供给不足，导致负载较小。

有源型 RS – 232/RS – 485 转换器是在无源型 RS – 232/RS – 485 转换器基础上加了一个外部电源，也没有任何保护，该类产品基本没有市场前景，目前市场上该类产品基本绝迹。

防雷型 RS – 232/RS – 485 转换器一般都自带电源，其中的防雷管等元器件可以防止浪涌、电磁干扰、雷电干扰等外部损害。保护 PC 以及 RS – 485 设备。有、无源型 RS – 232/RS – 485 转换器号称带有防雷功能，但由于其体积小，在里面加防雷管等元器件不是很现实，即使有，性能也不是很好。

光隔离型 RS – 232/RS – 485 转换器使用的是外接电源，其又分为单端隔离和双端隔离。单端光隔离即在 RS – 485 信号的通道上使用光电隔离芯片，将电信号转换为光信号，再将光信号转换为电信号，使得在 RS – 485 信号通道上没有电气接触，从而实现了隔离。而双端隔离是在 RS – 485 信号实现光电隔离的基础上，在 RS – 232 端与 RS – 485 端中间使用一个变压器，为 RS – 232/RS – 485 转换器的电源供电，使得供电也没有电气接触，从而实现了真正意义上的隔离。

防雷光隔离型 RS – 232/RS – 485 转换器就是在光隔离型 RS – 232/RS – 485 转换器的基础上加上防雷保护功能。

3.6　PROFIBUS 现场总线

PROFIBUS（Process Fieldbus）作为一种国际性的、开放式的、不依赖于设备生产商的现场总线，在 PLC、变频器、传感器、执行器、低压电气开关等之间传递数据信息，承担控制网络的各项任务，发挥着重大作用。

3.6.1　PROFIBUS 协议结构

PROFIBUS 是目前国际上通用的现场总线标准之一，其网络结构和简单的性能参数见表3-1，它支持主从系统、纯主系统、多主多从系统。

PROFIBUS 是现场总线国际标准 IEC 61158——1999 的组成部分 TYPE Ⅲ，PROFIBUS 协议采用通信标准模型，如图 3-12 所示。ISO/OSI 的第 1 层（物理层）定义了物理的传输特性、第 2 层（数据链路层，Fieldbus Data Link，FDL）定义了总线采取的协议，第 7 层（应用层）定义了应用功能。PROFIBUS 提供有三种通信协议类型：DP（H2）、FMS 和 PA（H1）。

1. PROFIBUS – DP 协议

它使用第 1 层、第 2 层及用户接口，第 3 ~ 7 层未加描述，这种精简的结构确保高速数据传输，特别适合 PLC 与现场分散的 I/O 设备之间的通信。用户接口规定了用户、系统以及不同设备可调用的应用功能，并详细说明了各种不同 PROFIBUS – DP 设备的设备能力。

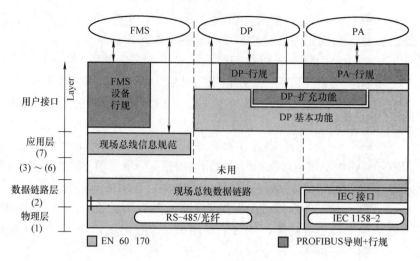

图 3-12　PROFIBUS 协议结构

这种精简的结构保证了数据的高速传送。

　　常见的 DP 层设备为 PLC、HMI、位置调节器、传动设备、马达软启动器、气动阀、远程 I/O 站、PA 链接器和段耦合器等。

　　PROFIBUS – DP 的特点如下：

　　1）可代替 PLC/PC 与 I/O 之间昂贵的电线。

　　2）数据传输快，传输 1 千字的输入数据和 1 千字的输出数据所需时间小于 2ms。

　　3）为强有力的工具，可减少组态和维护费用。

　　4）被所有主要的 PLC 制造商支持。

　　5）有广泛的产品应用，如 PLC、PC、I/O、驱动器、阀、编码器等。

　　6）允许周期性和非周期性的数据传输。

　　7）可组成单主网络和多主网络。

　　8）每个站的输入和输出数据最多可达 244B。

　　由于 PROFIBUS – DP 的优良性能，它得到了广泛的应用，许多常用的变频器都支持该总线通信（见表 3-4）。

2. PROFIBUS – FMS 协议

　　它定义了第 1 层、第 2 层和第 7 层，应用层包括现场总线信息范围（Fieldbus Message Specification，FMS）和底层接口（Lower Layer Interface，LLI）。FMS 包括了应用协议并向用户提供了可广泛选用的强有力的通信服务，LLI 协调不同的通信关系并提供 FMS 不依赖设备的第 2 层访问接口。第 2 层（FDL）可完成总线存取控制和数据的可靠传输。

　　PROFIBUS – FMS 的特点如下：

　　1）FMS 最适用于车间级智能主站间通用的、面向对象的通信。

　　2）FMS 提供一个 MMS——功能子集（MMS 即 Manufacturing Message Specification ISO 9506）。

　　主要应用区域如下：

　　1）大量的数据传输，如与 PLC 或 PC 的程序、数据块通信等。

　　2）若干个分散过程集成到一个公共过程中。

3）智能站间的通信。

PROFIBUS – DP 和 PROFIBUS – FMS 使用相同的传输技术和总线存取协议，因此它们可以在同一根电缆上同时运行。

3. PROFIBUS – PA 协议

它的数据传输采用扩展的 PROFIBUS – DP 协议。另外，它还描述了现场行为的 PA（H1）行规。根据 IEC 1158—2 标准，它的描述技术可确保其本征安全性，而且可通过总线为现场设备供电。使用 DP/DA 段耦合器，PROFIBUS – PA 设备能方便地集成到 PROFIBUS – DP 网络中。

PA 层的设备主要是分布在现场的各种传感器和执行器，如流量计、位置传感器、温度传感器、分析仪表、液位计以及一些 I/O 站点设备。

PROFIBUS – PA 的特点如下：

1）基于扩展的 PROFIBUS – DP 协议和 IEC 1158—2 传输技术。

2）适用于代替现今的 4～20mA 技术。

3）仅用一根双绞线进行数据通信和供电。

4）通过串行总线连接仪器仪表与控制系统。

5）适用于本质安全的 EEx 应用区域。

6）可靠的串行数字传输。

7）通过一根双绞线电缆进行控制、调节和监视。

8）对所有设备只需一个工程工具。

9）PROFIBUS – PA 行规保证了互操作性和互换性。

3.6.2　PROFIBUS 的存取协议

三种 PROFIBUS（DP、FMS、PA）均使用统一的总线存取协议。[10] 该协议是通过 OSI 参考模型（见图 3-12）的第 2 层来实现的，它包括数据的可靠性、传输协议和报文的处理。

在 PROFIBUS 中，第 2 层即现场总线数据链路层（FDL），介质存取控制（Medium Access Control，MAC）具体控制数据传输的程序。MAC 必须确保在任何一个时刻只能有一个站点发送数据，在一个限定的时间（Token Hold Time）内对总线有控制权的设备称为主站（Master），只能响应主站请求而对总线无控制权的设备称为从站（Slave）。PROFIBUS 存取协议包括主站之间的令牌传递方式和主站与从站之间的主从方式，以及这两种方式的混合。这样设计的目的有两个：其一，主站间必须在足够的、确切限定的时间间隔内完成通信任务；其二，复杂的 PLC（或 PC）与简单的 I/O 外围设备（从站）间的通信，应尽可能简单、快速地完成数据的实时传输。

令牌按令牌环中各主站地址的升序在各主站之间依次传递，它实际是一条特殊的报文，在所有主站上循环一周的最长时间是事先规定的。当某主站得到令牌报文后，该主站可以在一定时间内执行主站工作。在这段时间内，它可以按照主 – 从通信关系表与所有从站通信，也可按照主—主通信关系表与所有主站通信。令牌传递程序保证了每个主站在一个确切规定的时间内得到总线存取权（取令牌）。

PROFIBUS 存取协议如图 3-13 所示。[10]

在图 3-13 中，首先由 PROFIBUS 上的主站（不一定是全部，如图中的②、④、⑥、⑧

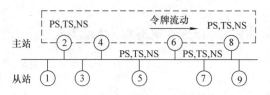

图 3-13　PROFIBUS 存取协议

站）组成逻辑环，让一个令牌在逻辑环中按一定的方向（如图中"令牌流动"箭头所示方向）依次流动。凡获得令牌的站就获得了总线的控制权，并获得了批准的令牌持有时间，在这段时间内，该站就成为整个网络的主站，执行主站的工作，可依照主 - 从关系表与所有从站通信，也可依照主 - 主关系表与所有主站通信，这就是所谓令牌控制主站浮动。根据这一定义，总线共有 M 个站，其中有 N 个主站，则 $N < M$。有三种控制方式：单主站方式，多主站方式和全主站方式。图 3-13 中，PS 为前站地址，TS 为本站地址，NS 为下站地址。

令牌环是所有主站的组织链，按照它们的地址构成逻辑环。在这个环中，令牌（总线存取权）在规定的时间内按照次序（地址的升序）在各主站中依次传递。在总线系统初建时，主站介质存取控制（MAC）的任务是制定总线上的站点分配并建立逻辑环。在总线运行期间，断电或损坏的主站必须从环中删除，新上电的主站必须加入逻辑环。总线存取控制保证了令牌按地址升序依次在各主站间传送，各主站的令牌保持时间取决于该令牌配置的循环时间。另外，PROFIBUS 介质存取控制还可监测传输介质及收发器是否有故障、检查站点地址是否出错（如地址重复）以及令牌是否有错误（如多个令牌或令牌丢失）。下面重点介绍令牌在逻辑环中的传递和逻辑环的维护。

1. 逻辑环的建立

在总线系统初建时，主站介质存取控制制定总线上的站点分配并建立逻辑环，按照它们的地址构成逻辑环。首先，人为设定逻辑环中地址最小的主站为环首，环首先自己给自己发一令牌帧，这一特殊的令牌帧用来通知其他主站要开始建立逻辑环了，然后环首用"Request FDL Status"，按地址增大顺序发给自己的下一站：若下一站用"Not Ready"或者"Passive"应答，则环首把此站地址登记到 GAPL 表中；若下一站用"Ready for the Logical ring"应答，则环首把此站地址登记到 LAS 表中，这样逻辑环就建立起来了。图 3-13 中，②、④、⑥和⑧主站组成了逻辑环。

2. 令牌的传递

逻辑环中的每一个站内都存放着一张 LAS 表，表中列有 PS、TS 和 NS（PS 为前站地址，TS 为本站地址，NS 为下站地址）。在正常情况下，每一个站都按 LAS 表进行令牌传递。对于具体某个站而言，令牌一定是从它的 PS 传来，传到它的 NS 去，图 3-13 中各站的 LAS 表见表 3-9。[10]

表 3-9　PROFIBUS 的 LAS 表示例

TS	2		PS	2			2		NS	2
NS	4		TS	4		PS	4			4
	6		NS	6		TS	6		PS	6
PS	8			8		NS	8		TS	8
结束			结束			结束			结束	

站 2 LAS 表　　　　站 4 LAS 表　　　　站 6 LAS 表　　　　站 8 LAS 表

当一个站把令牌传递给自己的下一个站后，它还应当监听一个时间片（Slot Time），看下一站是否收到令牌：当下一站收到令牌后，无论它是发送数据还是再向它的下一站传递令牌，都将在帧的 SA 段填入监听站的 NS；若监听不到，则再次向自己的 NS 发令牌。若连试两次仍收不到 SA 等于自己 NS 的帧，则表明自己的下一站 NS 出了故障，此站应向再下一站传递令牌。若找到新的下一站，则令牌绕过故障站继续流动；若失败，则再向下找一站。如果一直没有找到下一站，则表明现有令牌持有站是逻辑环上唯一的站，必须重新建立逻辑环。

3. 站的增减

在总线运行期间，断电或损坏的主站必须从环中删去，新上电的主站必须加入逻辑环，即必须在 LAS 表上登记增加的新站或者删去退出的站（LAS 表随着站的增减而变化）。在逻辑环上，从本站到自己的下一站这段地址空间叫 GAP，GAP 的状态表叫 GAPL 表，逻辑环上的每一个站都要对自己的 GAP 进行检查，检查和应答的方式同上文（逻辑环的建立）的描述，如果

表 3-10　站②的 GAPL 表

3	Passive
4	—？—
5	Passive
	结束

主站退出逻辑环，则相应的 GAPL 表应相应修改。如图 3-13 中主站④退出逻辑环，则站②的 GAPL 表变成表 3-10 的形式。[10] 逻辑环中主站的增减是通过周期性询问 GAP 后，对 LAS 表以及 GAPL 表修改实现的。

4. 主从方式的优先级调度

在 PROFIBUS 总线协议中，一旦某主站获得了令牌，它就按主从方式控制和管理全网，并按优先级进行调度。首先，进行逻辑环维护，这段时间不计入令牌持有时间；然后，处理高优先级任务，最后，处理低优先级任务。高优先级任务即使超过了令牌持有时间，也应全部处理完。在处理完高优先级任务后，再根据所剩的令牌持有时间对低优先级任务进行调度。优先级的高低是由主站提出通信要求，用户进行选择的，若选择高任务优先级，则该任务为高优先级任务；反之，则为低优先级任务。这类由主站随机提出的通信任务，采用非周期发送请求方式传输数据。如果通信任务是用户预先在每个主站中输入的一张轮询表（Polling List），该表定义了此主站获得令牌后应轮询的从站及其他主站，并规定此主站与轮询表中各站按周期发送/请求方式传输数据。对于这类任务，PROFIBUS 一律按低优先级任务调度，即当处理完高优先级任务后，如果剩有令牌持有时间，则安排轮询表规定的任务，按照轮询表规定的顺序，在令牌持有时间内，采用周期发送/请求方式向各站发送数据，并要求立即给予带数据的应答。

3.6.3　PROFIBUS 的 FDL 帧结构

PROFIBUS 的 FDL 帧由一系列字符（串行异步通信字符）组成，其结构如图 3-1 所示，即字符格式为 11 位，其中一个起始位总是"0"；固定 8 个数据位（不同的是，图 3-1 的有效数据位的个数可以规定为 6、7 或 8，而 PROFIBUS 的 FDL 帧有效位固定为 8 位），它们可能是二进制的"0"或"1"；一个偶校验位，它是"0"或"1"；一个停止位，它总是"1"。

FDL 帧的格式有以下三种：

1. 不带数据且长度固定的帧格式

它包括请求帧、应答帧和简短应答帧，如图 3-14 所示。

图 3-14 中，SYN 为同步时间，最小为 33bit 的空闲时间；SD1 为起始界定符 10H；DA

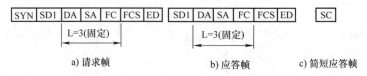

a) 请求帧　　　　　　b) 应答帧　　c) 简短应答帧

图 3-14　不带数据且长度固定的帧格式

为目的地址；SA 为源地址；FC 为帧地址；FCS 为帧校验序列；ED 为结束定界符 16H；L 为长度信息，固定字节长 L = 3；SC 为单个字符，值为 E5H，仅用于应答。

传输规则如下：

1）总线空闲状态，相当于二进制状态"1"。

2）每一主动帧前应有 33bit 时间的同步时间。

3）每帧的异步字符间设有空闲态。

4）接收器检查，内容包括每个异步字符的起始位、停止位、奇偶校验位（偶校验），每帧的起始定界符、DA、SA、FCS 和结束定界符。如果检查失败，则整个帧丢弃。

2. 带数据且长度固定的帧格式

它包括发送/请求帧和响应帧，如图 3-15 所示。

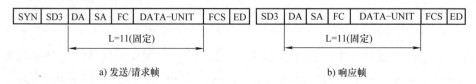

a) 发送/请求帧　　　　　　　　　b) 响应帧

图 3-15　带数据且长度固定的帧格式

图 3-15 中，DA、SA 等的定义，以及数据传输规则与上文（不带数据且长度固定的帧格式）相同。SD3 为起始界定符 A2H；L 为长度信息，固定字节长 L = 11；DATA – UNIT 为数据单元，固定长度（L3）= 8B。

3. 数据段长度可变的帧格式 [10]

它包括发送/请求帧（其中 L = 4 ~ 429bit）、响应帧和令牌帧，如图 3-16 所示。

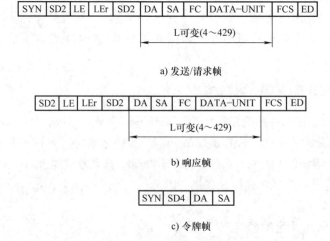

a) 发送/请求帧

b) 响应帧

c) 令牌帧

图 3-16　数据段长度可变的帧格式

图 3-16 中，SYN 为同步字段，只在请求帧和令牌帧前出现，不允许在字符之间出现；SD2 为开始界定符，10H；SD4 为开始界定符，DCH；LE 和 LEr 都表示长度占 1B，它是 DA + SA + FC + DATA – UNIT 字节数的总和；FCS 为校验段，占 1B；DA 为目的地址，SA 为源地址。DA 和 SA 各占 1B，其格式如下：

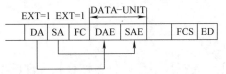

地址中，EXT 为扩展位，EXT = 0，表示地址不扩展；EXT = 1，表示地址扩展，扩展形式如下：

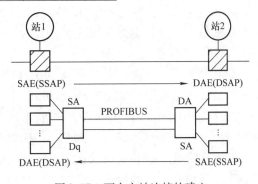

当 DA 的 EXT = 1 时，其扩展地址为 DAE；当 SA 的 EXT = 1 时，其扩展地址为 SAE。DAE 和 SAE 的格式如下：

其中，EXT 为附加地址扩展标示符；当 TYP = 0 时，DAE 和 SAE 中为服务访问地址 SSAP 及 DSAP；当 TYP = 1 时，DAE 和 SAE 中为带桥的多级总线段地址。当 TYP = 0 时，令牌持有站与其下一站的连接如图 3-17 所示。DAE 中的 DSAP 为目的服务访问地址，SAE 中的 SSAP 为源服务访问站（即令牌持有站）地址，DA 中的目的地址，SA 为源地址，组成两级地址并建立连接，为数据传输服务。

图 3-17　两个主站连接的建立

FC 为帧控制段，帧控制段是最关键的字段，其格式如下[10]：

其中，b8 为 Res，表示预留位；b7 为帧类型。当 B7 = 1 时，表示发送/请求帧。此时 b6b5 表示 FCB 与 FCV，FCB 为帧计数位，0/1 交错。FCV = 1 表示帧计数位有效，FCB 与 FCV 联合使用以防帧丢失或帧重叠。

当 B7 = 0 时，表示响应帧。此时 b6b5 为 Stn 类型，表示站类型及 FDL 状态，如 b6b5 = 00，表示从站；b6b5 = 01，表示主站未准备好；b6b5 = 10，表示主站准备进入逻辑环；b6b5 = 11，表示该站已是逻辑环上的主站。

3.6.4　PROFIBUS 设备数据库文件

1. GSD 文件简介

PROFIBUS 设备具有不同的性能特征，特性的不同之处在于现有功能（即 I/O 信号的数量和诊断信息）的不同或可能的总线参数（例如波特率和时间的监控不同）。这些参数对每种设备类型和每家生产商来说都有差别，为达到 PROFIBUS 简单的即插即用，这些特性均在电子数据单中有具体说明，有时称为"设备数据库"或"GSD"文件。不同 PROFIBUS – DP/PA 设备的 GSD 是一种用于识别的文本文件。不同生产厂家不同设备的特性均在 GSD 文件中有具体说明，它使得 DP/PA 设备可以被不同厂商的组态工具（如西门子公司提供的 COM PROFIBUS）所识别。一个典型的 GSD 文件通常包含设备的制造厂商信息、所支持的波特率、I/O 定义、功能定义及诊断信息定义。标准化的 GSD 数据将通信扩大到操作人员控制级，使用基于 GSD 的组态工具可将不同厂商生产的设备集成在一个总线系统中，既简单又对用户友好。

2. GSD 文件的组成

GSD 文件可分为三部分：

1）总体说明，一般规范：包括厂商和设备名称、软硬件版本情况、支持的波特率、可能的监控时间间隔及总线插头的信号分配。

2）DP 主站相关规范：包括所有只适用于 DP 主站的各项参数（例如可连接从站的最多台数或加载和卸载能力），本部分对从站没有这些规定。

3）DP 从站相关规范：包括与从站有关的所有规定（例如 I/O 通道的数量和类型、中断测试的规格及 I/O 数据的一致性信息）。

3. GSD 文件格式

GSD 文件是 ASCII 文件，每类 PROFIBUS 产品都应有 GSD 文件的详细描述，可以用任何一种 ASCII 编辑器（如记事本、UltraEdit 等）编辑，也可使用 PROFIBUS 用户组织提供的编辑程序 GSDEdit 编辑。GSD 文件由若干行组成，每一行都用一个关键字开头，包括关键字及参数（无符号数或字符串）两部分。GSD 文件中的关键字可以是标准关键字（在 PROFIBUS 标准中定义）或自定义关键字。标准关键字可以被 PROFIBUS 的任何组态工具所识别，而自定义关键字只能被特定的组态工具识别。

3.6.5　PROFIBUS 的总线控制系统

在整个工厂自动化系统中，现场总线是一个底层控制网络，位于生产控制和网络结构的底层。一方面，它与现场的各种控制设备直接连接，另一方面，它又将现场运行的各种消息传送到远离现场的控制室，并进一步实现与操作终端、上层控制管理网络的连接和信息共享。基于 PROFIBUS 的现场总线控制系统如图 3-18 所示，它属于从传感器/执行器到区域控制器的全方位透明的通信网络。

该总线控制系统分为三层：

1）工厂级。工厂级即生产管理级，用于产品规划。信息集成完成一系列的优化功能，实现厂部（及各职能部门）与车间、车间与车间、车间与工段等互通信息，可使生产控制系统与 MIS（经营信息系统）相互联系，实现综合自动化。由于它居于工厂自动化系统的最高一层，管理的范围很广，包括工程技术方面、经济方面、商业事务方面、人事活动方面以及其他方面的功能。把这些功能都集成到软件系统，通过计算机综合处理，在各种变化条件下，自动进行材料和能源调配，以达到最优解决这些问题。这一级处于中央计算机上，并通过 TCP/IP 与 Intenet 连接，真正实现了资源共享，从而担负起全厂的总体协调管理任务。

2）车间级。车间级即过程管理级，在这一级的过程管理计算机主要有监控计算机、操

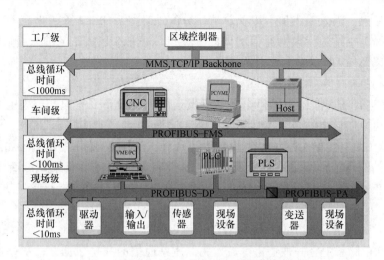

图 3-18　基于 PROFIBUS 的现场总线控制系统

作站、工程师站。它综合监视过程各站的所有信息，集中显示操作、控制回路组态和参数修改，以及历史数据存取、优化过程处理等。系统中采用了 PROFIBUS – FMS 作为整个车间级的通信网络，其设计旨在解决车间监控级通信。该层需要比现场层更大量的数据传输，但其实时性要求不高，PROFIBUS – FMS 完全能够胜任。

3）现场级。现场级即现场控制级，执行器/变送器部分采用了 PROFIBUS – PA 现场总线，它可以通过一根简单的双绞线来进行测量、控制和调节，并允许向现场设备供电。PROFIBUS – PA 允许设备在操作过程中进行维修、接通或断开，即使在潜在的爆炸区，也不会影响到其他站。通过段耦合器，PROFIBUS – PA 可以和现场部分的 PROFIBUS – DP 连接。由于系统以 PROFIBUS 为基础，现场控制级不再存在控制站的概念，系统被彻底地分散到现场，直接与现场生产过程中各类装置相连，对所连接的生产装置实施监测、控制。同时通过系统总线网络，它还能向上与第二层的过程控制级（操作站）相连，接收上层的管理信息，并向上传递工艺装置的特性数据和采集到的实时数据。

3.6.6　PROFIBUS – DP 的控制和系统行为

1. PROFIBUS – DP 的控制

PROFIBUS – DP 允许构成单主站和多主站系统，这使系统有了多种配置方式。同一总线上最多可连接 126 个站点（主站或从站）。每个 PROFIBUS – DP 系统可以包括以下两种不同类型的设备：

（1）DP 主站

DP 主站可以分为第一类 DP 主站和第二类 DP 主站。

第一类 DP 主站（DPM1）是中央控制器，如 PLC、PC 等。它在预定的信息周期内与分散的站点（如 DP 从站或分布式 I/O 站）循环地交换信息、组态检查、提交控制命令，并对总线通信进行控制和管理。DPM1 可以发送参数给从站，读取 DP 从站的诊断信息，用全局控制命令将它的运行状态告知各 DP 从站。此外，它还可以将控制命令发送给个别从站或从站组，以实现输出数据和输入数据的同步。

第二类 DP 主站（DPM2）是可进行编程、组态、诊断和操作的设备。它可实现读从站的组态、诊断信息、输入输出值，以及对从站分配地址等。DPM2 除了具有 DPM1 主站的功能外，在与 DPM1 主站进行数据通信的同时，还可以读取 DP 从站的输入/输出数据和当前的组态数据，以及给 DP 从站分配总线地址。

（2）DP 从站

DP 从站是进行输入信息采集和输出信息发送的外围设备，它只与组态它的 DP 主站交换用户数据，可以向该主站报告本地诊断中断和过程中断。DP 从站主要有以下三种：

1）分布式 I/O。分布式 I/O（非智能型 I/O）没有程序存储和程序执行功能，通信适配器用来接收主站的命令，按主站指令驱动 I/O，并将 I/O 的输入及故障诊断等信息返回主站。通常，分布式 I/O 由主站统一编址，对主站编程时使用的分布式 I/O 与使用主站的 I/O 没有什么区别。

2）PLC。PLC（智能型 I/O）可以作为 PROFIBUS 的从站。PLC 的 CPU 通过用户程序驱动 I/O，PLC 存储器中有一片特定区域作为与主站通信的共享数据区，主站通过通信间接控制从站 PLC 的 I/O。

3）具有 PROFIBUS - DP 接口的其他现场设备。如具有 PROFIBUS - DP 接口的仪表、变频器、支持 DP 接口的输入/输出、传感器、执行器、阀门等，也可以接入 PROFIBUS - DP 网络。

除上述 PROFIBUS 设备之外，基于 PROFIBUS - DP 的现场总线控制系统还需要上位机组态及监控软件。系统组态的描述包括：站数、站地址和 I/O 地址的分配、I/O 数据的格式、诊断信息的格式以及所使用的总线参数等。监控软件的作用是把用户需要的各种现场数据从仪表及现场设备中读出并传送到上位机，再根据用户的需要进行处理，如数据保存、显示、打印、参数修改等。

有了 PROFIBUS 主站、从站以及上位机软件之后，还需要 PROFIBUS 网络把各个部分组成一个完整的现场总线控制系统。PROFIBUS - DP 的网络构建基于 DP/FMS 的 RS - 485 技术，还可以通过 DP/PA 耦合器实现基于总线供电的曼彻斯特编码传输技术，通过 OLM 实现光纤传输技术等（参见 3.7.1 节和 3.10 节）。

2. PROFIBUS - DP 系统行为

系统行为主要取决于 DPM1 的操作状态，这些状态由本地或总线的配置设备控制。主要有以下三种状态[11]：

1）停止。在这种状态下，DPM1 和 DP 从站之间没有数据传输。

2）清除。在这种状态下，DPM1 读取 DP 从站的输入信息并使输出信息保持在故障安全状态。

3）运行。在这种状态下，DPM1 处于数据传输阶段，循环数据通信时，DPM1 从 DP 从站中读取输入信息并向从站写入输出信息。

DPM1 设备在一个预先设定的时间间隔内，以有选择的广播方式将其本地状态周期性地发送到每一个有关的 DP 从站。

如果 DPM1 的数据传输阶段发生错误，则 DPM1 立即将所有有关的 DP 从站数据转入清除状态，而 DP 从站将不再发送用户数据。在此之后，DPM1 转入清除状态。

（1）DPM1 和 DP 从站之间的循环数据传输

在对总线系统进行组态时，用户对 DP 从站与 DPM1 的关系做出规定，确定哪些 DP 从站被纳入信息交换的循环周期，哪些被排斥在外。

DPM1 和 DP 从站之间的数据传输分三个阶段：参数设定、组态、数据交换。在参数设定阶段，每个从站将自己的实际组态数据与从 DPM1 接收的组态数据进行比较。只有当实际数据与所需的组态数据相匹配时，DP 从站才进入用户数据传输阶段。

（2）DPM1 和系统组态设备间的循环数据传输

除主从功能外，PROFIBUS – DP 允许主 – 主之间的数据通信，这些功能使组态和诊断设备通过总线对系统进行组态。

（3）同步和锁定模式

DP 主站设备也可向单独的 DP 从站、一组从站或全体从站同时发送控制命令。在这种模式下，所编址的从站的输出数据被锁定在当前状态。在这之后的用户数据传输周期中，从站存储接收到输出的数据，但它的输出状态保持不变；当接收到下一个同步命令时，所存储的输出数据才被发送到外围设备上。用户可通过非同步命令退出同步模式。

锁定控制命令使得编址的从站进入锁定模式。锁定模式将从站的输入数据锁定在当前状态，直到主站发送下一个锁定命令时才可以更新。用户可以通过非锁定命令退出锁定模式。

3.6.7　PROFIBUS – DP 控制的诊断功能和接口配置

1. PROFIBUS – DP 控制系统的诊断功能[11]

经过扩展的 PROFIBUS – DP 诊断功能，能对故障进行快速定位，诊断信息在总线上传输并由主站采集。诊断信息分三级：

1）本站诊断操作。本站设备的一般操作状态，如温度过高、压力过低。

2）模块诊断操作。一个站点的某个具体 I/O 模块故障。

3）通道诊断操作。一个单独输入/输出位的故障。

2. PROFIBUS – DP 控制系统的三种接口配置[11]

1）总线接口型。现场设备不具备 PROFIBUS – DP 接口，采用分散式 I/O 作为总线接口与现场设备连接。这种模式的设备成本低，但能很好地发挥现场总线技术的优点。

2）单一总线型。现场设备都具有 PROFIBUS 接口，适用现场总线技术，可实现完全的分布结构，但这种方案的设备成本较高。

3）混合型。现场设备部分具有 PROFIBUS 接口。采用 PROFIBUS 现场设备加分散式 I/O 混合使用的办法，是一种灵活的集成方案。

3.7　PROFIBUS 的传输技术

现场总线系统的应用在很大程度上取决于选用的传输技术，既要考虑一些总的要求（传输可靠、传输距离和高速），又要考虑一些简便而又费用不大的机电因数。当涉及过程自动化时，数据和电源的传送必须在同一根电缆上。由于单一的传输技术不可能满足所有的要求，所以 PROFIBUS 提供了三种数据传输类型，具体介绍如下。

3.7.1　用于 PA 的 IEC 1158 – 2 传输技术

PROFIBUS – PA 中所用的传输技术是 MBP（Manchester 编码 "M"，总线供电 "BP"），

它能满足化工和石化工业的要求，符合 IEC 1158 – 2 标准的传输技术，确保本征安全并通过总线直接给现场设备供电，数据传输使用非直流传输的位同步、曼彻斯特编码线协议（也称 H1 编码）。用曼彻斯特编码传输数据时，信号从 0 变到 1 时发送二进制"0"，信号从 1 变到 0 时发送二进制"1"，数据的发送采用"调节电流 ± 9mA"到总线系统的基本电流 I_B 的方法来实现，如图 3-19 所示。传输速率为 31.25kbit/s，传输介质是屏蔽/非屏蔽双绞线，可通过数据线远程电源供电，能进行本征及非本征安全操作。总线段的两端用一个无源的 RC 线终端器来终止，如图 3-20 所示。一个 PA 总线段上最多可连接 32 个站，理论上，总数最多为 126 个站，最多可扩展至 4 台中继器（转发器）。一般最大的总线段长度在很大程度上取决于供电装置、导线类型和所连接站的电流消耗。

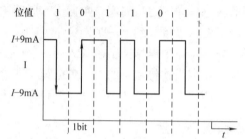

图 3-19　用电流调节法实现 PROFIBUS – PA 的数据传输

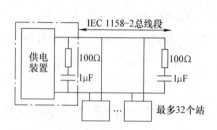

图 3-20　PA 总线段的结构

　　分段耦合器将 IEC 1158 – 2 传输技术总线段与 RS – 485 传输技术总线段连接，耦合器使 RS – 485 信号与 IEC 1158 – 2 信号相适配。它能为现场设备的远程电源供电，且供电装置可限制 IEC 1158 – 2 总线的电流和电压。

　　PROFIBUS – PA 的传输介质采用 2 芯电缆，它的特性不是标准的，也未做规定。但总线电缆类型的特性决定了总线的最大扩展、可连接的总线站数以及对电磁干扰的灵敏度等。因此，IEC 61158 – 2 标准中定义了若干标准电缆类型的电气和物理特性。该标准推荐 4 种标准电缆类型（称类型 A、B、C、D）用于 PROFIBUS – PA，各种电缆的特性见表3-11。

表 3-11　推荐 PROFIBUS – PA 使用的电缆类型

电缆类型	类型 A	类型 B	类型 C	类型 D
电缆结构	双绞线（屏蔽）	一根或多根双绞线（屏蔽）	多根双绞线（不屏蔽）	多根非双绞线（不屏蔽）
缆芯截面面积	$0.8mm^2$（AWG18）	$0.32mm^2$（AWG22）	$0.13mm^2$（AWG26）	$1.25mm^2$（AWG16）
回路电阻	$44\Omega/km$	$112\Omega/km$	$264\Omega/km$	$40\Omega/km$
浪涌阻抗（31.25kHz）	$100\Omega \pm 20\%$	$100\Omega \pm 30\%$	①	①
衰减（39kHz）	3dB/km	5dB/km	8dB/km	8dB/km
非对称电容	2nF/km	2nF/km	①	①
组失真（7.9 ~ 39 kHz）	$1.7\mu s/km$	①	①	①
屏蔽覆盖程度	90%	①	—	—
网络长度	1900m	1200m	400m	200m

① 表示未做规定。

3.7.2　用于 DP 和 FMS 的 RS - 485 传输技术

RS - 485 传输是 PROFIBUS 最常用的一种传输技术，这种技术通常称为 H2，适用于需要高速传输和设施简单而又便宜的各个领域。它为网络拓扑线性总线，一个总线段内的导线是屏蔽双绞电缆，段的两端各有一个总线终端，如图 3-21 所示。传输速率为 9.6kbit/s ~ 12Mbit/s，所选用的波特率适用于连接到总线上的所有设备。在速率较高时，电缆长度受到一定的限制。采用屏蔽双绞电缆，也可取消屏蔽，取决于环境条件（EMC）。不带中继（转发器）时，每分段可有 32 个站，带中继（转发器）时最多到 127 个站。最好使用 9 针 D 形连接器（见图 3-2），其插座部分被安装在设备上。

PROFIBUS - DP 和 PROFIBUS - EMS 系统使用了同样的传输技术和统一的总线存取协议，因此这两套系统可在同一根电缆上同时操作。

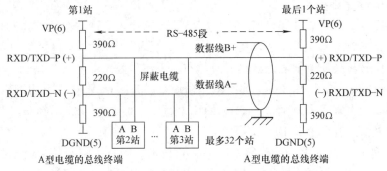

图 3-21　RS - 485 总线段（A 型电缆）结构

1. 传输程序

用于 PROFIBUS 的 RS - 485 传输程序是以半双工、异步、无间隙同步为基础的。数据编码为常用不归零码（NRZ），1 个字符帧为 8 位二进制数（1B）11 位（bit）的顺序被传输，补充了开始位、终止位和奇偶校验位。最小的有效位（LSB）被第 1 个发送，最大的有效位（MSB）被最后发送。当发送位时，由二进制 "0" 到 "1" 转换期间的信号形状不改变。

在传输期间，二进制 "1" 对应 RXD/TXD - P 线上的正电位，而在 RXD/TXD - N 线上正相反。各报文间的空闲（idle）状态对应二进制 "1" 信号。

2. 总线导线的段长度

对 PROFIBUS 而言，最大允许的总线长度称为段长度，其取决于所选用的传输速率（见 3.5.4 节）。需要说明的是，不同的传输线路及传输条件，即使有相同的传输速率特性，其对应的允许通信线缆长度也不同。

另外，随着自控行业的发展，许多用户要求具有快速传输速率的 RS - 485 可在本征安全区域中使用。有报道，PNO 已经制定出用于具有简单设备可互换的、本征安全的 RS - 485 解决方案的导则，这就是 RS - 485 - 1S。

在相互连接期间，为了保证安全功能，RS - 485 - 1S 规范规定了所有的站必须遵守的电流和电压标准——电气线路在规定的电压下允许最大的电流。在相互连接活动源时，所有站的电流总和不得超过最大允许电流。

3.7.3　PROFIBUS 的光纤传输技术

光纤传输在 PROFIBUS 系统处于强电磁干扰环境中应用，同时，光纤导体的使用可以增加高速传输的距离。

PROFIBUS 的传输介质可以是屏蔽双绞线和光缆，根据介质的不同，PROFIBUS 的拓扑结构分为电气接口网络和光纤接口网络，对于长距离数据传输，电气网络往往不能满足要求，而光纤网络可以满足长距离数据传输并且可保持高的传输速率。在强电磁干扰的环境中，光纤网络以其良好的传输特性还可以屏蔽干扰信号，防止其对整个网络产生影响。近来，随着光纤连接技术已大大简化，成本也大幅度降低，这种技术已经普遍用于现场设备的数据通信。

1. 光纤的传输特性

光纤是一种柔软、能传导光波的介质，各种玻璃和塑料都可以用来制造光纤。光纤通过内部的全反射来传输一束经过编码的光信号。光纤的发送端可以采用两种光源：发光二极管（LED）或者注入型激光二极管（ILD）。

2. PROFIBUS 光纤接入

由于 PROFIBUS 总线站自身只提供电气接口，要想接入光纤，必须首先实现光信号（光纤信号）—电信号（总线信号）之间的相互转换。目前，许多厂商提供可将电信号转换成光信号或将光信号转换成电信号的产品，具体有以下三种技术：

1）OLM（Optical Link Module，光纤链路模块）技术。OLM 有两个功能隔离的光通道，并根据不同的模型占有一个或两个光通道。OLM 通过一根 RS - 485 电缆与各个总线站或总线段相连。更多的内容参考 3.10 节。

2）OLP（Optical Link Plug，光纤链路插头）技术。OLP 可将很简单的从站用一个单光纤电缆环连接，OLP 直接插入总线站的 9 针 D 形连接器的插座（见图 3-2b）。OLP 由总线站供电而不需要自备电源，但总线站 RS - 485 接口的 5V 电源必须保证能提供至少 80mA 电流。这种连接方式中，主站与 OLP 环的连接需要使用一个 OLM。

3）集成的光纤电缆连接。当使用的 PROFIBUS 节点自身集成有光纤接口时，可以使用该方法进行 PROFIBUS 的光纤接入。

3. PROFIBUS 三种光纤接入技术的比较

在上述三种 PROFIBUS 光纤接入技术中，OLM 使用性能较好的原因如下；

1）使用 OLM 进行光纤接入时，组网灵活、方便、可靠，网络拓扑结构多种多样，可构成总线形、星形、环形以及各种结构的混合型。

2）使用 OLM 时，各个网络段都是平等的，不仅适用于单主站的网络，还可以应用在多主站的网络中。而 OLP 技术接入方式的网络中只能有一个主站或者多个主站都在同一个总线段内。

3）OLM 不仅适用于 PROFIBUS，而且其他任意基于 RS - 485 的总线系统都可以用该方式进行光纤接入，而不用考虑其总线调度方式。

3.7.4　PROFIBUS 支持的光纤传输距离和光缆敷设

1. PROFIBUS 支持的光纤传输距离

光纤传输距离受玻璃和塑料介质的不同而不同，而且光信号在单模和多模两类玻璃介质中传输距离也不同。

单模光纤是指光纤的光信号仅与光纤轴成单个可分辨角度的单光线传输，而多模光纤的光信号与光纤轴成多个可分辨角度的多光线传输。由于单模光纤中光信号在传输中很少反射，光损耗较少，所以传输距离可以比多模光纤远得多。表 3-12 列出了 PROFIBUS 所支持的光纤类型及其传输距离。

表 3-12 光纤传输技术特性

光纤类型	内径（μm）/外径（μm）	传输距离
多模玻璃光纤	62.5/125	2~3km
单模玻璃光纤	9/125	>15km
塑料光纤	980/1000	<80m
HCS 光纤	200/230	约500m

这里需要说明，利用 3.10 节的工业光纤链路模块可以将通信距离延长达到几千米或者几十千米。

2. 光缆的敷设

光缆的现场敷设时，必须和同轴电缆、双绞线等区别对待。敷设时应注意如下问题：

1）光缆敷设时不应铰接。

2）光缆在室内布线时要走线槽。

3）光缆在地下管道中穿过时要套 PVC 管。

4）光缆需要拐弯时，其曲率半径不能小于 30cm。

5）光缆的室外裸露部分要加铁管保护，铁管要固定牢固。

6）光缆不能拉得太紧或太松，并要有一定的膨胀收缩余量。

7）光缆埋地时，要加铁管保护。

3.8 变频器和 PLC 用现场总线进行通信与控制

3.8.1 变频器和 PLC 采用 RS-232/485 接口的通信控制

目前各公司的变频器大都有串行通信接口和 RS-232/485 接口，而许多 PLC 具有 RS-232/485 接口或与其兼容的接口。变频器和 PLC 之间采用 RS-232/485 通信方式实施控制的方案得到了广泛的应用，因为它抗干扰能力强、传输速率高、传输距离远且造价低廉。

西门子变频器一般都有一个 RS-485 串行接口（有的也提供 RS-232 接口），以 USS（Universal Serial Interface Protocol，通用串行接口协议）作为现场监控或调试协议，采用双线连接，是主从结构的协议。例如，MM440 变频器的通信端子 P+（29）和 N-（30）是 RS-485 串行接口。而西门子生产的许多 PLC 的 CPU 有与 RS-485 兼容的 D 形连接器。例如，S7-200 PLC 的 CPU 上的通信接口是与变频器的 RS-485 兼容的 D 形连接器，符合欧洲标准，连接器的引脚分配可参见图 3-2，连接器的外壳屏蔽且机壳接地。D 形连接器的 3 针为 RS-485 信号 B，8 针为 RS-485 信号 A。当 S7-200 PLC 和 MM440 变频器采用 RS-485 通信连接时，将 3 针、8 针分别连接到信号 B 端和信号 A 端，而双绞线信号 B 端和信号 A 端的另一端连接到 MM440 变频器的通信端子 P+（29）和 N-（30），如图 3-22 所示。

S7-300 PLC 中有 RS-422/485 接口的 CPU 型号如下：

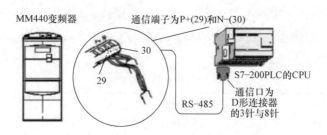

图 3-22　S7－200 PLC 与变频器 USS 通信的连接

CPU 313C－2PtP：带有集成的数字量 I/O 及一个 RS－422/485 串口，并具有与过程相关的功能，能够满足处理量大、响应时间短的场合。CPU 运行时需要微存储卡（MMC）。

CPU 314C－2PtP：带有集成的数字量和模拟量 I/O 及一个 RS－422/485 串口，并具有与过程相关的功能，能够满足对处理能力和响应时间有较高要求的场合。

3.8.2　用 PLC 的 CPU 内置的 PROFIBUS－DP 接口和变频器进行通信联网

许多 PLC 的 CPU 内置 PROFIBUS－DP 接口，3.2 节介绍的变频器中就有许多支持 PRO-FIBUS 总线，并且变频器的 CPU 具有 PROFIBUS－DP 的数据接口，通过这些接口可连接到网络上，以便对变频器等进行数据运算和逻辑控制。本书以西门子 PLC 为例，仅介绍 PRO-FIBUS－DP 接口集成在 S7－300 PLC、S7－400 PLC 的 CPU 中作为网络的主站（见图 3-23，此图及下文内置 PROFIBUS－DP 接口的 CPU 型号取自西门子 S7－300 PLC 或 S7－400 PLC 产品样本），进行的过程通信（过程通信是通过 PROFIBUS 周期地寻址 I/O 模版——过程映像数据交换。从循环执行级调用的过程通信）。

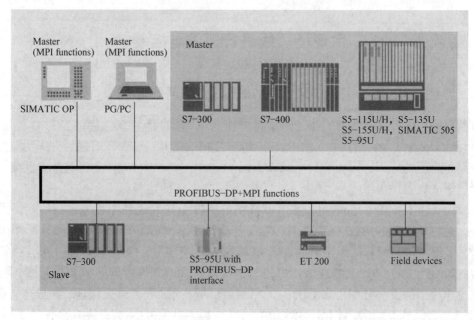

图 3-23　应用 PROFIBUS－DP 总线系统的联网

S7－300 PLC 中有 PROFIBUS－DP 接口的 CPU 型号如下：

紧凑型 CPU 313C - 2DP：带有集成的数字量 I/O，以及 PROFIBUS - DP 主 - 从接口，并具有与过程相关的功能，可以完成具有特殊功能的任务，可以连接标准 I/O 设备。CPU 运行时需要微存储卡（MMC）。

紧凑型 CPU 314C - 2DP：带有集成的数字量和模拟量 I/O，以及 PROFIBUS - DP 主/从接口，并具有与过程相关的功能，可以完成具有特殊功能的任务，可以连接单独的 I/O 设备。CPU 运行时需要微存储卡（MMC）。

标准型 CPU 315 - 2DP：具有中大容量程序存储器及 PROFIBUS - DP 主/从接口，比较适用于大规模的 I/O 配置或建立分布式 I/O 系统。

标准型 CPU 316 - 2DP：具有大容量程序存储器及 PROFIBUS - DP 主/从接口，可进行大规模的 I/O 配置，比较适用于具有分布式或集中式 I/O 配置的系统。

革新型 CPU 315 - 2DP（新型）：具有中大容量程序存储器和数据结构，以及 PROFIBUS - DP 主/从接口，如果需要可以使用 SIMATIC 编程工具，对二进制和浮点数运算具有较高的处理性能；比较适用于大规模的 I/O 配置或建立分布式 I/O 系统。CPU 运行时需要微存储卡（MMC）。

革新型 CPU 317 - 2DP：具有大容量程序存储器，可用于要求很高的应用；能够满足系列化机床、特殊机床以及车间应用的多任务自动化系统；与集中式 I/O 和分布式 I/O 一起，可用作生产线上的中央控制器；对二进制和浮点数运算具有较高的处理性能；具有 PROFIBUS - DP 主/从接口，可选用 SIMATIC 工程工具，能够在基于组建的自动化中实现分布式智能系统；比较适用于大规模的 I/O 配置或建立分布式 I/O 系统。CPU 运行时需要微存储卡（MMC）。

革新型 CPU 318 - 2DP：具有大容量程序存储器和 PROFIBUS - DP 主/从接口，比较适用于大规模的 I/O 配置或建立分布式 I/O 系统。

故障安全型 CPU 317 - 2DP：具有大容量程序存储器、一个 PROFIBUS - DP 主/从接口、一个 DP 主/从 MPI 接口，两个接口可用于集成故障安全模块，可以组态为一个故障安全型自动化系统，满足安全运行的需要。可以与故障安全型 ET200M I/O 模块进行集中式和分布式连接；与故障安全型 ET200S PROFIsafe I/O 模块可进行分布式连接；标准模块的集中式和分布式使用，可满足与故障安全无关的应用。CPU 运行时需要微存储卡（MMC）。

S7 - 400 PLC 中有 PROFIBUS - DP 接口的 CPU 型号如下：

CPU412 - 2：适用于中等性能范围的应用，它具有两个 PROFIBUS - DP 主站系统。

CPU414 - 2 和 CPU414 - 3：适用于中等性能范围的应用，内置有 PROFIBUS - DP 接口，可以作为主站或从站直接连接到 PROFIBUS - DP 现场总线。

CPU416 - 2、CPU416 - 3、CPU416F - 2：适用于高端性能范围的应用，内置有 PROFIBUS - DP 接口，可以作为主站或从站直接连接到 PROFIBUS - DP 现场总线。

CPU417 - 4：适用于高端性能范围中最复杂的装置，内置有 PROFIBUS - DP 接口，可以作为主站或从站直接连接到 PROFIBUS - DP 现场总线。

PROFIBUS - DP 主站接口能够被用来建立一个高速的分布式自动化系统，并且使得操作大大简化。对用户来说，分布式 I/O 单元可作为一个集中式单元来处理（相同的组态、编址）。

以下设备可作为从站连接到 PROFIBUS - DP 上：

1) ET200 分布式 I/O 设备。

2) 现场设备。

3) SIMATIC S7 – 200 PLC、S7 – 300 PLC。

4) SIMATIC S7 – 400 PLC（只能通过 CP443 – 5）。

3.8.3　通过集成在 PLC 的 CPU 内的 MPI 接口进行数据通信

MPI（多点接口）集成在许多 PLC 的 CPU 内，通过这些接口可以建立一个 MPI 网络或现场总线网络，使自动化系统之间或 HM 站与若干个自动化系统之间进行数据交换，数据通信可以周期执行或基于事件驱动由用户程序调用。本节以西门子的 PLC 产品为例，仅介绍 MPI 接口集成在 S7 – 300 PLC、S7 – 400 PLC 的 CPU 内，支持最多 32 个站点的同时连接（见图 3-24，此图及下文 MPI 接口的 CPU 型号取自西门子 S7 – 400 PLC 产品样本），其数据传输速率最大为 12Mbit/s。

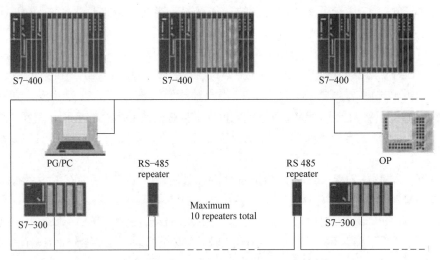

图 3-24　典型的带 MPI 接口的通信配置

S7 – 300 PLC 中内置 MPI 接口的 CPU 型号如下：

故障安全型 CPU317F – 2DP：具有大容量程序存储器、一个 PROFIBUS – DP 主 – 从接口、一个 DP 主 – 从 MPI 接口，两个接口可用于集成故障安全模块，可以组态为一个故障安全型自动化系统，可满足安全运行的需要。

S7 – 400 PLC 中内置 MPI 接口的 CPU 型号如下：

CPU412 – 1、CPU412 – 2、CPU414 – 2、CPU414 – 3、CPU414 – H、CPU416 – 2、CPU416 – 3、CPU416F – 2、CPU417 – 4 等。

通过 MPI，联网的 CPU 经全局数据通信服务（每次程序循环最多 64B，最多 16 个数据包）周期性交换数据。

一个 CPU 可访问另一个 CPU 的数据/位存储器/过程映像。例如，如果系统中包括 S7 – 300 PLC，则数据交换仅限于每个包不超过 22B。

全局数据通信只能使用 MPI 接口，由 STEP7 中的 GD 表进行组态。

3.8.4 通过 PLC 的通信模块进行点对点的数据通信

当减轻 CPU 的通信任务显得很重要时，需应用通信模块。为叙述方便，本节仅以西门子 PLC 为例。

西门子 S7 – 300 PLC 使用 CP340、CP341 实现点到点通信。

S7 – 400 PLC 的 CP441 – 1 具有一个可变接口，用于简单和廉价的点对点通信连接；CP441 – 2 具有两个可变接口，用于实现功能强大的点到点通信连接，以进行高速、大容量数据交换（见图 3-25，此图及下文实现点到点数据通信的 CPU 型号取自西门子 S7 – 400 PLC 产品样本）。

各种接口的可能性，包括：
1）编程器和个人计算机。
2）SIMATIC S5/S7。
3）工业 PC。
4）第三方的编程控制器。
5）扫描机、条码阅读器、ID 系统。
6）机器人控制器。
7）打印机。

不同种类的接口，可互换的接口模块能通过多种传送媒介进行通信：
1）20mA（TTY）。
2）RS – 232C（V. 24）。
3）RS – 422/485。

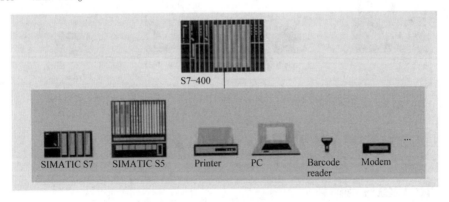

图 3-25　S7 – 400 PLC 通过 CP441 的点对点通信连接

3.8.5 通过 PLC 的通信模块接到 PROFIBUS 或工业以太网的数据通信

为叙述方便，本节仅以西门子 PLC 为例。

S7 – 400 PLC 使用 CP443 – 1 通信模块可实现连接到工业以太网的数据通信，使用 CP443 – 5 基本型和 CP443 – 5 扩展型通信模块可实现各种 PROFIBUS 总线系统的数据通信（见图 3-26，此图取自西门子 S7 – 400 PLC 产品样本）。

可以连接以下设备：

1）SIMATIC S7 – 200（带 PROFIBUS）。

2）SIMATIC S7 – 300。

3）SIMATIC S7 – 400。

4）SIMATIC S5 – 115U/H、S5 – 135U、S5 – 155U/H。

5）编程器。

6）个人计算机。

7）SIMATIC HM1 操作员控制和监视系统。

8）数字控制技术。

9）机器人控制器。

10）工业 PC。

11）传动控制器。

12）其他制造商的设备。

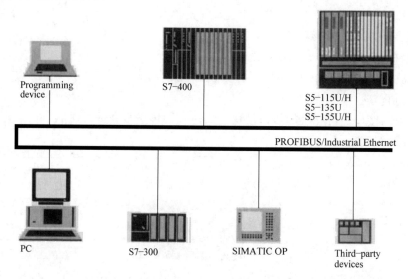

图 3-26　S7 – 400 使用 CP443 与 PROFIBUS 或工业以太网的通信连接

3.9　通过总线桥与 PROFIBUS 通信的变频调速系统

3.9.1　PROFIBUS 总线桥

PROFIBUS 总线桥的主要功能是将不具备 PROFIBUS 通信能力的传统仪表和现场设备等接入 PROFIBUS 现场总线系统中。本节仅介绍北京鼎实创新科技股份有限公司的 PROFIBUS 总线桥产品，该公司生产的 B 系列产品如图 3-27 所示。

1. OEM 系列（嵌入式 PROFIBUS 接口）

嵌入式 PROFIBUS 接口专为自主开发 PROFIBUS – DP 产品（如自动化仪表、驱动器、智能测量设备等）的厂家，以 OEM 方式提供嵌入式 PROFIBUS 接口。使用本项目产品，PROFIBUS 产品开发技术人员不必了解 PROFIBUS 技术细节，可以在短时间内（如 1 ~ 2 个月）推出具有自主知识产权的 PROFIBUS 产品。

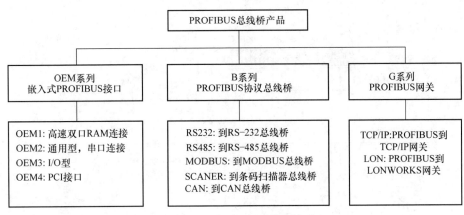

图 3-27 PROFIBUS 总线桥产品

嵌入式 PROFIBUS 接口是嵌入用户产品电路结构中的 PROFIBUS 从站接口。它一端通过双口 RAM、异步串口或 TTL I/O，实现与用户产品电路的数据交换，另一端是标准 PROFI-BUS 从站接口。本产品可将用户产品与 PROFIBUS 连接，实现用户产品数据与 PROFIBUS 之间的通信。

2. B 系列（PROFIBUS 协议总线桥）

PROFIBUS 协议总线桥是一种外置式、PROFIBUS 到多种通信协议转换的接口产品，主要解决将各种通信协议仪表、现场设备连接到 PROFIBUS 总线的问题。如变频器、智能高低压电器、分析仪表、检测设备、条码识别设备等通常具有 RS – 232/485 接口，驱动装置、电动机起动及保护装置等具有 MODBUS 协议，而一些电量采集模块（如研华 ADAM 等）具有 CAN 总线协议等。PROFIBUS 协议总线桥为多种通信协议仪表设备集成到 PROFIBUS 上提供解决方案，将具有 RS – 232/485、CAN（ADAM）、SCANNER 及 MODBUS 等专用通信协议的接口设备连接到 PROFIBUS 上，使设备成为 PROFIBUS 上的一个从站，如图 3-28 所示。

3.9.2 PROFIBUS 转 RS –232/485 设备总线桥

PB – B – RS232/485/V3x 是智能型 PROFIBUS 到 RS – 232/485 的协议转换接口。PB – B – RS – 232/V3x 为 PROFIBUS 到 RS – 232 的协议转换总线桥；PB – B – RS485/V3x 为 PRO-FIBUS 到 RS – 485 的协议转换总线桥：两种产品除串口部分的接口不同外，功能、使用方法及 GSD 文件完全相同。

1. PB – B – RS – 232/485/V3x 总线桥硬件结构

PB – B – RS – 232/485/V3x 总线桥硬件结构如图 3-29 所示。

图 3-29 中，SPC3 是西门子公司的 PROFIBUS 通信协议芯片。PROFIBUS Interface 是 PROFIBUS 标准驱动电路，由光隔离器及 RS – 485 驱动组成。RS – 232/485 Interface 是标准的 RS – 232/485 驱动电路，由光隔离器及 RS – 232/485 驱动芯片组成。CPU 通过控制 SPC3 实现 PROFIBUS 的通信，并在 RAM 中建立 PROFIBUS 通信数据缓冲区。另一面，通过 RS – 232/485 Interface 实现与外部现场设备的通信，同样在 RAM 中建立 RS – 232/485 通信数据缓冲区。CPU 通过两个通信缓冲区的数据交换，实现 PROFIBUS 到 RS – 232/485 的通信。

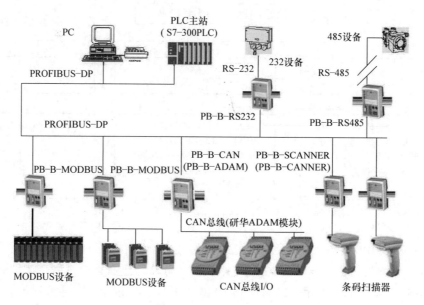

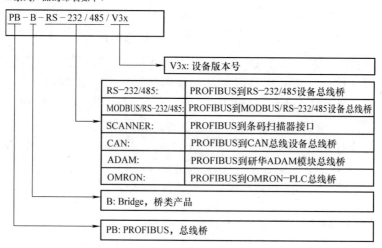

图 3-28　具有不同通信协议的设备与 PROFIBUS 总线桥的连接

2. PB – B – RS – 232/485/V3x 的通信过程

总线桥可以作为 RS – 232/485 设备的主站（主动向 RS – 232/485 设备发送通信信息，等待设备回答），也可以作为 RS – 232/485 设备的从站（RS – 232/485 设备主动发送通信信息）。

总线桥作为 PROFIBUS 的一个从站，通过 RS – 232/485 接口与设备连接，实现 PROFI-BUS 主站与 RS – 232/485 设备之间通信数据的透明传递。RS – 232/485 只是设备通信物理层的一个标准，因此 PROFIBUS 主站必须向 RS – 232/485 设备传递它能够理解的数据，这就是 RS – 232/485 设备的通信协议。

RS – 232/485 设备的通信协议通常有以下两类：

（1）具有应答关系和若干通信指令的通信协议

这是应用比较广泛的通信格式，通信数据可能是 ASCⅡ 码（如研华的 ADAM 模块）或

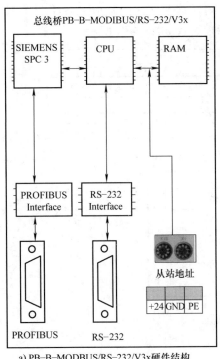
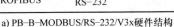
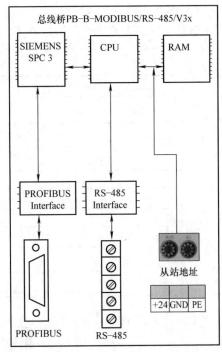

a) PB-B-MODBUS/RS-232/V3x硬件结构　　　　　　b) PB-B-MODBUS/RS-485/V3x硬件结构

图 3-29　PB – B – RS – 232/485/V3x 总线桥硬件结构

二进制数据。对于这种设备（以总线桥是 RS – 232/485 设备为例），用户在主站上编程，按照协议规定的报文格式将通信数据填入总线桥的 PROFIBUS 数据输出区，然后启动总线桥发送（触发发送或定时自动发送）将通信数据通过 RS – 232/485 接口发送到设备；然后，总线桥自动转入接收状态；当总线桥接收 RS – 232/485 设备的回答报文数据完毕后，将回答报文数据自动填入 PROFIBUS 数据输入区。这样，PROFIBUS 主站可在 PROFIBUS 数据输入区得到 RS – 232/485 设备的回答报文数据，如图 3-30 所示。

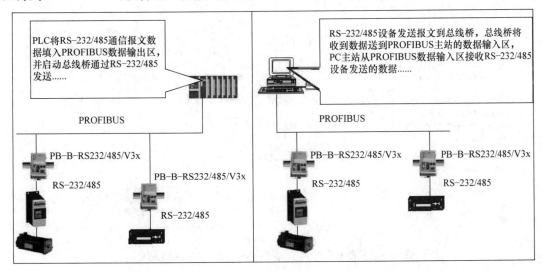

图 3-30　RS – 232/485 的接收/发送过程

PROFIBUS 主站、总线桥及 RS－232/485 设备之间通信数据区的映射关系如图 3-31 所示。一个触发发送方式完成的有应答 RS－232/485 通信过程如图 3-32 所示。

PROFIBUS主站
2B输入
64 B输入
2B输出
64 B输出
其他从站输入/输出
主站I/O数据区
PROFIBUS
总线桥PB-B-RS232/485/V35
2B输入
64B输入
2B输出
64B输出
处理器
m≤64
n≤64
m 字节接收
n 字节发送
RS-232/485接收
RS-232/485发送

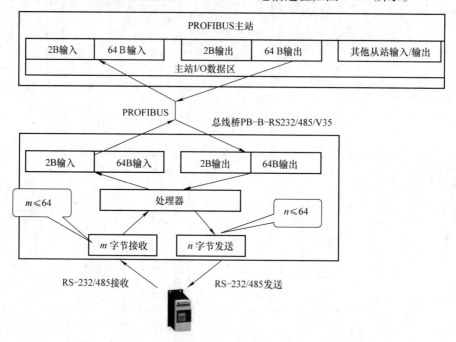

图 3-31　PROFIBUS 主站、总线桥及 RS－232/485 设备之间通信数据区的映射关系

RS-232/485的主设备:
①主站执行程序，比如梯形图、指令表，将发送到RS-232/485设备的通信数据写入PROFIBUS数据输出区；在"接收完毕/发送允许"reok_tren=1条件下，置"启动发送标记start_tr"(数据输出区第二字节的最低位)。
PROFIBUS主站
⑤PROFIBUS主站从数据输入区得到"接收完毕/发送允许"reok_tren=1，认为接收报文已经完整。主站可以使用现场设备的回答数据。至此，主站与现场设备的一次通信过程结束。
PROFIBUS
PROFIBUS接口
②PB-B-RS-232/485/V35在PROFIBUS数据输出区接收到"启动发送标记start_tr"，启动RS-232/485发送进程，将PROFIBUS数据输出区中的RS-232/485通信数据发送到现场设备，同时置"接收完毕/发送允许reok tren"=0。
④PB-B-RS-232/485/V35接收到现场设备的回答报文，立即将数据传送到PROFIBUS数据输入区，并置"接收完毕/发送允许"reok_trem=1；PROFIBUS接口将RS-232/485回答数据发送至PROFIBUS主站。
RS-232/485
现场设备
③现场设备接收到PB-B-RS-232/485/V35报文数据，按照自身协议，发送回答报文。

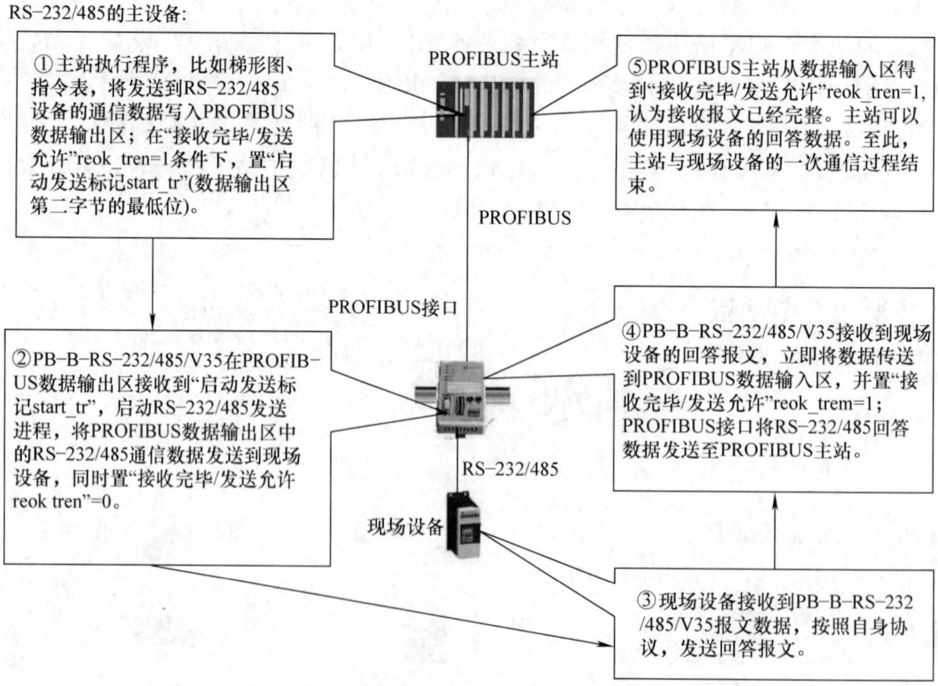

图 3-32　一个触发发送方式完成的有应答 RS－232/485 通信过程

（2）无应答关系、单纯接收或发送数据（ASCⅡ码或二进制数据）的通信协议

总线桥单纯接收：如条码扫描器通过 RS – 232/485 接口向 PROFIBUS 主站发送 ASCⅡ码或二进制数据。总线桥单纯发送：如 PROFIBUS 主站通过 RS – 232/485 接口向显示屏发送 ASCⅡ码或二进制数据；PROFIBUS 主站实现这类简单通信协议的原理与第一种协议相同，只是编程简单而已。

3. PB – B – RS – 232/485/V3x 的接口及电缆

PB – B – RS – 232/485/V3x 的 RS – 232 接口，采用 9 针 D 形插座（针），是标准的三线制 RS – 232 接口，可以按照图 3-33 自制 RS – 232 电缆。自制电缆时应注意：对于 PC，RXD = 2，TXD = 3；对于其他 RS – 232 设备，应根据 RS – 232 接口的引脚定义，制作电缆，使 TXD（2）→RXD，RXD（3）→ TXD。

PB – B – RS – 232/485/V3x 的 RS – 485 接口、电缆及安装见 3.9.6 节。

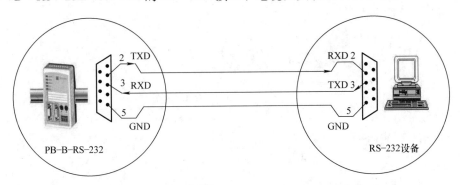

图 3-33　根据设备 RS – 232 接口引脚自制 RS – 232 电缆

4. PB – B – RS – 232/485/V3x 的应用

产品与设备通信协议无关，设备通信协议由 PROFIBUS 主站编程实现。该产品附有 STEP7 和编写的通信软件模块，它应用广泛：凡具有 RS – 232/485 接口、用户能够得到接口通信协议的现场设备，都可以使用本产品以实现现场设备与 PROFIBUS 主站的互联，如变频器、电动机起动保护装置、智能高低压电器、电量测量装置、各种变送器、智能现场测量设备及仪表等。应用总线桥将具有 RS – 232/485 通信协议设备连接到 PROFIBUS 总线上可参见图 3-28 右上部分。

3.9.3　PROFIBUS 转 MODBUS 总线桥

PB – B – MODBUS 总线桥在 MODBUS 接口一端可以作主站，也可以作从站。

作主站或作从站的产品型号完全相同，但其功能、使用方法及 GSD 文件有所不同，用户可以通过产品背面的地址开关 SW1 设置作主/从站的方式。

凡具有 RS – 232/485 接口的 MODBUS 协议设备，都可以用本产品实现与 PROFIBUS 的互联，如具有 MODBUS 协议接口的变频器、电动机起动保护装置、智能现场测量设备及仪表等。

1. PROFIBUS 转 MODBUS 总线桥硬件结构

PB – B – MODBUS/232/485/V3x 是智能型 PROFIBUS 到 MODBUS – 232/485 的协议转换接口。接口 RAM 中建立了 PROFIBUS 到 MODBUS 映射数据区，由软件实现 PROFIBUS 和

MODBUS 协议转换及数据交换，如图 3-29 所示。

图 3-29 中，SPC3 是西门子公司的 PROFIBUS 通信协议芯片。PROFIBUS Interface 是 PROFIBUS 标准驱动电路，由光隔离器及 RS－485 驱动组成。RS－232 Interface 是标准的 RS－232 驱动电路，由光隔及 RS－232 驱动芯片组成。CPU 通过控制 SPC3 实现 PROFIBUS 的通信，并在 RAM 中建立 PROFIBUS 通信数据缓冲区。另一方面，通过 RS－232 Interface 实现与外部 MODBUS 现场设备的通信，同样在 RAM 中建立 MODBUS 通信缓冲区。CPU 通过两个通信缓冲区的数据交换，实现 PROFIBUS 到 MODBUS 的通信。

2. MODBUS 主/从站连接

PB－B－MODBUS 总线桥（PB－B－MM/V3x）在 PROFIBUS 侧是一个从站，在 MODBUS 侧是 MODBUS 主站；通过 RS－232/485 接口连接到 MODBUS 从站设备上，总线桥通过 PROFIBUS 通信数据区和 MODBUS 数据区的数据映射实现 PROFIBUS 和 MODBUS 的数据透明通信，如图 3-34 所示。

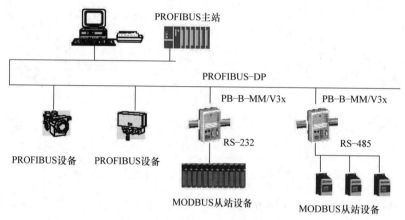

图 3-34　MODBUS 主/从站连接

图 3-34 中，接口（PB－B－MODBUS 总线桥）在 PROFIBUS 侧是 DP 从站，在 MODBUS 侧是主站，通过 RS－232/485 连接到 MODBUS 从站设备。

PB－B－MODBUS 总线桥（PB－B－MS/V3x）在 PROFIBUS 侧是一个从站，在 MODBUS 侧是 MODBUS 从站；通过 RS－232/485 接口连接到 MODBUS 主站设备上，总线桥通过 PROFIBUS 通信数据区和 MODBUS 数据区的数据映射实现 PROFIBUS 和 MODBUS 的数据透明通信，如图 3-35 所示。

3. PROFIBUS 与 MODBUS 的协议转换原理

PB－B－MS/V33 总线桥通过 PROFIBUS 输入/输出区与对应的 MODBUS 存储区进行数据交换，以实现 MODBUS 到 PROFIBUS 的数据通信，这种存储区的对应关系如图 3-36 所示。PROFIBUS 与 MODBUS 的协议转换原理如图 3-37 所示。

4. PB－B－MODBUS 的 RS－232 接口及电缆

PB－B－MODBUS 的 RS－232 接口采用 9 针 D 形插座（针），是标准的三线制 RS－232 接口，可以按照图 3-38 自制 RS－232 电缆。自制电缆时应注意：MODBUS 设备一端的 9 针插头定义如图 3-38 所示，该图参考了 MODICON PLC 140CPU534 14；对于其他 MODBUS 设备，请注意它的引脚定义，制作电缆，使 TXD（2）→RXD，RXD（3）→ TXD。

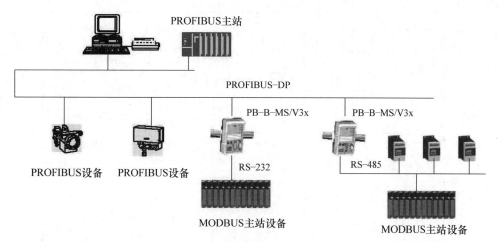

图 3-35　接口（PB – B – MODBUS 总线桥）在 PROFIBUS 侧是 DP 从站，在 MODBUS
侧是从站；通过 RS – 232/485 连接到 MODBUS 主站设备

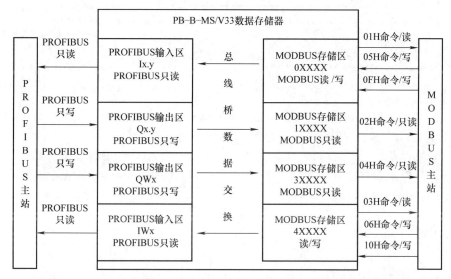

图 3-36　PROFIBUS 输入/输出区与对应的 MODBUS 存储区进行数据交换

　　PB – B – MODBUS 的 RS – 485 接口及安装见总线桥的通用部分（见 3.9.6 节的图 3-49）。

5. 设置 PB – B – MODBUS 为主/从站方法

　　用户可以通过产品背面的 PROFIBUS 地址开关（功能拨码开关）最高位 SW1 的设置来自主选择主站或从站方式。总线桥功能拨码开关最高位 SW1，用来设置 PB – B – MODBUS/V3x 作主/从站的功能，如图 3-39 所示。

　　SW1（3 拨码的桥）或者 SW2（4 拨码的桥）（升级版）= OFF（下位）时，产品定位为 PB – B – MM/RS232/485/V3x，即产品为 MODBUS 主站，使用的 GSD 文件名为"DS – MMV3x. GSD"。

　　SW1（3 拨码的桥）或者 SW2（4 拨码的桥）（升级版）= ON（上位）时，产品定位为 PB – B – MS/RS232/485/V3x，即产品为 MODBUS 从站，使用的 GSD 文件名为"DS –

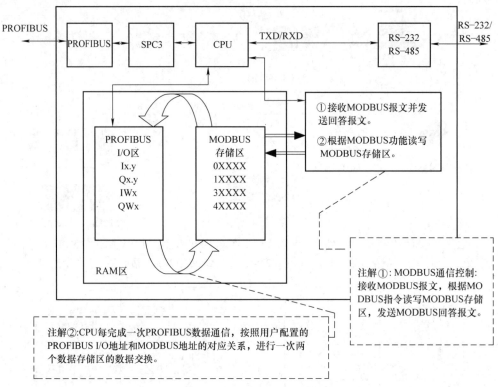

图 3-37　PROFIBUS 与 MODBUS 的协议转换原理

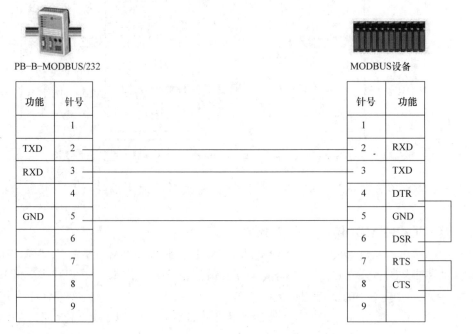

图 3-38　RS‑232 电缆制作

MSV3x. GSD"。

6. PB‑B‑MODBUS/V3x 的应用

凡具有 RS‑232/485 接口的 MODBUS 协议设备都可以用本产品实现与 PROFIBUS 的互

连，如具有 MODBUS 协议接口的变频器、电动机起动保护装置、智能现场测量设备及仪表等。

用户不必了解 PROFIBUS 和 MODBUS 的技术细节，而只需参考本手册及提供的应用实例，根据要求完成配置，且不需要复杂编程，即可在短时间内实现连接通信。

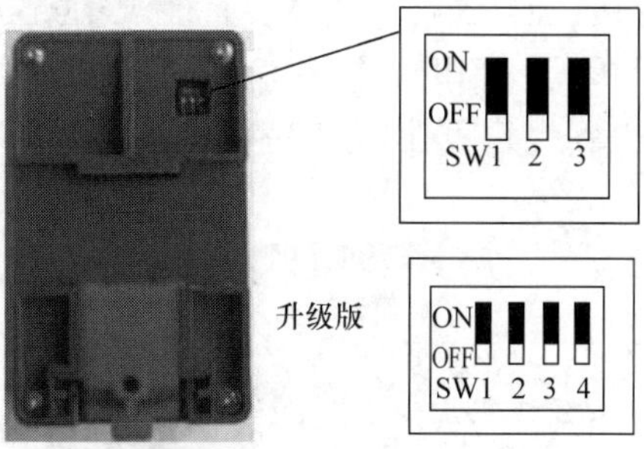

图 3-39　最高位 SW1 设置 MODBUS 主/从站功能

3.9.4　PROFIBUS 转条码扫描器 SCANNER 总线桥

PROFIBUS 转条码扫描器 SCANNER 总线桥的产品型号为 PB – B – CANNER/232/V1.0，该产品不占用 PLC 数字量 I/O 区，可使用 PLC 模拟量区作为 PROFIBUS 的 I/O 地址。凡具有 RS – 232 接口的条码扫描设备，都可以通过本产品连接到 PROFIBUS 上，使条码扫描设备成为 PROFIBUS 总线上的一个从站，可将分布区域广泛的条码扫描器数据直接送到 PROFI-BUS 主站，如 PLC 和 PC。本产品可广泛用于生产装配线、物流输送线等系统中，如图 3-28 所示。

PB – B – SCANNER 的 RS – 232 接口，采用 9 针 D 形插座（针），是标准的三线制 RS – 232 接口，可以按照图 3-33 自制 RS – 232 电缆。自制电缆时应注意：图 3-33 左侧的总线桥不是 PB – B – RS232，而是 PB – B – SCANNER 总线桥；图 3-33 右侧的 RS – 232 设备不是 PC，应根据连接条码扫描器 RS – 232 接口的引脚定义，制作电缆，使 TXD（2）→RXD，RXD（3）→ TXD，GND（5）→GND。

3.9.5　PROFIBUS 转 CAN 总线桥

1. PB – B – CAN2. OA/V10/的工作方式

PROFIBUS 转 CAN2.0A 总线桥的型号为 PB – B – CAN/V1.0，该产品有两种工作方式可供选择：方式 0 和方式 1。分别记为 PB – B – CAN2. OA/V10/M0、PB – B – CAN2. OA/V10/M1（M0 即为方式 0、M1 即为方式 1）。

方式 0：具有灵活的应用和强大的功能，适合各种 CAN 的上层协议，但要求使用者在 PROFIBUS 主站中编写较多的程序。

方式 1：特别适用于不熟悉 PROFIBUS 主站编程的用户，能完成类似 CAN 主 – 从（1 带 12）的系统模式，适合多种 CAN 的上层协议，用户只需进行配置并简单编程即可运行。

方式转换：这两种工作方式可运行于同一种型号产品中，使用 PROFIBUS 从站地址拨码开关最高位 SW1 来设置。SW1 =0 为工作方式 0，SW1 =1 为工作方式 1。注意：转换工作方式必须重新上电。

GSD 文件：两种工作方式使用不同的 GSD 文件。方式 0 的 GSD 文件为 "DSCAN100. GSD"；方式 1 的 GSD 文件为 "DSCAN101. GSD"。

2. PB – B – CAN2. OA/V10/的应用

凡具有 CAN 总线接口并且用户能够得到接口通信协议的现场设备，都可以使用本产品以实现现场设备与 PROFIBUS 的互联，如变频器、电动机起动保护装置、智能高低电器、电量测量装置、各种变送器、智能现场测量设备及仪表等，如图 3-28 所示。

3. CAN 接口极性

CAN 接口极性如图 3-40 所示。

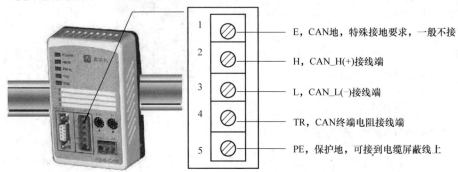

1	⊘	E，CAN地，特殊接地要求，一般不接
2	⊘	H，CAN_H(+)接线端
3	⊘	L，CAN_L(−)接线端
4	⊘	TR，CAN终端电阻接线端
5	⊘	PE，保护地，可接到电缆屏蔽线上

图 3-40　PB – B – CAN 产品 CAN 接口极性

3.9.6　PROFIBUS 的 B 系列总线桥通用部分

PROFIBUS 的 B 系列总线桥通用部分主要描述产品的外形结构及安装参数等。为方便起见，以下叙述时均用 PB – B – MODBUS 型号代表所有产品型号。

1. 产品外观及尺寸

总线桥的正面如图 3-41 所示。总线桥的背面如图 3-42 所示。总线桥的外形尺寸如图 3-43 所示。

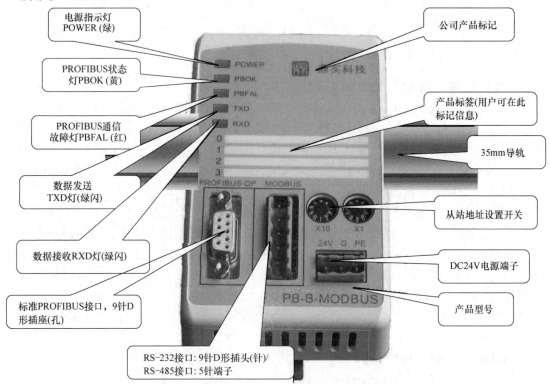

图 3-41　总线桥的正面

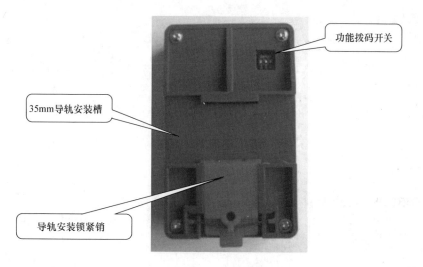

图 3-42　总线桥的背面

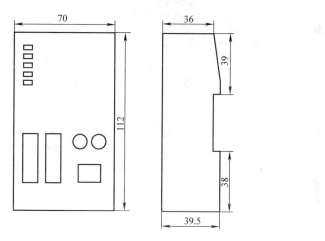

图 3-43　产品外形尺寸

2. 安装

产品使用 35mm 导轨安装，如图 3-44 所示。

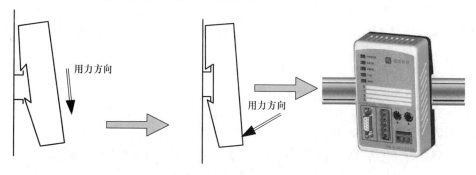

图 3-44　产品安装示意图

3. 电源

采用 DC24V （±25%）供电，最大功率为3.5W，如图3-45 所示。

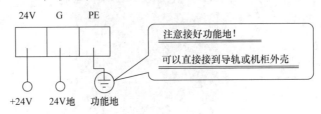

图3-45　供电电源

4. PROFIBUS 接口接插件

标准 PROFIBUS 接口采用 9 针 D 形插座（孔），建议使用标准 PROFIBUS 插头及标准 PROFIBUS 电缆，如图3-46 所示。

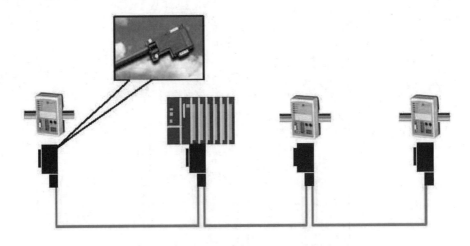

图3-46　标准 PROFIBUS 插头及电缆的连接方式

5. 从站地址开关设置

总线桥在 PROFIBUS 一侧是 PROFIBUS 从站，因此需要设置从站地址。地址设置由产品正面的两个十进制旋转开关 SA1（见图3-47）和背面的 SW3（见图3-48）共同来设置，例如，图3-47 中 SA1 开关设置的地址是 19。

如果需要设置大于99 的 PROFIBUS 地址，需要使用产品背面的功能拨码开关 SW 配合设置地址。

如果 SW3（3 拨码的桥）或 SW4（4 拨码的桥）（升级版）= OFF（向下），这个从站的地址就是 SA（19）。

如果 SW3（3 拨码的桥）或 SW4（4 拨码的桥）（升级版）= ON（向上），这个从站的地址就是 100 + SA（19）= 119。

如果 SA1 ≥ 27，即使 SW3 = ON（向上），本产品 PROFIBUS 地址仍然是 27，因为 PROFIBUS 地址规定，从站地址范围为 0 ~ 126。

6. 指示灯

1）电源指示灯 POWER（绿）。亮表示有电源；灭表示无电源。

2）PROFIBUS 状态灯 PBOK（黄）。亮表示 PROFIBUS 主站与总线桥已连通；灭表示主站未和总线桥连通。

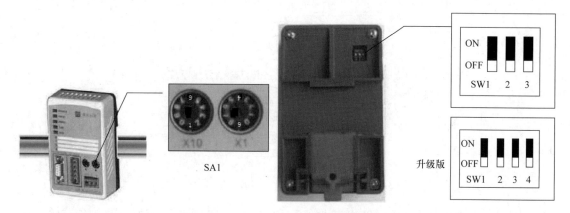

图 3-47　PROFIBUS 从站地址设置开关 SA1　　　　图 3-48　功能拨码开关配合设置大于 99 的从站地址

3）PROFIBUS 通信故障灯 PBFAL（红）。亮表示主站与总线桥未连通；灭表示主站与总线桥已连通。

4）数据发送 TXD 灯（绿闪）。闪亮表示总线桥向现场设备发送数据；灭表示没有数据发送。

5）数据接收 RXD 灯（绿闪）。闪亮表示总线桥接收现场设备发送的数据；灭表示没有数据接收。

本节以下内容涉及 PB - B - RS485 和 PB - B - MODBUS/485 产品的通用部分，主要描述产品 RS - 485 接口特性及安装要求。为方便起见，以下叙述均用 RS - 485 接口型号代表 PB - B - MODBUS/485 的所有产品型号。

7. RS - 485 接口传输技术

产品的 RS - 485 接口性能与 PROFIBUS 接口完全一致，是标准的 RS - 485 接口。

RS - 485 传输技术的基本特征如下：

1）网络拓扑：总线型，两端接有总线终端电阻。

2）传输速率为 2400bit/s ~ 57.6kbit/s。

3）介质为屏蔽双绞电缆，也可取消屏蔽，取决于环境条件（EMC）。

4）站点数为每分段 32 个站（不带中继），可多到 127 个站（带中继）。

5）插头连接为 5 端子。

RS - 485 传输设备的安装要点如下：

1）全部设备均与 RS - 485 总线连接。

2）每个分段上最多可接 32 个站。

3）每段的头部和尾部各有一个总线终端电阻，确保操作运行不发生误差。两个总线终端电阻应该有电源，如图 3-21 所示。

4）电缆最大长度取决于传输速率，见 3.5.4 节内容。

5）如用屏蔽编织线和屏蔽箔，应在两端与保护接地连接，并通过尽可能的大面积屏蔽接线来覆盖，以保持良好的传导性。另外，数据线必须与高压线隔离。

8. PB – B – RS485 接口极性及终端接法

PB – B – RS485 产品 RS – 485 接口极性如图 3-49 所示。

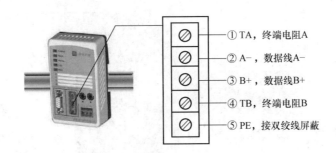

图 3-49　PB – B – RS485 产品 RS – 485 接口极性

PB – B – RS485 产品 RS – 485 接口性能与 PROFIBUS 接口完全一致，RS – 485 总线两端应有终端电阻，如图 3-21 所示。现在，PB – B – RS485 产品已将终端电阻集成到产品中，如图 3-50 所示 。因此，当 PB – B – RS485 位于 RS – 485 总线终端时，应在 A – 和 TA 间及 B + 和 TB 间各外接短接线，以便将内置的终端电阻接入总线，如图 3-50、图 3-51 所示。

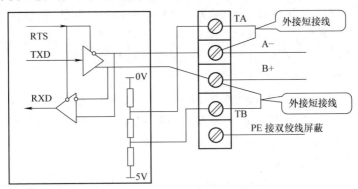

图 3-50　PB – B – RS485 产品内部集成了总线终端电阻

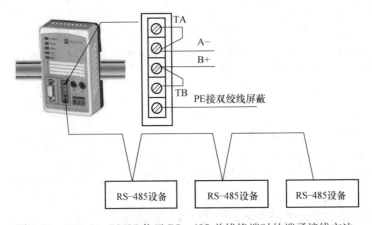

图 3-51　PB – B – RS485 位于 RS – 485 总线终端时的端子接线方法

当 PB – B – RS485 不作 RS – 485 总线终端时，应按图 3-52 所示连接 RS – 485 端子。

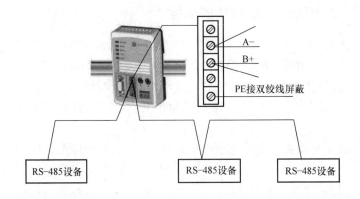

图 3-52　PB – B – RS485 不作 RS – 485 总线终端时的端子接线方法

3.10　通过 OLM 转换为光缆通信的变频调速系统

在 3.7.3 节介绍 PROFIBUS 的传输介质可以是屏蔽双绞线或光缆，如何将双绞线转换为光缆通信呢？这里介绍通过 OLM 转换为光缆通信的变频调速系统。

OLM（光纤链路模块）广泛应用于距离远、通信要求可靠性高的工业通信场合，例如，已成功应用在长达几公里的长胶带输送机的变频调速系统中。但是要注意，不同型号的 OLM 之间不能用光纤进行连接。为叙述方便，本节内容以沈阳瑞德泰科电气有限公司的全新铝合金外壳的 ROLM 产品（见图 3-53）作为工业光纤链路模块的代表进行介绍，材料选自该公司的有关资料。

图 3-53　ROLM 产品

3.10.1　ROLM 工业光纤链路模块的功能

ROLM 的主要功能如下：

1）延长通信距离。例如，RS–232 接口设备的一般通信距离为 15m 左右，利用工业光纤链路模块可以延长到几千米甚至几十千米。PROFIBUS 总线通信的最远通信距离为 12km，当通信速率达到 12Mbit/s 时，通信距离仅为 100m，利用工业光纤链路模块可以延长到几千米甚至几十千米。

2）提高通信抗干扰能力。光纤通信的特点是不受外部的电磁干扰，通信可靠。

3）增加系统冗余环网功能，提高通信容错能力。光纤链路模块可以组成冗余环网，如果光纤通信部分有断路故障，模块可以自动识别断点，形成线性拓扑结构，保证通信正常，当通信恢复后，自动恢复为环网模式。冗余环网功能仅限两个光纤接口的产品。

3.10.2　ROLM 工业光纤链路模块的拓扑结构

PROFIBUS 现场总线大多使用 RS–485 进行串口通信，但有时可将电缆转换为光缆通信，OLM 就是这样一种设备，其拓扑结构一般有点对点结构（见图 3-54）、线形拓扑结构（见图 3-55）、星形拓扑结构（见图3-56）和冗余光纤环网结构（见图 3-57）。ROLM 产品具有多种通信协议的型号，可用于不同通信场合，支持 RS–232、RS–485、RS–422 通用串行接口光纤链路，图 3-54～图 3-57 中的总线是指 PROFIBUS、MODBUS、PPI、MPI、Device Net、CANopen、CAN、MODBUS 等通信协议。ROLM 产品具有单模、多模光纤型号，具有 ST、SC 接口形式，多模通信距离可达 2km，单模通信距离可达 20km（另有

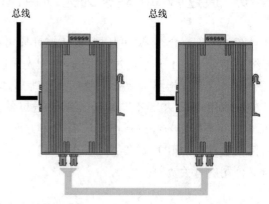

图 3-54　点对点结构

40km、60km 可供选择）。但要注意，不同型号的 OLM 之间不能用光纤进行连接。

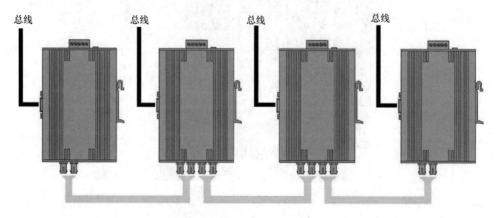

图 3-55　线形拓扑结构

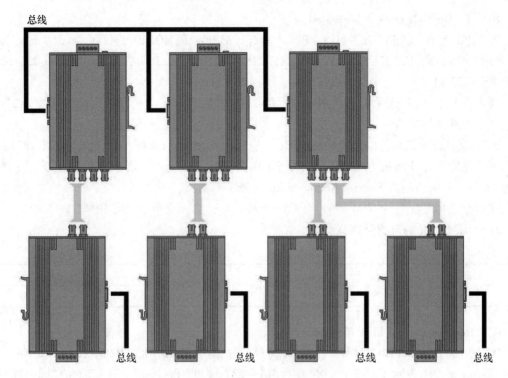

图 3-56　星形拓扑结构

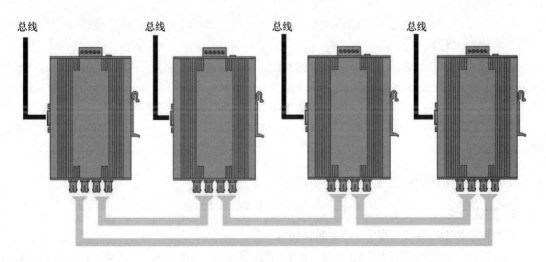

图 3-57　冗余光纤环网结构

3.10.3　ROLM 产品型号和订货号定义

1. ROLM 产品的型号定义

例如：

产品系列	电口类型	光口类型	序号
ROLM	PB	11	STM

ROLM：Redtech Optical Link Module。

PB：PB 表示 PROFIBUS、MPI、PPI（另外，MB 表示 MODBUS，DN 表示 Device Net，CO 表示 CANopen，CA 表示 CAN，SP02 表示 RS－232 接口，SP04 表示 RS－485 接口，SP42 表示 RS－422 接口）。

11：第 1 个"1"表示 1 个通信电口；第 2 个"1"表示 1 个光纤通信接口（若为 2，则表示 2 个光纤通信接口）。

STM：ST 表示光纤接口形式为标准 ST（若为 SC，则表示光纤接口形式为标准 SC）；M 表示多模光纤，光纤波长为 1300nm，通信距离为 2km（若为 S，则表示单模光纤，光纤波长为 1310nm，通信距离 15km、40km、60km 可选）。

注：产品标准配置为 STM 型号，即 ST 光纤接口、多模光纤、通信距离 2km。

2. ROLM 产品的订货号定义

例如：

产品系列	电口类型	光口类型	序号
07	00	11	00

07：Redtech Optical Link Module。

00：00 表示 PROFIBUS、MPI、PPI（另外，01 表示 MODBUS，02 表示 Device Net，03 表示 CANopen，04 表示 CAN2.0，05 表示 RS－232 接口，06 表示 RS－485 接口，07 表示 RS－422 接口）。

11：第 1 个"1"表示 1 个通信电口；第 2 个"1"表示 1 个光纤通信接口（若为 2，则表示 2 个光纤通信接口）。

00：第 1 个"0"表示光纤接口形式为标准 ST（若为 1，则表示光纤接口形式为标准 SC）；第 2 个"0"表示多模光纤，光纤波长为 1300nm，通信距离为 2km；（若为 1，则表示单模光纤，光纤波长为 1310nm，通信距离 15km、40km、60km 可选）。

注：产品订货号为 0700 1100，即电口为 PROFIBUS，光口为 1 个 ST 光纤接口，多模光纤，通信距离 2km。

3.10.4　PROFIBUS 工业光纤链路模块

1. 产品特点

1）支持 PROFIBUS、MP1、PP1 通信协议。

2）支持点对点结构（见图 3-54）、线形拓扑结构（见图 3-55）、星形拓扑结构（见图 3-56）、冗余光纤环网结构（见图 3-57）。

3）通信速率自适应，最高支持 PROFIBUS 12Mbit/s 通信速率，无须设置，即插即用。

4）完善的通信状态指示，可帮助通信诊断。

5）电口、电源、光纤三端隔离。

6）多模、单模光纤型号可选，具有 ST、SC、FC 光纤接口。

7）工业设计，导轨安装，冗余宽电压输入，铝合金外壳屏蔽，IP30 防护。

2. 技术参数

（1）电源参数

供电电压	DC 24V（-25% ~30%）
极性保护	有
电源冗余	有
额定电流	125mA
电源隔离	1500V 电气隔离
故障输出	触点容量 5A，30V（DC）；5A，250V（AC）

（2）PROFIBUS 通信接口参数

符合 PROFIBUS 通信接口标准	符合 PROFIBUS - DP 通信接口 V1 标准，支持 MPI、PPI 协议
隔离保护	1500V 电气隔离
波特率	自适应，最大 12M
物理接口	DB9 孔

（3）光纤接口参数

接口类型	标准配置 ST 接口，可选择 SC 接口
光纤波长	多模光纤：1300nm、单模光纤：1310nm
通信距离	多模光纤：2km，单模光纤：20km（另有 40km、60km 可选）
链路类型	单光纤模块支持点对点链路，双光纤模块支持点对点、线形拓扑、星形拓扑、冗余光纤环网

（4）综合参数

工作温度	-20 ~70℃
存储温度	-40 ~ +85℃
允许湿度	5% ~95%，不结露
防护等级	IP20
外壳	铝合金外壳
重量	单光纤 264g，双光纤 289g
抗振动	符合 IEC 60068 -2-6 标准
安装类型	DIN35mm 导轨
抗冲击	符合 IEC 60068 -2—27 标准
EMC—抗干扰性	符合 IEC 61000 -4 标准
EMC—辐射干扰	符合 EN 55011 标准
尺寸	（见 3.10.9 节图 3-64）

3. 产品型号

ROLM PB11—STM（订货号 07001100）：PROFIBUS 光纤链路模块，1 个多模 ST 光纤接口，支持点对点通信。

ROLM PB12—STM（订货号 07001200）：PROFIBUS 光纤链路模块，2 个多模 ST 光纤接口，支持点对点、线形拓扑、星形拓扑及冗余光纤环网通信。

ROLM PB11—STS（订货号 07001101）：PROFIBUS 光纤链路模块，1 个单模 ST 光纤接

口，支持点对点通信。

ROLM PB12—STS（订货号07001201）：PROFIBUS 光纤链路模块，2 个单模 ST 光纤接口，支持点对点、线形拓扑、星形拓扑及冗余光纤环网通信。

注：标准配置为 ST 光纤接口的光纤链路模块，另有 SC、FC 光纤接口的光纤链路模块。订货时，具体的订货号需与厂家确认，以免产品升级产生变化。

3.10.5 MODBUS/485/422/232 工业光纤链路模块

1. 产品特点

1）支持 MODBUS、RS‒485、RS‒422、RS‒232 通信协议。

2）支持点对点结构（见图 3-54）、线形拓扑结构（422 和 232 模块除外，见图 3-55）、星形拓扑结构（422 和 232 模块除外，见图 3-56）、冗余光纤环网结构（422 和 232 模块除外，见图 3-57）。

3）通信速率自适应，最高速率为 115200bit/s，无须设置，即插即用。

4）完善的通信状态指示，可帮助通信诊断。

5）电口、电源、光纤三端隔离。

6）多模、单模光纤型号可选，具有 ST、SC、FC 光纤接口。

7）工业设计，导轨安装，冗余宽电压输入，铝合金外壳屏蔽，IP30 防护。

2. 技术参数

（1）电源参数

电源参数与 PROFIBUS 电源参数相同（见 3.10.4 节相关内容）。

（2）通信接口参数

是否符合 MODBUS、485、232 通信接口标准	是
隔离保护	1500V 电气隔离
波特率	自适应，最大 115200bit/s
物理接口	5 针接线端子（适合 MODBUS、RS‒485），5DB9 插头（适合 RS‒232）

（3）光纤接口参数

链路类型	单光纤模块支持点对点链路，双光纤模块支持点对点、线形拓扑（232 模块除外）、星形拓扑（232 模块除外）、冗余光纤环网（232 模块除外）

接口类型、光纤波长、通信距离与 PROFIBUS 的相关参数相同（见 3.10.4 节相关内容）。

（4）综合参数

尺寸	MODBUS/485 尺寸见 3.10.9 节图 3-65
	232/尺寸见 3.10.9 节图 3-64
	4222/尺寸见 3.10.9 节图 3-66

其他综合参数与 PROFIBUS 综合参数相同（见 3.10.4 节相关内容）。

3. 产品型号

ROLM MB11—STM（订货号 07011100）：MODBUS 光纤链路模块，1 个多模 ST 光纤接口，支持点对点通信。

ROLM MB12—STM（232 模块除外）（订货号 07011200）：MODBUS 光纤链路模块，2 个多模 ST 光纤接口，支持点对点、线形拓扑、星形拓扑及冗余光纤环网通信。

ROLM PB11—STS（订货号 07011101）：MODBUS 光纤链路模块，1 个单模 ST 光纤接口，支持点对点通信。

ROLM PB12—STS（订货号 07011201）：MODBUS 光纤链路模块，2 个单模 ST 光纤接口，支持点对点、线形拓扑、星形拓扑及冗余光纤环网通信。

注：485 光纤链路模块：上文型号 MB 换成 SP04，订货号 0701 换成 0706。

422 光纤链路模块：上文型号 MB 换成 SP42，订货号 0701 换成 0707。

232 光纤链路模块：上文型号 MB 换成 SP02，订货号 0701 换成 0705。

订货时，具体的订货号需与厂家确认，以免产品升级产生变化。

标准配置为 ST 光纤接口的光纤链路模块，另有 SC、FC 光纤接口的光纤链路模块。

3.10.6　Device Net/CANopen/CAN 工业光纤链路模块

1. 产品特点

1）支持 Device Net/CANopen/CAN 通信协议。

2）支持点对点结构（见图 3-54）、线形拓扑结构（见图 3-55）、星形拓扑结构（见图 3-56）、冗余光纤环网结构（见图 3-57）。

3）通信速率自适应，最高速率为 1Mbit/s，无须设置，即插即用。

4）完善的通信状态指示，可帮助通信诊断。

5）电口、电源、光纤三端隔离。

6）多模、单模光纤型号可选，具有 ST、SC、FC 光纤接口。

7）工业设计，导轨安装，冗余宽电压输入，铝合金外壳屏蔽，IP30 防护。

2. 技术参数

（1）电源参数

电源参数与 PROFIBUS 的相同（见 3.10.4 节的"技术参数"有关内容）。

（2）通信接口参数

支持通信接口标准	Device Net/CANopen/CAN 通信接口标准
隔离保护	1500V 电气隔离
波特率	自适应，最大 1Mbit/s
物理接口	5 针接线端子

（3）光纤接口参数

光纤接口参数与 PROFIBUS 的相同（见 3.10.4 节相关内容）。

（4）综合参数

Device Net/CANopen/CAN 外形尺寸见 3.10.9 节图 3-66。其他综合参数与 PROFIBUS 综合参数相同（见 3.10.4 节相关内容）

3. 产品型号

ROLM DN11—STM（订货号 07021100）：Device Net 光纤链路模块，1 个多模 ST 光纤接口，支持点对点通信。

ROLM DN 12—STM（订货号 07021200）：DeviceNet 光纤链路模块，2 个多模 ST 光纤接口，支持点对点、线形拓扑、星形拓扑及冗余光纤环网通信。

ROLM DN11—STS（订货号 07021101）：Device Net 光纤链路模块，1 个单模 ST 光纤接口，支持点对点通信。

ROLM DN12—STS（订货号 07021201）：Device Net 光纤链路模块，2 个单模 ST 光纤接口，支持点对点、线形拓扑、星形拓扑及冗余光纤环网通信

注：CANopen 光纤链路模块：上文型号 DN 换成 CO，订货号 0702 换成 0703。

CAN 光纤链路模块：上文型号 DN 换成 CAN，订货号 0702 换成 0704。

订货时，具体的订货号需与厂家确认，以免产品升级产生变化。

标准配置为 ST 光纤接口的光纤链路模块，另有 SC、FC 光纤接口的光纤链路模块。

3.10.7　ROLM 工业光纤链路模块的有关硬件说明

1. ROLM 的模块组成

ROLM 的模块组成如图 3-58 所示，详细说明见表 3-13。

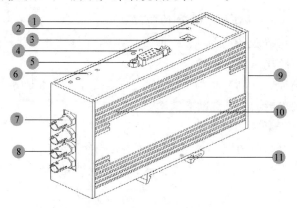

图 3-58　ROLM 的模块组成

表 3-13　ROLM 的模块组成

组成	PROFIBUS 光纤链路模块	MODBUS 光纤链路模块	485 光纤链路模块	232 光纤链路模块	422 光纤链路模块	Device Net 光纤链路模块	CANopen 光纤链路模块	CAN 光纤链路模块
①	产品商标	产品商标	产品商标	产品商标	产品商标	产品商标	产品商标	产品商标
②	电源指示灯	电源指示灯	电源指示灯	电源指示灯	电源指示灯	电源指示灯	电源指示灯	电源指示灯
③	设定拨码开关	设定拨码开关	设定拨码开关	设定拨码开关	设定拨码开关	设定拨码开关	设定拨码开关	设定拨码开关
④	PROFIBUS 通信接口 （CH1）	MODBUS 通信接口 （CH1）	485 通信接口 （CH1）	232 通信接口 （CH1）	422 通信接口 （CH1）	Device Net 通信接口 （CH1）	CANopen 通信接口 （CH1）	CAN 通信接口 （CH1）
⑤	PROFIBUS 通信状态灯	MODBUS 通信状态灯	485 通信状态灯	232 通信状态灯	422 通信状态灯	Device Net 通信状态灯	CANopen 通信状态灯	CAN 通信状态灯

（续）

组成	PROFIBUS 光纤链路模块	MODBUS 光纤链路模块	485 光纤链路模块	232 光纤链路模块	422 光纤链路模块	Device Net 光纤链路模块	CANopen 光纤链路模块	CAN 光纤链路模块
⑥	光纤通信 状态灯	光纤通信 状态灯	光纤通信 状态灯	光纤通信 状态灯	光纤通信 状态灯	光纤通信 状态灯	光纤通信 状态灯	光纤通信 状态灯
⑦	光纤(CH2)	光纤(CH2)	光纤(CH2)	光纤(CH2)	光纤(CH2)	光纤(CH2)	光纤(CH2)	光纤(CH2)
⑧	光纤(CH3)， 双光纤型号 有 CH3	光纤(CH3)， 双光纤型号 有 CH3	光纤(CH3)， 双光纤型号 有 CH3	光纤(CH3)， 双光纤型号 有 CH3	光纤(CH3)， 双光纤型号 有 CH3	光纤(CH3)， 双光纤型号 有 CH3	光纤(CH3)， 双光纤型号 有 CH3	光纤(CH3)， 双光纤型号 有 CH3
⑨	电源和报警 输出端子	电源和报警 输出端子	电源和报警 输出端子	电源和报警 输出端子	电源和报警 输出端子	电源和报警 输出端子	电源和报警 输出端子	电源和报警 输出端子
⑩	铭牌	铭牌	铭牌	铭牌	铭牌	铭牌	铭牌	铭牌
⑪	模块固定器	模块固定器	模块固定器	模块固定器	模块固定器	模块固定器	模块固定器	模块固定器

2. 顶视面板

PROFIBUS/232 模块的顶视面板图如图 3-59a 所示，MODBUS/485/422 模块的顶视面板图如图 3-59b 所示，Device Net/CANopen/CAN 模块的顶视面板图如图 3-59c 所示。

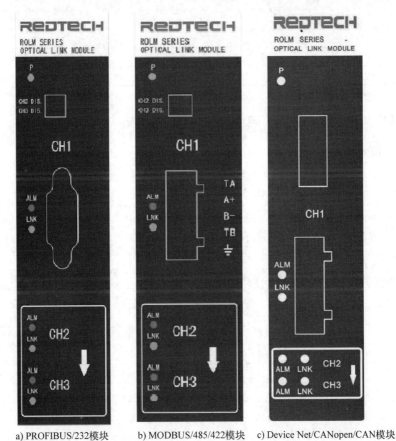

a) PROFIBUS/232模块　　b) MODBUS/485/422模块　　c) Device Net/CANopen/CAN模块

图 3-59　顶视面板图

3. 指示灯说明（见表 3-14）

表 3-14　指示灯说明

指示灯符号		说　明			
		不亮	慢速闪烁	快速闪烁	常亮
P		电源故障			供电正常
CH1	LNK				正常数据收发
	ALM		只收数据状态	只发数据状态	无数据收发
CH2	LNK	光纤无数据收发	只收数据状态	只发数据状态	正常数据收发
	ALM				光纤连续故障
CH3	LNK	光纤无数据收发	只收数据状态	只发数据状态	正常数据收发
	ALM				光纤连续故障

4. 设定拨码开关说明

对于单光纤型号，无须设定拨码开关。双光纤型号的设定拨码开关见表 3-15。

表 3-15　双光纤型号的设定拨码开关

拨码开关	说　明	
	ON	OFF
1	CH2 不使用	CH2 使用
2	CH3 不使用	CH3 使用
其他	无效	无效

3.10.8　ROLM 的通信接口、电源接口和故障输出

1. 通信接口

通信接口的接线见表 3-16。

表 3-16　通信接口的接线

通信接口引脚号	PROFIBUS 通信接口引脚名称	MODBUS 通信接口引脚名称[1]	RS - 485 通信接口引脚名称[1]	RS - 232 通信接口引脚名称	RS - 422 通信接口引脚名称[2]	Device Net 通信接口引脚名称[2]	CANopen 通信接口引脚名称[2]	CAN 通信接口引脚名称[2]
1	屏蔽	TA	TA		A	V +	V +	V +
2		A +	A +	RXD	B	CAN +	CAN +	CAN +
3	信号 B（+）	B -	B -	TXD	EARTH	EARTH	EARTH	EARTH
4	RTS	TB	TB		Y	CAN -	CAN -	CAN -
5	0V	EARTH	EARTH	GND	Z	V -	V -	V -
6	5V							
7								
8	信号 A（-）							
9	未定义							

注：通信接口的位置在图 3-58④中的位置。

①中 TA 和 A + 短接、TB 和 B - 短接，将内部的 220Ω 终端电阻连接到 485 总线中。

②的资料摘自 2013 年版"ROLM 工业光纤链路模块产品手册"。

2. 光纤通信接口的定义

光纤通信接口的定义如图 3-60。

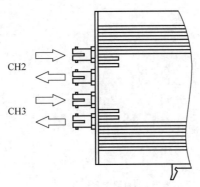

图 3-60　光纤通信接口的定义

光纤连接时，一个模块的出光纤端口连接另一个模块的入光纤端口，如图 3-61 所示。

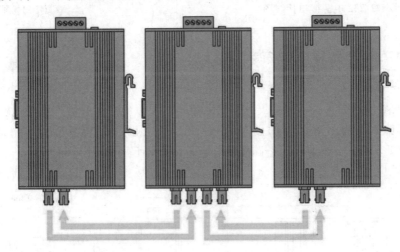

图 3-61　光纤通信接口的接法

电源接口和故障输出定义见表 3-17，电源接口接线如图 3-62、图 3-63 所示。电源接口接 DC 24V（ - 25% ~ 30%）电源；故障输出为继电器触点输出，触点负载 3A，250V（AC）/30V（DC），故障时触点闭合。

表 3-17　电源接口和故障输出定义

PROFIBUS/MODBUS/485/ 422/232 电源接口		Device Net/CANopen/CAN 电源接口	
1L +	电源 1 正端	1L +	电源 1 正端
M	电源负端	1M	电源 1 负端
2L +	电源 2 正端	2L +	电源 2 正端
F1	故障输出 1	2M	电源 2 负端
F2	故障输出 2	E	地
			空
		F1	故障输出 1
		F2	故障输出 2

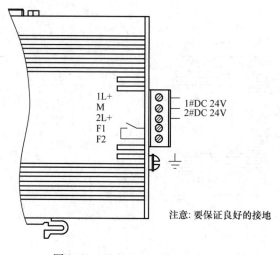

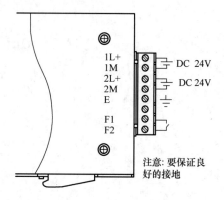

图 3-62　PROFIBUS/MODBUS/485
/422/232 电源接口接线图

图 3-63　Device Net/CANopen/CAN
电源接口接线图

3.10.9　ROLM 产品尺寸及安装

1. 产品尺寸

制作施工图和订货时，具体的尺寸需与厂家确认，以免产品升级产生变化。

1）ROLM PB1X 型号适合 3.10.4 节的 PROFIBUS 工业光纤链路模块，ROLM SP021X 型号适合 3.10.5 节的 232 工业光纤链路模块，它们的外形尺寸如图 3-64 所示。

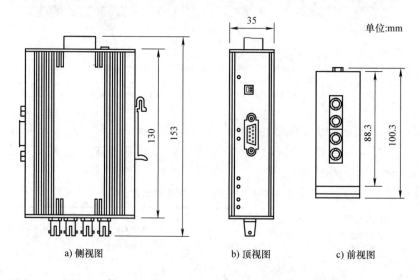

a) 侧视图　　　　　　　　b) 顶视图　　　　　　　c) 前视图

图 3-64　ROLM PB1X、ROLM SP021X 型号的外形尺寸图

2）ROLM MB1X 型号适合 3.10.5 节的 MODBUS 工业光纤链路模块，ROLM SP041X 型号适合 3.10.5 节的 485 工业光纤链路模块，它们的外形尺寸如图 3-65 所示。

3）ROLM DN1X 型号适合 3.10.6 节的 Device Net 工业光纤链路模块，ROLM CO1X 型号

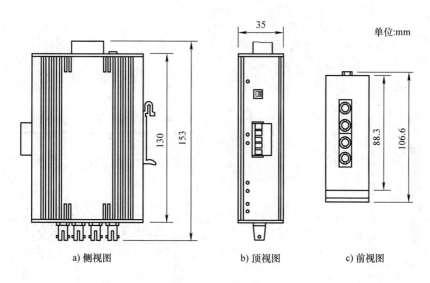

图 3-65　ROLM MB1X、ROLM SP041X 型号的外形尺寸图

适合 3.10.6 节的 CANopen 工业光纤链路模块，ROLM　CA1X 型号适合 3.10.6 节的 CAN 工业光纤链路模块、ROLM SP421X 型号适合 3.10.5 节的 422 工业光纤链路模块，它们的外形尺寸如图 3-66 所示。

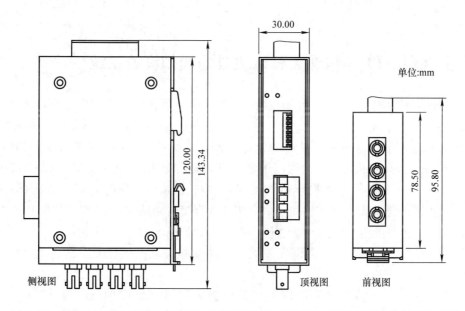

图 3-66　ROLM DN1X、ROLM CO1X、ROLM CA1X 和 ROLM SP421X 型号的外形尺寸图

2. 导轨安装

在标准的 35mm 导轨安装时，产品上下安装空间如图 3-67 所示，顶部安装空间如图 3-68所示。

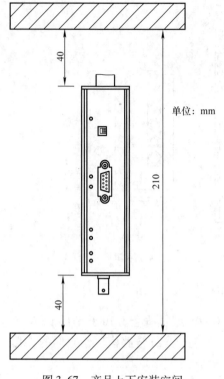

单位：mm

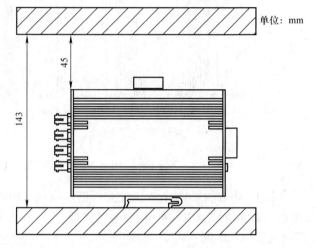

单位：mm

图 3-67　产品上下安装空间　　　　　　　　图 3-68　产品顶部安装空间

3.11　变频器、PLC 和现场总线组成的变频调速系统

目前，大功率变频器、PLC、现场总线组成的变频调速系统已广泛应用在许多行业的工程中，第 4 ~ 9 章介绍的工程实例都是这种变频调速系统的应用，只是没有明确说明而已。4.12 节中介绍的遂宁市变频恒压供水的节能实例，变频器为森兰 SB200 系列 160kW 变频器，PC 为研华工业计算机，PLC 为西门子 S7 – 300PLC，现场总线通过 CP + CPU315 接口接到 PROFIBUS。6.4 节中介绍的曹跃煤矿上运胶带输送机系统，选配 690V、2 × 500kW 变频电动机同轴连接；变频器选用 ABB 的 ACS800 进行直接转矩的主从控制，工业控制计算机、胶带输送机的综合保护用 PLC 和两套变频器通过 PROFIBUS – DP 网络连接。

为说明大功率变频器、PLC 和现场总线组成的变频调速系统在胶带输送机上的应用原理，实例介绍如下：

某煤炭企业的主斜井胶带输送机采用难燃钢芯胶带，带长 918m，带宽 1m，带速为 3.15m/s，倾角 16.5°，运量是 700t/h；选配电动机功率为 2 × 480kW，极对数为 2，6kV 双回路供电。[3]

1. 系统方案

系统方案如图 3-69 所示，从图中可以看出，整个电控系统由高压配电系统、变频驱动系统、胶带综合保护系统、监控管理系统四部分构成。整个系统是在基于网络的监控管理系统的协调下完成系统的驱动、监测、保护、重要数据的统计和管理等功能。

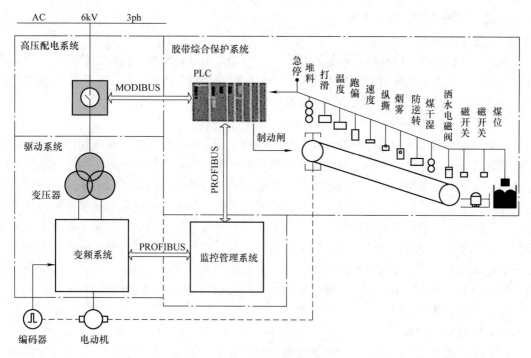

图 3-69　系统方案

高压配电系统采用 6kV 双回路进线、多回路馈电方式，高压配电系统由 4 台高压开关柜组成，分别是 1 号进线柜、2 号进线柜、馈电柜和电压互感器柜。馈电柜分别给两套变频器系统供电。

两台西门子 MASTERDRIVES 系列 6SE7135 – 7HG62 – 3BAO – Z 型变频器分别驱动西门子变频电动机（ILA8357 – 4PM80 – Z，480kW），两台变频器工作于主从驱动模式。为了增强数据交换能力，两台变频器之间采用 SIMOLINK 连接。控制系统的主电路如图 3-70 所示。

监控管理系统是整个系统的控制核心，基于双层网络，两台工业控制计算机（简称工控机）和胶带综合保护用 PLC、两套变频器之间通过 PROFIBUS – DP 网络连接，其中，工控机作为主站，其余设备作为从站。两台工控机配置触摸屏操作界面，除了完成系统的所有操作外，还具有数据收集、处理和存储功能，可用于图形及报表显示、事件记录及报警状态的显示和查询、设备状态和参数的查询、操作指导、操作控制命令的解释和下达等。工控机按照一用一备的方式设置，可避免因工控机出现故障而影响系统正常运行。

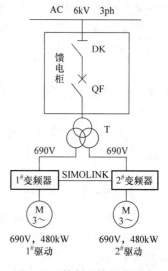

图 3-70　控制系统的主电路

胶带综合保护用 PLC 和 4 台高压开关柜之间用 MODIBUS 通过 RS – 485 接口相连，这样的连接使得高压开关柜的信息量（包括电量值、开关状态信号）均可送至 PLC 参与系统控制，同时，电量信号和开关状态信号又可通过 PROFIBUS – DP 网络送至工控机显示。

2. 控制系统完成的主要功能

（1）拖动电动机

由于输送机的两台电动机不同轴连接，若两台电动机的传动都作为独立的速度控制，则两台电动机运行时的速度和转矩难以调整，所以两台电动机的控制方式是相互关联的。因此，控制结构设计为主从控制结构。

（2）转矩平衡控制

由交流异步电动机的机械特性可知，同一型号的两台电动机的机械特性相同，负载在两台电动机之间平均分配，即每台电动机承担负载的一半。但在实际中，由于两台电动机的制造材料不同、工艺误差以及两套机械装置的制造误差，导致两套电动机拖动系统的特性很难完全一致，所以负载在两台电动机间很难完全平均分配。为了解决两台电动机的转矩和拖动功率的平衡问题，采用了主从控制方式，主变频器按照胶带输送机要求对整个系统进行速度控制。变频器采用矢量控制技术进行速度的转矩调解，但其转矩信号在其速度调节器输出的转矩给定基础上，综合了主变频器转矩信号与本系统转矩信号的偏差量。这样，从变频器在满足速度稳定所需的转矩之外，其转矩输出与主变频器的转矩输出几乎相同，从而保证了两台变频器的出力基本相同。

（3）速度同步控制

在速度控制上，由于两台电动机非刚性连接，故不能采用刚性连接时同一个速度环控制的方式。因此，主变频器采用独自的转速、转矩双闭环，从变频器接收主变频器给定积分器的输出速度给定信号 n。由于胶带张力的变化、局部负载的变化等，两台电动机的速度会有一定的差异，所以需要将两台电动机的实际转速误差值与速度给定信号 n 综合后，作为从变频器的速度给定信号，这样从工艺上满足了速度的控制要求。由于采用了转矩平衡控制，使两个电动机出力相同，两台电动机达到的速度也是一致的。

系统投运后，实现了胶带输送机的软起动、软停车，延长了设备的使用寿命，减小了维护量，而且节约了大量电能。

3.12　PROFIBUS – DP 和 OLM 在长距离胶带输送机监控系统中的应用

本节介绍 ROFIBUS – DP 和 OLM 在河南豫龙水泥厂长距离胶带输送机监控系统中的应用。[12]

3.12.1　监控系统概述

河南豫龙水泥厂胶带输送机全长 8.13km，驱动装置分为头部驱动和中间驱动两部分，头部驱动电动机为 $3×355kW/6kV$，中间驱动电动机为 $2×355kW/6kV$。要求胶带输送机控制系统不仅可以可靠地控制输送机软起动、软停车和紧急停止，而且要求实时采集沿线所有保护传感器的信号，并将沿线传感器和电气设备的信号及时上传至机头驱动部控制室内。

豫龙水泥厂胶带输送机的一个突出特征是运距长，为解决长距离控制系统中各设备之间的数据传输问题，在输送机的机头驱动部放置一个主站，在中间驱动部放置中间驱动分站，在机尾部放置机尾分站。各站点内分别配置一台带有 PROFIBUS – DP 接口的西门子 S7 – 300PLC，三个站点之间以光纤作为通信介质，通过 PROFIBUS – DP 进行数据通信。在机头驱动部控制室内安装一台工控机和一台触摸屏，工控机接入 PROFIBUS – DP 网络，触摸屏通过 MPI 网络与主站 PLC 相连接，电控系统网络如图 3-71 所示。

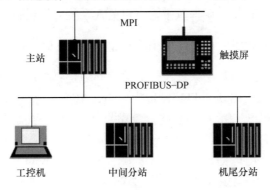

图 3-71　电控系统网络示意图

3.12.2　监控系统配置的硬件和 OLM 网络

PROFIBUS 的拓扑结构分为电气网络和光纤网络，对于豫龙水泥厂胶带输送机监控系统的数据传输，电气网络往往不能满足要求，而光纤网络可以满足长距离数据传输并且可保持高的传输速率。在强电磁干扰的环境中，光纤网络由于其良好的传输特性还可以屏蔽干扰信号，防止其影响整个网络。因此，该监控系统应配置 OLM 网络。

监控系统主要由操作台、MCC 柜、中间驱动分控箱、机尾分控箱及各类保护传感器等组成。操作台、中间驱动分控箱和机尾分控箱中分别放置一台 S7 – 300PLC，三台 PLC 的 CPU 型号均为 CPU314C – 2DP，该型号 CPU 自带 PROFIBUS – DP 通信接口，三台 PLC 中分别配置一块 OLM，可以方便地接入 PROFIBUS – DP 光纤网络中。OLM 与 PLC 之间的拓扑结构如图 3-72 所示。

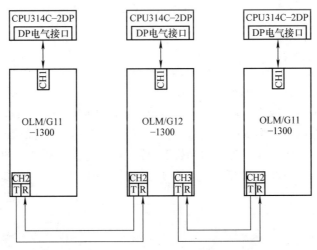

图 3-72　OLM 与 PLC 之间的拓扑结构

操作台上配置一台工控机和一台触摸屏，工控机中装有西门子 CP5613 通信处理卡和 WinCC 组态软件，通过 CP5613 将工控机接入 PROFIBUS – DP 网络，WinCC 组态软件可实时

监视胶带输送机的运行情况和故障状态。触摸屏选用西门子 TP270 型，TP270 触摸屏通过
MPI 网络与操作台内的主站 PLC 相连，亦可通过生动的画面实时监视胶带输送机的全程状
态。触摸屏与工控机互为备用，确保胶带输送机监视系统可靠运行。

3.12.3　系统 PROFIBUS – DP 和 WinCC 软件的设计

　　带中间驱动的胶带输送机控制系统设计的关键问题是解决输送机沿线设备的信号交换及
联锁控制，本系统中将机头驱动部 PLC 设置为主站，中间驱动部 PLC 和机尾部 PLC 设置为
两个分站，通过 PROFIBUS – DP 现场总线，各站点均可以实时获得输送机沿线其他站点采
集到的信号，解决了各种电气设备之间的数据交换问题。

　　PROFIBUS – DP 的介绍可见 3.6 节和 3.7 节，下面介绍 WinCC 组态软件。

　　WinCC 是西门子公司开发组态软件，通过 WinCC 可以控制过程、请求来自过程中的数
据、报告过程中的意外状况、归档过程数据等。WinCC 欲实现其功能，首先需与控制系统
建立连接，本系统中，WinCC 与输送机控制系统之间通过 PROFIBUS – DP 相连，正确连接
之后，WinCC 和自动化系统之间欲交换过程数据，必须通过一定的通信驱动程序，通信驱
动程序有不同通道单元用于各种通信网络，豫龙水泥厂输送机监控系统中使用 SIMATIC S7
Protocol Suite 通信驱动程序，该驱动程序用于将 WinCC 与 SIMATIC S7 – 300 和 SIMATIC
S7 –400 自动化系统相连接，通道单元使用 PROFIBUS。本项目共建立了三个 PROFIBUS 通
道单元，分别为主站、中间驱动分站和机尾分站，通过这些通道单元，保证 WinCC 可同时
与三个站点的 PLC 之间交换过程数据。

　　WinCC 组态软件主要有主画面、分站设备运行状态画面、操作画面、实时曲线、历史
曲线、报警画面和报表数据显示等监视功能。主画面通过动画和实时数据，生动直观地显示
输送机的运行情况；分站设备运行状态画面则以指示灯形式，直观地表示出输送机沿线各分
站相关设备的运行及故障状态；操作画面可对设备进行远程起停控制、紧急停车和故障复位
等操作；实时曲线、历史曲线、报警画面和报表数据等分别以不同的方式监视系统过程数
据，并可定期归档存盘。

3.12.4　控制流程简介

　　本系统具有集控、自动和闭锁三种工作方式。

　　集控工作方式是当组成生产流水线时，本机按前后机的流程要求自动起停，同时检测各
个设备及保护传感器的运行情况，并将其运行状态及故障情况以通信方式传输给主监控站；
自动工作方式是指由本机操作员控制输送机起/停，所有保护均投入，PLC 按照设计好的软
件流程自动完成所有设备的起动和停止；闭锁方式时，系统处于锁定状态，无法起动运行。

第4章　风机泵类变频调速系统与节能

风机与水泵是用于输送流体（气体和液体）的机械设备。风机与水泵的作用是把原动机的机械能或其他能源的能量传递给流体，以实现流体的输送。即流体获得机械能后，除用于克服输送过程中的通流阻力外，还可以实现从低压区输送到高压区，或者从低位区输送到高位区。通常，用来输送气体的机械设备称为风机（压缩机），而输送液体的机械设备则称为泵。

风机和水泵按工作原理及结构的不同进行分类的种类很多，其中只有符合国家标准GB/T 21056—2007《风机、泵类负载变频调速节电传动系统及其应用技术条件》中规定的风机和水泵，在合理安装变频调速设备后，才能得到显著的节能效果。

4.1　风机的基本参数和特性曲线

4.1.1　风机的基本参数

风机的基本参数有风量、全压、转速、有效功率、轴功率和效率等。[1]

（1）风量 Q

指气体在单位时间内通过风机的体积，单位为 m^3/s 或 m^3/h。当用质量流量 G 来表示时，单位为 kg/s 或 t/h。容积流量与质量流量间的关系为[1]

$$G = \gamma Q/g$$

式中　G——质量流量（kg/s）；

　　　Q——容积流量（m^3/s）；

　　　g——重力加速度 $g = 9.81 m/s^2$；

　　　γ——气体的重度（N/m^3）。

对于大气压力为 $101.3Pa$（760mm 汞柱）、温度为 20℃、相对湿度为 50% 的标准空气状态，空气的重度 $\gamma = 11.77 N/m^3$。非标准空气状态的重度可按下式计算[1]：

$$\gamma_1 = \gamma_0 \times \frac{H_a \pm H_j}{101325} \times \frac{293}{273 + t}$$

式中　γ_1——温度为 t（℃）时的气体重度（N/m^3）；

　　　H_a——测试时当地的大气压力（Pa）；

　　　H_j——测试断面处的平均静压读数（Pa），负压时取负号，正压时取正号；

　　　γ_0——标准状态下的介质重度（N/m^3），烟气为

$$\gamma_0 = \frac{1.977RO_2 + 1.429O_2 + 1.25N_2}{100} \times 9.81$$

式中　RO_2——三原子气体体积分数；

　　　O_2——氧气体积分数；

　　　N_2——氮气体积分数。

近似计算时，烟气的重度 $\gamma_0 = 13.14 \text{N/m}^3$。

（2）全压 H

指单位体积的气体经过风机后其能量的增加值，单位为 Pa，计算公式为

$$H = H_2 - H_1$$

$$H_1 = H_{j1} + H_{d1} ; \quad H_2 = H_{j2} + H_{d2}$$

式中　H_2——风机出口处的总压（Pa）；

　　　H_1——风机进口处的总压（Pa）；

H_{j1}，H_{j2}——风机进口处与出口处的静压（Pa）；

H_{d1}，H_{d2}——风机进口处与出口处的动压（Pa）。

（3）转速 n

指风机叶轮每分钟的转动次数，单位为 r/min。

（4）有效功率（理论功率）N_{YX}

指气体在单位时间内从风机中所获得的总能量，单位为 kW，计算公式为

$$N_{YX} = HQ \times 10^{-3}$$

式中　H——风机的全压（Pa）；

　　　Q——风机的流量（m^3/s）。

（5）轴功率 N

指电动机传给风机轴的功率，单位为 kW。

（6）风机效率 η

指风机的有效功率 N_{YX} 与轴功率 N 之比，即

$$\eta = \frac{N_{YX}}{N} \times 100\%$$

4.1.2　风机的 $Q-H$ 特性曲线

风机做功能力的大小可以用流量 Q、全压 H 的大小来反映。在一定转速下，一台风机的
流量 Q 与全压 H 之间有一个对应关系，这个关系用 $Q-$
H 坐标来表示，相应曲线即为风机的 $Q-H$ 特性曲线，
如图 4-1 所示。同样，也有流量 Q 与轴功率 N 的 $Q-N$
曲线、流量 Q 与效率 η 的 $Q-\eta$ 曲线等。

风机的流量是根据生产工艺的需要来确定的，全压
是根据管道阻力特性曲线来确定的。当风机运行点落在
低效区域或节流运行时，风机运行不经济。因此，掌握
和应用 $Q-H$ 特性曲线，就能正确选择和经济合理地使
用风机。

从图 4-1 可以看出，风机的 $Q-H$ 特性是当 Q 减小
时，H 先增后减，约在 $Q=0.625$ 时，H 最大，约增加
20%，然后下降；当 $Q=0$ 时，H 仍为 100% 原始值，故
阀门的开度与流量不成正比，而是非线性的。

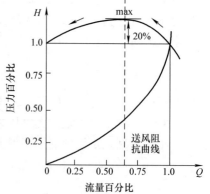

图 4-1　风机的 $Q-H$ 特性曲线

4.1.3　风机的工频运行特性曲线

风机工频运行时，有两种方法来对风机风量进行调节：一种是通过改变风机叶片的角度来实现风机的风量调节，由于该方法必须停机来改变叶片角度，不适合用于不间断运行的场合，这里不进行介绍；另一种方法是通过调节挡风板的开度而改变管网特性曲线，进而实现风机的风量调节，图 4-2 就是用这种方法调节风机风量的工频运行特性曲线。[5]

图 4-2 中，横坐标 Q 未标出风流量百分数，可认为在坐标原点时（约在 $Q = 0.625$），H 最大（见图 4-1），随着风流量百分数的增加，H 减小。F_{1n} 为工频运行时的 $Q-H$ 特性曲线，也是变频风机在 50Hz 下满载运行时的特性曲线。风机在管网特性曲线 R_a 工作时，工况点为 A；风机在管网特性曲线 R_c 工作时，工况点为 E；风机在管网特性曲线 R_b 工作时，工况点为 B。E 点为工频运行时的额定工作点，即挡风板在某一固定位置时的额定工作点；A 点为流量小于额定流量时的工作点，即挡风板关小，并且沿着 $Q-H$ 特性曲线向左上方滑动的一系列的工作点；B 点为流量大于额定流量的工作点，即挡风板开大直至全开，并且沿着 $Q-H$ 特性曲线向右下方滑动的一系列的工作点。这里需注意的是，挡风板全开后，应当防止电动机过载。

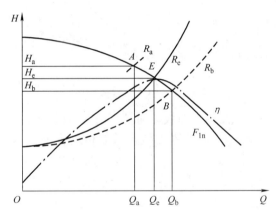

图 4-2　改变风机管网特性时的风机工频运行特性曲线

H_a—流量小于额定流量时的风机出口全压　H_e—额定流量时的风机出口全压　H_b—流量大于额定流量时风机的出口全压　R_e—额定流量（即挡风板在某一固定位置）时的管网特性曲线　R_a—小于额定流量（即关小挡风板之后）时的管网特性曲线　R_b—大于额定流量（即挡风板开大直至全开之后）时的管网特性曲线　R_a、R_e、R_b—挡风板在不同的位置时，R_a、R_e、R_b 实际上是一系列曲线族　η—效率曲线

由图 4-2 可知，$H_a > H_e > H_b$，$Q_a < Q_e < Q_b$，$\eta_a < \eta_e > \eta_b$。在额定工作点运行时，风机的效率最高，等于额定效率；在额定工作点以外的任何点运行，其效率都小于额定效率。

4.1.4　改变风机转速调节风量的特性曲线

通过改变风机的转速来对风机的风量进行调节时，其特性曲线的变化如图 4-3 所示。[5]当风机转速为 n_1 时，风机的 $H-Q$ 特性曲线与管网特性曲线 R_1 相交与 M_1 点，其风量、风压分别为 Q_1、H_1。若工艺变更，需要的风量为 Q_2 时，可将风机转速降到 n_2，$H-Q$ 特性曲线相应下降并与管网特性曲线 R_1 相交与 M_2 点，此时风量为 Q_2，风压为 H_2，可见风量、风压同时下降，达到风量调节的目的。相对于节流调节而言，当风量为 Q_2 时，是靠关闭挡风板来实现的，此时管网特性曲线由 R_1 变化到 R_2，与 n_1 时的风机特性曲线相交于 M_3 点，此时的风量为 Q_2，风压为 H_3。由图可见，$H_3 > H_2$，即用关闭挡风板来调节风量时，虽然风量下降了，但风压相对于调节电动机转速来说，反而上升了，因而变速调节比节流调节时的风压要减小 $\Delta H = H_3 - H_2$。因此，采用变速调节能节省消耗在节流调节中的损耗，达到节能的目的。

4.1.5　风机变频运行的特性曲线

风机变频运行的特性曲线如图 4-4 所示。[5]

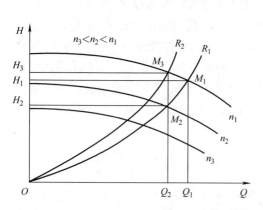

图 4-3　改变风机转速调节风量时的特性曲线

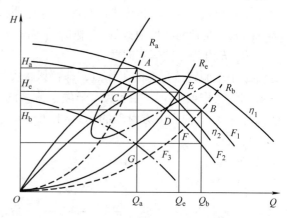

图 4-4　风机变频运行特性曲线

图 4-4 中，F_2、F_3 不仅仅是两条曲线，而是 F_1 特性曲线下方偏左的一系列 $Q - H$ 特性曲线族，即工作频率不同时，$Q - H$ 特性曲线沿着管网特性曲线向左下方滑动形成不同的 $Q - H$ 特性曲线族。F_n 变化时，工作点 A、E、B 也分别沿着管网特性曲线 R_a、R_e、R_b 变为 C、D、F，效率曲线 η_1 也随着向左推移，并且形成高效扇形区。因此，风机变频运行时，随着频率的降低，当管网阻力一定（假设为 R_e）时，变频运行风机的出口压力逐渐降低为 H_d 或 H_g（指在 D 点或 G 点的风压或扬程），变频后的流量从 Q_e 快速减小为 Q_d 或 Q_g（指在 D 点或 G 点的流量）。而频率增加时，风机的出口压力也上升，使流量 Q_a 反而增大，直至达到 Q_e。如果要继续增大流量，此时必须把挡风板全面打开，流量最大可以达到 Q_b，此时要防止工频泵过载，变频运行时，频率不能调得过低，因为过低的频率运行，将满足不了工艺要求。

4.2　水泵的基本参数和特性曲线

4.2.1　水泵的基本参数

水泵的基本参数有流量、扬程、有效功率、轴功率、效率、配用功率、转速、允许吸上真空高度和比转速。

（1）流量 Q

指水泵在单位时间内从泵出口排出并进入管路系统的液体体积，单位为 m^3/h。常用单位及其换算关系是 L/s（升/秒）=3.6m³/h=3.6t/h。

（2）扬程 H

扬程是单位重量的液体通过泵所获得的机械能量。在工厂应用中，常常体现为液体上扬的高度，常用单位为 m。扬水所需的扬程 $H_{需}$ 等于实际扬程 $H_{实}$ 与损失扬程 $H_{损}$ 之和，如图4-5所示。[1]

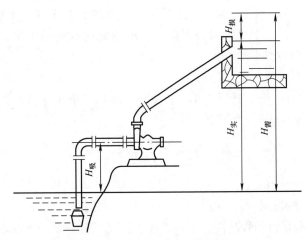

图4-5　离心泵扬程示意图

损失扬程是指水经过管道时，由于受到阻力和摩擦而损失的扬程。所需扬程应小于或等于水泵铭牌上所给出的扬程。

图4-5 介绍的是开式管路方式，在闭式管路方式下，如由空调设备组成的循环管路中，则没有实际扬程。这时泵的总扬程为管路、接头、阀门及管路中其他装置的阻力所造成的损失扬程之和。

（3）有效功率（或称为理论功率）N_{YX}

指水在单位时间内从水泵中所获得的总能量，单位为 kW，其计算式为[1]

$$N_{YX} = \frac{\gamma Q H}{1000}$$

式中　γ——介质重度（N/m³）；

　　　H——水泵的扬程（m）；

　　　Q——水泵的流量（m³/s），1m³/s=10³L/s。

（4）轴功率 N

指电动机传给水泵轴的功率，单位为 kW。

（5）效率 η

指水泵的有效功率和轴功率之比，即

$$\eta = \frac{N_{YX}}{N} \times 100\%$$

（6）配用功率 P

指水泵根据轴功率实际所配用电动机的额定功率。考虑安全，需有一定的功率储备系数，所以配用电动机的功率稍大于轴功率。

（7）转速 n

指水泵的叶轮每分钟转多少转，单位为 r/min。

（8）允许吸上真空高度（也叫允许吸水高度）H_s

它表示该水泵吸水能力的大小，也是确定水泵安装高度的依据。在安装水泵时，其实际吸水高度 $H_{吸}$（见图 4-5）与吸水管路损失扬程（管阻）$H_{损}$ 的和，应小于允许吸上真空高度。如果吸水高度超过允许吸上真空高度，就要产生汽蚀，甚至吸不上水。1 个大气压相当于 10m 水柱产生的压力，由于水头损失等原因，所以对有吸程的水泵，吸水高度必须低于 10m，一般在 2.5~8.5m 之间。

（9）比转速（也叫比速）n_s

指水泵的有效功率为 1hp、扬程为 1m 水柱时，所相当的水泵轴转速，它和水泵的转速不同。比转速的单位为 r/min，可用下式计算[1]：

$$n_s = \frac{3.65n\sqrt{Q}}{H^{3/4}}$$

式中　H——水泵的扬程（m）；

　　　　Q——单吸叶轮的流量（m³/s），对于 sh 型泵，则应取 $Q_{sh}/2$。

对于同一类型的水泵，扬程越高、流量越小，则比转速越低；水泵在相同的转速、扬程下，比转速高的流量大；在相同的扬程、流量下，比转速高的水泵的转速也高。离心泵的比转速在 300r/min 以下，混流泵的比转速在 300~500r/min 之间，轴流泵的比转速在 500r/min 以上。

4.2.2　水泵的扬程、管阻和工作点的特性曲线

水泵的功能是把水从河、湖或水池等处吸入，加压后输送到所需要的地方去，经过净化处理，再利用水泵送到工厂、小区等地方。

1. 扬程特性

以管路中的阀门开度不变为前提，在某一转速下，一台水泵的扬程 H 与流量 Q 之间有一个对应的关系。这个关系用 $H-Q$ 坐标图来表示，即为水泵的 $H-Q$ 性能曲线，又称扬程曲线，如图 4-6 所示。

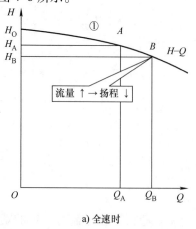
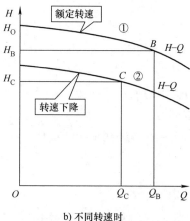

a) 全速时　　　　　　　　　　　b) 不同转速时

图 4-6　水泵的 $H-Q$ 特性曲线

图 4-6a 中，扬程特性反映了水泵出水流量的大小对供水扬程的影响，即水泵的出水流量越大，管道中的摩擦损耗以及增大流速所需要的扬程也越大，供水扬程将越小。另外，当流量 Q 减小时，因阀门关小，压力反而略升。$H - Q$ 是一条曲线，而不是一条斜直线，说明阀门的开度与流量不成正比。

扬程特性与转速有关，即水泵的转速下降，其供水能力也下降，扬程特性曲线将下移，见图 4-6b 中的曲线②。

2. 管阻特曲线

管阻是阀门和管道系统对水流的阻力，其符号是 R，与管路的直径和长度、管路各部分的阻力系数，以及液体流速等因素有关。

以水泵的转速不变为前提，阀门在某一开度下，供水扬程与流量之间的关系的曲线称为管阻特性曲线，见图 4-7a 中的曲线①。

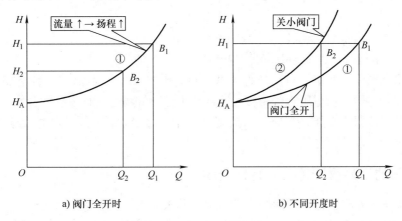

a) 阀门全开时　　　　　　　　　b) 不同开度时

图 4-7　水泵装置的管阻特性

管阻特性实际上是管道系统的负载特性，它表明为了在管路内得到一定的流量而水泵必须提供的扬程，如果供水扬程小于静扬程，将不能向用户供水。

当阀门关小时，管阻系数将增大，管阻也增大，在扬程相同的情况下，流量将减小，管阻特性曲线上扬，见图 4-7b 中的曲线②。

3. 供水系统的工作点

如图 4-8 所示，扬程特性曲线①和管阻特性曲线②的交点，称为供水系统的工作点，即图中的 N 点。在这一点上，供水系统既满足了扬程特性，也符合管阻特性，供水系统处于平衡状态，系统稳定运行，这时，流量为 Q_N，扬程为 H_N。

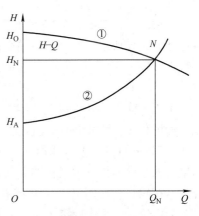

图 4-8　水泵装置的工作点

4.2.3　相同离心泵并联的特性曲线

水泵并联运行的主要目的是增大所输送的流量，但流量增加的幅度大小与管路特性曲线的特性及并联台数有关。图 4-9 所示为不同陡度管路特性曲线对泵并联效果的影响。

当管路特性曲线方程为 $H_c = 20 + 10Q^2$（Q 的单位为 m^3/s）时，有

1 台泵单独运行时：$Q_1 = 730L/s$（100%）

2 台泵关联运行时：$Q_2 = 1160L/s$（159%）

3 台泵并联运行时：$Q_3 = 1360L/s$（186%）

当管路特性曲线方程为 $H_c = 20 + 100Q^2$（Q 的单位为 m^3/s）时，有

1 台泵单独运行时：$Q_1 = 450L/s$（100%）

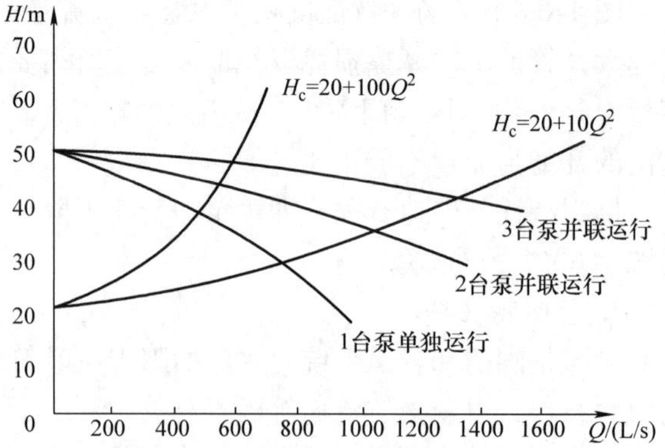

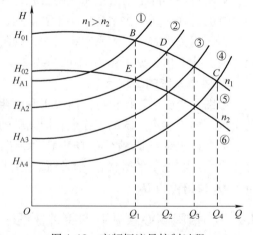

图 4-9　不同陡度管路特性曲线对泵并联效果的影响

2 台泵并联运行时：$Q_2 = 520L/s$（116%）

3 台泵并联运行时：$Q_3 = 540L/s$（120%）

比较两组数据可以看出：管路特性曲线越陡，并联的台数越多，流量增加的幅度就越小。因此，并联运行方式适用于管路特性曲线不十分陡的场合，且并联的台数不宜过多。若实际并联管路特性曲线很陡，则应采取措施（如增大管径、减少局部阻力等）使管路特性曲线变得平坦些，以获得好的并联效果。

4.2.4　水泵的变频恒流量控制特性曲线

很多情况下，水厂的取水水源是大江大河，其水面的水位会随季节而变化，冬季水位和夏季水位之间相差几米甚至 20 多米，如图 4-5 所示。水源水位的变化将导致静扬程 H_A 的变化，其管阻特性如图 4-10 的曲线①、②、③和④所示。

其中，冬季的水位较低，静扬程 H_A 较大，其管阻特性如曲线①所示。此时水泵在全速下运行，扬程特性如图 4-10 中的曲线⑤所示，工作点为 B 点，流量为 Q_1。

夏季的水位较高，静扬程 H_A 较小，其管阻特性如曲线④所示。此时水泵在全速下运行，扬程特性如图 4-10 中的曲线⑤所示，工作点为 C 点，流量为 Q_4。

由于大江大河的水位在一年之中随季节而变化，静扬程 H_A 和相应的管阻特性也同时变化，如图 4-10 中的曲线①~④所示，所以静水池进水量的大小也是随季节变化的。但这是对整年而言的，在较短的时间（一个月或者若干天）内，水源的水位及管道中的进水量还是相对稳定的。

图 4-10　变频恒流量控制过程

从大江大河取水的水泵在控制方式上以流量恒定作为主控手段，原则上实行恒流量控制，根据静扬程的变化自动地调整水泵的转速，使一年四季的取水量保持不变。虽然季节的

不同（水位不同）和不同时段用水量的不同，但流量的目标值应能够自动调整。

图 4-10 中，当水源水位较低时，此时静扬程为 H_{A1}，电动机的转速为 n_1，理想空载扬程为 H_{01}，流量为 Q_1，工作点为 B 点。

图 4-10 中，当水源水位稍高时，此时静扬程为 H_{A2}，电动机的转速为 n_1，理想空载扬程为 H_{02}，流量为 Q_2，工作点为 D 点。在这种情况下，若控制系统变频调节电动机的转速为 n_2，图中的曲线⑥为降速后的 n_2，理想空载扬程为 H_{02}，但流量恢复为 Q_1，工作点为 E 点。

另外说明的是，为了防止净水池的水位过低或过高，以静水池的水位作为辅助控制，即水位低于一定程度时，控制系统将自动增大流量的目标值；水位超过上极限水位时，水泵停止运行。

4.3　风机泵类电动机变频调速的节能运行

4.3.1　变频调速是风机泵类节能降耗的最佳选择

风机和水泵都是流体机械，通常这些设备是根据生产中可能出现的最大负载条件（即最大流量）进行选择的，运行中"大马拉小车"现象严重。而实际上，一般按生产和工艺要求，需要经常调节风量与流量。为此有两种解决办法：其一是不改变电动机的转速，改变挡板、阀门的开度或者放空的办法来达到调节风量或流量；其次是不改变挡板、阀门的开度，通过调节电动机的转速来达到调节风量和流量的目的。在要求相同流量的条件下，上述两种解决办法下的功率消耗相差很大。

对于前一种解决办法，虽然调节操作简单，但调节精度低，管网系统的运行效率低，当挡板、阀门未放空时，人为增加了管网系统的阻力，浪费了能量，由于电动机的转速基本不变，故风量或流量调节前后，电动机所消耗的功率也基本不变。

对于后一种解决办法，情况则有所不同。它是根据负载变化需要，利用变频器调节电动机的转速，来调节流量或压力，可减少系统阻力消耗的能量（参考 4.1.4 节）。该方法精度高、操作方便，既优化了控制系统，又提高了系统效率。电动机不但减少了电网输入的功率，同时变频器也提高了电网输入的功率因数，使电动机从电网吸收的无功功率相对降低了，由于电网传输的无功功率减小，使得无功功率的传输在电网中造成的有功损耗也减少，即无功经济当量也降低了。

综上所述，风机水泵变频调速之后的节能，不但直接体现在单台设备自身的能耗降低上，还体现在管网系统效率的提高与电源输入端功率因数的提高（即无功经济当量的降低）上。因此，变频调速是风机泵类节能降耗的最佳选择。

4.3.2　风机泵类电动机变频调速节能效果的分析

风机泵类在满足三个相似条件——几何相似、运动相似和动力相似的情况下遵循相似定律。对于同一台风机或水泵，当输送的流体密度不变，仅转速改变时，其性能参数的变化遵循比例定律，即风机泵类的转速变化与其流量、压力和功率之间的变化有以下关系：

$$\frac{Q_1}{Q_2} = \frac{n_1}{n_2} \quad 或 \quad Q_2 = Q_1 \frac{n_2}{n_1}$$

$$\frac{H_1}{H_2} = \left(\frac{n_1}{n_2}\right)^2 \quad 或 \quad H_2 = H_1 \left(\frac{n_2}{n_1}\right)^2$$

$$\frac{P_1}{P_2} = \left(\frac{n_1}{n_2}\right)^3 \quad 或 \quad P_2 = P_1 \left(\frac{n_2}{n_1}\right)^3$$

式中　Q_1、H_1、P_1——转速为 n_1 时的流量、压力、功率；

　　　Q_2、H_2、P_2——转速为 n_2 时的流量、压力、功率。

上式表明：流量与转速成正比，压力与转速的二次方成正比，功率与转速的三次方成正比。

可见，当通过降低转速以减小流量来达到节流目的时，所消耗的功率将降低很多。其节电效果说明如下：

从 1.2.1 节知，由于转差率 s 一般情况下比较小（0~0.05），电动机转速 n 与电源频率 f 的关系近似成正比，即 $n \propto f$。当 $f = 50\mathrm{Hz}$ 时，$n = n_e$（额定转速）；当 $f = 40\mathrm{Hz}$ 时，$n = 0.8n_e$；当 $f = 25\mathrm{Hz}$ 时，$n = 0.5n_e$ 等。又由于轴功率 $P \propto n^3$，当 $n = n_e$ 时，$P = P_e$；当 $n = 0.8n_e$ 时，$P = 0.8^3 P_e = 0.512 P_e$；当 $n = 0.5n_e$ 时，$P = 0.5^3 P_e = 0.125 P_e$ 等。

因此，这类负载应用变频器的节电率，根据公式 $\Delta P = \frac{P_e - P}{P_e} \times 100\%$，当 $n = n_e$（即 $f = 50\mathrm{Hz}$）时，节电率 $\Delta P = \frac{P_e - P_e}{P_e} \times 100\% = 0$；当 $n = 0.8n_e$（即 $f = 40\mathrm{Hz}$）时，节电率 $\Delta P = \frac{P_e - 0.512 P_e}{P_e} \times 100 = 48.8\%$；当 $n = 0.5n_e$（即 $f = 25\mathrm{Hz}$）时；节电率 $\Delta P = \frac{P_e - 0.125 P_e}{P_e} \times 100\% = 87.5\%$。

根据上面的相似定律的特例比例计算，可以得到表 4-1 所列的结果。[1] 表中数据说明，当电动机的转速稍有下降时，电动机功率损耗会大幅度下降，耗电量也大为减少，也就是说，如果通过变频器调速控制风机泵类的流量，将会收到显著的节电效果，应该注意的是，风机水泵比例定律三大关系式的使用是有条件的，实际应用中，风机水泵由于受到系统参数和运行工况的限制，并不能简单地套用比例定律来计算调速范围和估计节能效果，对于风机，其管路静压一般为零，管路阻力曲线是一条通过坐标原点的 2 次抛物线，如 4.1.2 节的特性曲线那样，阀门的开度与流量虽不是完全不成正比，还可用相似定律求出变速后的参数。而对于水泵，其管路阻力曲线的管路静压（或静扬程）不为零，变速前后的流量比恒大于转速比，流量、扬程（或全压）与转速的关系不符合比例定律，不能直接用比例定律计算，需将实际工况转化为相似工况后，才能用比例定律进行计算。所以，表 4-1 所列结果，在实际应用中会有出入，仅供参考。

表 4-1　风机泵类负载应用变频器的节电效果

流量 Q^*（%）	100	90	80	70	60	50	40	30
转速 n^*/(r/min)	100	90	80	70	60	50	40	30
频率/Hz	50	45	40	35	30	25	20	15
轴功率 P^*（%）	100	72.9	51.2	34.4	21.6	12.5	6.5	2.7
节电率 ΔP（%）	0	27.1	48.8	65.7	78.4	87.5	93.5	97.3

注：Q^*、n^*、P^* 均为各量与额定值的相对百分数。

4.3.3　风机泵类负载变频调速传动系统控制的分析

根据风机泵类负载系统的实际运行工况，适时跟踪控制系统工况物理参数（如压力、温度、压差、温差）的变化，以单片机为控制核心，将各自物理参数的信号通过变换器转换为电流（或电压）信号，又经过 A/D 转换器转换成数字量，送到变频器内置的 CPU 或 PLC 的 CPU 中，在它们的内置 PID 数字调节器中完成运算，控制变频调速装置输出频率，改变电动机的转速。对于风机、泵类节能型变频器，常常使频率与电压成比例地改变，即改变频率的同时控制变频器的输出电压，使电动机的磁通保持恒定，避免弱磁和磁饱和现象的产生。对风机、泵类负载系统，还需进行优化，以使总体匹配最合理，提高系统效率、降低能耗，达到系统的经济运行。

4.3.4　风机泵类负载应用变频调速节能的条件

根据我国风机、泵类负载应用变频调速的实践经验，为了合理地应用变频调速技术，国家标准 GB/T 21056—2007《风机、泵类负载变频调速节电传动系统及其应用技术条件》中规定了技术要求和应用条件：

1）风机、泵类的运行工况点偏离高效区。

2）压力、流量变化幅度转大，运行时间长的系统。

中低流量变化类型的风机、泵类负载及全流量间歇类型的风机、泵类负载运行工况应符合下列要求：

① 流量变化幅度≥30%、变化工况时间率≥40%、年总运行时间≥3000h。

② 流量变化幅度≥20%，变化工况时间率≥30%、年总运行时间≥4000h。

③ 流量变化幅度≥10%，变化工况时间率≥30%、年总运行时间≥5000h。

流量在额定流量的 90% 以上变化时，风机、泵类负载不宜用变频调速装置。

3）使用挡风板、阀门截流以及旁路分流等方法调节流量的系统。

4.3.5　风机变频调速时节电率计算的方法

4.3.2 节介绍的相似定律是研究、设计风机和水泵的规律，它是就风机论风机、就水泵论水泵的定律。对于工作在管网系统中的风机，必须视具体工况进行分析，风机的入口和出口风压是否为大气压、风机是入口风门调节还是出口风门调节、导流器是轴向式还是简易式等直接关系到风机轴功率的变化。同时，由于风机节流调节时运行的工况点与风机调速后（风门基本全部开启）的工况点不在同一条相似曲线上，所以风机的节能不能照搬相似定律，风机的节能计算必须根据具体设备的实际工况进行分析计算，此外还应当考虑变频调速之后电动机的效率、变频器的效率及变频器的自冷却损耗功率等因素。

图 4-11 给出了离心式风机不同调节方式电动机特性曲线。按实际风量（转速）的百分值，再按图中曲线③查得采用变频调速和采用阀门调节时的节省功率百分值，即可求得节电率。

$$N\% = \frac{阀门调节时消耗功率 - 变频调速消耗功率}{阀门调节时消耗功率}\%$$

当采用变频调速后，出口、入口阀门都应全开，即开度为 100%。

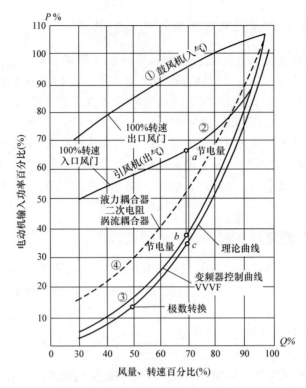

图 4-11　离心式风机不同调节方式电动机特性曲线

注：额定风量时的轴向功率定为 100%。

在图 4-11 中，对于鼓风机，应选用图中曲线①；对于引风机，应选用图中曲线②；变频调速–应选用图中曲线③；液力耦合器应选用图中曲线④。

下面举例介绍三步法计算风机变频调速节电率：

1. 引风机的电动机和风机运行参数

适用电动机参数为 3300V、500kW、6P（电动机效率定为 95%），以 70% 的风量运转（将 100% 风量的电动机负载率定为 90%）。

2. 计算步骤

由于引风机以 70% 的风量运转，风机转速的百分比为 $0.7 \times 0.9 = 0.63$，本例利用图 4-11 特性曲线中的 a 点（0.68）进行下面的计算。

引风机入口风门控制时的电功率为

$$500\text{kW} \times 0.9 \times 0.68 \times \frac{1}{0.95} \approx 322\text{kW}$$

变频器控制时的电功率（节能控制运转）如下：

电动机输出功率（c 点）为

$$500\text{kW} \times 0.9 \times 0.7^3 = 154.35\text{kW}$$

电动机输入功率为

$$154.35\text{kW} \times \frac{1}{0.95} \approx 162.5\text{kW}$$

变频器输入功率（b 点）为（变频器的效率按 0.98 考虑）

$$162.5 \times \frac{1}{0.98} \approx 166 \text{kW}$$

3. 节电率的计算

$$N\% = \frac{322 - 166}{322} \times 100\% \approx 48.4\%$$

4. 节省电能计算

使用变频调速 1 年所节省的电能为（1 年运转时间定为 6000h）

$$(322 \text{kW} - 166 \text{kW}) \times 6000 \text{h} = 936000 \text{kW} \cdot \text{h}$$

电费价格以 0.85 元/（kW·h）计算，1 年可节省电费

$$936000 \times 0.85 \text{ 元} = 79.56 \text{ 万元}$$

4.3.6 多泵联合高压变频恒压供水的节电特点

由于城市自来水的用量随季节的变化而变化，随每日不同时段而变化。为使供水的水压恒定，自来水厂供水泵站中调节水压和流量的传统方法是，按期望输出的水压和流量人工控制水泵运行的台数。供水系统一般由若干台扬程相近的水泵组成，多泵并列运行，大小泵搭配，目的是灵活地根据流量决定开泵的台数，降低供水的能耗。供水高峰时，几台大泵同时运行，以保证供水流量；当供水负载减小时，采用大小泵搭配使用，合理控制流量，晚上或用水低谷时，开一台小泵维持供水压力。由于水泵的流量较大，为避免"水锤"效应，人工投切时，投入泵时应遵循"先开机，后开阀"、切除泵时应遵循"先关阀，后停机"的操作程序。其运行获得一定的经济效益，在此基础上，为获得更大的经济效益并节约电能，目前最常见的办法是采用变频恒压供水系统，即压力变送器装在主管网上检测管网压力，再将此压力信号送到变频器（PLC）的模拟信号输入端口，由此构成压力闭环控制系统，常用 PID 控制方式，管网压力的恒定依赖变频器的调节控制。变频恒压供水常应用在城市自来水厂和大型智能建筑中。

恒压供水考虑到，在动态供水情况下，供水管道中水压力 P 的大小与供水能力和用水需求之间的平衡情况有关：当供水能力大于用水量时，管道压力上升；当供水能力小于用水量时，管道压力下降；当供水能力等于用水量时，管道压力保持不变。可见，供水能力与用水需求之间的矛盾具体反映在供水压力的变化上。从而压力就成了用来作为控制流量大小的参变量，也就是说，保持供水系统中某处压力的恒定，也就保证了供水能力和用水需求处于平衡状态，恰到好处地满足了用户的用水要求，这就是恒压供水所要达到的目的。

为了减少设备投资，变频恒压多泵联合供水多采用一台变频器进行统一控制，有两种控制方案：一种是水泵电动机需要在变频和工频之间切换的循环投切方案，可参见 4.12.3 节的工程实例，这里不做介绍；另一种是水泵电动机不需要在变频和工频之间切换的顺序控制方案。

顺序控制方案供水系统的电气拖动方案有两种：一种是供水系统由一台容量较大的主泵和几台容量较小的辅助泵组成，主泵通过变频器进行调速，辅助泵都由工频电源直接供电，但起动和停止由变频器控制；另一种是供水系统由若干台容量相同或接近的水泵组成，其中只有一台水泵通过变频器调速，其控制过程如图 4-12 所示。

图 4-12 中，BP_1 为变频器，$BU_2 \sim BU_4$ 为软起动器，PT 为压力变送器。由该图可知，

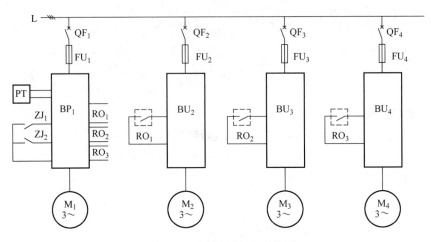

图 4-12　顺序控制方案系统图

变频器连接在第 1 台水泵上，在用水量较少的情况下，先由第 1 台水泵在变频控制的情况下进行恒压供水；当用水量增大且第 1 台水泵已经达到上限频率而水压仍不足时，经过短暂的延时，确认系统的用水量已经增大需要加泵后，由变频器 $RO_1 \sim RO_3$ 端口输出信号起动其他水泵，如起动第 2 台水泵，这时水泵采用软起动器起动，以工频工作，而第 1 台水泵仍在变频控制的情况下进行恒压供水。若第 2 台水泵工频运行后，因为用水量再增加，第 1 台水泵又达到上限频率而水压仍不足时，由变频器 $RO_1 \sim RO_3$ 端口输出信号起动其余某个水泵在工频下运行……以保证系统的压力恒定；当用水量减小，第 1 台水泵已经达到下限频率且管网压力仍偏高时，变频器 $RO_1 \sim RO_3$ 端口输出信号退出一台水泵运行……如果因为用水量进一步减小而使压力又偏高时，则再停止一台泵（减泵），以此类推。这种方案的特点是水泵电动机不需要在变频和工频之间切换；第 1 台水泵永远连接在变频器上，没有切换过程中的失压现象；由于变频器以外的泵都有软起动器，所以不需要再做备用系统，当变频器故障时，可用软起动器手动起动 $M_2 \sim M_4$ 水泵，保证供水不致中断；每台电动机都有起动器，初始投资较大。

多泵联合高压变频恒压供水除了上面的特点外，还应考虑以下方面的因素：

出于经济原因的考虑，应尽量减少调速水泵的台数，选择全年内运行工况中开泵运行时间最长、扬程最高、流量最大、运行工况点在高效区内或尽量接近高效区的台数；而备用泵则采用工频定速泵。当一台调速泵出现故障时，可以允许一台工频定速泵运行，其综合效率会稍有降低，而扬程则会有所增加。

此外，简单介绍污水处理厂的变频恒压供水情况，那里更多的情况是保证水位的恒定，其原理和恒压供水原理接近，就是在保证水位波动不大的情况下，调节流量的变化。

4.4　离心风机及泵类对变频器选择的要求

4.4.1　对离心风机及泵类变频器选择的基本要求

大多数的风机、水泵、油泵在出厂时已经配好了电动机，因此采用变频调速时，一般不再另配电动机。变频器的制造商大多也提供了风机、水泵、油泵专用的变频器，因此选择变频器比较简单。对这类负载，选择变频器时最主要的问题是如何得到最佳的节能效果。对于变频器电气控制和保护特性，需要考虑以下几点（供选购时参考）：

1）变频器的控制方式：U/f 控制或无传感器磁通矢量控制方式。

2）对于风机泵类（二次方率）负载，选择变频器时最主要的问题是如何得到最佳的节能效果，需要正确预置变频器的功能。

由于负载转矩与转速的二次方成正比，当工作频率高于电动机的额定频率时，负载转矩可能大于电动机的转矩，使电动机过载。因此，在设置变频器时，最高工作频率不应高于电动机的额定频率。也不要轻易增大变频器出厂时设置的最高频率，避免电动机出现不利情况。变频器的容量应与最高工作频率时的负载功率相当或稍大。

3）为了得到最佳的节能效果，大多设置若干条低频 U/f 控制曲线，在系统调试的时候确定具体采用哪条控制曲线，原因是低频控制曲线的转矩相对减小了，在相同转速下，功率减小了，达到了节能效果。

4）变频器瞬时过转矩能力不低于额定转矩的 120%，持续时间不低于 60s。选用低频 U/f 控制曲线后，由于转矩相对减小，有时会出现不能起动的问题。解决的办法是选用另一条低频 U/f 控制曲线，或者将变频器的起动频率设置得大一点。

5）由于低频 U/f 控制曲线对应的转矩特性不可能与负载的特性完全吻合，所以低频控制曲线下运行时仍具有节能的潜力。

6）变频器必须采用必要的谐波抑制方案，将其输入侧产生的谐波电流总畸变率（THDI）减小至小于 35%，优于 IEC 标准的要求（THDI≤48%）。

7）为减小变频器运行中产生的辐射与传导干扰，应满足 EMC 抗扰性要求。

8）具有输入过电压、直流母线过电压、输入欠电压、输入缺相、过载、欠载、电流限幅、输出缺相保护功能。

9）为便于操作和节省成本，产品需要集成多段显示面板。

10）为便于用户选择和系统集成，要求变频器内置通常用的现场总线，如 PROFIBUS、MODBUS，并能提供全部主流楼宇总线通信卡，如 LonWorks 通信卡。

对 6kV 和 10kV 离心风机泵类变频器，除考虑上面的基本要求外，还要考虑 4.4.2 节或 4.4.3 节的要求。

4.4.2　选择 6kV 离心风机泵类变频器的基本要求

选择 6kV 离心风机泵类变频器的基本要求如下[1]：

1）应优先选择具有成熟变频器生产经验和悠久生产历史的著名品牌。

2）中压变频器的工作环境温度为 0 ~ 40℃，相对湿度小于 85%，无凝露，海拔 <1000m，当海拔≥1000m 时，变频器要降容使用。

3）通常选用电压型变频器，即内部储能元件为电容。

4）通常选用 6kV 输入、6kV 输出，不选用"输入采用降压变压器降压、输出采用升压变压器升压"的方案。

5）通常选用 6kV 中压变频器为变频器成套柜，包含输入移相变压器、变频器整流单元、变频器逆变单元，以及图形显示终端。变频器柜的防护等级应不低于 IP31，变频器功率单元冷却方式应为强制风冷，并具有冷却风机停机保护。

6）变频器能提供 U/f 控制和无传感器磁通矢量控制方式。

7）具有电动机过载、过电流、输入过电压、欠电压保护、CPU 故障等保护。

8）为有效减小变频器运行时产生的谐波电流，变频器输入必须采用不小于 36 脉冲整流，使得谐波电流总畸变率 THDI 不大于 2%，以将谐波电流对中压电网的污染减小到最小。

9）为保证变频器输出电压为高度正弦波，从而消除 du/dt 产生的过电压对电动机绝缘的损害，要求变频器输出半波电压必须大小于 17 电平，每个逆变单元必须能输出 3 电平。

10）要求 6kV 变频器功率因数大于 0.96。

11）在额定功率下，要求 6kV 变频器的整机效率（包括输入移相变压器在内）大于 96%。

12）要求 6kV 变频器集成现场总线（如 PROFIBUS、MODBUS）通信功能。

4.4.3　选择 10kV 离心风机泵类变频器的基本要求

选择 10kV 离心风机泵类变频器的基本要求如下[1]：

除与选择 6kV 变频器的第 9 条有所不同外，其余各条均与 6kV 变频器的要求相同。选择 10kV 变频器的第 9 条要求变频器输出半波电压必须不小于 21 电平，每个逆变单元必须能输出 3 电平。

4.4.4　风机泵类变频器和通用变频器的主要区别

风机泵类变频器和通用变频器的主要区别见表 4-2。

表 4-2　风机泵类变频器和通用变频器的主要区别[1]

性能参数	风机泵类变频器	通用变频器
最高频率/Hz	50 ~ 120 *	50 ~ 400
起动转矩	50% 以上	150% 以上
过载电流	120%，1min	150%，1min

注：*由于这类负载在高速时的需求功率增加过快（与负载速度的三次方成正比），所以不应使这类负载超工频运行，即最高频率为 50Hz。

4.5　风机泵类变频器的 PID 运行

风机泵类专用变频器一般都内置比例（P）、积分（I）、微分（D）控制，简称 PID 控制，又称 PID 调节，例如在 4.11.3 节和 4.13.3 节就采用 PID 控制运行。

4.5.1　PID 控制器的结构及基本原理

在风机泵类负载模拟控制系统中，控制器最常见的控制方法是 PID 控制，控制器本身是一种基于对"过去""现在"和"未来"信息估计的简单控制算法。常规 PID 控制器系统框图如图 4-13 所示。

系统主要由 PID 控制器和被控对象组成，PID 控制器根据给定值 $r(t)$ 与控制器输出值

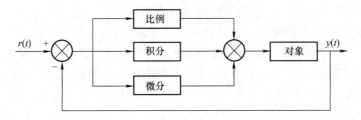

图 4-13 常规 PID 控制器系统框图

$y(t)$ 构成控制偏差，将偏差按比例、积分和微分的线性组合构成控制量，对被控对象进行控制，故称 PID 控制器。其控制规律为

$$u(t) = K_p \left\{ e(t) + \frac{1}{T_i} \int_0^t e(t)\,\mathrm{d}t + T_d \frac{\mathrm{d}e(t)}{\mathrm{d}t} \right\} \tag{4-1}$$

式中

$e(t) = r(t) - y(t)$；

K_p——比例系数；

T_i——积分时间常数；

T_d——微分时间常数。

4.5.2 数字 PID 控制算法

由于计算机控制是一种采样控制，它只能根据采样时刻的偏差值计算控制量，所以连续 PID 控制算法 [式 (4-1)] 不能直接使用，需要采用离散化方法。

对式 (4-1) 进行离散化，令

$$u(t) = u(kT)$$
$$e(t) = e(kT)$$
$$\frac{1}{T_i} \int_0^t e(t)\,\mathrm{d}t = \frac{T}{T_i} \sum_{j=0}^{k} e(jT) \tag{4-2}$$
$$T_d \frac{\mathrm{d}e(t)}{\mathrm{d}t} = \frac{T_d}{T} [e(kT) - e(kT - T)]$$

离散化的数字 PID 控制器中经常采用两种算法：位置式 PID 控制算法和增量式 PID 控制算法。因为位置式 PID 控制算法的运算工作量大等不足，这里不做介绍，仅介绍增量式 PID 控制算法。所谓增量式 PID，是指数字控制器的输出是控制器的增量 $\Delta u(k)$，根据递推原理，可得

$$\Delta u(k) = K_P[e(k) - e(k-1)] + K_I e(k) + K_D[e(k) - 2e(k-1) + e(k-2)] \tag{4-3}$$

式中 K_I——积分系数，$K_I = K_P \dfrac{T}{T_i}$；

K_D——微分系数，$K_D = K_P \dfrac{T_d}{T}$；

K_P——比例系数；

$u(k)$——第 k 次采样时刻的计算机输出值；

$e(k)$——第 k 次采样时刻的输入偏差值；

$e(k-1)$——第 $(k-1)$ 次采样时刻的输入偏差值。

从式（4-3）可以看出，一般计算机控制系统采用恒定的采样周期 T，一旦确定了 K_P、K_I 和 K_D，只要使用前三次测量的偏差，即可求出控制增量。

增量式 PID 控制算法虽然只是在算法上做了一点改进，却带来了不少优点：由于计算机输出增量，所以误动作时影响小，必要时可以用逻辑判断方法消除；当计算机发生故障时，由于输出通道或执行装置具有信号锁存作用，可保持原值。控制增量 $\Delta u(k)$ 仅与最近三次采样值有关，所以较容易通过加权处理而获得比较好的控制效果。但增量式 PID 控制算法也有其不足之处：积分截断效应大，有静态误差，溢出影响大。

下面从系统稳定性、响应速度、超调量和控制精度等方面来分析 PID 三个参数对 PID 控制性能的影响。

（1）比例系数 K_P

及时地反映控制系统输出与输入的偏差信号，一旦系统出现偏差，比例调节立即产生调节作用，使被控量朝着减小误差的方向变化，控制作用的强弱取决于比例系数 K_P 的大小，其作用在于加快系统的响应速度，提高系统的调节精度。K_P 越大，系统的响应速度越快，但 K_P 过大会使调节过程出现较大的超调量，从而降低系统的稳定性，在某些严重的情况下，甚至可能造成系统不稳定。如果 K_P 过小，则会降低调节精度，使响应速度缓慢，从而延长调节时间，使系统动、静态特性变坏。

（2）积分系数 K_I

消除稳态误差，提高系统的无差度，以保证对设定值的无静差跟踪。K_I 越大，积分速度越快，系统静差消除越快，但 K_I 过大，在响应过程的初期以及系统过渡过程中会产生积分饱和现象，从而造成响应过程出现较大的超调，使动态性能变差；若 K_I 过小，则积分作用变弱，使系统的静差难以消除，使过渡过程时间加长，不能较快地达到稳定状态，影响系统的调节精度和动态特性。

（3）微分系数 K_D

主要在响应过程中改善控制系统的响应速度和稳定性，抑制偏差向任何方向的变化，对偏差变化进行提前预测，降低超调，增加系统的稳定性。直观而言，微分作用能在偏差还未形成之前，就已消除偏差。但 K_D 过大，会使响应过程过分提前，从而拖长调节时间，而且系统的抗干扰性较差；若 K_D 太小，微分作用太弱，调节质量改善不大。在微分作用合适的情况下，系统的超调量和调节时间可以被有效地减小。从滤波器的角度看，微分作用相当于一个高通滤波器，因此它对噪声干扰有放大作用，而这是在设计控制系统时不希望看到的，所以不能过强地增加微分调节，否则会对控制系统的抗干扰特性产生不利的影响。

PID 控制器具有结构简单、稳定性好、可靠性高等优点，因此在风机和水泵的调速系统中得到广泛应用。

4.5.3　变频器内置 PID 功能

由于 PID 应用广泛、灵活，现在的变频器（包括风机泵类专用变频器）一般都内置集成的 PID（简称"内置 PID"），使用中只需要设定三个参数即可。在很多情况下，并不一定需要全部三个单元，可以取其中的 1～2 个单元，但比例控制单元是必不可少的。如被控量属于流量、压力和张力等过程控制参数，只需比例积分功能，微分功能基本不用，所以为方便起见，很多变频器其实只有比例积分功能。

比例积分闭环运行，必须首先选择 PID 闭环，在选择功能有效的情况下，变频器按照给定量和反馈量进行 PID 调节。PID 调节是过程控制中应用十分普遍的一种控制方式，它是使控制系统的被控物理量能够迅速、准确而无限地接近目标的基本手段。

在 PID 调节中，至少有两种控制信号——给定量（被控物理量的控制目标）和反馈量（被控物理量对应的输出信号），以判断是否已经达到预定的控制目的。

4.6　风机泵类专用变频器介绍

风机泵类专用变频器一般都内置 PID 和先进的节能软件，以延长风机泵类设备寿命、保护电网稳定、减少磨损，降低故障率，实现软起动和软制动功能，简便管理，安全保护，能实现自动化控制。

目前，市场上有多种风机泵类专用变频器单传动模块，为叙述方便，这里以 ABB 690V、50Hz 和 60Hz 电网供电的 ACS800 - 04P 为例进行介绍。

ACS800 - 04P 是专为大功率泵和风机（P&F）设计的交流传动。ACS800 - 04P 购买方便，安装、配置和使用灵活，可使节省相当多的时间。

ACS800 - 04P 的技术特点如下：

1）完美匹配泵和风机应用，使用先进的控制算法直接转矩控制（DTC），能精确地控制功率器件的每一次开关，相对于矢量控制和标量控制，可减少冗余的开关次数，能效更高。

2）磁通优化控制。

3）能轻松应用于泵和风机的 PFC 宏。

4）可进行流量计算。

5）具有防堵转功能。

6）具有睡眠提升功能。

7）灵活易用的控制盘。

8）内置交流谐波电抗器作为标配。

9）通过 CE 认证。

ACS800 - 04P 可应用于广泛的工业领域，其特别针对泵和风机类传动进行了优化设计，典型的应用包括恒压供水、冷却风机、中央空调等。

其型号代码包含了传动的技术规范、结构和可选项等产品信息：

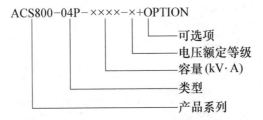

690V、50Hz 和 60Hz 电网供电的 ACS800 - 04P 的功率等级和外形尺寸见表 4-3，690V、50Hz 和 60Hz 电网供电的 ACS800 - 04P 的外形尺寸、重量和噪声见表 4-4，690V 的 ACS800 - 04P 的可选件见表 4-5。

表 4-3　690V、50Hz 和 60Hz 电网供电的 ACS800 - 04P 的功率等级和外形尺寸

ACS800 - 04P 容量（型号代码）	额定容量		无过载应用	轻过载应用		外形	空气流量/（m³/h）	热损耗/W
	$I_{\text{cont. max}}$/A	$I_{\max}$/A	$P_{\text{cont. max}}$/kW	I_{2N}/A	P_N/kW			
—0140—7	134	190	132	125	110	R7	540	2800
—0170—7	166	263	160	155	132	R7	540	3550
—0210—7	166/203*	294	160	165/195*	160	R7	540	4250
—0260—7	175/230*	326	160/200*	175/212*	160/200*	R7	540	4800
—0320—7	315	433	315	290	250	R8	1220	6150
—0400—7	353	548	355	344	315	R8	1220	6650
—0440—7	396	656	400	387	355	R8	1220	7400
—0490—7	445	775	450	426	400	R8	1220	8450
—0550—7	488	853	500	482	450	R8	1220	8300
—0610—7	560	964	560	537	500	R8	1220	9750

注：1. 额定容量时，$I_{\text{cont. max}}$ 为 40℃ 不过载情况下的额定输出电流。$I_{\max}$ 为最大输出电流（起动时可以连续提供电流 10s，其他情况下，时间的长度取决于传动的温度）。

2. 无过载应用时，$P_{\text{cont. max}}$ 为无过载应用的典型电动机功率。

3. 轻过载应用时，I_N 为连续额定输出电流（在温度为 40℃ 时，每 5min 允许过载 1min，过载电流为 110% I_N）。P_N 为轻过载应用的典型电动机功率。对于同一个电压等级，无论供电电压如何，电流的额定值总是相同的。额定值的适用环境温度为 40℃；温度高于 40℃ 时（最大为 50℃），需要降容（1%/℃）处理。

4. * 表示如果输出频率大于 41Hz，那么选择较大的值。

表 4-4　690V、50Hz 和 60Hz 电网供电的 ACS800 - 04P 的外形尺寸、重量和噪声

外形尺寸（IP 00）	顶进侧出线				顶进底出线			重量/kg	噪声/dB
	高/mm	宽1/mm	宽2/mm	深/mm	高/mm	宽/mm	深/mm		
R7	1121	331	435	467	1338.5	306	468	90	71
R8	1555	426	575	561	1750	401.5	566.5	200	72

注：宽1 表示基本单元的宽度。

宽2 表示带电缆连接端子排的宽度。

表 4-5　690V 的 ACS800 - 04P 的可选件

I/O 可选件（2 个插槽适用于 I/O 可选件或现场总线适配器）		
L500	模拟 I/O 扩展模块	RAIO - 01
L501	数字 I/O 扩展模块	RDIO - 01
L503	DDCS 光纤通信模块	RDCO - 03
L509	DDCS 光纤通信模块	RDCO - 03
L508	DDCS 光纤通信模块	RDCO - 01
现场总线（2 个插槽适用于 I/O 可选件或现场总线适配器）		
K451	DeviceNet 适配器	RDNA - 01
K452	LONWorks 适配器	RLON - 01
K454	PROFIBUS - DP 适配器	RPBA - 01
K458	MODBUS 适配器	RMBA - 01
K462	ControlNet 适配器	RCNA - 01

（续）

控制盘	
0J400	无控制盘
J410	RPMP－11 控制盘安装组件，包括一根 3m 长的控制盘连接电缆（不含控制盘）
J413	RPMP－21 控制盘安装组件（"口袋式"安装，不含控制盘）
滤波器	
E210	EMC/RFI—滤波器，适用于第二环境，非限制性销售（接地/浮地网络）
E202	EMC/RFI—滤波器，适用于第一环境，限制性销售（A—类限制，接地网络），不适用于 690V 单元；独立安装，不包括在模块内
E208	共模滤波器
结构	
H356	侧出线模式，侧面引出 DC＋、DC－铜排
H352＋C134	底出线模式，地板固定式
H352＋C134＋H356	底出线模式，地板固定式，底部引出 DC＋、DC－铜排。

4.7　工程实例 1：峨胜水泥循环风机、排风机采用高压变频软起动和变频调速节能

4.7.1　循环风机、排风机改变频调速的必要性

四川峨胜水泥股份有限公司的九里制造二厂一车间生料磨循环风机、窑头排风机、窑尾排风机和煤磨排风机共 4 台风机采用高压变频调速代替原来通过调整液力耦合器和挡风板开度进行风量调节。由于电网容量有限，风机电动机不允许直接工频带载起动，只能用液力耦合器慢慢起动，电动机全速运行后，再通过调节风门开度调整风量大小，原来运行方式存在以下弊端：

1. 调速范围有限，无法软起动

液力耦合器调速范围有限，转速丢转为 5%～10%，低速转差损耗大、效率低、响应慢，起动电流大，装置体积大，耦合器故障时无法切换运行，维护复杂，不能满足提高装置整体自动化水平的需要。

2. 风门调节反应滞后，调节速度慢，调节精度不高

依靠风门调节执行器来调节风门开度，其机械部分的调节速度有限，调节精度也受到影响，往往对现场的控制不是很到位。并且，随着使用年限的增加，挡板开度指示会出现偏差，造成调节的误差增大而无法满足现场工艺的要求。

3. 风门调节浪费电能多

水泥厂初期建设时，考虑后续可能扩建及运行安全，选用较大的风机电动机容量，如电动机的额定电流为 90A，而电动机实际运行电流平均仅为 75A 左右，采用风门调节，人为改变了风管路的阻力曲线，大量能源白白浪费在风门上。

4. 电动机全速运行时机械运动部分磨损大，维护量大

电动机在工频下全速运行，轴承和风机等机械部分磨损较快，且轴承温升较高，4 台风

机的绕线转子异步电动机的转子集电环上的碳刷磨损也相当严重，更换周期短，维护量大。

原来运行方式存在以上诸多弊端，因此有必要改为变频调速。

4.7.2　风机所选高压变频调速系统的优点

风机所选的 HARSVERT—A10 系列变频器，采用单元串联多电平技术和矢量控制技术，输出阶梯正弦 PWM 波，输出谐波少，无须输出滤波装置，可接普通电动机，对电缆、电动机绝缘无损害，采用有速度传感器或无传感器矢量控制，调速范围大，稳态转速精度高。该高压变频调速系统具有以下优点：

1）变频器采用液晶显示数字界面，调整触摸式面板，可随时显示电压、电流、频率、电动机转速，直观显示电动机的实时状态。

2）精确的频率分辨率和高调速精度，完全可以满足各种生产工艺工况的需要。

3）高压变频器具有国际通用的外部接口，可以同 PLC 和工控机等各种仪表设备连接，并可以与原设备控制回路相连接，构成部分闭环系统，如与原 DCS（集散控制系统）实现数据交换和联锁控制。

4）具有电力电子保护和工业电气保护功能，保证变频器和电动机在正常运行和故障时安全可靠。

5）电动机可实现软起动、软制动；起动电流不大于电动机的额定电流；起动时间连续可调，减少了对电网的影响。

6）具有就地和异地操作功能，还可通过互联网实现远程监控功能。

7）减少配件损耗，延长设备使用寿命，提高劳动生产效率。

4.7.3　风机所选高压变频调速系统的运行方式

高压变频调速系统采用的变频器和电动机的铭牌参数见表4-6。

表 4-6　高压变频调速系统采用的变频器和电动机的铭牌参数

负载	铭　牌			
	变频器铭牌		电动机铭牌	
生料磨循环风机	型号	HARSVERT – A10/290	型号	YKK900 – 6
	出厂编号	北京利德华福变频器 10342 – 04A	制造厂	兰州电机有限责任公司
	额定功率	5000kV · A	额定功率	4000kW
	额定电流	290A	额定电压	10kV
	输入电压	10kV	额定电流	266.1A
	输出电压	10kV	额定转速	997r/min
窑头排风机	型号	HARSVERT – A10/100	型号	YKK710 – 8
	出厂编号	北京利德华福变频器 10342 – 02A	制造厂	兰州电机有限责任公司
	额定功率	1570kV · A	额定功率	1250kW
	额定电流	90A	额定电压	10kV
	输入电压	10kV	额定电流	97.9A
	输出电压	10kV	额定转速	744r/min

（续）

负载	铭　牌			
	变频器铭牌		电动机铭牌	
窑尾排风机	型号	HARSVERT – A10/090	型号	YKK710 – 8
	出厂编号	北京利德华福变频器 10342 – 03A	制造厂	兰州电机有限责任公司
	额定功率	1750kV·A	额定功率	1400kW
	额定电流	100A	额定电压	10kV
	输入电压	10kV	额定电流	88.23A
	输出电压	10kV	额定转速	743r/min
煤磨排风机	型号	HARSVERT – A10/40	型号	YKK500 – 4
	出厂编号	北京利德华福变频器 10342 – 01A	制造厂	兰州电机有限责任公司
	额定功率	700kV·A	额定功率	560kW
	额定电流	40A	额定电压	10kV
	输入电压	10kV	额定电流	38.08A
	输出电压	10kV	额定转速	1486r/min

　　高压变频调速系统框图如图 4-14 所示，此结构是"一拖一"手动旁路的典型方案，图中 QF 为原高压开关柜内的断路器，变频运行时，QS_1 和 QS_2 闭合，QS_3 断开；工频运行时，QS_3 闭合，QS_1 和 QS_2 断开。QS_2 和 QS_3 之间在机械上互锁，不能同时闭合。此方案的优点是：在检修高压变频器时，有明显断电点，能够保证人身安全；可手动使负载投入工频电网运行等。缺点是高压变频器故障时，不能自动由变频转为工频。

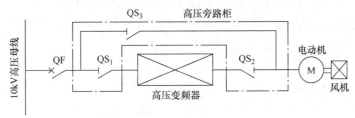

图 4-14　高压变频调速系统框图

　　需要说明的是，由于生料磨循环风机的电动机功率较大（4000kW），不能直接工频起动电动机，故该台电动机原先用水电阻装置起动，起动结束后再自动短接转子集电环，电动机全速运行后再调整液力耦合器调整风机风量。其他三台风机功率较小，先直接工频起动电动机，然后再调节液力耦合器调整风机风量。考虑到如变频器损坏时需要工频起动电动机问题，现场保留了原有的液力耦合器和水电阻装置，高压变频器与原有的水电阻二次回路结合，取高压变频器的变频状态信号送至 DCS，DCS 发出命令，切除水电阻装置，或恢复高压电动机的串水电阻起动功能。

4.7.4　采用高压变频调速的节能效果和附加经济效益

1. 采用高压变频调速的节能效果
该工程改造前，风机风门的开度经常在 70% 左右，电动机全速运行；变频改造后，风机变速运行，风门全开。因现场工况变化不是很大，变频调速系统经常运行在 33 ~ 42Hz，比调节挡板时的功率消耗大大减少。变频改造前后 4 台风机的电动机运行数据见表 4-7。

表 4-7　变频改造前后 4 台风机的电动机运行数据

负 载	时 间	调节方式	输入电流/A	运行频率/Hz	电动机平均功率/kW
生料磨循环风机	改造前	液力耦合器/风门	280	50	3880
	改造后	变频调速	216	39	3554
窑头排风机	改造前	液力耦合器/风门	75	50	1039
	改造后	变频调速	46	33	757
窑尾排风机	改造前	液力耦合器/风门	88	50	1219
	改造后	变频调速	56	35	921
煤磨排风机	改造前	液力耦合器/风门	38	50	526
	改造后	变频调速	26	42	428

注：变频运行时，变频输入功率因数为 0.95；工频运行时，功率因数为电动机功率因数为 0.80。

4 台风机每年检修一次，检修时间为 30 天，其余时间均运行，一年按 300 天运行，电费按 0.5 元/(kW·h) 计算，风机电动机改造前后可节约的电费计算如下：

生料磨循环风机 (3880 - 3554) × 300 × 24 × 0.5 元 = 117.36 万元

窑头排风机　　　(1039 - 757) × 300 × 24 × 0.5 元 = 101.52 万元

窑尾排风机　　　(1219 - 921) × 300 × 24 × 0.5 元 = 107.28 万元

煤磨排风机　　　(526 - 428) × 300 × 24 × 0.5 元 = 35.28 万元

4 台风机一年节省的电费为：117.36 + 101.52 + 107.28 + 35.28 = 361.44（万元）。

2. 采用高压变频调速的附加经济效益

水泥生产线风机采用高压变频调速改造后，取得的附加经济效果比较明显：变频器低频运行时，风机电动机旋转速度降低，风机电动机的轴温降低，机械噪声降低，整体维护周期延长；高压变频器的频率精确到 0.01Hz，调节精度高并及时，运行人员可在 DCS 侧通过监控界面很方便地调节电动机的运行频率。

4.8　工程实例 2：某电厂高压鼓风机组的变频调速节能升级改造

由于电厂常规辅机系统中存在的能耗较大、节流损失较大、执行器响应速度较慢、调节非线性较严重、设备故障率较高等问题，所以应采取合理的高压变频调速控制方案对电厂辅机系统进行技术升级改造，提高其运行的安全可靠性和电能综合利用效率，确保发电机组安全高效进行电能生产。下面介绍某电厂高压鼓风机组进行变频调速节能升级改造的实例。

4.8.1　变频改造的 3#机组系统简介

某电厂 3#600MW 火力发电机组的 2 台 6.3kV 高压风机系统功率设计值偏大，存在严重"大马拉小车"问题。3#机组一次风机辅机系统的鼓风机型号为 17881Z/1165，轴功率为 1868kW，额定流量为 110m³/min，全压为 14.318kPa，额定转速为 1480r/min，能量转换效率为 86.5%；配套电动机型号为 YKK630—6kV，额定功率为 2240kW，额定电压为 6.3kV，额定电流为 248A，额定转速为 1480r/min，功率因数为 0.9，防护等级为 F 级 IP55。从大量历史运行数据可知，该发电机组在低负载运行工况时，其风机动、静叶调节过程中的节流损失相比于额定运行工况下的节流损失会增加 35%～45%，风机系统运行效率较低，能耗非常严重，严重影响到发电机组的厂用电率。结合风机系统运行历史数据，从理论分析可知，如果采用 6.3kV 高压变频调速控制方案，对 3#机组的风机控制系统进行变频节能升级改造，可以降低风机系统厂用电率 40% 左右。

4.8.2　电厂高压鼓风机组节能升级的改造方案

为了满足绿色环保节能电厂技术升级改造要求，减少无谓的电能资源浪费，降低电厂厂用电率，并提高风机系统调节控制性能，决定采用高压变频器对 3#发电机组 6.3kV 高压风机系统进行节能技术升级改造。按照 3#机组两台高压风机并联独立运行的工艺需求，并考虑风机系统运行的安全可靠性，决定采用一台高压变频器拖动一台高压风机的单元接线自动切换改造方案，如图 4-15 所示。

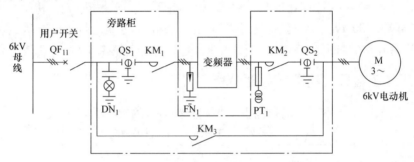

图 4-15　6.3kV 高压风机变频节能改造方案

由图 4-15 可知，除了采用 6.3kV 高压变频器外，点画线部分（旁路柜）为本次节能升级改造内容的主要一次系统，由 3 个 6.3kV 高压真空接触器（KM₁、KM₂、KM₃）、2 个 6.3kV 高压隔离开关（QS₁、QS₂）、1 个 PT 互感器（PT₁）共同组成。电厂厂用电 6.3kV 电源经 QF₁₁（高压真空断路器）用户开关、QS₁ 高压隔离开关、KM₁ 高压真空接触器与高压变频调速装置相连，变频调速装置经内部运算模块形成对应的控制策略，并经 KM₂ 高压真空接触器和 QS₂ 高压隔离开关与 6.3kV 高压风机电动机相连，将电源供给电动机实现风机辅机系统的变频调速节能运行。为了提高辅机系统运行的安全可靠性，在变频调速控制装置出现故障后确保发电机组的安全高效运行，6.3kV 电源还可以通过 KM₃ 高压真空接触器直接供电给高压风机电动机，实现工频运行。

4.8.3　电厂高压鼓风机组日平均电力负载计算

为了较为准确地分析 3#机组高压风机进行变频调速节能升级改造后的节能经济效益，将 3#机组 2011 年全年的电力负载运行情况进行详细统计分析，进而分析机组每天的平均日负载曲线。3#机组 2011 年全年每天典型数据所组成的日平均负载波动曲线如图 4-16 所示。

由图 4-16 可知，通常在 7:00 时前发电机所带电力负载偏低；7 时后开始上升，10:00 达到最高负载，并基本维持最高负载持续到 12:00；之后有所下降；13:00～18:00，负载维

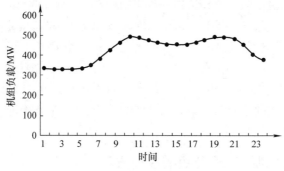

图 4-16　3#机组日平均负载波动曲线

持在一个较高点；从 19：00 开始有所上升并维持 2 ~ 3h；最后到 21：00 开始慢慢下降，直到初始负载。图 4-16 所示 3#机组日平均负载波动基本满足电力负载日波动特性，通过对 3#组 24h 的负载进行加权平均，获得 3#机组日平均负载大约为 426MW/h。2011 年，3#机组全年发电量为 2377826MW·h，年运行小时数为 4271.18h，由此可以计算出：3#组机平均功率为 428.29MW/h，，与图 4-16 计算获得的 429MW 基本相等。统计分析可知，机组按照 330MW、400MW、500MW、600MW 四个运行工况进行运行，其负载工况运行小时数大约为 8h、8h、4h、4h，相应计算出的日平均负载为 427MW/h，与日平均负载 426MW/h 比较符合。

4.8.4　电厂高压鼓风机组节能效益分析

3#机组一次风机系统不同工况条件下工频和变频运行的数据见表 4-8。

表 4-8　一次风机工频和变频运行的数据

负载工况/MW	330	400	500	600
工频运行功率/kW	1557.93	1582.36	1722.83	1801.31
变频运行功率/kW	401.60	479.58	868.82	1189.57
节约功率/kW	1156.33	1102.78	854.01	611.74

由表 4-8 可以看出，3#机组一次风机采用变频调速节能升级改造后，其在不同负载工况下的功率，从工频运行的 1557.93kW、1582.36kW、1722.83kW、1801.31kW，有效降低到变频运行的 401.60kW、479.58kW、868.82 kW、1189.57kW。当机组电力负载不断下降时，变频调速所取得的节能效果越好，在 330MW 负载工况下，其节约功率最为明显，节约 1156.33kW·h 。3#机组一次风机系统进行技术升级改造后，其一天可以节约电量：

$$W_{天} = P_{330} \times 8h + P_{400} \times 8h + P_{500} \times 4h + P_{600} \times 4h = 23935.88kW \cdot h$$

一年可以节约电量（年运行小时数按 4247.18h 计算）：

$$W_{年} = 23935.88kW \cdot h \times 4247.18/24 \approx 4\ 235\ 833\ kW \cdot h$$

按照 1kW·h 电标准煤耗 320g/(kW·h) 计算，则可以节约标煤约 1355.5t。按照火电厂上网电价 0.38 元/(kW·h) 计算，则 3#机组一次风机采用变频调速节能升级改造后，一年可以节约资金约 161 万元。6.3kV 变频调速装置成本按照 950 元/kW 进行估算，则 3#机组一次风机单台变频调速装置的升级改造成本约为 213 万元，只需 1.5 年就能完全收回成本。

3#机组一次风机进行变频调速节能升级改造后，不仅其节能效果十分明显，而且调节运行较为灵活方便，且大大降低了风机电动机的起动电流，确保风机辅机系统具有较高的安全可靠性。

4.9　工程实例 3：阿舍勒铜矿主通风机的高压变频调速改造

新疆阿舍勒铜业股份有限公司在矿井主通风机上采用高压变频调速方法，提高了矿井通风系统和风机的运行效率，大大降低了现场维护量，取得了显著的节能效果。

4.9.1　铜矿主通风机采用高压变频调速方案的原因

我国矿井多采用对旋式通风机，用交流异步电动机双电机拖动，其传统的风量调节是根据所需风量多少来改变叶片安装角度，但是风量调节会造成能源浪费，而改变叶轮叶片安装角度需停机操作，通常在调节幅度较大时才采用，调节起来不方便，可调范围也不大，其电动机全速运行，能耗严重。

高压变频调速方案（即将工频电源变换为另一频率的电源），主要采用"交 - 直 - 交"方式（VVVF 变频或矢量控制变频、直接转矩控制变频），先把工频交流电通过整流器转换成直流电，然后把直流电逆变为频率、电压均可控的交流电供给电动机，通过频率的改变而改变电动机的转速。转速的降低，风机在维持效率不变（风阻不变）的前提下，电动机消耗的电能急剧减少其节电潜力非常大。

2012 年 2 月，新疆阿舍勒铜业股份有限公司完成了 400m 以下深部矿体开采工程——新北风井及通风机房建设，安设在新北风井井口的主通风机型号为 DK - 12 - No40，采用抽出式通风方式。通过对矿井主通风机两种风量调节方式的分析和比较，选用了高压变频调节方式，取得了显著的节能效果。

4.9.2　一拖一与一拖二方式的比较选择

主通风机由两台电动机拖动，根据要求，可以用两套变频器分别拖动通风机的两台电动机，即一拖一方式；也可以利用一套变频器同时拖动一台通风机的二台电动机，即一拖二方式。

1. 一拖一方式

高压变频器一拖一方式电气主回路图参见图 4-15，整套高压变频调速装置选用自动旁路 + 隔离维护形式。

变频器一拖一方式运行时，通风机的两台电动机分别由独立的一套变频器拖动，每套变频器拖动电动机的方式相同。一般情况下，要求两台电动机的运行频率尽量一致，以保障电动机转速一致，避免一台转速高、一台转速低，形成风阻，影响通风机的正常运行。"一拖一"方式控制简单，系统稳定性高，但需要两套高压变频装置，投资较大。

2. 一拖二方式

高压变频器一拖二方式电气主回路图如图 4-17 所示，整套高压变频调速装置也选用自动旁路 + 隔离维护形式。

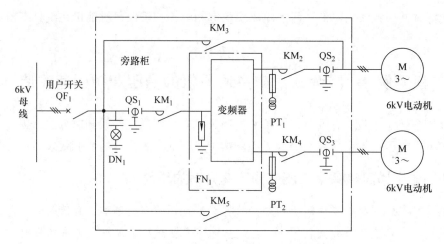

图 4-17　高压变频器—拖二方式电气主回路图

一拖二方式利用一套变频器同时拖动通风机的两台电动机，其工作原理如下：KM₁ ~ KM₅、QS₁ ~ QS₃ 构成旁路部分，其中 KM 为高压真空接触器，主要用来完成自动切换功能；QS 为高压隔离开关，主要实现隔离功能。

正常情况下，QS₁ ~ QS₃ 闭合，当 KM₁、KM₂ 与 KM₄ 闭合，KM₃、KM₅ 断开时，电动机以变频方式运行；当 KM₁、KM₂ 与 KM₄ 断开，KM₃、KM₅ 闭合时，电动机以工频方式运行。KM₂ 与 KM₃、KM₄ 与 KM₅，均严格互锁。

当变频器出现故障时，可通过 KM 将电动机切换至工频运行。当变频器故障且电动机在以工频方式运行时，人工断开 QS，对高压进行隔离，以方便维护；维护完成后，闭合 QS，通过 KM 再次将电动机切换至变频运行。

3. 方案确定

通过方案比较，变频器一拖二方式的缺点是控制系统复杂、安装调试时间长，但优点是整个工程造价低，成本比一拖一方式要降低一半以上，设备使用率也比较高。通过技术分析与经济比较，最终确定通风机变频调速采用一拖二方式。

4.9.3　一拖二方式的变频起动和运行节能效果

1. 主通风机现场变频运行参数

根据运行情况，对主通风机不同运行频率（30 ~ 50Hz）进行参数考察，其电动机运行参数（平均值）见表 4-9。

表 4-9　主通风机运行参数表

序号	运行频率/Hz	电压/kV	电流/A	运行功率/kW
1	30	3.59	42.70	240.72
2	35	4.48	54.76	384.23
3	40	4.91	64.58	496.59
4	45	5.24	73.57	603.71
5	50	6.08	81.33	686.74

2. 变频器起动效果

主通风机电动机功率较大，如果采用直接起动，则起动时间长、起动电流大，对电动机的绝缘有着较大的威胁。另外，起动电压降对电网的影响较大，对设备的机械冲击大。采用变频器实现了通风机的软起动和软停车，具有如下效果：

1) 消除了电动机因为起动和停车对设备的冲击，延长了通风机及电动机的使用寿命。

2) 限制了起动时起动电流对电网的冲击，减少了起动峰值功率损耗。

3) 通风机运转速度下降后，改善了设备运转部位的润滑条件，减少了传动装置的故障。

3. 变频运行节能效果

（1）节能效果

根据运行参数统计，主通风机一般运行在 35 ~ 45Hz 之间，运行在 40Hz 的时间相对较长一些。按照矿山设备年平均运行 330 天、通风机运行在 40Hz 时计算节能：

50Hz 频率运行状态下的通风机年耗电量为

$$W_1 = P_1 T = 2 \times 686.74 \times 24 \times 330 \text{kW} \cdot \text{h} = 10877961.6 \text{kW} \cdot \text{h}$$

40Hz 频率运行状态下的通风机年耗电量为

$$W_2 = P_2 T = 2 \times 496.59 \times 24 \times 330 \text{kW} \cdot \text{h} = 7865985.6 \text{kW} \cdot \text{h}$$

年节约电能为

$$\Delta W = W_1 - W_2 = 10877961.6 \text{kW} \cdot \text{h} - 7865985.6 \text{kW} \cdot \text{h} = 3011976 \text{kW} \cdot \text{h}$$

按照矿山所在地区工业用电 0.52 元/（kW·h）计算，则每年节约电费为

$$0.52 \times 3011976 \text{ 元} \approx 156.6 \text{ 万元}$$

节电率为

$$\delta = (W_1 - W_2)/W_1 = \Delta W/W_1 = 3011976/10877961.6 \approx 27.7\%$$

通过上述计算可以看出，主通风机采用变频运行时，通风机效率可达到 80% 以上，节电率达到 27.7%，仅一年就可节约电费 156.6 万元，节能效果十分明显。

（2）电网功率因数得到改善

主通风机电动机额定功率因数为 0.845，而通过测量，变频运行时可使功率因数保持在 0.95 以上，提高了电网的供电质量、输电效率，减少了电费支出。

4.10　工程实例4：太钢电炉除尘风机的变频调速节能改造

4.10.1　电炉除尘风机采用变频调速的必要性

太钢（山西太原钢铁集团）第一炼钢厂的电炉除尘系统简介如下：电炉在冶炼过程中，粉尘主要通过炉顶烟道经沉降室沉积，水冷壁冷却后经除尘系统过滤排放；同时利用集尘罩将现场生产车间的粉尘和废气及时排走，以免污染环境甚至危及电炉周边工作人员的安全。除尘风机是将烟气吸收排放的主要设备。

通过对冶炼工艺的分析，电炉在炼钢过程的不同阶段对除尘风量的需求明显不同；吹氧冶炼时风量最大，加料除尘时风量最小。原来采用入口挡板来调节风量，电动机本身输出无改变，浪费了大量电能；若电炉除尘风机采用变频调速装置来调节风量，不仅可以控制电动机的转速和除尘风机的风量，也可使该系统获得良好的节能效果。

4.10.2　除尘风机采用的 10kV 变频调速系统介绍

第一炼钢厂的电炉除尘系统扩容时，要增加一台 10kV/1800kW 除尘风机，从电动机起动和降低能耗方面考虑，经过多次分析讨论，采用了九州电气的 PowerSmart10000—A/138 变频器，电动机铭牌数据见表 4-10，高压变频器参数见表 4-11。

表 4-10　电动机铭牌数据（上海电动机厂有限公司）

型号	YKK800 - 8	外壳防护等级	IP54
额定功率/kW	1800	冷却方式	611
额定电压/V	10000	接线法	Y
额定电流/A	127	绝缘等级	F 级
额定频率/Hz	50	额定类别	S1
额定转速/（r/min）	747	重量/kg	17500
额定功率因数	0.85	日期	2006 年 07 月

表 4-11　高压变频器参数

型号	PowerSmart10000 - A/138	额定容量/kW	2250
额定输入电压/V	10 (1 ± 10%)	额定输出电流/A	138
输出电压/kV	0 ~ 10	输出频率范围/Hz	0 ~ 50
输出频率稳定精度（%）	± 0.1	输出频率分辨率/Hz	0.01
输入功率因数	≥0.95	过载能力	120%，1min
控制方式	PWM 控制	冷却方式	强制风冷
操作界面	触摸屏，简体中文	防护等级	IP20

高压变频器由变压器柜、功率单元柜和控制柜组成。首先，10kV 电源经过输入移相变压器的降压、移相（变压器采用 54 脉冲整流技术，具有输入功率因数高，无需功率补偿装置的特点），然后供给功率柜的功率单元，PowerSmart10000 系列高压变频器的每相中采用 9 个功率单元的相邻输出端首尾相连串联结构的交 - 直 - 交电压源型变频器，它用低导通电压降的 IGBT 模块作为主变流器件，具有效率高和可靠性高的特点，三相共用 27 个功率单元，每相中相邻功率单元的输出端首尾相连，这三相之间最终形成"Y"联结，通过多重化叠加技术实现输入、输出电压、电流波形的正弦化，PowerSmart10000 系列变频器的输出电平数为相电压 19 个电平、线电压 37 个电平，而不需要任何形式的滤波器。额定输出电压分为 10kV 和 1.1kV 两个档次，适用电动机功率为 190 ~ 5000kW。IGBT 以 PWM 方式进行控制。

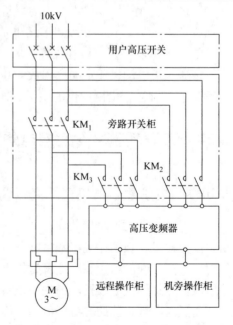

图 4-18　10kV 变频调速系统原理图

10kV 变频调速系统原理图如图 4-18 所示，该系统具备手动工频/变频切换功能。变频运行时，KM_2 和 KM_3 闭合、KM_1 断开；工频运行时，KM_1 闭合、KM_2 和 KM_3 断开。KM_1 和 KM_2 不能同时闭合，在机械上实现互锁。

4.10.3   除尘风机采用高压变频调速后的特点

除尘风机采用高压变频调速后，主要有以下特点：

1）降低了对电网的冲击。工频起动时，电动机的起动电流远大于其本身的额定电流，这会对电网造成一定冲击；采用变频器后，系统实现软起动，可大大降低电动机的起动电流，起动时间相应延长，从而降低了对电网的冲击。

2）随着炼钢生产各个阶段对风量的不同要求来调节电动机的转速，提高了系统的工作效率，降低了功耗。

3）降低了电炉内的热量损失，提高了生产效率。

4）大大降低了除尘系统的负载率，延长了除尘器、除尘风机、除尘电动机、烟道等设备的使用寿命。

4.10.4   除尘风机变频调速的节能分析

在变频器运行期间，抽取 3 个工作日（72h）对节能情况进行分析。

1. 工频运行

1）工频运行参数：电动机平均电流为 105A，功率为 1800kW；3 天运行 72h。

2）消耗电量：$105 \times 1800 \times 72 \div 127 kW \cdot h \approx 107149 kW \cdot h$。

2. 变频运行

1）变频运行频率：$0 \sim 50 Hz$。

2）变频运行参数：电动机平均电流为 85A，功率为 1800kW；3 天运行 72h。

3）消耗电量：$85 \times 1800 \times 72 / 127 kW \cdot h \approx 86740 kW \cdot h$。

3. 平均节电率说明

第一炼钢厂电炉除尘风机（10kV、1800kW）工频运行时，耗电量（72h）为 107149 kW·h，运行成本较高；采用高压变频调速装置（10kV、变频器额定容量为 2250kW，而电动机的额定容量仍为 1800kW）后，变频运行耗电量（72h）为 86740kW·h，平均节电率为 19%。正常运行后，每年节电量约为 2483150kW·h，发电成本按 0.4 元/（kW·h）计算，每年节约电费 $2483150 \times 0.4 = 993260$（元），节能降耗效果显著。

4.11   工程实例 5：金隅水泥熟料生产线风机的变频调速改造

涉县金隅水泥有限公司熟料生产线有 5 台 10kV 高压风机，按工况运行计算，循环风机节电空间小，暂未对其实施变频改造，2012 年决定对其余 4 台高压风机（窑头排风机、窑尾排风机、高温风机、煤磨排风机）实施变频改造。改造后，变频调速设备运行比较稳定，调速操作简单，维护方便。经实测计算，变频调速装置投资回收期约为 1 年，这说明变频调速是风机节能的最佳方案。

4.11.1   变频调速改造前风机性能和运行工况

窑头排风机、窑尾排风机、高温风机和煤磨排风机的性能和运行工况见表 4-12 ～ 表

4-15。

表 4-12　窑头排风机的性能和运行工况

风机		配套电动机		运行工况	
型号	XY4G - SY2300D	型号	YRKX500 - 6	实际运行电流	33A
风量	440000m³/h	额定功率	560kW	实际电压	10.5kW
现有调节方式	入口阀门调节	额定电压	10kV	阀门开度值	65%
		额定电流	39.2A	现场调节方式以电流不超过35A为准	
		转速	985r/min		
		功率因数	0.875		

表 4-13　窑尾排风机的性能和运行工况

风机		配套电动机		运行工况	
型号	XY6B - DR3200F	型号	YRKX630 - 6	实际运行电流	58.62A
风量	700000m³/h	额定功率	1120kW	实际电压	10.5kV
现有调节方式	入口阀门调节	额定电压	10kV	阀门开度值	65%
		额定电流	76.75A	平均电流为60A	
		转速	991r/min		
		功率因数	0.875		

表 4-14　高温风机的性能和运行工况

风机		配套电动机		运行工况	
型号	XY6B - DW3450F	型号	YRKK710 - 6	实际运行电流	116A
风量	600000m³/h	额定功率	2000kW	实际电压	10.5kV
现有调节方式	入口阀门 + 液力耦合器调节	额定电压	10kV	液力耦合器转速	994r/min
		额定电流	138.3A	阀门开度值	50%
		转速	994r/min	液力耦合器平时转速为900r/min	
		功率因数	0.87		

表 4-15　煤磨排风机的性能和运行工况

风机		配套电动机		运行工况	
型号	XY4G - SY2300D	型号	YRKX500 - 6	实际运行电流	30A
风量	130000m³/h	额定功率	560kW	实际电压	10.5kV
现有调节方式	入口阀门调节	额定电压	10kV	阀门开度值	65%
		额定电流	39.2A		
		转速	1485r/min		
		功率因数	0.88		

4.11.2　风机变频调速改造的必要性

实施变频调速改造，主要基于以下两方面的考虑。

1. 提高生产效率，降低生产成本

原拖动高温风机的液力耦合器是一种耗能型的机械调速装置，调速越深（转速越低），损耗越大，工作处在"大马拉小车"的状态。

4 台高压风机均通过调节入口阀门开度，人为增加阻力来调节风量，大部分时间并非工作于满负载状态，造成大量电能浪费，增加了生产成本。

2. 改善工艺控制水平，延长设备使用寿命

高温风机的液力耦合器靠油量和负载的拉动调速，调速精度低，当负载变化时，转速随之变化，影响中控操作；当液力耦合器出现问题后，必须停产维修。

4 台高压风机起停时对电网的冲击较大，影响备使用寿命。

4.11.3　风机变频调速改造的具体措施

1. 原系统备用

4 台高压风机原 DCS、水阻柜、入口阀门执行器未拆除，均留做备用。

2. 采用变频器直接控制风机

对 4 台高压风机电动机一次动力系统和控制系统进行变频改造，采用变频器直接控制风机。系统可随工艺要求随时改变风量，以保持风机的正常经济运行，达到稳定控制、方便操作、节约能源的目的。

经过对高温风机原系统的分析，决定风压控制由原来的液力耦合器调节改为变频器调节，即取消原液力耦合器，将电动机与风机之间用对轮连接，由变频器对电动机本身进行调速，最后使窑尾预热器（高温风机入口）的压力为工况要求值。变频器设备接在窑尾电力室内高压开关和原电动机之间，变频器控制接入原有的 DCS，由 DCS 来完成正常操作。

3. 变频调速系统配置

根据现高压设备的电动机参数，提出变频调速系统配置，见表 4-16。

表 4-16　变频调速系统配置

序　号	设备名称	数　量	性能指标
1	高温风机变频器	1 套	2500kW，10kV
2	窑头排风机变频器	1 套	630kW，10kV
3	窑尾排风机变频器	1 套	1250kW，10kV
4	煤磨排风机变频器	1 套	630kW，10kV

4. 加装工频旁路装置

为了充分保证系统的安全可靠，变频器同时加装工频旁路装置，其可在变频回路故障时将电动机切换至工频状态运行，且切换方式为自动切换。变频器故障时，电动机自动切换到工频运行，这时风机转速会升高，风压会发生很大变化，影响窑内物料的煅烧质量，故此时应及时在 DCS 上对高温风机的风门进行调节，降低风机输出风量至工况要求值。变频器及其工频旁路开关由合康变频整体配套提供。电动机、高压断路保留原有设备。

5. 加装通风道

由于现场灰尘较大，而变频器为强迫风冷，设备内空气流通量较大，为保障变频器尽量少受外界灰尘的影响，房间中设计大面积专用通风道，且房间中不另设其他窗口，基本上是密闭设计。通风道采用专用过滤棉滤网，使进入变频器室内的空气经过通风窗滤灰，减少进入变频器室内的灰尘。

6. 变频调速系统功能要求

可靠性高；效率高，额定工况下系统总效率高达 96% 以上，其中变频部分效率大于

98%；功率单元模块化结构，可以互换，维护简单；具有限流功能；具有飞车起动功能；输出电压自动调整；输入电压范围宽，适合国内电网条件；功率单元光纤通信控制，可完全电气隔离；内置 PID 调节器，可实现闭环运行；隔离 RS – 485 接口，采用 MODBUS 通信规约；具有本地、远程、上位三种控制方式；全面的故障监测电路、及时的故障报警保护和准确的故障记录保存。

7. 变频调速系统保护功能要求

1）输入变压器具有浪涌吸收保护功能。

2）变压器进线接线端子足够大，便于进线电缆连接。变压器柜内高压引线导体能满足发热的允许值。

3）变压器在各分接头位置时，能承受线端突发短路的动、热稳定而不产生任何损伤、变形及紧固件松动。

4）输出谐波含量极低，保护电动机不受共模电压及 du/dt 对绝缘的损坏；具有频率跳跃功能，避免电动机在共振区运行。

5）IGBT 故障保护：当功率单元逆变侧短路或 IGBT 发生故障时，变频器保护并报警。

6）过载保护：电动机额定电流的 120%，运行 2min。

7）过电流保护：电机额定电流的 170%，立即保护。

8）过电压保护：检测功率单元的直流回路电压，超过额定电压的 115% 时，变频器保护。

9）欠电压保护：检测功率单元的直流回路电压，低于额定电压的 80% 时，降额运行。

10）过热保护：包括变压器过热保护和功率单元过热保护。变压器温度超过 150℃ 时保护（130℃ 时发出超温报警），功率单元温度超过 85℃ 时保护；功率柜温度超过 60℃ 时保护。

11）缺相保护：每个功率单元都装有两个快熔，当变频器输入侧缺相或快熔熔断时，变频器缺相保护。

12）光纤故障保护：当控制器与功率单元之间的通信光纤发生故障时，变频器发出报警信号并保护。

13）限流保护：电动机起动或运行在共振点时，电动机电流出现异常波动，变频器自动控制频率不再增加以保护电动机不受损坏，并在液晶显示屏上显示异常情况，并可以保持较低频率运行且高压开关不跳闸，使运行人员有充足的时间处理问题。

14）短路保护：控制变压器有短路保护，当外部交流 380V 电源出现短路或者遭遇雷击等情况时，可保护变频器控制部分不被烧毁。

15）超频保护：变频器有最大和最小频率限制功能，使输出频率只能在规定的范围内，由此实现超频保护。

16）失速保护：加速过程中的失速必然表现为过电流，变频器通过过电流和过载保护实现此项保护功能。减速过程中的失速有可能表现为过电流和直流母线过电压，对于后者，可通过在调试过程中设定安全的减速时间来避免，如果出现意外情况，发生直流母线过电压，变频器停机保护。

一旦发生上述保护，变频器均发出报警信号，通知运行人员，并以全中文方式显示和记录故障原因、故障位置、故障发生时间，以便于故障排除。

4.11.4 风机变频调速改造后的经济效益和节能效果

高温风机改造后 7 个月（2~8 月）的运行情况与上一年度同期的运行情况对比见表 4-17。

表 4-17 高温风机运行情况对比表

月 份	能耗/(kW·h/t)		
	改造前	改造后	差值
2 月	14.41	11.11	3.30
3 月	12.33	11.73	0.60
4 月	12.23	10.46	1.77
5 月	12.53	10.34	2.19
6 月	12.36	11.40	0.96
7 月	13.59	12.16	1.43
8 月	12.91	11.83	1.08
平均	12.91	11.29	1.62

与上一年度同期相比，高温风机平均节电率为 $1.62 \div 12.91 \approx 12.55\%$。

窑头排风机、窑尾排风机和煤磨排风机三台高压风机变频改造投入使用后，经过近 1 个月的试运行，成效显著。此次改造不仅提高了风机系统的运行安全系数，去掉了集电环、水阻柜等一些附属设备，降低了设备成本及维修费用，降低了劳动强度，达到了节电、延长电动机使用寿命、操作方便的预期效果，而且现在三台风机运时，振动值降低 50%，噪声大大减小，在环保方面效果明显。根据运行 1 个月的相关数据，与上一年度同期相比，该项目节约用电 670770kW·h，平均节电率为 36%。

四台风机变频改造后，年节约用电 1106 万 kW·h，年节约电费 686.03 万元，促进了公司节能降耗工作，降低了生产成本，提高了企业经济效益。

此外，系统网侧功率因数由变频前的 0.875 左右提高到了 0.95 以上。可软起动、软制动，减少了对电网和负载的冲击。含变压器在内的整机效率在 95% 以上。系统的控制精度和响应速度均优于工频传动指标和水平。具有工/变频转换电路，系统安全可靠，维修量少，运行成本低。

4.12 工程实例 6：遂宁市自来水二厂变频恒压供水系统

目前，工业和生活供水系统普遍采用恒压供水方式，这种供水方式技术先进、水压恒定、全自动运行、维护方便、运行可靠，克服了传统供水系统占地面积大、供水质量差、基建投资大的缺点。本节主要介绍遂宁市自来水二厂的变频恒压供水系统。

4.12.1 工程简介

四川遂宁市自来水二厂的供水能力为 6 万 t/日，城市管网压力为 0.4MPa，泵组为三台 160kW、一台 90kW 水泵，要求恒压供水并采用计算机监控，变频器或控制系统故障时可由软起动器手动起动各泵。该系统工作时，传统的方法是：若供水量增大（流量和管网水压已经不能满足要求），需人工投入水泵，即根据现场管网水压情况由人工来决定投入 160kW 水泵还是 90kW 水泵；若供水量减小，管网水压会升高，此时需人工切除水泵。在深夜用水量较小时，出于节能考虑，用一台 90kW 水泵供水。由于水泵的流量较大，为避免"水锤"效应，人工投切时，投入泵时应遵循"先开机，后开阀"、切除泵时应遵循"先关阀，后停机"的操作程序。若是小功率的水泵，水泵的出水侧都装有普通止回阀，基本上能自动保证以上的操作程序，只是停机时止回阀关闭前的瞬间还是会产生"水锤"效应，如果安装的是"微阻缓闭止回阀"，则停机时基本上也不存在"水锤"效应。

自来水厂的取水和供水采用变频调速控制，不但可提高供水质量，还有一定的节能效用，该工程采用"一控 N"的循环投切方案后，节能效果显著。

4.12.2　变频恒压供水系统的计算机监控

自来水厂采用"一控 N"的"循环投切方案"，要求恒压供水并采用计算机监控，如图 4-19 所示。

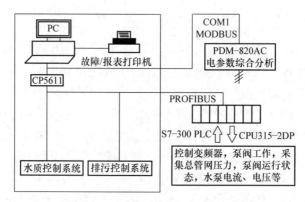

图 4-19　计算机监控原理

计算机监控内容有管网压力、流量、泵的运行状态、阀启闭状态、电动机温度，各泵运行的电流、电压、功率和功率因数，并监控水质参数，如余氯、浊度、含铁量、pH 值等。

为保证系统的可靠性，上位机（PC）用于管理，用组态软件设计若干工艺流程图，实时显示系统的运行状况，并统计历史数据，如有需要可随时打印报表；还用于故障的报警和处理。PC 为研华工业计算机，PLC 为西门子 S7 - 300PLC，便于与总控室计算机联网，PLC 采用带有 PROFIBUS 接口的 CPU315 - 2DP。CP5611 是通信模块，PDM—820AC 电参数综合分析仪用于检测系统的用电量。水泵的起停、切换，阀的启闭；电动机电流、温度的检测，水泵使用时间的统计；压力、流量、水质参数的采集等，均由 PLC 完成。水压的给定值由变频器键盘设定。

4.12.3　变频恒压供水的循环投切方案及节能效果

对多泵联合变频恒压供水的"一控 N"控制，可以两种不同的方案：一种是顺序控制方案（见 4.3.6 节），另一种是循环投切方案。两种方案各有优劣，但采用循环投切方案的系统较多，该工程选择了后一种。

循环投切方案原理图如图 4-20 所示，BP₁ 为森兰 SB200 系列 160kW 变频器，BU₁ 为软起动器，ZJ_1、ZJ_2 用于控制系统的起动/停止和自动/手动转换。$QF_1 \sim QF_6$ 为中、高压真空断路器，FU_1（500A），FU_2（600A）为中、高压快速熔断器，$KM_1 \sim KM_{10}$ 为中、高压真空接触器，PT 为森纳斯压力变送器，量程为 1MPa。因为水泵的功率为 160kW，它的供电电压应选择与供电电压相对应的电压等级。

　　由图 4-20 可见，变频器先连接在第一台水泵电动机上，在用水量较少的情况下，先由第一台水泵在变频控制的情况下进行恒压供水；当用水量增大且第一台水泵已经达到上限频

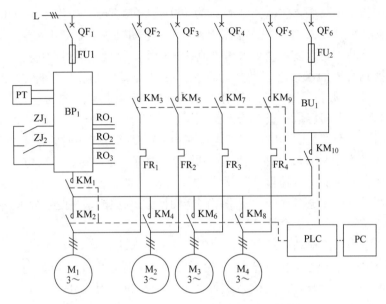

图 4-20　变频恒压供水循环投切方案原理图

率而水压仍不足时，经过短暂的延时，确认系统的用水流量已经增大需要加泵时，变频器停止运行，并由变频器的输出端口 $RO_1 \sim RO_3$ 输出信号到 PLC，由 PLC 控制切换过程。切换开始时，变频器停止输出（变频器设置为自由停车），利用水泵的惯性将第一台水泵切换到工频运行，变频器连接到第二台水泵上起动并变频运行，照此，当第二台水泵也达到上限频率而水压仍不足时，将第二台水泵切换到工频运行，变频器连接到第三台水泵上起动并变频运行；当第一台水泵和第二台水泵在工频运行、第三台水泵在变频运行时，若用水流量已经减少需要减泵，系统将第一台水泵停止工频运行，第二台水泵仍在工频运行，第三台变频运行；若用水流量继续减少，需要再减泵时，第一台水泵和第二台水泵都停止工频运行，第三台水泵仍在变频运行。再需要加泵时，切换从第三台水泵开始循环。这种方式保证了永远有一台水泵在变频运行，四台水泵中的任意一台都可能变频运行。这样，才能做到无论用水量如何改变都可保持管网压力基本恒定，且各台水泵运行的时间基本相同，给维护和检修带来了方便，所以，大部分的供水厂家都钟情于循环投切方案。但此方案也有不足之处，就是在只有一台变频器运行，切换到工频的过程中会造成管网短时失压，在设计时应充分重视。另外，必须设置一套备用系统，图中的软起动器就是备用方案。当变频器或 PLC 故障时，可用软起动器手动轮流起动各泵运行供水。

　　众所周知，变频器的输出端不能连接电源，也不能运行中带载脱闸，切换过程应按如下程序进行：循环投切恒压供水系统投入运行时，当变频器的输出频率已达到 50Hz 或 52Hz

（能否将变频器的上限频率设为52Hz，取决于水泵电动机运行在52Hz时是否超载）时，在50Hz频率下运行60s，管网水压未达到给定值，此时，该台水泵需由变频状态切换到工频运行。切换过程是：先关该台水泵电动阀，然后变频器停车（停车方式设定为自由停车），水泵电动机惯性运转，考虑到电动机中的残余电压，不能将电动机立即切换到工频运行，而是延时一段时间，待电动机中的残余电压下降到较小值，这个值保证电源电压与残余电压不同相时造成的切换电流冲击较小，该水厂160kW水泵电动机的切换时间为600ms。连接在电动机工频回路中的中、高压真空断路器容量为400A，经现场调试，切换过程的电流冲击较小，每一次切换都百分之百成功。关阀后停车，水泵电动机基本上处于空载运转，到600ms时电动机的转速下降不是很多，使切换时电流冲击较小。切换完成后，再打开电动阀；已停车的变频器切换到另外的水泵上起动并运行，再开电动阀。切除工频泵时，先关阀，后停车，这样无"水锤"现象产生。这些操作都是由PLC控制自动完成的。为保证切换成功，回路上的中、高压接触器容量一般都选得比较大。

　　循环投切时，只要切换的延时恰当，电动机由变频切换到工频时的电流冲击不大。一般残余电压的衰减时间为1~2s，切换延时也不是越长越好，延时短，残余电压高，速度降落少；延时长，残余电压低，但速度降落大。选择延时时需二者兼顾，以求得最小的冲击电流。如果要使切换过程无电流冲击，需采用同步切换方式，加入一些控制手段和控制元件就可实现，但需考虑经济上是否合算。

　　软起动器设定为限流起动方式，设定为2.5倍。软起动器起动时，起动电流接近800A，但在30s内下降到额定电流以下（查600A熔断器曲线，通过1000A电流时在60s熔断，所以软起动器的熔断器定为600A）。该系统投产两年后，每日供水4万~5万t，运行良好。据厂家统计，单位电耗减少20%。

4.13　工程实例7：高压变频器在电厂循环水泵上的节能应用

4.13.1　电厂循环水泵变频调速改造的必要性

　　广西信发铝电有限公司氧化铝厂和电解铝厂的自备电厂有三台155MW发电机组（汽轮发电机组，简称汽机），4台520t/h锅炉（3用1备）。每台汽机都具有两台循环水泵（甲、乙循环水泵），整个电厂有6台循环水泵。

　　1#、2#机组4台循环水泵型号相同，以1#机组甲循环水泵为例说明如下：

1#甲循环水泵基本参数			
电动机参数			
型号	YD1600/1250	额定电压/V	6000
额定电流/A	196/173	额定功率/kW	1600/1250
额定频率/Hz	50	功率因数	0.820/0.732
额定转速/（r/min）	495/425	绝缘等级	F
水泵参数			
型号	G56SH	额定扬程/m	21/16.5
额定流量/（m³/h）	22000/18000	额定转速/（r/min）	485/420
额定功率/kW	1600/1250	效率	88%

3#机组甲、乙循环水泵型号相同，以 3#甲循环水泵为例说明如下：

3#甲循环水泵基本参数			
电动机参数			
型号	YD 800 - 12/14	额定电压/V	6000
额定电流/A	199/153	额定功率/kW	1600/1120
额定频率/Hz	50	功率因数	0.82/0.75
额定转速/(r/min)	496/425	绝缘等级	F
水泵参数			
型号	KQS - N1400 M27S/998（T）	额定扬程/m	17/21
额定流量/(m³/h)	18000/22400	额定转速/(r/min)	420/495
额定功率/kW	1120/1600	气蚀量/m	54/65

汽机正常情况下，甲、乙循环水泵只开一台，另一台作为备用，循环水泵每 3 个月轮换一次。循环水泵电动机有 2 个抽头，高速为 495r/min，功率为 1600kW；低速为 425r/min，功率为 1250kW/1120kW。调速办法：夏季供水量大，电动机高速运行；冬季供水量小，电动机低速运行。

在循环水系统中，循环水泵实现水资源的循环利用，凝汽器出口的热水进入冷却水塔，循环水的热量传递给大气，温度降低后，再经循环水泵提升，有压力后进入凝汽器中进行冷却低压缸排汽，由于系统水位基本是稳定的，故循环水泵的扬程也基本稳定，也就是说，循环水量的大小决定了循环水泵的耗电量。

由于机组负载及外部环境不断变化，真空也在不断变化，所以需要及时调整循环水量，保证机组安全、经济运行。在冬季正常运行时，1 台循环水泵低速运行就足以满足机组的冷却需要，但在温差大的季节、负载变化大时，循环水泵虽然是高、低速双速调节方式，但也不能保证机组在经济运行的方式下运行，致使厂用电率高，发电成本高，因此有必要对循环水泵进行变频改造。

利用高压变频器根据实际需要对循环水泵电动机进行调速，进而调节水泵的冷却水量，这既可以降低电动机的功耗，又达到最有利真空的控制目的，从而达到了既保证和改善发电机组的运行工况，又达到节能降耗的目的和效果。

4.13.2　循环水泵变频调速的原理

由汽轮机的运行原理可知，运行中凝汽器的压力主要取决于蒸汽负载、冷却水入口温度和冷却水量，冷却水温主要取决于自然条件。因此，在蒸汽负载一定的情况下，就只有靠增加冷却水量来提高凝汽器的真空。但是凝汽器的真空并不是提高得越高越好，只有当由于真空提高汽轮机多发电量与为增加循环水量所多消耗电量差值最大时才为最经济。当变频循环水泵运行时，由机组 DCS 确定机组的最佳真空，以此去调节循环水泵的运行转速，即控制循环水量使机组的真空维持在最佳状态，保证机组在经济状态下运行。

4.13.3　循环水泵变频调速改造控制方案

变频调速改造的控制方案是：通过电厂改造前的 DCS 对高压变频器的运行状态进行监控，用"远控"和"本地"两种方式对变频器进行控制。

为了保证发电机组安全运行，在变频运行工作模式下，变频器、水泵发生故障使高压断路器"跳闸"时，需要将备用的循环水泵自动投入运行。

变频调速系统接入发电机组改造前的 DCS 根据机组的负载情况，按设定程序实现对锅炉循环水泵转速的自动控制。变频器需要提供给 DCS 的开关量输出包括故障报警、就绪指示、运行指示、高压合闸允许、联跳高压信号、水泵旁路开关合闸信号、变频 KMI 合闸信号。DCS 需要提供给变频器的开关量包括变频起动（干节点，闭合时有效）、变频停止（干节点，闭合时有效）、变频急停（干节点，闭合时有效）。DCS 需要提供给变频器的模拟量有 2 路 4~20mA 的电流源输出，一个信号是循环水泵频率给定，作为变频器的转速给定值，另一个信号是循环水泵母管压力给定。变频器需要提供给 DCS 的模拟量有 2 路 4~20mA 的电流源输出，模拟输出对应的物理量为输出频率和输出电流。现场提供给变频器的模拟量有 1 路 4~20mA 的电流源输出，表示变频泵的出口压力。

变频器具有手动/自动控制方式。选择手动控制方式时，变频器调速不通过 PID 控制器，由"本地"和"远控"调速按钮进行调速，从而改变水泵的流量，达到手动调节凝汽器真空的目的。选择自动控制方式时，由操作人员通过 DCS 的 CRT 上的模拟操作器，设置凝汽器真空给定值，将安装在凝汽器上的真空变送器的测量值作为过程控制变量的反馈值，与给定值进行比较：当真空变送器测量值小于给定值时，PID 控制器（见 4.5 节）的输出使变频器速度增大，水泵流量增大，冷却加速；相反，PID 控制器的输出使变频器速度减小，水泵流量减少，冷却减速。直到测量值与给定值相等时，电机转速稳定在某一值不变，实现循环水泵转速的自动控制，从而达到水泵调节的目的。

为使变频器与现场高压断路器的控制信号进行联锁，改造中没有铺设新的控制信号线路，而通过改造前的 DCS 控制系统进行中转来达到相同的控制目的。

高压断路器与高压变频器的联锁信号有 3 个：一是高压合闸位信号（即断路器常开辅助）；二是高压允许合闸信号（指工、变频高压允许合闸信号，即工、变频回路未具备合闸条件，不允许合高压断路器）；三是联跳高压开关信号（当变频器出现重故障，无法正常运行或设备出现紧急情况需要急停时，分开断路器，保护变频器和设备）。上述 3 个信号通过原 DCS 控制系统进行中转联锁控制。

4.13.4　变频器一拖二的控制主电路

电厂循环水泵系统变频改造采用 1#、2#、3#机组的 2 台循环水泵分别共用 1 套高压水泵，高压变频器采用一拖二手动旁路方案，即配备 3 台高压变频器。

以 1#机组甲、乙循环水泵为例说明其控制过程，其一次系统接线如图 4-21 所示，通过切换高压隔离开关把高压变频器连接到要运行的水泵上去。高压变频器即可以拖动甲循环水泵电动机变频运行，也可以通过切换拖动乙循环水泵电动机变频运行。2 台水泵电动机均具备工频旁路功能。

QF_1 和 QF_2——1#机组甲、乙循环水泵电源高压断路器　QS_{11} 和 QS_{21}——1#机组甲、乙循环水泵变频电源高压隔离开关　QS_{12}、QS_{22}、QS_{13}、QS_{23}——变频器旁路开关高压隔离开关。

变频器选用风光 JD－BP_{37}－I6OOF 系列高压变频器，采用无速度矢量控制技术、功率单元串联多电平技术，输入功率因数高，输出波形质量好，不必采用输入谐波滤波器、功率因数补偿装置和输出滤波器；也不存在谐波引起的电动机附加发热和转矩脉动、噪声、输出 $\mathrm{d}y/\mathrm{d}t$、共模电压等问题，可以使用普通的异步电动机。

变频器控制电动机为一拖二控制，旁路开关柜用于工频/变频切换。QS_{11} 和 QS_{21} 为两个高压隔离开关，变频器运行时，要求 QS_{11} 和 QS_{21} 同时闭合。QS_{12} 闭合、QS_{22} 断开、QS_{13} 断开，甲循环水泵变频运行；QS_{12} 断开、QS_{13} 闭合，甲循环水泵工频运行；QS_{22} 闭合、QS_{12} 断开、QS_{23} 断开，乙循环水泵变频运行；QS_{22} 断开、QS_{23} 闭合，乙循环水泵工频运行。其中，QS_{12} 与 QS_{13}、QS_{22} 实现电气互锁，QS_{22} 与 QS_{23}、QS_{12} 实现电气互锁，将控制柜远控/本控开关打至"远控"位置，将相应水泵断路器就地/远方开关打至"远方"位置，可实现水泵的远控操作。

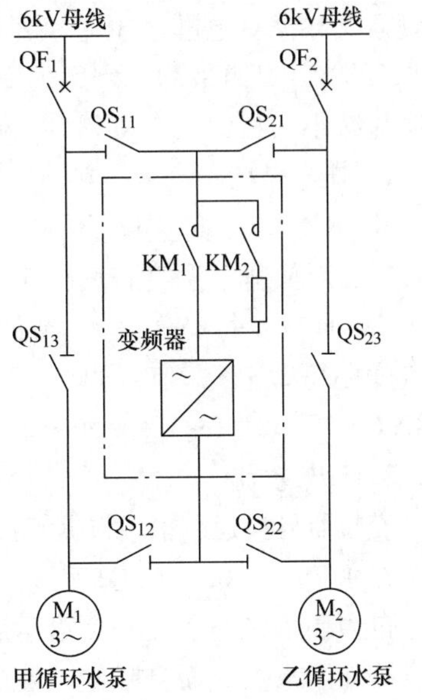

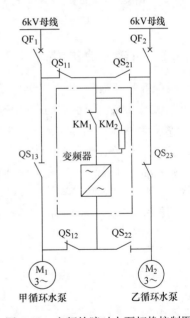

图 4-21   高压变频一次系统接线图

4.13.5   循环水泵变频运行故障时的控制过程

以 1#机组甲、乙循环水泵为例说明水泵变频运行故障时的控制过程，当甲循环水泵变频运行时，乙循环水泵处于工频热备状态。如图 4-22 所示，QF_1、QS_{11}、KM_1、QS_{12}、QS_{23} 均为闭合状态，若甲循环水泵出现故障（变频器故障或电动机故障），联跳前级的 QF_1 高压断路器，同时控制 QF_2 高压断路器自动合闸，乙循环水泵投入工频运行，实现甲、乙循环水泵的联锁保护，同时，水泵电磁阀门的控制逻辑按照相应的操作规程进行配合操作。反之，当乙循环水泵变频运行时，甲循环水泵处于工频热备状态，当乙循环水泵出现故障时，切换过程与上述过程相同。

4.13.6   循环水泵变频调速改造的节能效果

1#、2#、3#机组循环水泵高压变频器于 2011 年 6 月正式投入使用后运行正常。变频运行后，由机组 DCS 确定机组的最佳真空去控制循环水泵的转速，变频器操作非常方便。当年 7 月，厂节能服务中心随机对 1#机组甲、乙循环水泵高压变频器进行了测试，运行数据见表 4-18。

图 4-22   变频故障时水泵切换控制图

表 4-18   1#机组甲循环水泵高压变频器运行数据

运行频率/Hz	45.4	输出电流/A	167	输出电压/kV	5.6	管道压力/MPa	0.18
给定频率/Hz	45.4	输入电流/A	110	输入电压/kV	6.2	机组真空度（%）	92.8

2010 年 7 月数据与 2011 年 7 月相比，1#机组平均负载基本为 118MW 左右，循环水泵

工频运行数据：电网电压为 6.2kV，电动机电流为 163A 左右，功率因数为 0.82，管道压力为 0.2MPa，机组平均真空度为 90.5% 左右。从运行数据看出，1#机组变频改造后，输入电流明显减小，机组真空度得到了提高，节电效果明显。

1. 节约煤耗

2010 年 7 月真空度为 90.5%，对应排气温度查表得 44℃；2011 年 7 月真空度为 92.8%，对应排气温度查表得 41℃。2011 年与 2010 年同期比较，变频泵起动后排气温度下降 3℃，真空度每提高 1%，节约标准煤耗 3.1g/(kW·h)。所以 2011 年 7 月较 2010 年 7 月真空度提高 2.3%，节约煤 7.13g/(kW·h)，全月发电量为 8781.6 万 kW·h，因此节约 $8781.6 \times 10^4 \times 7.13/10^6 \times 560$ 元 ≈ 35.06 万元。

2. 节电效益

变频器自投运以来，根据统计月平均耗电，比运行 1 台工频泵节省厂用电 26.8 万 kW·h。节省费用 26.8×0.2 万元 = 5.36（万元）。

自循环水泵高压变频器投运后，循环水系统可调节性能大大增强。不但节约了电能，降低了循环用水量，而且降低了发电煤耗，取得了较好的综合效益。月平均产生经济效益为

$$35.06 \text{ 万元} + 5.36 \text{ 万元} = 40.42 \text{ 万元}$$

4.14　工程实例 8：引滦入津工程水泵高压变频调速的改造

4.14.1　引滦入津工程

引滦入津工程于 1983 年 9 月建成通水，其社会效益和经济效益十分显著，结束了天津全市人民喝咸水、苦水的历史。该工程从潘家口水库引水，穿燕山山脉，使滦河水输入天津，全长 234km，途经小宋庄入港泵站，该泵站共有 5 台水泵，从于桥水库供水，经泵加压后，供天津无缝钢管厂和天津原大港区的生活用水。

泵站原工作流程：引滦工程管理处下达调水命令后，填入操作记录；将高压开关置于就绪状态，然后起动真空泵；当真空形成时，高压自动合闸，电动机起动，电磁阀开启，止回阀自动打开后真空泵停止；根据流量的要求，调整出口阀门，达到用户的要求。水泵结构示意图如图 4-23 所示。

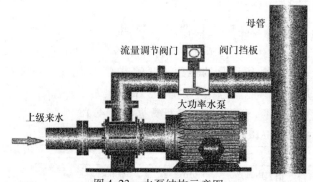

图 4-23　水泵结构示意图

在实际运行中，每当夏季来临，居民生活用水量增大，经常出现一台泵出水不足、两台

泵出力过多的情况。经常会出现泵压已达到 0.5MPa，而母管压力为 0.3MPa，阀门开度为 60% ~ 70%。泵管压差大是造成小宋庄泵站能源浪费的主要原因，由于泵压过高，常常导致盘根漏水，不但增加了维护工作量，而且缩短了水泵的使用寿命。为解决上述问题，天津引滦入津工程管理处经过多方面考虑，2002 年初，决定对小宋庄入港泵站一号泵采用高压变频调速系统进行节能改造。

4.14.2　高压变频调速改造方案

泵站一号泵扬程为 60m，额定出水量为 2600m³/h，电动机功率为 260kW，额定电流为 29A，额定转速为 1485r/min。机旁控制箱内接有真空度控制继电器、电磁阀开度检测仪、电动机电流显示表、高压柜控制联锁等回路。小宋庄入港泵站连接水源管网和用户管网，处于管网的中枢位置，对整个供水系统影响较大，在这里安装高压变频装置，可以实现水泵的无节流调节，降低泵管压差，而且可以利用高压变频调节灵活的优势，最大限度地提高节能效率。

高压变频装置采购了九州电气的 PowerSmart6000 – □/036；该变频器采用 6 单元串联结构的交 – 直 – 交电压源型变频器，额定输出电压为 6kV，额定输出电流为 36A，额定输出容量为 355kV·A，频率为 50Hz。该系列变频器采用 36 脉冲整流技术，具有输入功率因数高、无需功率因数补偿装置的特点；输出电平数为相电压 13 个电平，线电压 25 个电平，因此输出波形十分接近正弦波，不需要任何形式的滤波器。

三相 6kV 高压电经用户侧的高压开关柜进入变频器，经输入变压器的降压、移相变换成线电压为 600V、角度互差 10° 的三相交流电，为功率单元供电。在变频器输入侧，由于变压器多个二次绕组的均匀相位移，例如 6kV 输出时共有 25°、15°、5°、– 5°、– 15°、– 25° 六种绕组，变压器一次电流中对应的电流成分也相互均匀位移，构成等效 36 脉冲整流电路，结果使得变频器输入电流中的谐波含量大为减少，远低于标准规定的限值，即使在供电电网容量较小时也能满足谐波要求，不会引起电动机的附加谐波发热。输出电压的 du/dt 很小，不会给电动机增加明显的应力，因此可以向普通标准型交流电动机供电，而且不需要降容使用，特别适用于旧设备改造。由于谐波及附加的转矩脉动小，所以避免了由此引起的机械共振，传动系统及轴承的磨损也大为降低。变频器工作时的功率因数可达 0.95 以上，满足了供电系统要求。因此，不需要附加电源滤波器或功率因数补偿装置，也不会与现有的补偿电容装置发生谐振。该系列高压变频器工作时不会对同一电网上运行的电气设备产生干扰。

功率单元输入为三相，输出为单相，功率单元被平均分为 3 组，每组 6 只，共计 18 只，其输出首尾相连构成各个相，相与相之间通过星形联结构成三相输出。

因为变频器中性点与电动机中性点不连接，适用变频器输出实际上为线电压。

控制柜中设有双 DSP 的控制单元，通过光纤对功率单元进行实时控制，如整流、逆变和检测等。控制单元接收用户的指令，根据需要调整每一个单元的输出频率、幅值，从而达到调整电动机转速的目的。变频器输出的三相电压加到电动机上，产生电流使电动机旋转。

4.14.3　一号泵变频调速的节能原理

小宋庄入港泵站采用高压变频调速系统对一号泵进行节能改造，不改变管网特性曲线，而是通过调整泵的转速改变流量，泵站供水应用的变频调速一般都是通过降低电源的供电频率实现的，所以变频调速基本都是使泵在低于额定转速下调节，随着速度的降低，能够得到一条从工频特性曲线 $H-Q(g)$ 下平移的泵特性曲线 $H-Q$ (f)，如图 4-24 所示。在某一变频调节的情况下，将电动机转速调低，使流量 Q_2 与泵特性曲线 $H-Q$ (f) 相交于 C。显然，此时泵排出阀开度不变，泵出口阀门上没有能量损失，降低了泵压，与阀门节流相比更能节约电能。

小宋庄入港泵站改造前的流量调节采用改变泵出口阀开度的方式，实质是通过改变管路特性曲线的位置来改变泵的工作点。这种方式存在严重的节流现象，人为增加了供水损耗。

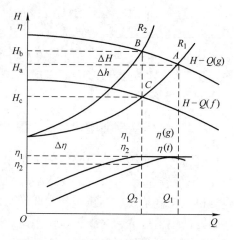

图 4-24　一号泵变频调速运行特性曲线

根据水泵的特性曲线，当水泵采用工频运行时，随着泵出口阀门开度的减小，管路特性曲线 R_1 向左移动到 R_2，R_1 与 R_2 之间可以得到一组曲线。当按照需要流量 Q_2 固定阀门开度后，泵的工作点由 A 沿着 $H-Q(g)$ 左移到 B 点，泵排出阀上多消耗能量 ΔH。由此可知，随着阀门开度的减小，不但管网系统的运行效率会逐渐降低，而且水泵的泵效也逐渐降低。

可见相同流量条件下，单泵变频调速控制流量较工频下阀门调节流量的方法减小了功率的消耗。显然，变频调速节能的主要原因是消除了泵阀门所引起的能量损失，从而减小了电动机输入功率。

4.14.4　一号泵高压变频调速的节能效果

1. 变频运行前一号泵运行情况分析

一号泵工频运行数据见表 4-19。

表 4-19　一号泵工频运行数据

频率/Hz	电流/A	流量/(m³/h)	管压/MPa	泵压/MPa	出口阀门开度
50	25	1300	0.35	0.47	70%
50	23	1100	0.32	0.49	63%
50	21	1000	0.29	0.52	56%
50	19	900	0.28	0.58	42%
50	18	800	0.28	0.60	35%

可以看出，随着阀门开度的减小，水泵的输出流量减小，但是泵压随之增加，在流量从 1300m³/h 变化到 800m³/h 的过程中，虽然流量减小了，但是耗电量并未减小多少，这就造成了能源的较大浪费。

2. 变频运行后一号泵运行情况分析

一号泵变频运行数据见表 4-20。

表 4-20　一号泵变频运行数据

频率/Hz	电流/A	流量/(m³/h)	管压/MPa	泵压/MPa	出口阀门开度
35	11.86	1300	0.13	0.13	100%
34	10.99	1100	0.12	0.12	100%
31	9.67	1000	0.10	0.10	100%
29.5	8.09	900	0.08	0.08	100%
27.5	6.64	800	0.07	0.07	100%

表 4-20 数据说明，通过调整高压变频器的输出频率使转速和流量下降的同时，由于阀门 100% 开启，泵压和母管压力基本一致，这时电动机的利用率较高，水泵的能量传递效率也最高，因阀门产生的损耗消失，从而在满足用户需求的前提下，最大程度地避免了电能的浪费。

3. 变频器运行前后小宋庄入港泵站水量变化节能运行效果分析

一号泵全速和调速运行时数据对比见表 4-21。

表 4-21　一号泵全速和调速运行时的数据对比

流量/(m³/h)	全速频率/Hz	全速电流/A	调速频率/Hz	调速电流/A	节能率
1300	50	25	35	11.86	50%
1100	50	23	34	10.99	52%
1000	50	21	31	9.67	54%
900	50	19	29.5	8.09	57%
800	50	18	27.5	6.64	63%

表 4-21 数据说明，当一号泵处于调速状态时，流量为 $1000\text{m}^3/\text{h}$ 时，节电率达 54%；流量为 $800\text{m}^3/\text{h}$ 时，节电率达 63%。在整个测试过程中，功率因数始终不小于 95%。

4.14.5　一号泵高压变频调速的经济效益评价

采用高压变频调速后，小宋庄入港泵站一号泵的节电效益计算如下：

按流量为 $1000\text{m}^3/\text{h}$ 计算，每小时节电量为

$$\sqrt{3}UI_1\cos\varphi_1 - \sqrt{3}UI_2\cos\varphi_2$$
$$= (6 \times 21 \times 1.732 \times 0.88 - 6 \times 9.67 \times 1.732 \times 0.95)\text{kW} \cdot \text{h}$$
$$\approx 96.58\text{kW} \cdot \text{h}$$

每天节电量为

$$96.58 \times 24\text{kW} \cdot \text{h} = 2317.92\text{kW} \cdot \text{h}$$

每月节电量为

$$2317.92 \times 30\text{kW} \cdot \text{h} = 69537.6\text{kW} \cdot \text{h}$$

按照电价 0.53 元/(kW·h) 计算，每月节省电费为

$$69537.6 \times 0.53 \text{ 元} \approx 36854.93 \text{ 元}$$

一号泵的设备改造投资约为 50 万元，1 年多就可收回全部投资。

第5章 平运胶带输送机的变频调速系统与节能

应用在火力发电厂、矿山、冶金、煤炭、港口、建材、化工、轻工、石油等各个行业的胶带输送机正迅速朝着长距离、大运量、高速度、大功率和广泛适应性发展，对于胶带输送机的"大马拉小车"散料运输，采用变频调速装置后，不仅解决了软起动、软停止、验带和多机功率平衡等问题，而且和PLC、现代智能控制理论、网络通信技术等结合，根据实际运量动态地调节带速，提高了有效负载率，具有显著的节能功效。变频调速的节能还表现在其具有较高的功率因数，用四象限变频器可将处于发电制动状态的电动机的动能回馈给电网。若新建或已运行多年的胶带输送机采用变频调速系统，将给用户带来极大的社会和经济效益。本章将介绍胶带输送机的变频调速系统与节能，对于上运、下运、长距离及散货码头胶带输送机的变频调速系统和节能的特点分别在后面章节中做进一步介绍。

5.1 胶带输送机及其特性

5.1.1 胶带输送机

胶带输送机是由闭环的承载输送带、驱动电动机和驱动装置、拉紧装置、托辊、改向滚筒、中间架和支撑、机架、制动装置、控制及保护装置等构成的复杂机电系统。它是传力和物料的输送媒体，广泛地用于输送松散物料或成件物品。

一般输送带绕经驱动滚筒和机尾换向滚筒，形成一个环形封闭带，输送带的上、下两部分都支承在托辊上。早期的承载输送胶带由皮革类材料制成，后来用皮革加纤维织物制造，其由芯体和覆盖层构成。目前，使用的输送胶带主要有两种：一种是橡胶覆盖层与单层织物芯组成的输送带；另一种是橡胶覆盖层与双层织物芯组成的输送带。芯体的材质一般是钢丝或者织物，其主要作用是承受拉力，覆盖层主要由橡胶和纤维等材料复合而成，其作用保护芯体不受损伤和腐蚀。用于长距离胶带输送机的胶带主要由橡胶覆盖层与钢丝绳芯组成。

以电动机为核心的驱动装置提供输送带运行需要的牵引力，拉紧装置提供输送带正常运转所需要的拉紧力。改向滚筒为输送带导向，托辊的作用是支撑输送带及其上面的物料并减小输送带的挠度。工作时，电动机将转矩通过滚筒传给输送带，使输送带连续运动，输送带在带式输送机中，既是承载构件又是牵引构件，它不仅要有承载能力，还要有足够的强度。一般物料装载到上带（承载段）的上面，在机头滚筒（即传动滚筒）卸载，利用专门的卸载装置也可在中间卸载。

根据运输工况和输送工艺要求，胶带输送机有水平胶带输送机（见图5-1）、上运胶带输送机（见图6-1）、下运胶带输送机（见图7-1）、长距离胶带输送机如图7-1所示，可以单台输送，也可多台或与其他输送设备组成输送系统（见图9-13、图9-21），以满足不同布置形式的作业线需要。胶带输送机具有结构简单、部件标准化、维修方便、输送量大、操作维修简单、运转费用低和适用范围广等特点，在连续装载条件下可实现连续运输，是输送散状物料的理想工具。

固定式胶带输送机使用的工作环境温度一般为 $-25 \sim 40℃$。对于在特殊环境中工作的胶带输送机，如要具有耐热、耐寒、防水、防爆、防腐、阻燃等条件，可另行采取相应的防护措施。

图 5-1　固定式水平胶带输送机

5.1.2　胶带输送机的负载特性与机械特性

胶带输送机负载情况比较复杂，阻力矩的组成因素较多，静态阻力、运行阻力和各种附加阻力的存在，使得理论计算十分困难，但总体上表现为电动机转子轴上的恒力矩负载，包括各种阻力和转动惯量。静态阻力的存在使得驱动系统必须克服较大的静摩擦阻力才能起动，因此需要较大的起动力矩。

该负载特性可用式（5-1）分段函数进行描述[19]：

$$
\begin{cases}
T_{\mathrm{L}} = T_{\mathrm{Lq}} - \dfrac{T_{\mathrm{Lq}} - T_{\mathrm{Lg}}}{n_1} n & 0 \leqslant n < n_1 \\
T_{\mathrm{L}} = T_{\mathrm{Lg}} & n \geqslant n_1
\end{cases}
\tag{5-1}
$$

式中　T_{Lq}——最大负载力矩（N·m）；

　　　T_{Lg}——额定负载力矩（N·m）；

　　　n_1——额定负载时的转速（r/min）。

当电动机转速达到 n_1 时，负载趋向恒力矩 T_{Lg}。

胶带输送机机械运动方程式为

$$
T_{\mathrm{D}} - T_{\mathrm{L}} = \frac{GD^2}{375} \frac{\mathrm{d}n}{\mathrm{d}t}
\tag{5-2}
$$

T_{D} 为电动机输出电磁转矩，当 $\Delta T = T_{\mathrm{D}} - T_{\mathrm{L}} > 0$ 时，$\mathrm{d}n/\mathrm{d}t > 0$，电动机加速，反之减速。

对于胶带输送机负载，初始起动条件为 $\Delta T = T_{\mathrm{D}} - T_{\mathrm{Lq}} > 0$，即需要各种驱动系统输出的起动力矩大于 T_{Lq}。

5.1.3　胶带输送机张力特性与软起动特性

传统胶带输送机的摩擦传动原理以牛顿刚体力学、欧拉公式为基础，式（5-1）和式（5-2）是在输送带假定为不可伸缩，没有弯曲阻力，没有质量和厚度且与滚筒间摩擦系数不变的理想条件下推导出来的，用来计算沿输送带中线稳态运行的张力，此张力是由重力和摩擦力造成的。而对于大型带式输送机或长距离胶带输送机，这种计算是不正确的。

胶带输送机的输送带由弹性单元组成，它不是刚体，而为柔黏性的弹性体，在静止时内部储藏了大量的能量，起动时输送带发生黏性变形，这些能量将很快释放出来，会使胶带产生张力波并存在于输送带中，不像刚体那样各质点是同时运动的。动张力跟起动时间有关，起动时间越短，起动加速度就越大，输送带变形就会越大，动张力越大。在起动前，由于拉紧装置提供了拉紧力，输送机处于被拉紧的状态；滚筒刚开始旋转时，输送带中紧边的张力在增加，松边的张力在减小，这两个变化都以波的形式沿输送机传播。随着驱动滚筒继续滚动，振荡波继续传播，由于输送带中有较大的张力，拉紧装置会有明显的位移，在输送机正常运行时，每当负载发生变化，类似的情况就会发生。振荡与动张力大小有关，动张力越大，振荡就越严重，所造成的危害就越大。

在起动加速、停车减速及张力变化过程中，胶带均呈现出的复杂运动力学特征，如横向振动、纵向振动以及动态张力波在胶带中的传播和叠加，造成输送系统的不稳定，具体表现为胶带断裂、机械损害、叠带、撒料、局部谐振跳带等。因此，必须抑制张力波及其有害传播，采用"软起动"的方式，对起动力矩进行控制，限制起动加速度，并且限制制动减速度，控制胶带工作张力，保证输送机平稳起动或制动，并使输送机安全稳定运行。

由于输送机在起动之前，输送带处于松弛状态，为避免输送带的冲击，将输送带拉紧起动，可进一步改善起动峰值的张力作用。这样，需要在起动开始阶段加入一个时间延迟，因此改进后的最佳起动曲线如图 5-2 所示。延迟段的速度一般取设计带速的 10%。在延迟段内，下垂胶带被张紧，延迟段结束后，按最小加速度或最小冲击的方式完成输送机的 S 形曲线加速起动，从而最大程度地降低胶带输送机的起动张力。

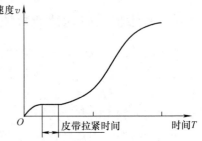

图 5-2 改进后的最佳起动曲线

该"S"曲线模型可用下列分段函数表示[19]：

$$
v(t) = \begin{cases}
\dfrac{v_0 t}{t_0} & (0 \leqslant t < t_0) \\[2mm]
v_0 & (t_0 \leqslant t < t_1) \\[2mm]
v_0 + \dfrac{v_m - v_0}{2}\left[1 - \cos\dfrac{t - t_1}{T}\pi\right] & (t_1 \leqslant t < t_2) \\[2mm]
v_m & (t_2 \leqslant t)
\end{cases}
$$

该分段函数一次微分 $\mathrm{d}v/\mathrm{d}t$（加速度 a）的曲线模型可表示为[19]

$$
a = \begin{cases}
\dfrac{v_0}{t_0} & (0 \leqslant t < t_0) \\[2mm]
0 & (t_0 \leqslant t < t_1) \\[2mm]
v_0 + \dfrac{(v_m - v_0)\pi}{2T}\sin\dfrac{t - t_1}{T}\pi & (t_1 \leqslant t < t_2) \\[2mm]
0 & (t_2 \leqslant t)
\end{cases}
$$

因此，经过优化的速度、加速度 S 形曲线模型如图 5-3 所示[19]。

用 PLC 控制可实现图 5-3 的 S 形曲线软起动或软停止，以 PLC 作为给定函数发生器，给出优化的 S 形曲线起动图，作为变频器驱动电动机的速度给定信号，同时接收来自驱动电

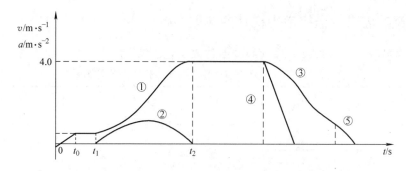

图 5-3　经优化的速度、加速度 S 形曲线模型

①—速度曲线　②—加速度曲线　③—S 形曲线停车　④—直线停车　⑤—自然停车

动机轴上编码器的脉冲信号，作为速度负反馈信号。传动速度输出将跟随给定 S 形曲线上升进行软起动。停车过程类似此调节过程，当给出正常停车指令后，S 形曲线开始下降，由变频器控制软停车过程。当速度降低到允许机械抱闸时，各驱动装置断电停车。[19]

图 5-3 所示模型适用于需要优化运行的长距离胶带输送机，设计要求特殊起动曲线。但由于起动时间较长，并要求低速性能好，所以应选用高性能的调速驱动方式。采用速度闭环矢量控制方式，可获得全速度范围的高精度调速性能及动态性能，并具有极佳的低速性能，可实现优化的速度 S 形曲线跟随性能。同时，多机驱动应采用适当的速度跟随控制策略，取得理想的速度同步和功率平衡效果。

5.2　胶带输送机对驱动的要求和典型布置

5.2.1　胶带输送机对电力拖动的一般要求

根据胶带输送机的工作原理，电力拖动一般应满足下列要求[20]：

1）由于胶带输送机上的胶带是一个弹性体，所以《煤矿安全规程》中明确规定："带式运输机应加设软起动装置"，对于散料运输的胶带输送机，要求起动平稳，并可满载起动。为减小机械冲击与电动机容量，要求加减速度不得大于 0.3m/s²。

2）多滚筒驱动时，应考虑电动机功率平衡问题。

3）多条胶带输送机组成一条输送线时，各胶带输送机应具有相同的运行速度。

4）胶带输送机应具有适应验带的慢速运行方式。

5）对远距离胶带输送机，不仅要用刚体动力学特性方法进行分析，而且必须对动力状态进行分析，建立胶带动力学的数学模型，求得输送机在起动和制动过程中，输送带上不同点随时间的推移所发生的速度、加速度和张力的变化，确定优化的设计和控制参数，剔除不确定因素带来的隐患。

6）必须设置完善可靠的各种安全保护装置，如跑偏、断带、逆转、打滑及超速保护，以及电动机与电器的过载、短路和超温等保护，有时还需安装除铁器以防金属对胶带的损伤。

总之，胶带输送机的电力拖动系统应具有良好的起动性能和动态性能。

5.2.2　钢绳芯胶带输送机电力拖动的典型布置

钢绳芯水平胶带输送机电力拖动的典型布置见表5-1。[20]

表5-1　钢绳芯水平胶带输送机电力拖动的典型布置

形式	传动方式	典型布置简图	出轴形式与功率配比
水平输送	单滚筒传动	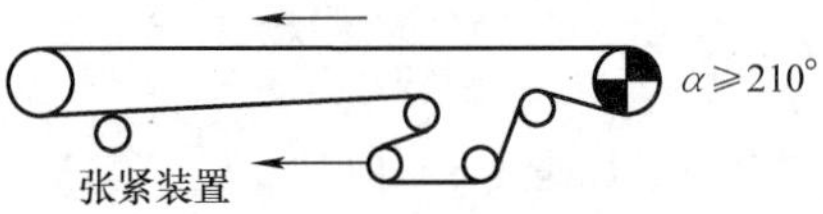 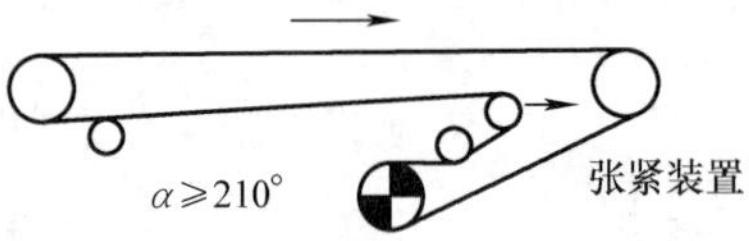	单出轴单电动机 双出轴双电动机
	双滚筒传动	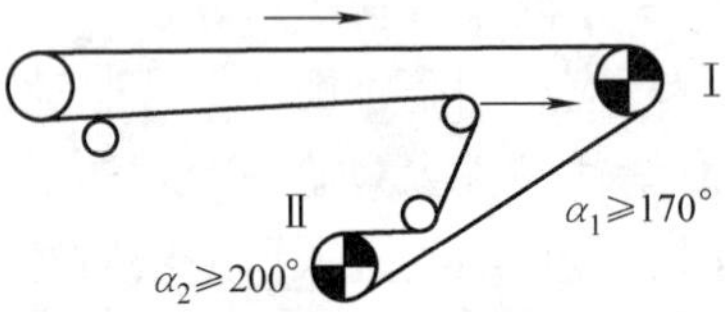 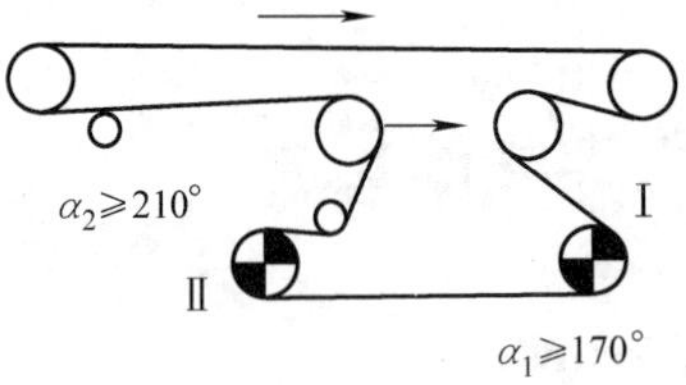	功率配比： $P_{\text{I}} : P_{\text{II}} = 1:1$ $P_{\text{I}} : P_{\text{II}} = 2:1$ $P_{\text{I}} : P_{\text{II}} = 2:2$
	三滚筒传动	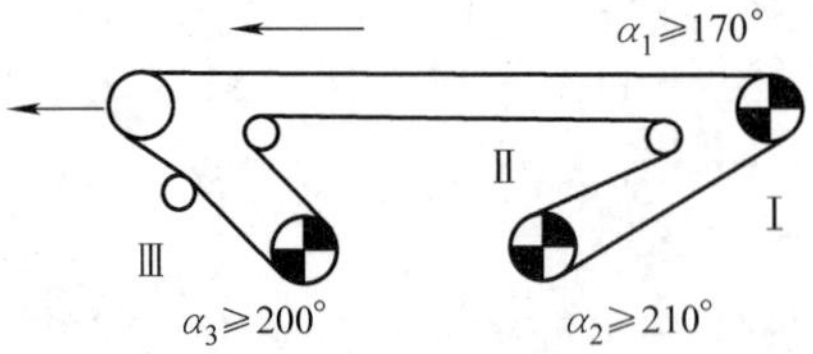	功率配比： $P_{\text{I}} : P_{\text{II}} : P_{\text{III}} = 2:1:1$ $P_{\text{I}} : P_{\text{II}} : P_{\text{III}} = 2:2:1$ $P_{\text{I}} : P_{\text{II}} : P_{\text{III}} = 2:1:2$ $P_{\text{I}} : P_{\text{II}} : P_{\text{III}} = 2:2:2$

注：α 为胶带在传动滚筒上的围包角。

其布置原则应考虑以下几点：

1）采用多传动滚筒的功率比，最好根据等驱动功率单元法任意分配。

2）双传动滚筒尽可能不采用S形布置，以便延长胶带的使用寿命，且避免物料粘到传动滚筒上影响功率平衡和加快滚筒磨损。

3）张紧装置一般布置在胶带张力最小处。当水平输送机采用多电动机分别起动时，张紧装置应放在先起动滚筒张力小的一侧。

4）输送机尽量布置成直线形，避免采用有过大的凸弧、深凹弧的布置形式，以利于正常运转。

5.3　胶带输送机配变频器驱动是发展趋势

高强度胶带输送机的起动特性越来越受到关注，因为驱动（起/停）方式决定了胶带输送机起动特性的好坏，将直接影响其对电网的冲击及对机械传动部分的冲击，还影响胶带输送机钢丝绳芯胶带的带强等级，对降低投资、减少后期维护费用、延长设备使用寿命，具有重要的意义。大功率胶带输送机根据物料重量变化进行变频调速后，节电效果显著，具有更重要的意义。下面通过对胶带输送机各种驱（起）动方式的比较，说明笼型异步电动机配合变频调速的驱动是最优选择。

5.3.1　直接驱（起）动

直接驱（起）动是将电动机的定子直接接入电网，电动机定子可获得电网的全电压。这里所说的直接起动，是指（不用变频器控制）电动机的输出轴仅经机械减速箱和胶带输送机滚筒连接，并且电动机的定子直接接入电网的驱动方式，如单台高压开关柜控制单台笼型高压电动机。直接驱（起）动的线路是最简单的，具有起动电流大、起动转矩大、起动时间最短和装置价格低等特点。电动机在额定电压下起动时，起动电流为额定电流的 6～7 倍。起动电流中的一部分在电动机内部以有害的热能散发，另外，它可能使起动加速过猛，对有较强黏弹性的胶带输送机造成大的冲击，产生较大的张力波；张力波沿输送带传播将导致输送带的振动，对输送带的起动平稳性和安全性产生不利影响，会降低胶带和电动机的使用寿命，所以胶带输送机一般不采用这种方式起动，只有在距离短、负载小，在胶带起动运行张力允许的范围内且不影响同母线上的其他设备运行（直接起动时的起动电流在电网中引起的电压降落不超过 10%～15%），并满足电动机直接起动的电气条件时才考虑使用。

5.3.2　绕线转子异步电动机转子回路串电阻驱（起）动

胶带输送机除在有防爆要求的场合外，一般都采用绕线转子异步电动机转子回路串电阻起动或调速的拖动方式。它具有以下主要优点：

1）起动前在绕线转子异步电动机转子回路串电阻，可以解决胶带输送机多机功率平衡的特殊问题。

2）采用转子回路串多级（一般多到 6 级）切换电阻起动器，在起动时可以减小对电网的冲击，同时又可以任意按所需的电动机出力值调整时间继电器的切除时间，以获得起动平稳可靠的性能，各电动机可以同时切换或分别切换电阻，起动初期可设置 1～2 级预备级，使胶带从松弛状态预先拉紧，再进入传动运转状态。在出现负功率运行的输送机带负载起动时，也需要起动力矩较小的预备级，以免起动加速过猛。

切换的控制参数以时间为主，以电流为辅。除了合理计算外，还需以现场试车时调整为准。绕线转子异步电动机也可采用转子回路串频敏变阻器起动，可简化控制系统并使多机拖动系统中各电动机功率自动趋于平衡。但该方式的起动转矩小，起动电流稍高，拖动重载较为困难，使其应用受到限制。

该控制方式主要有以下的问题：

1）转子回路串电阻会消耗电能，造成能源浪费。

2）电阻分级切换，为有级调速，设备运行不平稳，容易引起电气及机械冲击。

3）继电器、接触器频繁动作，电弧烧蚀触点，影响接触器使用寿命，维修成本较高。

4）交流绕线转子异步电动机长时间运行后的集电环存在接触不良问题，容易引起设备事故；转子电刷磨损严重，需经常更换，维修量大。

5）电动机依靠转子电阻获得低速，其运行特性较软。

总之，绕线转子异步电动机的转子采用串电阻驱动时，设备接线复杂、故障率高、维修量大，起动或运行时部分电能消耗在电阻上，浪费能源，目前胶带输送机已很少采用这种方法。

5.3.3 笼型异步电动机配液力耦合器驱动

液力耦合器是利用液力来传递功率（力矩）的非刚性联轴器，采用液力耦合器传动可使驱动装置的机械特性变软，从而改善机器的起动性能，增大起动力矩。下面介绍胶带输送机两种机械类软起动技术的驱动方式：限矩型液力耦合器和调速型液力耦合器。

1. 限矩型液力耦合器

液力耦合器由泵轮和涡轮组成一个可使液体循环流动的密闭工作腔，泵轮装在输入轴上，涡轮装在输出轴上。其基本原理是，当动力机（内燃机、电动机等）带动输入轴旋转时，液体被离心式泵轮甩出，高速液体进入涡轮后推动涡轮旋转，将从泵轮获得的能量传递给输出轴，最后液体返回泵轮，形成周而复始的流动。液力耦合器靠液体与泵轮、涡轮的叶片相互作用产生动量矩的变化来传递转矩，它的输出转矩等于输入转矩减去摩擦力矩，所以它的输出转矩恒小于输入转矩。

限矩型液力耦合器能够限制超载力矩，使其升至一定范围后不再升高，从而保护电动机。它的特点是运转前充入一定量的工作液体，在运转期间，其充液量不能改变。同型号的液力耦合器所传递的功率随充液量的变化而不同，充液量越多，传递功率就越大。

限矩型液力耦合器具有过载保护作用，能改善电动机的起动工况，减小工作机构的冲击和振动现象，减轻系统的动载荷，并使多电机传动的负载分配趋于均衡，实现胶带输送机的软起动与功率平衡，解决了同步性问题；并且价格低廉、性价比高，国内重型胶带输送机比较多地应用这种驱动方式。但限矩型液力耦合器仅有缓冲作用，只能起到"软"起动作用，不能实现可控传动。

2. 调速型液力耦合器

调速型液力耦合器主要由输入轴、输出轴、泵轮、涡轮、工作室、油箱、进油室和回油室组成。

调速型液力耦合器的一端直接连接电动机的输出端，另一端通过减速器（箱）拖动输送机运行。当电动机带动耦合器泵轮旋转时，进入泵轮的油在叶片带动下，由于离心力的作用，沿泵轮内侧流向外缘，产生一个旋转冲击力矩，形成高压高速流并冲击涡轮叶片，使涡轮跟随泵轮同向运动。油在涡轮中由外缘流向内侧被迫减压减速，然后流入泵轮。在这种循环中，泵轮将电动机的机械能转换成油的动能和势能，而涡轮则将油的动能和势能又转换成输出轴的机械能，从而实现能量转换（见图5-4）。

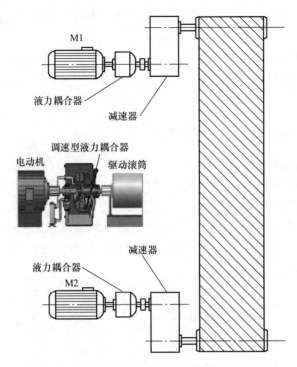

图 5-4　调速型液力耦合器驱动的胶带输送机

在输送机运行的过程中，通过对液力耦合器工作室油压力和液压油量的调节来调整输出的速度，从而达到（开环）控制胶带输送机带速的目的。

采用调速型液力耦合器驱动的优点如下：

1）实现电动机空载软起动，起动时间可随胶带输送机主参数调节，能利用其尖峰转矩作起动力矩，提高了其起动能力，缩短了电动机起动时间，而使胶带滞后于电动机缓慢起动。

2）在工作过程中，可接入胶带输送机的速度反馈环节，控制调速工作装置内充液量的速度和油量，从而可改变其输出力矩的大小，达到对胶带输送机调速的目的。

3）隔离转矩，减缓冲击，防止动力冲击，它过载保护性能好，荷载过大而停转时输入轴仍可转动，不致造成动力机的损坏。

4）多机驱动时，能实现多机顺序起动，减小了对外界电网的冲击；并能实现各电动机的功率平衡，其功率不平衡精度控制在 ±5% 以内。

5）基于液力传动的特性，能隔离转矩，减缓冲击。当输送机过载时，能自动产生滑差而卸载，保护电动机和传动部件不受损坏。

6）结构简单可靠，无机械磨损，能在环境恶劣条件下工作，无需特殊保护，使用寿命长，运营费用低，易于实现输送机的自动控制。

7）操作简单，工人易于掌握。

8）其产品大都已国产化，设备价格适中，设备初期投入成本较低。

采用调速型液力耦合器驱动的缺点如下：

1）调速范围小，通常为 40%~90%，存在调速死区，调速的精度低。

2）设备在低速运行时所能提供的驱动力矩小，满载起动难度大，且产生的热量大，需要充足的冷却水源。

3）系统整体效率低，不利于节能。

4）当单机功率大于500kW时，调速型液力耦合器往往不能满足工况要求。

5）体积较大。

5.3.4　笼型异步电动机配CST驱动

1. CST的主要结构和传动原理

CST（差动轮系液黏调速装置、液黏性离合器或Ω离合器）可控软驱动装置是专用于大型、重载、长距离胶带输送机的驱动系统，它带有电 – 液反馈及齿轮减速器，在低速轴端装有线性、湿性离合器的机电一体化的高技术驱动系统。典型的CST由行星齿轮减速器、可控液黏离合器、电 – 液控制组件、热交换器、油泵、冷却控制器等构成，如图5-5所示。

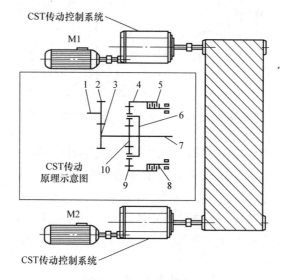

图 5-5　CST 传动原理

1—输入轴　2—主动齿轮　3—从动齿轮　4—内齿圈　5—转动摩擦片　6—行星架
7—输出轴　8—静止摩擦片　9—行星轮　10—太阳轮

图5-5中，电动机带动输入轴1转动，经齿轮2、3传到行星轮系的太阳轮10后，由于输出轴7和行星架6相连，内齿圈4与离合器的转动摩擦片5相连，静止摩擦片8与活塞相连，当离合器分离时，输出轴7上有负载，所以内齿圈4空转。当电动机达到全速时，离合器开始作用，离合片间隙减小，内齿圈受到力矩作用，转速受到控制，逐渐减小，行星轮9在内齿圈上滚动，驱动行星架6和输出轴7转动。

其可通过控制器设置所需要的加速度曲线和起动时间。收到起动信号后，电动机空载起动，达到额定速度后，液压系统开始增加离合器反应盘系统的压力。当反应盘相互作用时，其输出力矩与液压系统的压力成正比，设在输出轴上的速度传感器检测转速并反馈给控制系统，将该速度信号与控制系统设定的加速度曲线进行比较，其差值用于调整反应盘压力，从而确保稳定的加速度实现平滑起动。反之，当收到停车信号后，液压系统开始减小对离合器反应盘系统的压力，通过调整液体压力，从而获得一个恒定的减速度而停车。

2. 采用 CST 的主要技术优点

1）能实现可控起动或停车，起动调速精度高，加速度可在较大范围内被调节和控制，可提供优化的 S 形起停曲线，且平稳起动使各承载部件寿命大大提高。与直接起动相比，系统起动富裕系数较小；与调节型液力耦合器相比，输送机胶带张力可降低，传动效率可提高。

2）能精确控制速度及多机之间的功率平衡，为实现多点驱动装置同步提供了可能。

3）在任意条件（正常停车、紧急停车、电网失电停车）下，能够使胶带输送机按照预定的减速度在规定时间内停车，稳定性好、可靠性好。

4）调速范围广，空载条件下的稳定转速可在 10% ~ 100% 之间任意调节，可满足一般验带要求。

5）现场调试简单，可以很方便地在线进行参数修改与调试。

6）可降低基本输送带张力，提高传动效率；可选用较小的安全系数并获得较高的安全度。

7）大功率防爆系列产品技术成熟、可靠。

CST 自带齿轮减速器，输入、输出侧有一定的减速比，因而选型时需要按实际的带速要求来配置。CST 也是靠液体介质传递能量的，但与液力耦合器不同的是，CST 一端与电动机直接连接，通过齿轮减速后，输出侧属于低速，因此 CST 无须连接减速箱而可直接驱动胶带输送机，其较低的转速输出大幅降低了系统的机械损耗。另外，与液力耦合器不同，CST 自身带有电 - 液反馈系统，对转矩输出有较好的控制能力；同时，CST 支持主 - 从同步控制方式，所以在拖动输送机的过程中较液力耦合器有较好的性能。

3. 采用 CST 的主要技术缺点

1）不适合频繁地起动、制动工况。

2）制造难度大，系统复杂，设备初期投入成本高，维护不方便。

3）由于对油液的性能要求高，需专用油液，一般 1 年至少需更换一次油液，否则会影响齿轮寿命，且其关键部件（如摩擦片）必须依赖进口，设备的维护费用较高。

4）冷却系统占地面积大，且需要强制冷却系统。

5）当胶带输送机为下运工况时，CST 无法实现制动功能。

6）在软起动和调速过程中，发热量大，传动效率低。

5.3.5　笼型异步电动机配变频器驱动

变频调速的对象是交流笼型异步电动机时，一般通过改变电动机工作电源的频率和幅值的方式控制交流电动机的传动。其采用的控制方式也有很多种（见第 1 章有关内容），能实现胶带输送机的软起动、软制动，成本低、维护方便。目前，变频器本身可配置丰富的软件功能且具有较灵活的通信能力，能解决"主 - 从"控制中负载均衡、多机驱动的功率平衡及输送机运行中的其他问题。重要的是，利用变频器可按运送物料重量自动调速，节电效果显著，变频器驱动胶带输送机已经在很多工程中得到应用，可以说变频调速系统是驱动胶带输送机的最优选择。

图 5-6 所示由两台变频器构成的主 - 从结构变频器驱动系统。

1. 选择变频调速的优点

1）实现了胶带输送机系统的软起（制）动。利用变频器平滑的起动特性，将电动机软起动和胶带输送机软起动合二为一，通过电动机慢速起动带动胶带输送机缓慢起动，将胶带内部储存的能量缓慢释放，大大降低了对输送机胶带的冲击及机械系统的影响，降低了胶带输送机起动时的动张力，几乎对胶带不造成损害，延长了胶带寿命，减少了设备初投资；变频起动调速精度高，加速度在较大范围内可调可控，可控制胶带输送机按设定优化的 S 形曲线起动、停止。

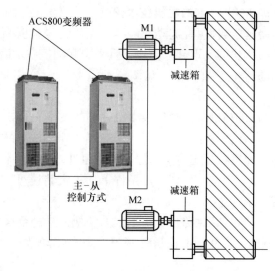

图 5-6　主－从结构变频器驱动系统

对于胶带输送机恒转矩负载，变频器采用适当的控制技术能在低频运行时输出高转矩满足胶带输送机重载起动的要求。

2）节能效果显著。通常情况下，胶带输送机用电动机在设计中的功率裕量较大，工作时大部分时间不能满载运行，电动机工作在额定电压、额定速度，而负载经常很小，也有部分时间空载运行。电动机轻载时定子电流有功分量很小，主要是励磁的无功分量，因此功率因数很低。采用变频器驱动后，通过合理匹配其输送量与带速的关系，在维持输送机正常运载能力不变的情况下，保持其负载功率损耗不变，而靠减小其空载功率损耗，使整个过程中的功率因数达 0.9 以上，大大节省了无功功率。而且电动机与减速器间改为直接硬连接，减少了液力耦合器，系统总传递效率提高。长期运行节能费用可观。

当下运型胶带输送机负载速度大于电动机速度或大惯量负载需要紧急减速时候，电流型变频器可将降速工况（即发电运行状态）下负载反馈回的能量回送电网，利用再生制动快速地降低电动机转速，在确保下运型胶带输送机安全生产的同时，节约了电能。

3）可实现胶带输送机重载起动。对于胶带输送机恒转矩负载，变频器低频运行输出的高转矩可以满足胶带输送机重载起动的要求。能适应频繁起停工况，能够实现"零速满转矩"起动，低速起动性能好。

4）可实现多机驱动时的功率平衡。应用变频器驱动输送机时，一般采用一拖一控制。采用变频器驱动多电动机时，根据胶带输送机驱动装置的结构布置，变频器采用主－从控制，避免个别或多个驱动装置过载，实现功率平衡，速度同步好，精度高；低速运行稳定，起动电流小，功率因数高。

5）开放式通信协议可实现输送机系统的统一调速。具有开放式通信协议，接口标准化程度高，多机驱动容易实现，可对胶带输送机系统实现统一调速控制。

6）降低胶带带强。胶带输送机的正确张力是保证胶带输送机（特别是长距离胶带输送机）安全可靠运行的首要条件之一，但胶带输送机起停瞬间形成的带张力会给输送机的运行和控制带来很大的不利影响。由于变频器可真正实现胶带输送机的软起动和软停止，通过电动机慢速起动或停止带动输送机的缓慢起动或停止，将胶带内部储存的能量缓慢释放，将输送机起停时产生的冲击减至最小；降低胶带带强，机械系统的损耗也随之降低，拖辊及滚筒寿命延长数倍。

7）良好的验带功能。低速验带功能是胶带输送机检修的主要内容，变频调速系统为无级调速的交流传动系统，在空载验带状态下，可调整 5% ~ 100% 额定带速范围内的任意带速，进行长期验带运行。

8）部件标准化程度高。部件技术先进，系统配置简单，标准化程度高，维护及备件费用低，备件通用，容易获得。

9）装置体积小、重量轻。由于装置体积小、重量轻，所以基建投资少，安装维护方便，工作环境好，无机械磨损和漏油问题。

10）可实现工频旁路运行，可靠性高。在非正常情况（如变频器故障时、应急使用和长期满载无须调速时）下可实现工频旁路运行，且有过电流、过电压、欠电压及过载等多种保护功能，可靠性高。

11）对出现的负力矩可实施安全制动。如果采用制动单元和制动电阻，可对可能出现的负力矩实施可靠的安全制动。

2. 变频器调速驱动的缺点

1）目前，尚没有大功率定型防爆产品。

2）变频器工作时会产生大量的热量，需要良好的通风冷却环境。

3）有的变频器对电网会产生一定的谐波污染，需要采取一定的措施以减小对上游电网的影响。

5.4　胶带输送机的综合保护

胶带输送机的控制器——PLC 一般设有打滑、跑偏、堆料、断带、纵向撕裂、烟雾报警、超温自动洒水灭火、沿线急停闭锁和故障位置检测（拉线开关）等保护，另外，还有多功能广播电话信号机。下面将做简单介绍。

1. 打滑保护

胶带输送机依靠输送带与驱动滚筒之间的摩擦力驱动输送带运行，从而带动输送带上的物料实现连续运输。驱动滚筒转动时，若输送带不能与驱动滚筒同步运转或输送带不转，称为输送带打滑。打滑故障会损坏驱动滚筒上的输送带，造成断带、滚筒温度升高，产生大量烟雾，引起火灾等一系列恶性事故，甚至引起煤尘和瓦斯爆炸。

根据胶带输送机的结构及工作原理，可采用同时检测输送机带速和滚筒线速度的方法，实现比差检测。当两者速度不一致时，说明存在打滑现象，PLC 控制系统按照既定的程序做出相应的处理。

2. 跑偏保护

输送带跑偏是指输送机运行过程中因给料不正、输送带老化等原因出现输送带中心线脱离输送机中心线而偏向一边的现象。输送带跑偏会导致输送带边缘与机架磨损，使输送带边缘过早损坏，若发现不及时，输送带会发生撕裂或断开事故，甚至会脱离托辊而掉下来，造成输送机的严重事故。

跑偏保护主要靠输送带跑偏开关探头的检测来实现。跑偏开关安装于输送带的侧面，其探头位置为两档，分别为轻跑偏档、重跑偏档。当输送带轻跑偏时，跑偏开关的探头被推至第一档位置，轻跑偏信号被送回控制器，经控制器程序运算处理后，报警器、信号灯随之用声光信号报警，以提醒岗位操作人员，此时胶带输送机不停车。若输送带跑偏严重，跑偏开关的探头被推至第二档位置，此信号返回后，控制器会给出一个信号，让系统马上停车，以确保胶带输送机不出现输送带撕裂等严重事故。

3. 堆料保护

在运输散料的过程中，若木料、铁条等杂物堵塞胶带输送机机头溜槽，就会发生堆料事故。此类事故轻则影响生产，重则造成输送带撕裂。针对这一隐患，可以在机头溜槽的一角安装堆料探头。正常情况下，物料不会与探头接触，若出现堆料的情况，探头就会被接地，系统会立即停车，同时还有声光信号报警。

4. 断带保护

胶带输送机的输送带因接口老化或其他事故导致输送带横向撕裂时，若无防护措施，将可能引发重大人身和设备事故。针对此类现象，设置了断带保护。

5. 纵向撕裂保护

输送带拉伸后或当加减速以及负载变化时，胶带收缩产生的纵向波严重时可造成输送带撕裂或严重跑偏；有异物插入输送带时也可能造成输送带撕裂，但跑偏一般只会撕裂输送带边缘，而由于异物插入输送带造成的撕裂则比较严重。目前，大部分纵向撕裂都发生在机尾装载点处，因此将纵向撕裂传感器安装在装载点的出口，当输送机的输送带被异物穿透后，物料落在传感器上，传感器动作，系统报警并急停，从而实现对输送带的保护。

6. 烟雾报警

这种保护的作用是在输送带或电缆等燃烧而冒出烟雾时，及时停车并报警。烟雾的检测依靠烟雾探头，它一般悬挂于输送机上方。

7. 超温自动洒水灭火装置

该装置一般与烟雾报警配合使用，它既可以在输送带燃烧时发挥作用，又可以在输送机异常运转导致输送带温度高于正常值时保护输送带。它的探头一般由铅、锡等金属组成的易熔合金制成。探头与输送带十分接近，当输送带温度升高时，易熔合金被熔化，水管中的水就会喷出，洒到输送带上，给输送带降温，防止输送带被高温烧毁。

8. 沿线急停闭锁和故障位置检测

拉绳急停闭锁开关用于胶带输送机沿线紧急闭锁保护，具有故障地点识别功能，并可兼作接线盒。该系列闭锁开关的工作原理是：正常工作时，拉杆压住内部的行程开关，控制电路内的触点处于常闭（或常开）状态，指示牌竖在上方；当胶带输送机出现任何故障需要紧急停车时，只要拉下开关任意端的钢丝绳，拉杆松开并旋转，使指示牌倒下，同时行程开关动作；控制系统接收到此信号后，发出停车指令；故障排除后，人工将指示牌转到竖立位置，开关复位。需要注意的是，不通过人工复位，拉杆不能复位，开关起闭锁作用。

9. 多功能广播电话信号机

用于胶带准备全线起动时发出鸣笛或预警信号，属于生产安全设施。

5.5　运送物料重量变化时胶带输送机的节能控制

5.5.1　胶带输送不同负载情况下运行物料的重量变化

胶带输送机空载、轻载和额定负载下运行的物料重量变化较大，但驱动胶带输送机的电动机却在以固定的工频电压和额定速度不停运转，这不仅会造成输送机不必要的机械磨损，还会白白消耗了大量的电能，无疑存在较大的节能空间。造成运载散料重量变化大的主要原因有以下几个方面。

1. 胶带输送机起动、停止时的空载运行

由于胶带输送机上的胶带是一个弹性体，正常情况下它应是空载起动，当胶带输送系统的流程设定完成并确认各单机准备完毕，以及电动挡板、电动裙板、除铁器、排水器等设备置于正确的位置后，起动流程中的胶带输送机系统。起动前，胶带输送机的沿线报警铃进行30s 报警。起动顺序为逆料流起动，即从下游设备到上游设备顺序起动。在给料机（或翻车机或堆取料机）给料前，整个起动过程中，胶带输送机空载运行。

正常停机时，先停止给料，流程的停止顺序为顺料流停机，即从上游设备到下游设备顺序停机。也就是说，从上游设备到下游设备顺序轻载或空载一些时间。

2. 输送机电动机设计选型造成的轻载运行

在胶带输送机设计选型时，为保证胶带输送机安全可靠的运行，往往根据装卸工艺和最大运输能力的要求，执行 GB/T 17119—1997《连续搬运设备　带承载托辊的带式输送机运行功率和张力的计算》。从 5.5.2 节输送机驱动电动机轴所需功率计算可以看出，由于考虑了电动机功率因数、液力联轴器和减速器效率、电压降等因素，胶带输送机的驱动电动机功率比驱动滚筒轴功率要大许多。不仅计算出的驱动电动机功率比驱动滚筒轴功率大，在选择与之匹配的减速机和电动机时原则是等级靠大不靠小。还由于胶带输送机是惯性力矩较大的机械设备，其托辊多且胶带长，起动时需要较大的输入功率。以上说明，实际应用中大部分时间输送机达不到最大生产能力，其实际功率远低于上述所选择的电动机功率，电动机往往是轻载运行，甚至空载运行，造成电动机的效率低、功率因数小，电能浪费严重。

3. 散料采掘机或给料机的输出量不均衡

在散料生产中，散料采掘机或给料机输出量与采掘地质环境或当时的运行有密切的关系，也就是说，胶带输送机输送的散料有极大的不均衡性，主运输系统在不同时间段会出现不均衡，散料生产作业的日、班产量之间的波动是随着采掘面的地质变化或当时运行条件的变化而变化。运散料的胶带输送机及其电气选型是按照散料生产的最大可能加一定的冗余系数确定的，因此胶带输送机配置的电动机功率一般有较大的裕量。

5.5.2　驱动电动机轴功率的计算

下面以刚体力学的方法计算胶带输送机的驱动电动机轴功率。

1. 传动滚筒上所需圆周率力的计算[21]

钢绳芯胶带输送机的受力分析如图 5-7 所示。

稳定运行时，胶带输送机传动滚筒圆周力等于输送机的运行总阻力。钢绳芯胶带输送机

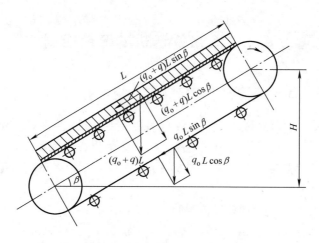

图 5-7　钢绳芯胶带输送机的受力分析

运行总阻力由五类阻力组成：主要阻力 F_H、倾斜阻力 F_{st}、附加阻力 F_N、特种主要阻力 F_{s1}、特种附加阻力 F_{s2}。主要阻力 F_H 和附加阻力 F_N 发生在所有的钢绳芯胶带输送机上，而特种阻力 F_s（$F_s = F_{s1} + F_{s2}$）只出现在某些设备中，简化计算时可暂不考虑。

主要阻力 F_H 和倾斜阻力 F_{st} 可由图 5-7 所示钢绳芯胶带输送机直线段阻力推导得

$$F_H = \omega Lg\left[q' + q'' + (2q_o + q)\cos\beta \right] \tag{5-3}$$

$$F_{st} = qgL\sin\beta = qgH \tag{5-4}$$

式中　F_H——主要阻力（N）；

ω——运行阻力系数，见表 5-2；

L——钢绳芯胶带输送机长度（m）；

g——重力加速度，$g = 9.8\,\text{m/s}^2$；

q'——每米输送机上托辊转动部分重量，见表 5-3；

q''——每米输送机下托辊转动部分重量，见表 5-3；

q_o——每米钢绳芯胶带重量，见表 5-4；

q——每米钢绳芯胶带上的物料重量（kg/m）；

β——输送机运输倾角；

F_{st}——倾斜阻力（N）；

H——输送机卸料段与装料段之间的高差（m）。

表 5-2　运行阻力系数[20]

机　型	水平及上运型				下运型	
工作条件	室内清洁干燥，设备质量良好	湿度正常，灰尘不大，设备质量一般	灰尘较多，输送摩擦较大的物料，设备质量较差	湿度大，尘大，寒冷，使用条件恶劣，设备质量差	有载出现负功	有载不出现负功或空载
阻力系数 ω	0.020	0.025	0.030	0.040	0.012	与水平型相同

注：ω 值与托辊形式有关，若上托辊组全部取前倾形式，则运行阻力系数增加 15%。

表 5-3　每米输送机上、下托辊转动部分重量[20]

托辊型式		带宽 B						
		800mm	1000mm	1200mm	1400mm	1600mm	1800mm	2000mm
		托辊重量 G′、G″/kg						
上托辊 G′	铸铁轴承座	14	22	25	47	50	72	77
	冲压轴承座	11	17	20	—	—	—	—
下托辊 G″	铸铁轴承座	12	17	20	39	42	61	65
	冲压轴承座	11	15	18	—	—	—	—
上托辊间距 l/m		上托辊转动部分每米重量 q′/(kg/m)						
1.0		—	—	25.0	47.0	50.0	72.0	77.0
1.2		11.7	18.4	20.8	39.0	42.0	60.0	64.0
1.5		9.3	14.6	16.5	31.4	33.0	48.0	51.0
下托辊间距 l_0/m		下托辊转动部分每米重量 q″/(kg/m)						
3.0		4.0	5.7	6.7	13.0	14.0	20.3	21.7

注：1. B = 800 ~ 1200mm 的托辊组选用 TD75 型托辊。

2. 表中 q′、q″按铸铁轴承座计算而得。

3. 当 B = 800 ~ 1200mm 且采用冲压轴承座时，按 0.8q′、0.9q″计。

表 5-4　每米钢绳芯胶带重量[20]

胶带强度 G_X/(N/cm)			6500	8000	10000	12500	16000	20000	25000	30000	35000	4000
钢绳直径/mm			4.5				6.75		8.1	9.18		10.3
上下覆盖胶厚/mm			6 + 6				7 + 7		8 + 8			
胶带重量/(kg/m²)			23.5	24.3	24.6	25.3	32.3	33.4	40.0	41.5	45.2	47.5
带宽 B	800mm	胶带每米重量 q_0/(kg/m)	18.8	19.4	19.7	20.2	25.8	26.7	32.0	33.3	36.2	38.0
	1000mm		—	24.3	24.6	25.3	32.3	33.4	40.0	41.5	45.2	47.5
	1200mm		—	—	29.5	30.4	38.8	40.1	48.0	49.8	54.2	57.0
	1400mm		—	—	—	35.7	45.2	46.8	56.0	58.1	63.3	66.5
	1600mm		—	—	—	—	51.7	53.4	64.0	66.4	72.3	76.0
	1800mm		—	—	—	—	58.2	60.1	72.0	74.7	81.3	85.5
	2000mm		—	—	—	—	—	66.8	80.0	83.0	90.4	95.0

注：胶带实际重量以橡胶带厂产品为准。

附加阻力是指在加料区的物料加速惯性力和摩擦力、在导料槽与胶带之间的摩擦力、从动滚筒轴承处产生的摩擦力以及胶带在滚筒上缠绕产生的弯曲阻力。按国际标准计算方法，将附加阻力划到主要阻力中去，其方法是把主要阻力乘以系数 C，即

$$F_H + F_N = CF_H \tag{5-5}$$

式中　F_N——附加阻力；

　　　C——系数，见表 5-5。

表 5-5　与 L 成函数关系的系数 C[20]

输送机的长度 L/m	100	150	200	600	1000	1500	2000	2500	3000	5000
系数 C	1.77	1.59	1.46	1.21	1.07	1.05	1.03	1.028	1.026	1.025

简单计算时，驱动滚筒圆周力 F_u 可表示为

$$F_u = F_H + F_N + F_{st} \tag{5-6}$$

将式（5-3）~式（5-5）代入式（5-6）得

$$F_u = C\omega Lg[q' + q'' + (2q_o + q)\cos\beta] + qgH \tag{5-7}$$

当输送机为下运型时，β 取负值，此时若 $F_u < 0$，则电动机处于发电状态。

每米输送带上物料重量 q 为

$$q = \frac{Q}{3.6v} \tag{5-8}$$

式中　Q——输送量（t/h）；

　　　v——带速（m/s）。

2. 驱动电动机轴所需功率计算[20,21]

驱动电动机轴所需功率：

$$P_M = K_1 K_2 P_A \tag{5-9}$$

其中

$$P_A = F_u v \tag{5-10}$$

式中　P_M——电动机功率（kW）；

　　　K_1——电动机功率系数；

　　　K_2——电动机起动方式系数，一般情况下选取 $K_2 = 1$；

　　　P_A——传动滚筒轴所需功率（kW）；

　　　F_u——驱动滚筒圆周力（kN）；

　　　v——带速（m/s）。

1）DX 钢绳芯胶带输送机，单机驱动时，一般取 $K_1 = 1.2 \sim 1.3$；多机驱动时，一般取 $K_1 = 1.25 \sim 1.4$。选用 ZL 型减速器时取最小值，选用 IZHLR 型减速器时可取最大值。

2）采用绕线转子电动机时，其选取计算如下：

① 单机驱动时为

$$K_1 = 1/(\eta_1 \eta_2)$$

式中　η_1——减速器效率（按每级齿轮传动效率为 0.98 计算：二级减速机时，$\eta_1 = 0.98 \times 0.98 \approx 0.96$；三级减速机时，$\eta_1 = 0.98 \times 0.98 \times 0.98 \approx 0.94$）；

　　　η_2——电压降系数，当电压降为 5% 时，$\eta_2 = 0.9$。

② 多机驱动时为

$$K_1 = 1/(\eta_1 \eta_2 \eta_3) \tag{5-11}$$

式中　η_1——减速器效率（按每级齿轮传动效率为 0.98 计算：二级减速机时，$\eta_1 = 0.98 \times 0.98 \approx 0.96$；三级减速机时，$\eta_1 = 0.98 \times 0.98 \times 0.98 \approx 0.94$）；

　　　η_2——电压降系数，当电压降为 5% 时，$\eta_2 = 0.9$；

　　　η_3——多机功率不平衡系数，$\eta_3 = 0.95$。

3）采用防爆笼型电动机配液力联轴器时，其选取计算如下：

① 单机驱动时为

$$K_1 = 1/(\eta_1 \eta_2 \eta_3)$$

式中　η_1——减速器效率；

　　　η_2——电压降系数，$\eta_2 = 0.9$；

　　　η_3——液力联轴器效率，$\eta_3 = 0.96$；

　　　　　每个机械式联轴器效率，$\eta_3 = 0.98$。

② 多机驱动时为

$$K_1 = 1 / (\eta_1 \eta_2 \eta_3 \eta_4)$$

式中　η_4——多机功率不平衡系数，$\eta_4 = 0.9$。

当下运型钢绳芯胶带输送机的 $F_u < 0$ 时，电动机反馈运转。此时所需电动机功率可按下式计算：

$$P'_m = \eta'_m P_A \tag{5-12}$$

式中　P'_m——反馈运转钢绳芯胶带输送机电动机功率（kW）；

　　　η'_m——反馈驱动效率，一般取 $\eta'_m = 0.9$。

5.5.3　平运型和上运型胶带输送机的节能计算

平运型和上运型胶带输送机需要电网通过变频器向驱动电动机输送功率，即电动机需要消耗电能。如果胶带输送机的输送量发生变化，则其以多高的带速运行时才能使电动机消耗的轴功率最少？下面进行节能分析。[21]

将式（5-7）、式（5-10）代入式（5-9），整理可得电动机轴所需的功率为

$$P_M = K_1 K_2 C\omega Lg(q' + q'' + 2q_o\cos\beta)v + K_1 K_2 (C\omega Lg\cos\beta + gH)qv \tag{5-13}$$

由式（5-13）可见，对一条固定的带式输送机而言，式（5-13）中的第 1 项除了带速 v 之外，其余均为常数，可用 λ_1 表示；第 2 项除了带速 v 与 q 之外，其余均为常数，可用 λ_2 表示。因此，式（5-13）还可表示为

$$P_M = \lambda_1 v + \lambda_2 q v \tag{5-14}$$

式中　$\lambda_1 = K_1 K_2 C\omega Lg\ (q' + q'' + 2q_o\cos\beta)$

　　　$\lambda_2 = K_1 K_2\ (C\omega Lg\cos\beta + gH)$

式（5-14）中第 1 项与运载能力 q 无关，可理解为带式输送机的空载功率损耗；第 2 项与运载能力 q 有关，可理解为带式输送机的负载功率损耗。

输送机每米输送带上的物料重量 q（运载能力）与输送机的输送量 Q_c 有关，当 Q_c 发生变化时，如何调整带速 v 才能使 P_M 最小，下面分三个阶段进行分析。

1）当给散料（煤）量 $Q_G = 0t/h$ 时，输送机的输送量 $Q_c = 0t/h$（假定输送机上无剩散料），$q = 0kg/m$，输送机为空载运行。这时，如果将带速 v 调整到最低运行速度 v_o，由式（5-14）可得 $P_M = \lambda_1 v_o$，此时电动机消耗的轴功率最小。

2）当给散料（煤）量 Q_G 最大时，Q_c 和 q 也为最大值，输送机将以最大的输送量满载运行。输送机的运行速度 v 也为最高速度，这时，电动机消耗的功率最大（可到额定功率）。

3）当给散料（煤）量 Q_G 由最大量减少时，如果 v 也保持不变（最高速），则 Q_c 减小，q 也随之减小。因此 qv 也有所减少，但由式（5-14）可知，qv 减少只使负载功率减少，而对电动机总的功率消耗影响有限，并且输送机高速运行也加大了整个系统的机械磨损。此时如果降低带速 v，在当前的给煤量下使 q 恢复到最大值，这样不仅完全利用了输送机的运载能力，而且可以使 v 降到当前的最低值。由于 v 下降后，q 又升了上去，因而这时的 qv 与降速之前的值基本相等，即降速后对负载功率损耗影响不大，主要是减少了空载功率损耗。因而，这种节能原理其实就是在输送量减少时，应尽可能地降低输送机的带速，在当前的给煤量下使输送机达到最大运载能力为止。这时的带速一定是最低的，空载功率损耗也是最低

的，输送机也就运行在最佳的节能状态。

节能效果计算是按照输送量发生变化时，带速维持最高速度不变时电动机消耗的功率与带速按节能要求改变后电动机消耗的功率进行计算的，求出两者之间的功率差，再按照不同负载段输送机运行的时间就可以求出输送机总的节能效果。下面从空载、满载和负载以20%满载的步进量变化时进行节能分析。按照上文定义，以每米输送带上的物料重量 q 代表荷载，q_M 代表满载，v_M 代表最高速度，电动机消耗的轴功率由式（5-14）求得。负载变化时带速变化按节能要求考虑。

假设输送机每天运行时间为 T，其中空载运行时间为 T_o，20% 负载运行时间为 $T_{20\%}$，40% 负载运行时间为 $T_{40\%}$，60% 负载运行时间为 $T_{60\%}$，80% 负载运行时间为 $T_{80\%}$，满载运行时间为 T_e。则由表 5-6 可得，输送机每天节约的电能为

$$W = (90\% \lambda_1 v_M T_o + 80\% \lambda_1 v_M T_{20\%} + 60\% \lambda_1 v_M T_{40\%} + 40\% \lambda_1 v_M T_{60\%} + 20\% \lambda_1 v_M T_{80\%}) \times 10^{-3}$$

$$(5-15)$$

表 5-6　带速跟随输送量变化前后电动机轴功率计算[21]

电动机轴功率 P_M		带速						带速变化前后电动机轴功率差
		v_M	$80\% v_M$	$60\% v_M$	$40\% v_M$	$20\% v_M$	$10\% v_M$	
	0	$\lambda_1 v_M$	—	—	—	—	$\lambda_1 10\% v_M$	$90\% \lambda_1 v_M$
负载	$20\% q_M$	$\lambda_1 v_M + \lambda_2 20\% q_M v_M$	—	—	—	$\lambda_1 20\% v_M + \lambda_2 20\% q_M v_M$	—	$80\% \lambda_1 v_M$
	$40\% q_M$	$\lambda_1 v_M + \lambda_2 40\% q_M v_M$	—	—	$\lambda_1 40\% v_M + \lambda_2 40\% q_M v_M$	—	—	$60\% \lambda_1 v_M$
	$60\% q_M$	$\lambda_1 v_M + \lambda_2 60\% q_M v_M$	—	$\lambda_1 60\% v_M + \lambda_2 60\% q_M v_M$	—	—	—	$40\% \lambda_1 v_M$
	$80\% q_M$	$\lambda_1 v_M + \lambda_2 80\% q_M v_M$	$\lambda_1 80\% v_M + \lambda_2 80\% q_M v_M$	—	—	—	—	$20\% \lambda_1 v_M$
	q_M	$\lambda_1 v_M + \lambda_2 q_M v_M$	—	—	—	—	—	0

5.5.4　跟随运量（重量）变化自动调速节能的依据

输送机运行在额定工况时，输送机的输送量 Q_c 达到最大值 Q_{CM}，且与散料输入机（给煤机）最大的给散料（煤）量 Q_{CM} 相等，即 $Q_c = Q_{CM}$；输送机每米输送带上物料重量也达到最大值 q_M，输送机的运行速度为最高速度 v_M。由此可得出

$$q_M = Q_{CM} / (3.6 v_M) \qquad (5-16)$$

将散料输入机（给煤机）的给散料（煤）量降到 $\rho Q_{CM} (0 < \rho \leqslant 100\%)$，若保持带速不变，则输送机的输送量 Q_c 也会降到 ρQ_{CM}，输送机每米输送带上物料重量也会降到 ρq_M。按照 5.5.3 节节能分析的原理，如果降低带速而继续维持 q_M 不变，则有

$$q_M = \rho Q_{CM} / (3.6 v) \qquad (5-17)$$

由式（5-16）、式（5-17）可得

$$v = \rho v_M \qquad (5-18)$$

式（5-18）告诉我们：胶带输送机的节能问题实际上就是输送机带速与运量合理匹配

的问题，也就是胶带输送机的速度控制问题，即输送机的输送量与其带速成比例下降时，就可以达到理想的节能效果。这就是散料运量自动调速节能的依据。[21]

5.5.5　按运送物料重量动态变频调速节能的控制流程

胶带输送机的输送量可以通过安装在散料进入点（给煤点，取料机的出口胶带输送机）附近的电子皮带秤进行检测。电子皮带秤是一种常见的动态物料计量和控制设备，它通过测量胶带输送机上物料的重量和胶带的带速来核算物料的输送量，并输出 4～20mA 模拟量信号。胶带输送机散料（煤）量信号的采集和变频器的速度控制，是由胶带集控系统完成的。由于胶带输送机的输送量是不断波动的，为了尽可能准确地反映实际散料（煤）量的变化，可以将胶带输送机的输送量以 20% 的梯度进行统计，当散料（煤）量达到某一梯度范围内并在设定的延时时间内不变时，就可以认为达到了当前的输送量。胶带集控系统将根据不同梯度范围内的输送量，按照式（5-18）计算出变频器相应的频率来满足输送机对不同带速的要求。图 5-8 所示为某胶带输送机根据输送量调节带速的节能控制流程图，图中假设电子皮带秤输出 4～20mA 信号对应散料量为 0～1000t。[21]

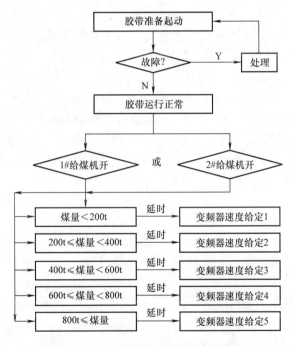

图 5-8　某胶带输送机节能控制流程图

上述胶带输送机节能控制流程图实际已应用在淮南矿业集团某矿主运输送机上，经工业现场实际使用证明，具有显著的节能效果（可参见 6.8 节相关内容）。

5.5.6　按运送物料重量智能变频调速节能的控制系统

5.5.1 节已介绍了胶带输送机在运输过程中常出现轻载或空载现象，由此产生大量电能损耗及设备磨损等问题，这里以一个实例介绍胶带输送机节能降耗的智能控制：传感器采集数据信息，通过计算处理，根据运送物料重量变化，按额定频率或额定频率以下的频率智能地调节输送带运行速度，实现智能控制。[22]

1. 胶带输送机智能变频调速系统的组成

胶带输送机智能变频调速节能系统由胶带输送机智能控制主机、输送带物料称重检测系统、输送带速度检测系统、PLC变频调速、电动机拖动和二级分站六部分组成，如图5-9所示。其中，二级分站通过 RS-485 总线与胶带输送机智能控制主机连接，并将胶带输送机运行情况上传到中控室；PLC 变频调速设备应根据实际电动机进行采购。

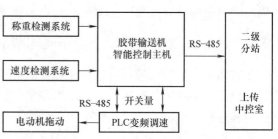

图5-9　胶带输送机智能变频调速节能系统的组成

2. 胶带输送机智能变频调速系统的设计

胶带输送机智能变频调速节能系统设计时，称重的承重装置将输送带上散料的重力传递到称重传感器上，然后称重传感器输出正比于散料重力的电压信号（其量很小，属于毫伏级），经放大器放大后，经 A/D 转换器转换成数字量 MA，送到控制器；散料传输的实际速度（输送带传输速度）传递到速度传感器后，速度传感器输出脉冲数 VB 也送到控制器；控制器对 MA、VB 进行计算后，得到一个测量周期的散料的输送重量。对每一测量周期进行累计，即可得到输送带上连续通过的散料总量。胶带输送机按运送物料重量进行变频调速，这胶带输送机主机控制系统实现，通过端口 1 和端口 2 分别采集散料传输流量和输送带传输速度，最终计算出输送机瞬时流量；通过端口 3 与外部功能相连接，包括 PLC 变频调速（变频器调速端子和变频器 485 通信端子）、堆散料传感器和外部启动点；通过端口 4 总线接线盒与二级分站进行通信，端口 5 和端口 6 备用，供以后扩充使用。架构及连线如图 5-10所示。

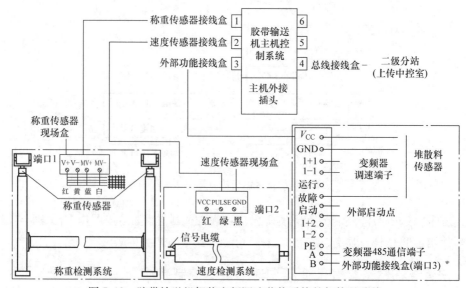

图 5-10　胶带输送机智能变频调速节能系统的架构及连线

（1）称重检测系统及连线

称重检测系统主要用来采集输送带上散料的瞬时流量。为了与大多数输送机相配套，严格按照标准的 H 形输送带支架设计了胶带输送机支架，支架高度和宽度均与系统中其他胶带输送机支架的高度与宽带保持一致。为保证胶带输送机运输过程中散料不会洒落且耐磨节能，在胶带输送机称重架构托辊上，安装了 4 个高精密称重传感器，用于实时地采集称量段内输送带上散料的重量。框架上配备了用于连接 4 个称重传感器电气接线的现场盒，将 4 个传感器相同颜色的线并联后接入现场盒内标示的端子上，分别为 V +（红色）、V －（黄色）、MV +（蓝色）和 MV －（白色）。V +/V － 负责向称重传感器提供一个稳定的 10V 电源；MV +/MV － 负责接收称重传感器送来的毫伏级称重信号，连接称重传感器的信号端。实现方案如下：

1）用模拟量输出称重传感器采集的信息，即称重传感器加上变送器，输出 4 ~ 20mA 的模拟量信号。

2）使用 PLC 的模拟量输入模块，使称重传感器的 4 ~ 20mA 信号通过模拟量输入模块，通过 A/D 转换器转换为数字信号，送入 PLC 的 CPU 单元进行计算。

（2）速度检测系统及连线

速度检测系统主要是用来采集输送带运行的实际速度。通过输送带托辊上的信号电缆采集输送带传输速度，由一个内部装有精密速度编码器的输送带托辊构成，用于将输送带的线速度转换为连续的脉冲信号，测速脉冲信号经整形、放大后通过 A/D 转换器转换成数字量，与称重传感器放大后的数字量在专用的控制器里进行计算。接线盒与其一端备有连接内部编码器的三芯屏蔽电缆相连，其端子分别为 VCC（红色）、GND（黑色）和 PULSE（绿色）。VCC 和 GND 负责向测速托辊上的速度编码器提供 12V 直流电源，PULSE 负责接收速度编码器反馈回来的速度脉冲信号。

（3）胶带输送机称重计算

皮带秤是本变频调速节能系统的一个子功能，配备测速托辊（或者手动输入固定输送带运行速度）后与称重框架结合，即可实现皮带秤的称重功能。

在皮带秤实际称量中，散料瞬时流量为

$$M = 3.6K(G_i - Z)v_i$$

式中　G_i———单位区段长度上散料的平均重量（kg/m）；

v_i———输送带即时运行速度（m/s）；

Z———动态零点值，即皮带称重段皮重（kg/m）；

K———量程系数，K 关系到称量的准确度，一般采用实物标定和挂码标定两种方式验证计算，这里设 $K = 1$（以实际计算为准）。

所以，散料总的输送量为

$$W = \Sigma[3.6K(G_i - Z)v_i]$$

由测算公式得出，在输送带重量为零或负值的情况下，瞬时流量 M 的值也是零或负值。在速度 v_i 为零的情况下，瞬时流量 M 的值也是零，这不属于故障现象。需要注意的是，如果动态零点值 Z 设置过大，瞬时流量 M 的值也可能为负值或零。

（4）胶带输送机智能变频调速节能系统的开发

胶带输送机主机控制器根据输送机称量段获取的瞬时流量与输送机额定有效称量段重量，通过计算得到系数 P，根据系数 P 在一定范围内值的大小，控制输出信号的大小，控制变频调速，实现胶带输送机的智能控制，达到节能的目的。公式表示如下：

$$P = M/W_e$$

W_e 是胶带输送机有效称量段重量，即胶带输送机额定称重重量。系数 P 的有效范围不大于 1.0；如果 $P < 0.6$，则控制输出减速信号；若 $0.6 \leqslant P \leqslant 0.8$，则保持当前速率不变；若 $P > 0.8$，则控制输出加速信号。根据系数 P 的值，通过控制器输出信号，调节变频器，实现胶带输送机的智能控制。其软件系统流程图如图 5-11 所示。输入参数包括称重传感器量程、称重区域长度值、称重量程系数 K、速度信号修正值（根据实际情况，缩小或避免测量速度中存在的误差）等。传感器采集数据包括 G_i、Z（也可手动设置）和 v_i。需要注意的是，加速速率是减速速率的 10 倍，即加速 1s 时输出的控制速度信号增加 1mA，减速 10s 时输出的控制速度信号减少 1mA；另外，必须保证堆散料传感器有效，有效时控制器才会自动输出全速控制信号。

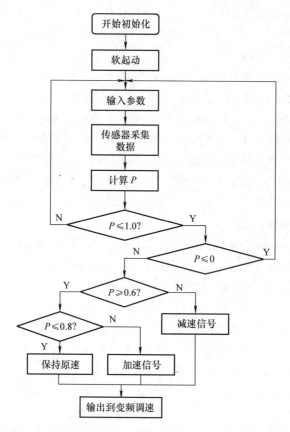

图 5-11　胶带输送机智能变频调速节能系统的软件流程图

（5）外部功能及连线

胶带输送机智能变频调速节能系统主机通过端口 3 与堆散料传感器和外部启动点等相连，其端口功能如下：

1）VCC 和 GND 辅助控制信号的电源端口。

2）$I + 1/I - 1$ 是一路模拟量（4～20 mA）输出端口，用于控制变频器的速度，连接外部变频器的速度端口（不同生产厂商的变频器接线不同，请参见有关说明书）。

3）运行端口的作用是当运行端口与 GND 短接并且参数"启动来源"设定为"外部启

动点"时，可以控制本设备进行起动，断开时停止动作。

4）故障端口与 GND 短接时，会触发控制器的模拟量输出信号，达到最高，用于连接堆散料传感器。

5）启动端口。当控制器起动时，这两个端口闭合；当控制器停止时，这两个端口断开。用于负责控制外部设备的起停操作。

6）$I+2/I-2$ 是一路模拟量输出端口，暂时无定义，以备后用。

7）PE/A/B 是用于与 PLC 通信的 RS - 485 端口。

（6）系统运行

输送带智能控制主机运行主界面简单。其中，称重区重是称重框架上称量段内的平均重量；累积量 1 是显示输送带物料通过的总量，最大数值为 999999t，到达最大数值后自动清零，也可以手动清零。如果连接了监控通信，则在监控的操作下将会定时定期自动清零，如统计开采分队的散料生产量。故障信息显示变频器采集的电动机的各种状态，如缺相、短路、过电流等。正常状态下显示"正常状态"。这些信号是通过 RS - 485 电缆发送来的；电动机信息显示的是来自变频器采集的电动机的电压、电流、功率，如果不使用变频器，则显示零。

3. 实际应用及注意事项

该系统在开滦集团某矿井实际应用过程中，性能稳定，各项指标达到煤矿预先设计的要求。在矿井煤炭输送带运输过程中，当胶带输送机处于轻载状态或重载状态时，能智能地调整输送带传送速度，达到智能控制胶带输送机。不但节约电量，减少设备磨损，而且还可以避免胶带输送机过重造成的故障，节能环保。但在实际应用过程中，注意以下几点：

1）该系统用于胶带输送机智能控制时，带式输送机必须具有变频控制或者软起动功能。

2）承重架构托辊高度必须略高于其他固定托辊高度（高出 1～3mm），以保证称重传感器受力，并且前后两个支架与称重支架必须保持在一条直线上。

3）输送带物料称重架的保险装置必须打开，否则将无法称量其称量段内的散料重量。

4）测速托辊必须紧贴输送带，否则有可能造成速度的损失，影响瞬时流量显示和累计值的计算。

5）必须充分考虑周围环境的复杂性，便于安装与实现。

5.5.7 恒转矩胶带输送机变频调速的节能效果

胶带输送机属于恒转矩负载，由于这类负载的轴功率 P 与转速 n 有 $P \propto n$ 的关系，虽然应用变频器调速的节电效果不如对风机和泵类明显，但拖动胶带输送机的电动机功率大多属于高压大功率，变频调速节约的电能量也十分可观，一般节电率在 10% 以上。

这类负载应用变频器的节电率，根据公式 $\Delta P = \dfrac{P_e - P}{P_e} \times 100\%$ 计算：当 $n = n_e$（即 $f = 50\mathrm{Hz}$）时，$P = P_e$，节电率 $\Delta P = \dfrac{P_e - P_e}{P_e} \times 100\% = 0$；当 $n = 0.8 n_e$（即 $f = 40\mathrm{Hz}$）时，$P = 0.8 P_e$，节电率 $\Delta P = \dfrac{P_e - 0.8 P_e}{P_e} \times 100\% = 20\%$；当 $n = 0.5 n_e$（即 $f = 25\mathrm{Hz}$）时，$P =$

$0.5P_e$，节电率 $\Delta P = \dfrac{P_e - 0.5P_e}{P_e} \times 100\% = 50\%$。因此，可以得到表 5-7 所列的结果。当然，实际应用中会有所出入，仅供估算参考。

表 5-7　胶带输送机负载应用变频器的节电效果[1]

转速 n^*/（%）	100	90	80	70	60	50	40	30
频率/Hz	50	45	40	35	30	25	20	15
轴功率 P^*（%）	100	90	80	70	60	50	40	30
节电率 ΔP（%）	0	10	20	30	40	50	60	70

注：n^*、P^* 均为各量与额定值的相对百分数。

5.6　胶带输送机速度的模糊算法控制

5.6.1　采用模糊算法动态控制胶带输送机速度的原因

　　PID 控制器虽然在风机和水泵的调速系统中得到广泛应用，但在现实中，由于胶带输送机运行过程中存在明显的纯滞后、非线性、动态波动等模糊特性，很难精确地确定它的数学模型，因此传统的 PID 控制器三个参数的整定十分不易。即使得到了较为理想的 PID 参数，当负载发生变化时也无法得到满意的控制效果，与实际相差较大，控制效果不佳。近几年，出现了模糊控制器［Fuzzy Controller，又称模糊逻辑控制器（Fuzzy Logic Controller）］、人工神经网络控制器等人工智能型控制器来更好地适应其工作特性。本节仅对最近快速发展的模糊控制算法做介绍。

　　模糊控制算法依靠模仿人的思维进行自动化控制，用模糊的语言描述操作工人的手动操作，对这些操作经验进行一定的理论分析，设计出一套方案，在现场进行试验，总结出它们的规律，归纳出控制规则。描述的条件语句中的词汇都具有一定的模糊性，如"较大""较小""偏高"，由此可以用模糊集合描述这些模糊条件语句。选用这样的人工智能模糊控制系统，可实现对胶带输送机的精确性和柔性控制。

5.6.2　胶带输送机的电气节能模糊控制器

　　模糊控制系统以模糊数学为基础，将知识、经验转化为模糊控制规则和推理方法，构成一种具有反馈的闭环自动控制系统，是解决不确定问题的有效途径。模糊控制器一般采用恶劣工业环境下使用的 PLC，它主要由以下四部分组成：模糊化接口、知识库、模糊推理机和解模糊接口。模糊控制系统基本结构框图如图 5-12 所示。

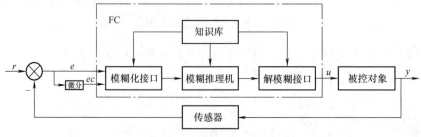

图 5-12　模糊控制系统基本结构框图

（1）模糊化接口

模糊化接口的作用是将输入的精确量转换为模糊量，对输入量进行处理，从而将其变成符合模糊控制器要求的输入量；然后进行尺度变换，变换到各层次的论域范围中；下一步是进行模糊化处理，让先前的精确输入变量变成模糊量。假如参考输入量为 r，系统输出量的精确值为 y，将精确值 y 与参考输入量 r 比较得到误差 e，$e = r - y$ 和 $ec = \mathrm{d}t/\mathrm{d}y$ 分别为控制器输入的偏差和偏差变化率。

（2）知识库

知识库中包含了具体应用领域中的知识和要求的控制目标，由数据库和模糊控制规则库组成，数据库主要包括各语言变量的隶属度函数，规则库由数据库和模糊语言控制规则库组成。

（3）模糊推理机

模糊推理机是模糊控制系统的核心。模糊控制信息获取的方法是通过模糊逻辑的推理得来的，依据模糊输入和控制规则，推理求解模糊关系方程。

（4）解模糊接口

模糊判决的主要作用是将模糊推理所得的控制量转换成实际被控制对象可以接受的清晰量。

模糊控制系统与通常的计算机数字控制系统的主要区别是采用了模糊控制器，其核心任务是：将清晰量输入，进行模糊化处理，对得出的模糊量清晰化，最终输出清晰量。模糊控制系统的性能优劣，主要取决于模糊控制器的结构，所采用的模糊规则、合成算法及模糊决策的方法等因素。它的硬件结构与数字控制器相同，一般由微型计算机或单片机组成，但在软件上采用模糊控制算法软件实现控制。因此，模糊控制器设计的实质是设计模糊控制算法。

5.6.3　胶带输送机模糊控制输入量的确定

胶带输送机用变频调速装置进行驱动和调速节能，其实现的关键是通过控制电动机的频率改变胶带输送机的带速，实现输送机软起动、功率平衡和节能调速。对于不同的工况，频率控制的要求也是不同的，但控制原理基本相同，下面将介绍节能调速。

胶带输送机的节能调速要求通过控制频率来实现带速 v 与运量 Q 的相匹配，而运量是决定带速大小的根本。基于上述分析，将运量偏差 q、输送带的运行速度偏差 e 以及速度偏差变化率 ec 作为模糊控制器的输入量，输出量是电动机的频率 f 或输送机运行速度百分比 P（0～100%）。运量偏差（q）、速度偏差（e）、速度偏差变化率（ec）、输出量（f 或 P）的模糊语言变量分别设为 Q、E、Ec、F（或 P），于是就可以建立一个三输入一输出的胶带输送机模糊控制器。

5.6.4　胶带输送机模糊变量赋值表的建立

1. 模糊控制器论域及比例因子的确定

任何物理系统的信号总是有界的，在模糊控制系统中，这个有界量一般称为该变量的基本论域，它是实际系统的变化范围。设运量偏差的基本论域为 $\{-q、q\}$，速度偏差的基本论域为 $\{-e、e\}$，偏差率的基本论域为 $\{-ec、ec\}$，输出控制量偏差的基本论域为

$\{-f、f\}$ 或 $\{-P、P\}$，基本论域在控制过程中往往是不变化的。

在计算机进行模糊控制算法前，必须把每次采样得到的被控制量从基本论域转换到模糊集论域，模糊控制算法输出的结果还必须转换为控制对象所能接受的基本论域中去。

经模糊化处理后，设 Q 的量化论域为 $\{-3，-2，-1，0，1，2，3\}$；E、Ec 的量化论域为 $\{-4，-3，-2，-1，0，1，2，3，4\}$；$F$（或 P）的量化论域为 $\{-6，-5，-4，-3，-2，-1，0，1，2，3，4，5，6\}$。

设定 Q 的模糊集论域为 $\{$负大，零，正大$\}$，即 $\{NB，ZO，PB\}$；E、Ec、F（或 P）的模糊集论域为 $\{$负大，负小，零，正小，正大$\}$，即 $\{NB，NS，ZO，PS，PB\}$。

一般论域的量化等级越细，控制精度也越高。但是过细的量化等级将使算法复杂化。在确定了变量的基本论域和模糊集论域后，比例因子也就确定了。比例因子分别为

$$k_q = \frac{n}{q}，\ k_e = \frac{n_1}{e}，\ k_{ec} = \frac{n_1}{ec}，\ k_f = \frac{n_2}{f}\ (n=3，n_1=4，n_2=6)$$

2. 模糊变量赋值表的建立

一般说来，模糊变量隶属函数的形状越陡，分辨率就越高，控制灵敏度也越高；相反，若隶属函数的变化很缓慢，则控制特性也较平缓，系统的稳定性较好。因此，在选择语言值的隶属函数时，一般在误差为零的附近区域采用分辨率较高的隶属函数，而在误差较大的区域，为使系统具有良好的鲁棒性，常采用分辨率较低的隶属函数。根据图 5-13 ~ 图 5-15 所示三角形隶属函数曲线，建立模糊变量 Q、E、Ec、F（或 P）的赋值表，见表 5-8 ~ 表 5-10。

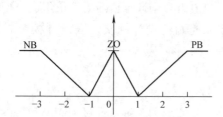

图 5-13　Q 的隶属函数曲线

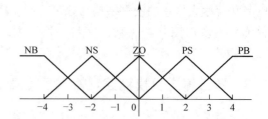

图 5-14　E、Ec 的隶属函数曲线

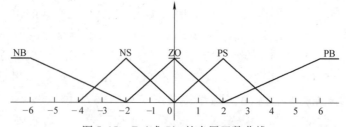

图 5-15　F（或 P）的隶属函数曲线

表 5-8　模糊变量 Q（运量偏差）的赋值表

Q	-3	-2	-1	0	1	2	3
PB	0	0	0	0	0	0.5	1
ZO	0	0	0	1	0	0	0
NB	1	0.5	0	0	0	0	0

表5-9　模糊变量 E 和 Ec 的赋值表

E/Ec	-4	-3	-2	-1	0	1	2	3	4
PB	0	0	0	0	0	0	0	0.5	1
PS	0	0	0	0	0	0.5	1	0.5	0
ZO	0	0	0	0.5	1	0.5	0	0	0
NS	0	0.5	1	0.5	0	0	0	0	0
NB	1	0.5	0	0	0	0	0	0	0

表5-10　模糊变量 F（或 P）的赋值表

F（或 P）	-6	-5	-4	-3	-2	-1	0	1	2	3	4	5	6
PB	0	0	0	0	0	0	0	0	0	0.25	0.5	0.75	1
PS	0	0	0	0	0	0	0	0.5	1	0.5	0	0	0
ZO	0	0	0	0	0	0.5	1	0.5	0	0	0	0	0
NS	0	0	0	0.5	1	0.5	0	0	0	0	0	0	0
NB	1	0.75	0.5	0.25	0	0	0	0	0	0	0	0	0

5.6.5　胶带输送机模糊控制规则的建立

采用归纳法制定模糊语言变量 Q、E、Ec、F（或 P）变化的控制规则：

1）当误差为负且误差为负大时，为尽快消除已有的负大误差并抑制误差变大趋势，控制量的变化应取正大。

2）当误差为负且变化为正时，为尽快消除误差且又不超调，应取较小的控制量。

3）当误差变化为正大或正中时，控制量不宜增大，否则会造成超调产生正误差，因此这时控制量变化取为 0 等级。

4）当误差为负小时，系统接近稳态，若误差变化为负，则选取控制量变化为正中以抑制误差向负方向变化。

5）当误差变化为正时，系统本身有消除负小误差的趋势，选取控制量变化为正小即可。

上述选取控制量变化的原则是：当误差大或较大时，选择的控制量以尽快消除误差为主；而当误差小或较小时，选择的控制量应注意防止超调，以系统的稳定性为主要出发点，一般根据胶带输送机电气节能调速的要求，若胶带输送机的运量增加，则带速相应增加，输出电动机的控制频率也相应增加，反之则相反。综上，模糊控制规则见表 5-11。

表5-11　模糊控制规则表

	E/Ec	NB	NS	ZO	PS	PB
	NB	PB	PB	PB	PS	NS
	NS	PB	PB	PS	ZO	NS
Q = NB	ZO	PB	PS	ZO	ZO	NS
	PS	PS	PS	NS	NS	NB
	PB	PS	ZO	NS	NS	NB

（续）

E/Ec		NB	NS	ZO	PS	PB
	NB	PB	PB	PS	ZO	ZO
	NS	PB	PS	PS	ZO	NS
Q = ZO	ZO	PB	ZO	ZO	NS	NS
	PS	PS	ZO	ZO	NS	NB
	PB	ZO	NS	NS	NS	NB
	NB	PB	PB	PS	NS	NB
	NS	PB	PB	ZO	NS	NB
Q = PB	ZO	PS	PS	ZO	NB	NB
	PS	PS	PS	ZO	NB	NB
	PB	ZO	ZO	NS	NB	NB

　　需要说明的是，用模糊语句（例如，If　Q = NB and E = NB and Ec = NB or NS or ZO then F = PB 等 51 条），可表示表 5-11 所描述的模糊控制规则。

5.6.6　胶带输送机模糊控制的推理和模糊控制表

1. 胶带输送机模糊控制的推理

　　模糊控制系统基本结构框图（见图 5-12）中，对建立的模糊控制规则要经过模糊推理才能决策出控制变量的一个模糊子集，它是一个模糊量而不是直接控制被控对象，还需要采取合理的方法将模糊量转换为精确量，以便更好地发挥模糊推理结果的决策效果。为了从推理结果中取得用于控制的精确量，需要对模糊推理进行一定的处理，求取一个能恰当反映精确量的精确值。把模糊量转换为精确量的过程称为逆模糊，有时也称反模糊化。胶带输送机模糊控制调速节能系统中得到的精确量是频率信号，将频率信号直接给定变频器，从而改变电动机的转速，达到调速节能的目的。

　　模糊推理运算有多种方法，其中较常用的有最大隶属度法、加权平均法和重心法等，加权平均法应用较为广泛。

2. 胶带输送机模糊控制表

　　采用加权平均法可以计算出不同输入量下的控制量，制成模糊控制表，见表 5-12。但由于计算较复杂，严重影响了计算机的实时性控制。为此，可以根据各种 Q、E 和 Ec 的不同组合，预先计算好控制量 F（或 P），作为文件存储在计算机中，当进行实时控制时，根据输入的信息，从文件中查询所需的控制策略。

表 5-12　模糊控制表

E/Ec		-4	-3	-2	-1	0	1	2	3	4
	-4	6	6	6	5	5	5	5	5	4
	-3	6	5	5	5	5	5	5	4	4
	-2	5	5	5	5	4	4	4	4	4
	-1	5	5	5	4	4	4	4	4	4
Q = -3	0	5	4	4	4	4	4	4	4	4
	1	5	4	4	4	4	3	3	4	3
	2	3	4	3	4	3	3	3	3	3
	3	3	3	3	3	3	3	3	3	3
	4	3	3	3	3	3	2	2	2	2

（续）

E/Ec		-4	-3	-2	-1	0	1	2	3	4
Q = 0	-4	2	2	2	2	2	1	1	1	0
	-3	2	2	2	2	1	1	1	0	-1
	-2	2	2	1	1	1	0	0	-1	-1
	-1	2	1	1	0	0	0	-1	-1	-2
	0	1	1	1	0	0	0	-1	-1	-2
	1	1	1	0	0	0	0	-1	-1	-2
	2	1	1	0	0	-1	-1	-1	-2	-2
	3	1	0	-1	-1	-1	-1	-2	-2	-2
	4	0	-1	-1	-1	-2	-2	-2	-2	-2
Q = 3	-4	-3	-2	-3	-3	-3	-3	-4	-4	-5
	-3	-3	-3	-3	-3	-4	-4	-4	-4	-5
	-2	-3	-3	-3	-3	-4	-4	-5	-5	-5
	-1	-3	-3	-3	-3	-4	-4	-5	-5	-5
	0	-3	-3	-4	-4	-4	-4	-5	-5	-5
	1	-3	-4	-4	-4	-5	-5	-5	-5	-6
	2	-3	-4	-4	-4	-5	-5	-5	-5	-6
	3	-4	-4	-4	-5	-5	-5	-5	-6	-6
	4	-4	-5	-5	-5	-6	-6	-6	-6	-6

5.6.7　用 PLC 实现模糊控制算法的流程图

在进行实际模糊控制时，只要查询 PLC 存储器中的表 5-12 就可以了。在每个控制周期中，将采样得来的实际测量误差 E 和计算得来的误差变化率 Ec 经过量化转化，变成查表所需要的 e 和 ec 值，再和表中行与列相比较，即可立即输出所需要的控制量 f，将查询结果再做输出处理，送给变频器，进行实时控制，模糊控制的 PLC 程序流程图参见 5.8.2 节的图 5-20。

5.7　工程实例 1：兖矿集团扬村煤矿胶带输送机模糊控制变频调速节能改造

5.7.1　工程简介

扬村煤矿东大巷二部胶带输送机改造前，系统结构如图 5-16 所示。系统运行时，通过电气控制柜起动变频器带动输送带低速起动，变频器达到一定频率后进入工频运行。由于煤源的不确定性，输送带经常处于空载状态，或者是"大马拉小车"状态，造成电动机功率损耗严重及电能严重浪费。基于以上问题，提出对东翼胶带输送机系统进行改造的方案，设计了胶带输送机变频调速电气节能控制系统。[23]

改造后的节能控制系统在东大巷三部胶带输送机尾部增加一台电子输送带秤，设定在东大巷二部胶带输送机尾部分的分站采集输送带秤的煤流量，然后通过 PROFIBUS – DP 通信传输给主站，并且采集配电柜的电流值得到电动机的功耗。于是根据东大巷三部胶带输送机实际煤量的变化，动态调整了东大巷二部输送带变频器的功率输出，调节输送带转速，使输送带自动高精度跟踪变速，再进一步加入遗传算法和 BP 神经网络动态地调整东大巷二部胶带输送机变频器的功率输出，如图 5-17 所示。

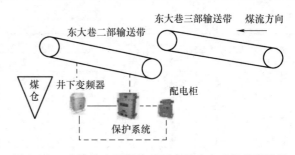

图 5-16　改造前变频器拖动两台异步电动机并联运行

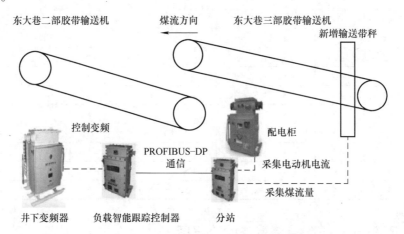

图 5-17　胶带输送机变频调速节能控制系统结构

根据东大巷三部输送带电动机电流的实时数值和胶带秤监测的输送带上的煤流量控制东大巷二部输送带的变频器频率，以调节东大巷二部输送带速度，实现输送带的分段节能运行。

5.7.2　煤流量和输送带速度的最优匹配

在煤流量变化不大的时间段内，根据检测煤流量的平均值 Q，调节变频器频率以改变东大巷二部胶带输送机的电动机电源频率，使东大巷二部输送带速度遍历最小 $v_{\min}$ 至最大 $v_{\max}$ 范围，同时记录下对应的东大巷二部输送带电动机的功耗。于是便得到了煤流量为 Q 时，使得电动机功耗为最小值 $P_{\min}$ 时的速度值 v。以同样的测试方式可以得到其他煤流量 Q_2、Q_3、…时，使电动机功耗为最小 P_2、P_3、…对应的速度 v_2、v_3、…。根据现场试验，得到了 60 组实验数据。

胶带输送机变频调速节能控制系统利用测试得到的数据，建立输送带速度、煤流量和电能消耗三者之间的神经网络节能模型；然后在节能模型的基础上，应用遗传算法进行电动机节能优化。在实际运行过程中，煤流量不可能稳定在一个固定的值，当煤流量变化在 50t/h 范围内时，输送带速度变化相对较小，对电动机的功耗影响较小。所以，该工程将煤流量划分为区间段，每个区间段的跨度为 50，煤流量的变化范围为 200~600t/h，于是得到了煤流量和输送带速度最优匹配，如图 5-18 所示。

在实际应用中，随着输送带速度的增加，对输送机的功耗会有所影响，使得电动机功耗变大。由图 5-18 可看出，随着煤流量的增加，输送带速度的增加可保证输送带不堆煤，输送带的速度增量变小，从而降低功耗，这是符合实际情况的。

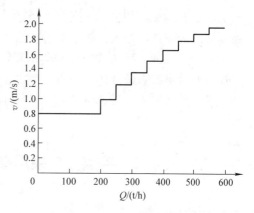

图 5-18　煤流量和输送带速度最优匹配[23]

5.7.3　模糊控制器的设计

控制的目标是根据煤流量调节输送带速度，由于煤流量是不均匀的，并且检测的是其前一条输送带的煤流量，有一定的时间滞后，故输送带速度究竟该设置为多少是一个模糊的概念。因此，可采用模糊控制实现负载的智能跟踪控制。胶带输送机变频调速节能控制系统原理框图如图 5-19 所示。[5]

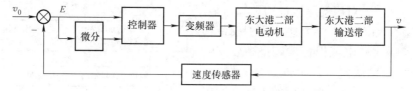

图 5-19　胶带输送机变频调速节能控制系统原理框图

选取运行速度偏差 E、运行速度偏差变化率 Ec 作为模糊控制器的输入量，控制器的输出量是变频器的控制电压 U，构成了一个二输入一输出的胶带输送机电气节能运行模糊控制器。

控制电压的取值为正，考虑到其精度要求，划分其模糊变量等级为 {极小、相对小、小、中、大、相对大、极大}，即 {VS、RS、S、M、B、RB、VB}。

模糊控制规则的建立：采用选取控制量变化的原则，当误差大或较大时，选择的控制量以尽快消除为主；而当误差小或较小时，选择的控制量应注意防止超调。以系统的稳定性为主要出发点，根据输送机自动节能运行的要求，若输送机的运量增加，则其带速相应增加，控制变频器的控制电压也随之增加；反之相反。总结这些模糊控制规则，得出 47 条模糊控制规则语句。规则采用的形式如下：

$$\text{If }\quad E = \text{PB and } Ec = \text{PB then } U = \text{PB}$$

5.7.4　模糊控制变频调速节能的分析

通过采集东大巷二部输送带的煤流量，利用神经网络和模糊控制理论，实现了对该运输系统的带速控制，实现了东大巷二部胶带输送机的自动节能运行，同时也使得节能设备系统高效节能运作。杨村煤矿工作制度是三班制，抽取某日节能数据见表 5-13。

表 5-13　某日节能数据

班次	累计煤流量/(t/h)	工频用电量/kW·h	调速用电量/kW·h	节省用电量/kW·h
早班	342.70	124.30	95.70	28.60
中班	723.40	265.40	198.20	67.20
晚班	562.60	195.50	145.60	49.90

由表 5-13 可以看出，经过改造后的胶带输送机变频调速节能控制系统可根据实际的运量控制输送带速度。当天节约电量为

$$\Delta W = 28.6\text{kW} \cdot \text{h} + 67.20\text{kW} \cdot \text{h} + 49.90\text{kW} \cdot \text{h} = 145.70\text{kW} \cdot \text{h}$$

针对杨村煤矿输送带过去一直在额定速度下运行的情况，根据煤流量的变化调节带速，即在不满载的情况下，带速都会相对应地合理降低，降低了输送机的机械损耗以及电能的浪费。

5.8　工程实例 2：平煤五矿采用模糊控制和 PLC 控制变频调速节能改造

5.8.1　工程简介

平煤五矿针对煤矿胶带输送机使用中的"大马拉小车"现状，将变频调速技术引入胶带输送机中。通过实时监控胶带输送机及其相关设备的运行状态，对比实际运量和设计运量，又根据运量变化动态地调控带速，减少胶带输送机轻载和空载时的电能损耗，以提高胶带输送机的有效负载率从而实现节能目的；同时，采用模糊控制与 PLC 控制相结合的方式，实现了胶带输送机的自动化控制。

平煤五矿于 2013 年 1 月对原有胶带输送机驱动系统进行改造后，节能效果显著。[24]

5.8.2　模糊控制和 PLC 控制相结合的自动节能控制系统

要实现胶带输送机的高效、节能、可靠运行，既需要优化胶带输送机本身的结构设计，完善其功能设计，更为关键的是要选择适合其工作特性的控制器。鉴于胶带输送机运行过程中存在的非线性、动态波动性等模糊特性，选用人工智能模糊控制系统，可实现对胶带输送机的精确性和柔性控制。设计的控制系统将人工智能模糊控制与 PLC 控制完美融合，既能确保控制系统的可靠性、适应性，又提高了胶带输送机的智能化、自动化控制水平。

采用变频调速的方式可实现胶带输送机的速度调控，其中运量偏差 G、速度偏差 E 和速度偏差变化率 Ec 为模糊控制器的输入量，电动机频率 F 为输出量，由 PLC 程序对输入量进行模糊化处理，最终实现带速与运量的合理匹配。模糊控制的 PLC 程序流程图如图 5-20 所示。

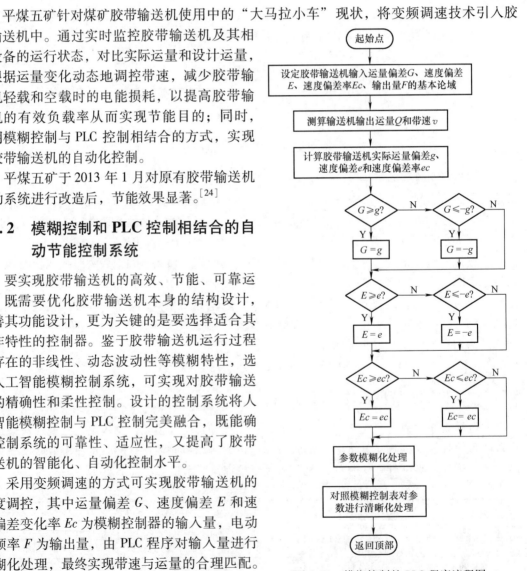

图 5-20　模糊控制的 PLC 程序流程图

5.8.3　根据运量变化动态地调控带速

　　以减少轻载和空载状态下的功率损耗来达到
节约能耗的目的，关键是根据运量变化动态地调
控带速。如图 5-21 所示，该节能控制装置接收来
自仓位传感器的料位信号、胶带输送机称重传感
器的重量信号、速度传感器的速度信号，只要通
过对上述信号进行逻辑判断，便可按照预定的程
序智能地控制给煤量和输送机带速。

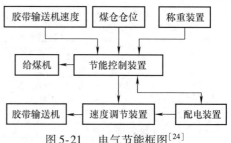

图 5-21　电气节能框图[24]

　　控制系统以 S7-300PLC 作为控制中枢，可实现仓位信号、带速信号、称重信号的采集，
并利用 PLC 实现人工智能模糊控制，计算出精确的运行频率，通过调节变频器频率实现对
胶带输送机速度的控制。同时，各级分站之间的信号传递以及通信功能均由 PLC 实现，胶
带输送机的各种保护功能也通过 PLC 程序实现。PLC 控制系统框图如图 5-22 所示。

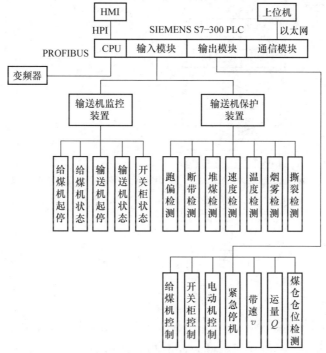

图 5-22　PLC 控制系统框图

　　调速程序流程图如图 5-23 所示，给煤仓煤位有效范围按 0 ~ 100% 容量划分，设中间量
55% 为基准值，以系统预先设定的煤仓额定容量的 30% ~ 80% 为合理存煤量，在这个范围
内，需要测量胶带输送机实际运量 Q，将测量值与设计值进行比较，并以设计的运量为准对
胶带输送机进行变频调速。当煤仓的实际存煤量超过额定上限时，系统自动发出存煤超限警
告，采煤机按指令停机；当煤仓的实际存煤量超过额定容量的 80% 又未超限时，需要发出
减少采煤量的信号，然后以设计运量为参考，通过调节输送带速度来调整实际运量；当煤仓
的实际存煤量低于额定下限时，系统将发出胶带输送机停机信号；当煤仓的实际存煤量低于
满容量的 30% 但未低于下限时，可减小给煤机给煤量，即减小胶带输送机的实际运量；当

实际运量满足低速运行条件（本系统以低于设计额定运量的 50% 作为低速运行条件）时，输送机将自动以设定的低速状态运行，最大限度地节约电能。

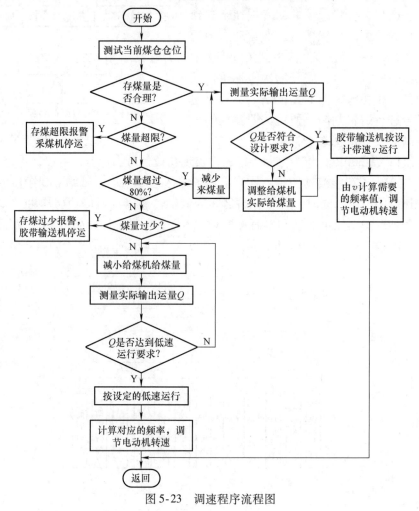

图 5-23　调速程序流程图

5.8.4　节能分析

改造前年用电量为 $3616000\mathrm{kW \cdot h}$，输送带采用模糊控制变频调速装置投运一年后，在年输送量不变的情况下，实际年用电量为 $2351200\mathrm{kW \cdot h}$。

采用模糊控制变频调速装置的直接节电效果为

$$\Delta W = W - W_1 = 3616000\mathrm{kW \cdot h} - 2351200\mathrm{kW \cdot h} = 1264800\mathrm{kW \cdot h}$$

节能效率 η 为

$$\eta = \frac{1264800}{3616000} \times 100\% \approx 34.98\%$$

综上所述，变频调速既可以有效地实现动态调速、节能降耗，又可以改善电动机起动和运行特性，减小对电网的冲击，间接地提高了电动机和胶带输送机的使用寿命。同时，采用模糊控制和 PLC 控制相结合的方式，能明显改善胶带输送机的控制性能，提高自动化控制水平，进一步实现节能模式下胶带输送机的智能化控制。

第6章 上运胶带输送机的变频调速系统与节能

从低处运到高处（存在一定高差）的散料运输，一般选用上运胶带输送机。

6.1 上运胶带输送机的特性及发展

随着散料矿（例如煤）开采产量的增大以及环保要求，对胶带输送机的要求也越来越高，特别是大强度、大功率、多机驱动、长距离的胶带输送机的新技术应用，传统的驱动方式已经被新的变频调速节能驱动所取代。中高压变频驱动在上运胶带输送机（例如主斜井胶带输送机）上应用已经成为一种趋势。

针对开采特殊环境研制适用于复杂开采环境的胶带输送机，可提高胶带输送机的运输功能，例如大倾角胶带输送机就是一非常典型的代表，如图6-1所示。大倾角长距离胶带输送机以其特有的性能极大地提高了我国散料矿开采运输事业的效率。

上运胶带输送机具有水平胶带输送机的特性及技术要求，例如，上运胶带输送机和水平胶带输送机的节能分析计算是相同的（见5.5.3节），带速跟随运量（重量）变化自动调速节能的依据见5.5.4节。又例如，它们都要求胶带输送机软起动和软制动，一般不能简单地用刚性理论来计算、设计，由于输送带是黏弹性体，为保证上运胶带输送在大倾角时安全可靠运行，在大型输送机上应对输送机的动张力进行动态分析与动态监测，以解决输送机运行过程中的软起动和软停止。软起动可减小输送机在起动

图6-1 大倾角胶带输送机

时机械设备和在运散料（煤）的势能惯量对胶带的动张力冲击；停止时的软停止，可减小散料运输的动能惯量对负加速胶带的动张力冲击，并防止物料的滚动和滑落，堆积运输巷道，还可延长输送机电气系统的使用寿命。

其次，大倾角的上运胶带输送机制动系统性能和下运胶带输送机的某些性能一样，可参见第7章有关内容。输送机难免会出现带载或重载停车现象，必须要对停机或电源突然中断后的上运胶带输送机进行有效的软制动，以保证整机的安全与可靠运行；在重载停车再起动时，做到零转速满转矩条件下松闸，能零转速满转矩控制起动（见6.6.4节相关内容），并避免因起动加速度过大而使物料失稳下滑或停滞。

多机驱动的上运胶带输送机和长距离胶带输送机的特性及技术要求相同，可参见第8章

有关内容。为减小对电网的冲击，软起动时应采用分时慢速起动；还要控制输送机起动加速度在 $0.1 \sim 0.3 \mathrm{m/s^2}$ 范围，解决承载带与驱动带的带速同步问题及输送带涌浪现象，减小对零部件的冲击。由于制造误差及电动机特性误差，各驱动点的功率会出现不均衡，一旦某个电动机功率过大将会引起烧电动机事故，因此各电动机之间的功率平衡应加以控制并提高平衡精度。

上运胶带输送机和其他胶带输送机的技术要求一样，在胶带输送机安装初期和检修调试期时要低速运行，利于检查胶带输送机，带速在 $0.2 \mathrm{m/s}$ 以下，以利于人工验带。

上运胶带输送机上的物料量常达不到设计额定量，和其他胶带输送机的技术要求一样，可以根据输送带上的物料量，用模糊控制与 PLC 控制相结合或其他方法，使输送机带速与运量合理匹配，达到理想的节能效果。

6.2　上运钢绳芯胶带输送机电力拖动的典型布置

上运钢绳芯胶带输送机电力拖动的典型布置见表 6-1。[20]

表 6-1　上运钢绳芯胶带输送机电力拖动的典型布置

形式	传动方式	典型布置简图	出轴形式与功率配比
向上输送	单滚筒传动		单出轴单电动机 双出轴双电动机
	双滚筒传动		功率配比： $P_{\mathrm{I}}:P_{\mathrm{II}} = 1:1$ $P_{\mathrm{I}}:P_{\mathrm{II}} = 2:1$ $P_{\mathrm{I}}:P_{\mathrm{II}} = 2:2$

注：α 为胶带在传动滚筒上的围包角。

其布置原则应考虑以下几点：

1) 采用多传动滚筒的功率比，最好根据等驱动功率单元法任意分配。

2) 双传动滚筒尽可能不采用 S 形布置，以便延长胶带的使用寿命，且避免物料粘到传动滚筒上影响功率平衡和加快滚筒磨损。

3) 张紧装置一般布置在胶带张力最小处。当水平输送机采用多电动机分别起动时，张紧装置应放在先起动滚筒张力小的一侧。

4) 输送机尽量布置成直线形，避免采用有过大的凸弧、深凹弧的布置形式，以利正常运转。

6.3　工程实例 1：新疆焦煤集团上运胶带高压变频调速节能改造

6.3.1　工程简介

新疆焦煤集团矿区地处山区，矿区海拔 $2000 \sim 2200 \mathrm{m}$，夏季最高环境温度为 41℃，冬

季最低温度为 -30℃，矿区有 3 个年产煤 120 万 t 的井口。新疆焦煤集团气煤斜井采用斜井胶带输送机由井下向地面运煤，日均产煤 3500t，输送带长 650m，输送带倾斜角为 19°~24°，输送带拖动电动机为 400kW，6kV 双电源供电。这些工况要求电动机起动控制设备在高海拔地区能稳定可靠运行，同时要有较强的过载能力，能适应较大范围的电压波动。

原设计输送带电动机为直接起动，后来考虑电动机直接起动对电网和传动机械设备冲击大，且始终处于全速运行状态，不利于节约能耗。后通过招标方式，选择两套 HIVERT—Y06/061 和一套 HIVERT—Y06/077（800kV·A）高压变频器对气煤斜井胶带输送机系统进行了控制改造及扩建。

6.3.2　高压变频器的技术特点和选用

考虑到海拔较高、夏季环境温度高等因素，变频器选型时适当留有裕量。电动机功率为 400kW，额定电压为 6kV，额定电流为 38.49A。新疆焦煤集团招标选用了北京合康亿盛科技有限公司的 HIVERT—Y06/061 变频器，它的额定电压为 6kV，额定电流为 61A，变频器容量为 630kV·A，适配电动机功率 500kW，考虑安装地点超过海拔 1000m，降额用来控制 400kW 输送带电动机。变频器配有自动旁路柜，以便出现故障时自动旁路到电网工频运行，保证生产连续不间断，旁路运行后，可方便地切断变频器输入、输出侧真空断路器和隔离开关，使变频器脱离高压电源，方便进行维修，如图 6-2 所示，图中的 QS_1 ~ QS_3 为真空接触器。变频器于 2006 年 4 月测试完毕投入使用后，其散热风机散热情况良好。但由于现场煤灰粉尘较多，需要定期清除散热装置上的粉尘。变频

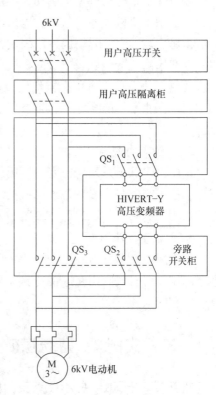

图 6-2　HIVERT 高压变频器的
电动机投切电路

器采用多重化 PWM 技术，串联叠波输出，输出波形不失真，接近完美的正弦波，无谐波污染。其无需滤波装置，满足了电力部门对电网谐波含量的控制要求；对周边电气设备及附近的胶带输送机综合保护装置没有干扰；减少了电动机噪声和发热量，不会引起电动机转矩脉动，对电动机没有特殊要求；运行功率因数可达 0.95 以上，效率达 95% 以上。由于使用状况良好，2006 年 7 月，2130 矿井扩建时，新疆焦煤集团又选用了一套 HIVERT—Y06/077（800kV·A）高压变频器，用于 2130 矿井胶带输送机的控制。后来气煤井扩大产量，增大胶带输送机运输能力，把原有胶带输送机改为双机驱动，气煤井于 2007 年 9 月再次增加了一套 HIVERT—Y06/061 变频器。

HIVERT 系列高压变频器为交 – 直 – 交电压源型变频器，应用成熟的单元串联叠波结构、空间矢量控制的正弦波 PWM 方式。每相由 5 个功率单元串联，高压 6kV 电源直接输入隔离移相变压器一次侧，变压器二次侧经过降压移相后输出三相 690V 电压，分别给各功率单元供电。功率单元经三相全桥整流—直流滤波—单相逆变输出 3 个环节，然后每相各单元串联，

三相星形联结直接输出高压 6kV 驱动电动机运行。输入侧相当于 30 脉冲整流，输出侧相当于 11 电平叠波，输入输出波形均接近于正弦波，谐波含量非常低（见 1.9 节）。每个功率单元还设有单元旁路装置，以便功率单元故障时不影响旁路故障单元，确保胶带输送机运行的连续性。变频器内置 PLC 和数字 PID 调节功能，输出频率范围为 0 ~ 120Hz，输出频率分辨率为 0.01Hz，过载能力为 120%/2min，150% 立即保护，具有隔离 RS - 485 接口、MODBUS 通信协议的上位通信，防护等级为 IP30。

6.3.3　高压变频调速的节能和经济效益

1. 节约电能

胶带输送机电动机功率为 400kW，平均每天运行 16h 左右，日运输煤炭 3500t。原设计采用直接起动，起动后电动机全速运行，而井下煤仓下煤量达不到胶带输送机的额定设计运输能力，故输送机上煤量不足，大马拉小车，很不经济，浪费电能。使用 HIVERT 系列高压变频器对拖动电动机进行变频调速后，胶带输送机按实际需要功率出力，把变频器输出频率设为 39 ~ 40Hz，电动机转速比工频速度适当降低，就可以使输送带运行速度与井下煤仓下煤量相匹配，同时降低了运行电压和电流，减少了电能消耗。据矿井统计，变频调速运行比直接工频运行可节约电能 10% ~ 15%。

2. 节约维修费用

原设计采用电动机直接起动，不能调速。起动过程对电网、电动机和传动机械设备冲击较大，加剧了机械设备的磨损，缩短了设备使用寿命，同时也缩短了设备维修周期，增加了停产检修次数。直接起动也造成控制设备如真空接触器、开关等的频繁更换，增加了维修费用，停产检修也造成煤炭产量的损失。而采用 HIVERT 系列高压变频器后，可以实现胶带输送机的软起动，对电网和机械传动设备基本无冲击，大大延长了设备的使用寿命。第一台 HIVERT 系列高压变频器自 2006 年 4 月投产后的两年多时间，一直稳定运行，除正常清洁维护外，没有发生停产检修故障，既节约了维修成本又保证了生产。

3. 节约人力资源

采用 HIVERT 系列高压变频器后，运行稳定可靠，除正常清洁维护外，没有大量的维修工作，故不必配备许多设备维修人员。HIVERT 系列高压变频器操作简单方便，运行稳定可靠，每班只需一人值班即可，节约了人力资源，相应也提高了生产效率。

4. 占地空间小

由于 HIVERT 系列高压变频器采用交 - 直 - 交直接高 - 高方式，结构紧凑、体积小，占地空间小，可有效利用有限的土地资源。不像高 - 低 - 高变频器的输入、输出端都有变压器，体积庞大。

6.4　工程实例 2：曹跃煤矿上运胶带输送机中压变频调速系统

随着煤矿开采技术的不断革新，曹跃煤矿综采工作面的设备配置逐步更新换代至大功率、高生产效率的智能化综采设备，而且其配套使用的上运（主斜井）胶带输送机也改造升级，采用了中压变频调速系统。

6.4.1 上运胶带输送机的技术参数和流程

曹跃煤矿上运胶带输送机的流程如图6-3所示。输送机的主要技术参数如下：上运输送胶带的倾角为30°；胶带幅宽为1.0m，带强为3500N/mm²，总长902m；胶带输送机设计运行速度为3.15m/s；物料容重为0.9~1.0t/m³，物料粒度为0~300mm；张紧方式为重锤车张紧，并可根据特定情况调节；设计输送能力为400t/h，性能实效达至最大；两台电动机驱动胶带运行环境潮湿且多尘。该上运胶带输送机的主要特点是：长距离、大运量、大型化、黏弹性强，且运输成本低、无地形限制、维护成本低。

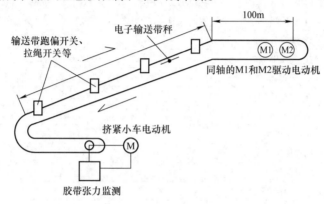

图6-3 曹跃煤矿上运胶带输送机的流程示意图

6.4.2 上运胶带输送机变频调速系统的硬件配置

曹跃煤矿上运胶带输送机变频调速系统的主要硬件配置有高压配电系统、驱动系统、变频系统、监控管理系统和胶带综合保护系统，主要硬件配置见表6-2，整体硬件配置方案参见图3-69（但两个系统的硬件配置名称、选型及参数不同），工控机和胶带输送机综合保护的PLC、两套变频器之间通过PROFIBUS-DP网络连接。其中，主传动设备是核心，它能够使输送机软起软停、保护胶带、延长胶带使用寿命；主-从控制，均衡电动机负载，自动实现功率平衡；光纤通信，输速率高，无干扰；起停时间可在0~3600s内任意设定，大大降低胶带带强；基本无维护工作量，减低了维护人员的工作强度，控制简单，自动化程度高；系统功率因数在0.95以上。

该工程用两台ABB ACS800系列690V变频器分别驱动两台电动机，两台电动机机头集中驱动，两台变频器工作于主从驱动模式。综合考虑系统的性能价格比，选用690V变频器拖动690V电动机的形式。

表6-2 上运胶带输送机变频调速系统的主要硬件配置

硬件配置		选型及参数
变频电动机	型号	YB2 4501-4 3台（其中1台备用）
	电动机功率	500kW
	电压等级	690V
减速器	型号	德国SEW-ML3PSF110或弗兰德H3SH17，含风扇与组合密封
	传动比	35.5

（续）

硬件配置		选型及参数
联轴器	高速轴联轴器	弹性柱销制动轮联轴器
	低速轴联轴器	胀套式蛇形联轴器
制动装置	BWYZ5 - 630/301	2 套
逆止器	NJZ280	2 套
胶带	ST/S3500，宽 1.0m	花纹带：防撕裂，可满足 60° 深槽托辊要求，长 1900m，含 11 个胶头（配橡胶胶料）
机身	DT II 结构上带面理论高度 1025mm	上托辊每 25m 安装一组上液压调偏（37 套），下托辊每 30m 安装一组下液压调偏（31 套），上托辊上方加平托辊以防输送带跑偏（共 40 套）
张紧装置	重锤车张紧	1 套
电控部分 ABB 变频器	配电变压器装置	800A/690V　2 台
	变频器	690V　3 台（其中 1 台备用）
	PLC 防爆控制箱	S7 - 300PLC　1 台
	跑偏保护装置	20 组
	温度保护装置	1 套
	烟雾保护装置	1 套
	堆煤保护装置	1 套
	纵向撕裂保护装置	1 套
	打滑保护装置	1 套

由于该胶带输送机的两台电动机同轴，系统要求两台电动机出力相同（即要求转矩平衡），因此两台电动机的控制方式应该是彼此相互关联的。为保证两台电动机的转矩平衡，控制系统设计为主 - 从控制结构，一台主变频器按照胶带输送机要求对整个系统进行速度控制，主变频器的速度调节器的输出作为转矩设定值，分派给主变频器和从变频器；从变频器工作在闭环转矩控制模式，进行各自的转矩闭环调节，这不仅保证了两台电动机的出力一致，达到转矩平衡，而且与矢量控制、U/f 控制相比，将会获得很大的起动转矩。

交流变频调速具有的优势是：调速范围较大、平滑性好，且精确度和效率高；低速时，特性静关率较高，电动机过载性能降低，稳定性好；节电性能好，不冲击系统及电网；变频器体积小，安装、调试和维修方便；智能化自动化控制实现简单。

6.4.3　直接转矩控制在上运胶带输送机变频调速系统中的应用

本例中，上运输送胶带的倾角为 30°，这样大的倾角应考虑出现带载或重载停车或电源突然中断后对上运胶带输送机进行有效的软制动；再起动时，需做到零转速满转矩条件下松闸，能零转速满转矩控制起动，避免重载时物料下滑。为此，选择 ASC800 变频器的直接转矩控制模式，直接转矩控制的基本原理和特点参见 1.11.5 节。零转速满转矩控制起动见 6.6.4 节和 6.10.7 节有关内容。

6.5　工程实例 3：马道头煤矿上运胶带输送机高压变频调速系统

马道头煤矿上运（主斜井）胶带输送机担负矿井井下原煤运输任务，是矿井生产的关键设备。胶带输送机电控系统包括高压变频调速系统、PLC 网络化操作系统、智能上位监控系统、输送机保护系统等。该电控系统调试、投入运行后证明，本电控系统实现了输送机力矩响应速度快、控制精确、系统可靠性高、操作简单、运行稳定，为煤矿创造了较大的经济效益。

6.5.1　上运胶带输送机的主要技术参数

马道头矿井设计年生产能力为 10Mt，采用斜井开拓方式，上运胶带输送机主要参数为：带长 3040m，带速 0～5m/s；3 台电动机额定电压为 10kV，功率为 3150kW。

6.5.2　上运胶带输送机电控系统的构成

上运胶带输送机电控系统结构如图 6-4 所示。地面设置一台工控机、一台不间断电源及相应的控制软件与信号传输设备，通过网络与输送机机头的嵌入式计算机进行通信。在控制室内设置一台 PLC 控制柜，完成输送机外围控制设备的远程控制以及被控设备运行状态及相关模拟量参数的采集工作；一台嵌入式本安型计算机及多功能控制驱动器提供沿线的保护以及机尾被控设备的控制，由此两部分组成控制装置。

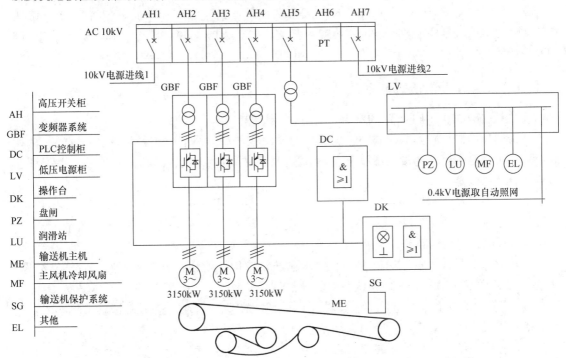

图 6-4　马道头煤矿上运胶带输送机电控系统结构示意图

6.5.3　上运胶带输送机电控系统的功能

1. 传动系统要求

传动系统采用全数字高压交-直-交变频调速系统，要求能适应相应输送机系统的各种工况，变频器的过载能力大于电动机的过载能力，按照预定的速度和工艺要求实现输送机的起动、加速、匀速、减速、停车等运行方式，使输送机具有较高的运行效率。

2. 控制系统要求

系统具有远程集中自动控制、就地自动控制、就地手动控制（检修方式）等多种控制功能。

1）远程集中自动控制：地面工控机作为整个输送机控制系统的控制主站，控制上运输送机以及其他设备的起停。

2）就地自动控制：将工作方式设置为就地自动控制时，输送机的起停直接由本安计算机进行控制，实现一键自动起停。

3）就地手动控制（检修方式）：将工作方式设置为就地手动控制时，由本站的 PLC 控制柜对输送机相关设备进行手动起停控制，手动方式只作为备用方式或在检修时使用。

6.5.4　上运胶带输送机的高压变频调速装置

上运胶带输送机配置的高压变频调速装置为西门子 6SR4502 - 10 - 10 - 5250，10kV/260A，5250kV·A 高压交 - 直 - 交变频调速装置。采用全数字矢量控制技术，功率部分采用 IGBT 的电压源型 48 脉动交流变频传动装置。单元串联矢量控制正弦波脉宽调制叠波输出，10kV 每相 8 个单元，17 电平。变频器引起的电网谐波电压和谐波电流含量满足 IEEE 519—1992《电源系统谐波控制推荐规程和要求》和 GB/T 14549—93《电能质量　公用电网谐波》中对谐波含量的要求。

6.5.5　上运胶带输送机的监控系统

监控系统选用西门子 S7 - 300PLC，完成以下功能：

1）通过控制柜触摸屏控制输送机及其配套设施（冷却风扇、拉紧装置、减速器、变频器等），可在触摸屏上通过按钮设定操作参数。PLC 控制柜设定输送机运行曲线，并保证变频器同步功能。

2）状态显示：本安计算机上可动态图形显示输送机状态、主电动机状态、制动闸状态，还可进行高、低配电柜状态参数显示及监测（合闸、分闸、高压柜电压电流信号），以及监测电动机、变压器状态。

3）故障指示：本安计算机上实时显示输送机跑偏、闭锁、纵撕、超温、打滑、烟雾、堆煤、洒水等保护信号，发现各状态参数异常时可报警。

4）记录和历史查询功能：系统具有操作、启停、故障、运行状态数据的记录和查询功能。

5）沿线闭锁位置显示。

6）控制系统可与自动化调度网联网，可实现在矿调度室对输送机的监控。

6.6　工程实例 4：海州煤矿上运胶带输送机变频调速节能改造

海洲煤矿隶属阜新矿业集团，为提高其上运（$\beta = 35°$）胶带机（主斜井）运煤工程中的安全节能效果，2007 年 9 月将胶带输送机电气系统采用数字式变频技术进行改造，降低了电动机起动加速度，每次起动实际时间由 120s 增加到 200s，减少了输送机起动过程中煤块滚动和煤流滑动的现象；保证了运煤生产的正常进行，减少了开机次数，增加了每次开机时间，取得了良好的经济效果。

6.6.1　上运胶带机变频调速系统的主要技术参数

该工程采用深槽半包运煤槽，输送带选用花纹高强普通带，主要参数为：运量为450t/h，带宽为1.2m，带速为2.5m/s，输送机长度835m；倾角为35°。主电动机选用 Y_2400-4 型，参数为：功率 $2\times560kW$，电压为690V，电流为550A，转速为1489r/min。驱动形式为双电动机驱动单滚筒带式输送机。

根据该煤矿生产工艺流程，上运胶带输送机电气系统选择变频技术方案，选用 ABB 公司 ACS800-07-0870-A004 十二脉整流变频器。该变频器在重载下功率为560kW，电压为690V，电流为545A，电压波形畸变不大于5%，完全符合国家电网要求。

6.6.2　直接转矩控制的工作原理和特点

ACS800 系列变频器采用直接转矩控制（DTC）作为核心控制技术，变频器在和电动机通电过程中，变频器会自动进行电动机励磁识别，其间电动机在零速时励磁数秒钟内建立电动机模型，在长期闲置和要求严格的场合还会执行一次单独的识别运行。变频器内部建立软件数学模型，根据实测的直流母线电压、开关状态和电流，计算出一组精确的电动机转矩和定子磁通实际值，并直接用于控制输出单元的开关状态。该变频器的每一次开关状态都为单独确立，其传动可以产生最佳开关组合，并对负载变化等做出快速响应。控制交流电动机转矩的间隔为25μs，即1s内更新控制变量4万次，DTC 中不需要对电压、频率分别控制的 PWM 调制器，没有固定的斩波频率，实际运行中也不会产生高频噪声，降低了变频器本身的功耗。ACS800 变频器在应用 DTC 专利技术基础上，又增加了 ABB 公司 2007 年推出的磁通稳定法（FS），可实现低速最佳运行，尤其使接近 0Hz 的运行性能更好。直接转矩原理如图 6-5 所示。[27]

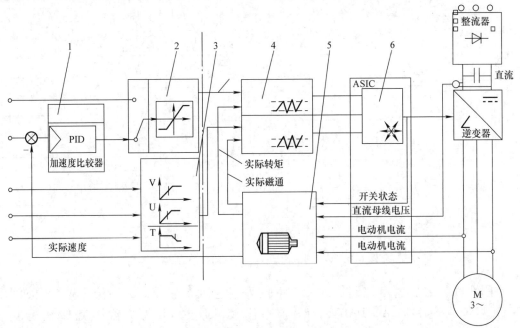

图 6-5　变频器的直接转矩控制原理

1—速度控制器　2—转矩给定控制器　3—磁通给定控制器　4—磁通比较器　5—电动机模型　6—脉冲优化控制器

直接转矩控制的特点如下：交流异步电动机变频调速系统最大的难题主要是交流异步电动机制造过程中冲压硅钢片的不平整度，硅钢片内部硅和钢晶体分布的不均匀性或加工涂漆的不均匀性，定子和转子压制过程中各点的压力差异，多层叠合过程中的不平整度，以及加工安装后定、转子的不同心度、偏心度造成的定、转子气隙不均等，都会使各电动机漏电感造成的漏磁通量大小不等；同一工厂、同一工序、同一机床、同一人加工安装的同一批次电动机，其漏电感也不同，即两台电动机在同一电源下产生的磁通量由于漏电感不同而在转子上产生的电磁转矩也不同。而直接转矩控制与传统的变频器控制不同，变频器的主要特点是可通过识别负载电动机磁化曲线在变频器内建立该电动机的数学模型，确保交流电动机能为任何电动机控制平台提供小于 5ms 的快速转矩响应。这样，DTC 使得电动机控制调速精度大大提高，开环系统能达到 0.1%，加编码器的闭环系统的调速精度达到 0.01%，实现了电动机的高精度数字控制。[27]

6.6.3　上运胶带输送机的主从控制

海州煤矿上运胶带输送机的驱动是两电动机驱动的一个主滚筒，这是典型的刚性负载，对此选用主从力矩控制技术，即在主从控制应用中，外部信号（包括起停信号、给定速度信号等）只与主变频器相连，主机通过光纤实现对从机的控制，一旦从机故障，便停止主从机运行。ACS800 变频器是数字式变频器，主机发送给从机的是一个 16 位控制字，主机修改从机的相关单元数值即可改变从机运行状态或改变量值。从机跟随主机转矩给定的控制原理如图 6-6 所示。

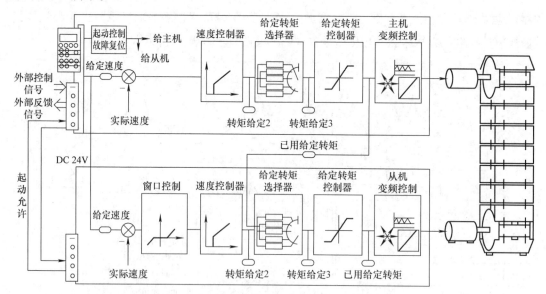

图 6-6　从机跟随主机转矩给定的控制原理图

在刚性负载主从力矩控制模式中，主机采用速度控制模式，即给定速度（SPEED REF3）与实际速度（ACTUAL SPEED）相比较，通过 PI 调节器得到转矩给定值（TORQREF3），该值经过频率限幅、直流电压限幅、功率限幅和转矩限幅，得到最终的转矩给定值（TORQREF USED），该值和定子磁通给定值分别同相应的实际值在滞环比较器内进行比较，得到最优的信号，最终通过驱动变频器的开关器件达到调节转速的目的。

主机速度环输出的最终转矩给定值（TORQREF USED）同时作为从机的转矩给定值，实现了主机和从机负载转矩的平衡分配。由于从机采用转矩控制，其转速由主机速度和机械耦合度共同决定，当机械耦合紧密时，从机速度保持与主机同步；当由于机械原因导致耦合度变差时，从机实际负载转矩减小，来自主机的给定转矩（TORQREF USED）大于从机的实际负载转矩，从而引起从机转速的迅速升高，直到最后达到其转速的限幅值，此时，从机由转矩控制方式转变为速度控制方式，速度给定值为转速限幅值。

工程中，ASC800 变频器为防止主从机速度相差过大，在从机速度控制环节中增加了窗口控制功能，当从机转速超过窗口控制设定的转速范围后，窗口控制功能被激活，从机转速 PI 调节器输出 TORQREF2，该输出值与主机转矩给定值之和作为最终的从机转矩给定值（TORQREF USED），保证了从机转速限制在窗口给定的范围内。

6.6.4　上运胶带输送机的零转速满转矩控制

ASC800 变频器是数字式变频器，按照制动器控制功能动作时序图中 T_s（制动器打开时的起动转矩）、t_{md}（电动机励磁延时）、t_{od}（制动器打开延时）、n_{cs}（制动器闭合速度）、t_{cd}（制动器闭合延时），分别修改对应单元内的参数，只要找出一组对应该胶带输送机惯量的值，就能保证零速度满转矩起动松闸性能。制动器操作时序图如图 6-7 所示。

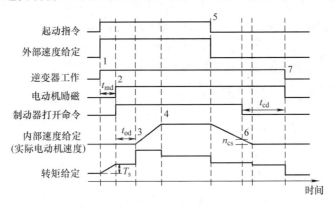

图 6-7　制动器操作时序图[27]

6.7　工程实例 5：金凤煤矿上运胶带输送机高压变频调速系统

金凤煤矿年设计生产能力为 400 万 t，2011 年 3 月建成投产。由于高压变频驱动方案容易的实现软起、软停，减小机械冲击，减小机械磨损，延长设备寿命，经济效益可观。该煤矿的上运胶带输送机（主斜井）采用了高压变频调速系统。

6.7.1　上运胶带输送机的系统简介

金凤煤矿主斜井采用一条胶带输送机负责提升原煤，胶带输送机采用双驱动滚筒双电动机驱动，胶带输送机参数为：$Q = 5000\text{t/h}$；$B = 1400\text{mm}$；$L = 1570\text{m}$；倾角 $\beta = 0 \sim 19°$；$\nu =$

0～4.4m/s。配套电动机规格为两台1600kW/6kV，额定电流为182.2A，采用两台ABB公司ACS5000电压源型变频器驱动，控制系统采用ABB AC500 PLC进行控制，如图6-8所示。

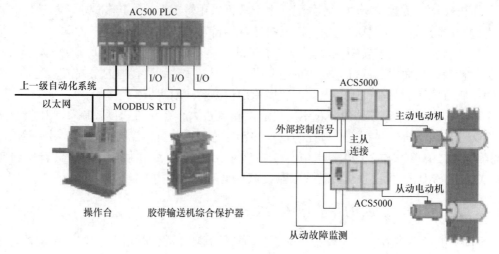

图6-8　金凤煤矿上运胶带输送机高压变频调速系统示意图

6.7.2　上运胶带输送机的变频器选型

上运胶带输送机所选变频器的型号为ACS5060 – 36L70E – la70 – A2，变频器的电气参数如下：

电动机额定轴功率：1600kW。

变频器持续输出功率：3500kV·A。

变频器持续输出电流：340A。

变频器额定输出电压：6000V。

变频器输入电压：6X1920V。

输入电压波动范围：+10/～10%。

安全运行范围至75%的额定电压时，可降容运行。

最大电压不平衡度：2%。

供电频率：50Hz。

频率波动范围：±2%。

总体输入功率因数：大于0.95（20%～100%负载）。

输出电压范围：0～6000V。

输出频率范围：0～±75Hz。

控制精度：额定转速的0.1%（无脉冲编码器）。

短时过载能力：110%的额定负载，过载周期为每10min允许1min。

转矩阶跃响应时间：小于3.5ms。

最小弱磁点：30Hz。

额定负载下的总体效率：98%（包括辅助电源的总体效率）。

输入电压谐波畸变：小于2%。

输入电流谐波畸变：小于 3%。

转矩脉动：小于 2%。

6.7.3　上运胶带输送机的主要控制功能

金凤煤矿上运胶带输送机控制系统主要功能如下：

1）通过 MODBUS 通信接口连接两台 ACS5000 变频器和胶带输送机综合保护器，对变频器进行起停控制和速度调节，并采集胶带输送机电气参数和设备运行状态参数等，实现胶带输送机及其辅机设备的联锁控制。

2）采集胶带输送机运行参数，对胶带输送机电动机运行电压、电流、频率等进行监测。

3）采集温度参数，对电动机绕组温度、电动机两端轴承温度、变压器每相绕组温度等进行监测，并进行相应的控制。

4）实现对变频器的起停控制，并监测其运行状态、轻重故障。

5）具有传感器信号断线、网络信号断线、PLC 及其 I/O 模块故障的监测、报警功能。

6）操作站显示胶带输送机系统动态流程图、设备运行状态（工作、停止、故障）以及报警参数表等。

7）能通过工业以太网与矿井综合自动化管理系统联网，通过矿井网络系统服务器发布数据。

8）系统具有实时报警和历史报警功能，实时报警可实时显示每个测点参数（如超上、下限值），发生报警时，监视屏幕会弹出报警画面，同时具备智能化信息声光报警提示功能。

6.7.4　ACS5000 变频器的特点和直接转矩控制技术

1.12.9 节表 1 – 12 对 ACS5000 进行了简单的介绍，这里进一步介绍 ACS5000 变频器的主要特点和直接转矩控制技术。

1. IGCT 功率半导体器件

新型功率半导体器件 IGCT（集成门极换流型晶闸管）是 ABB 公司专为高压变频器市场研制开发的。IGCT 具有 IGBT（绝缘栅双极型晶体管）高开关频率的特性，同时还具有门极关断（GTO）晶闸管的高阻断电压和低导通损失率特性。因此，IGCT 是无须串联即可直接应用于高压电网的高速低损耗的功率半导体器件，IGCT 继承并超越了 IGBT 技术和 GTO 晶闸管技术。

IGCT 技术参数为：瞬时开关频率高达 20kHz；开关时间（关断）为 1μs；电流变化率为 4kA/μs；电压变化率为 10 ~ 20kV/μs；交流阻断电压为 5.5kV；直流阻断电压为 3.6kV。

IGCT 特性：与 IGBT 相媲美的快速开关特性；低开关损耗；低通态损耗；均质开关特性；无须缓冲电路集成续流二极管；高可靠性。

2. 输入整流桥

ACS5000 变频器采用高耐压、高容量的功率元器件——IGCT、输入整流桥向直流母排提供直流电压和电流，包括 3 套独立的串联 12 脉冲整流桥，它们以串联方式连接，输入整流桥由与变压器一次侧相串联的主断路器来保护。

标准的 12 脉冲整流器由两组三相二极管整流桥。3 组 12 脉冲整流器构成 36 脉冲二极管整流桥。所有整流桥都有 RC 缓冲器以提供瞬态电压保护。

当电源刚刚接通时，充电电流通过预充电电阻向直流母排中的电容充电，限制了充电电流，一旦充电结束，IGCT 进入导通状态，尽管预充电电阻仍保留在电路中，但它们已不起任何作用。

3. 拓扑结构

ACS5000 变频器的拓扑结构为电压型五电平无熔断器（VSI – MF）设计逆变器。基于新一代功率半导体器件（IGCT）技术和电压源型五电平无熔断器设计，使得 ACS5000 变频器具有与生俱来的高可靠性；基于直接转矩控制（DTC）技术的 ASC5000 变频器，可根据工艺需求提供精确的速度和转矩控制。

4. IGCT 逆变器

IGCT 逆变器是 ACS5000 变频器的"心脏"，它以脉宽调制的方式来控制输出频率和输出电压的幅值；由于 DTC 技术在控制上的应用，不需要特殊的脉宽调制器。逆变器中存在三个电位：直流母排的正电位、中性点 N、直流母排负电位。

在 IGCT 逆变器工作的某一时间，每一桥臂上中间的两个 IGCT 会产生中性点钳位作用。因此，ACS5000 变频器采用的是两相、三电平、中性点钳位的逆变器电路结构。这种三电平结构有很好的输出波形，三套逆变器构成了五电平的逆变器拓扑结构，使得输出波形得到进一步改善。

5. 直接转矩控制技术

直接转矩控制是交流传动的一种独特的电动机控制方式。逆变器的开关状态由电动机的核心变量——磁通和转矩直接控制。测量的电动机电流和直流电压作为自适应电动机模型的输入，该模型每 $25\mu s$ 产生一组精确的转矩和磁通实际值。电动机转矩比较器将转矩实际值与转矩给定调节器的给定值进行比较，磁通比较器将磁通实际值与磁通给定调节器的给定值进行比较。依靠来自这两个比较器的输出，优化脉冲选择器决定逆变器的最佳开关状态。

集成转矩控制器和调制器，转矩控制周期为 $25\mu s$，其响应速度是目前最好的交流传动的 10 倍，直流传动的 100 倍。高动态精度和静态精度，DTC 的快速转矩响应小于 3.5ms；矢量控制的快速转矩响应为 $10\sim20ms$，开环 PWM 的快速转矩响应大于 100ms。零速满转矩的高起动转矩特性，适用于传送带设备和挤压机应用；高过载能力，适用于炉窑应用。

6. 无熔断器设计

ACS5000 变频器是一种无需熔断器保护的中压交流变频器，其关断时间为 $25\mu s$，比传统的快速熔断器快 100 倍，可以有效地将故障控制在设备本体内，不会对上级电网或更高一级电网造成影响。

7. 直流母排电容器

在直流回路中，使用了先进的、环保的金属箔自愈式电容器，这种电容器是按照长寿命设计的。与不可靠且维护量大的电解式直流电容器设计相比，ABB 利用该技术使其明显与众不同。直流母排电容器对整流桥的输出进行滤波，使整流母排成为低阻抗的电压源并供电给逆变器工作。其结构除了直流电压被两组串联的电容器等分之外，其余部分类似于任何电压型逆变器，由上端和下端的电容器组构成三电平逆变器所要求的直流母排的三点结构（ + 、N 、 - ）。

8. EMC 滤波器

逆变器的输出直接接到一组 EMC 滤波器上，该滤波器对逆变器的输出进行滤波，消除高频电压成分。这样大大减少了加到电动机端的电压谐波含量，允许使用标准的电动机。所有 dy/dt 的影响也大大地削弱，因此电动机出线端的电压振荡问题也消除了。

9. 安全接地开关

此开关是为了确保运行维护人员对变频器进行维护时的人身安全。所有带高压电的柜门都与安全接地开关联锁，确保进行维护之前供电电源已经切断而且所储存的电能（例如直流母排上电容器内的电能）已经释放掉。安全接地开关闭合时，将直流母排上的正端、中性点和负端的母线接地。

综上所述，ACS5000 变频器采用了高耐压、高容量的功率元器件——IGCT、金属箔自愈式电容器，使得变频器功率元器件数量大幅度降低，系统可靠性大幅度提高；另外，ACS5000 变频器采用了免维护设计，保护元件摒弃了需要更换的快速熔断器，选择使用 IGCT 进行保护，不但不用更换而且保护速度快（微秒级）；金属箔自愈式电容器的寿命达 20 年，这些免维护的设计使得变频器可靠性提高，同时维护成本降低很多。零速满转矩的高起动转矩特性，适用于传送带设备。

6.8 工程实例 6：淮南矿业集团某矿上运输送机变频调速节能的实测计算

淮南矿业集团某矿主运胶带输送机采用 5.5.5 节的控制流程图（见图 5-8）进行控制，取得了显著节能效果。

该矿主运胶带输送机是一条倾角为 11° 的上运胶带输送机，其机头有两个滚筒，每个滚筒由一台 450kW、6kV 交流异步电动机驱动。两台电动机采用一套防爆高压变频器进行变频调速。该胶带输送机的机械参数为：运量 1100t/h；胶带斜长 $L = 680m$，带宽 $B = 1200m$，倾角 $\beta = 0 \sim 11°$，带速 $v_M = 3.15m/s$。

按 5.5.2 节的内容选取有关参数：电动机功率系数，取 $K_1 = 1.3$；电动机起动方式系数，取 $K_2 = 1$；查表 5-5，取与 L 成函数关系的系数 $C = 1.07$；查表 5-2，取阻力系数 $\omega = 0.02$；查表 5-3，取每米输送机上托辊传动部分重量 $q' = 20.8kg/m$；取每米输送机下托辊转动部分重量 $q'' = 6.7kg/m$；查表 5-4，取每米钢绳芯胶带重量 $q_o = 57kg/m$。

按照节能效果分析，将上述数据带入 5.5.3 节的式（5-15），可在理论上计算出胶带输送机每天节约的电能为

$$W = (90\% \lambda_1 v_M T_o + 80\% \lambda_1 v_M T_{20\%} + 60\% \lambda_1 v_M T_{40\%} + 40\% \lambda_1 v_M T_{60\%} + 20\% \lambda_1 v_M T_{80\%}) \times 10^{-3}$$

其中
$$\lambda_1 = K_1 K_2 C \omega L g (q' + q'' + 2q_o \cos\beta)$$
$$= 1.3 \times 1 \times 1.07 \times 0.02 \times 680 \times 9.8 \times (20.8 + 6.7 + 2 \times 57 \times \cos 11°) N$$
$$\approx 25845N_o$$

该矿上运胶带输送机每天运行 22h，其中空载运行时间 $T_o = 3h$，60% 重载运行时间 $T_{60\%} = 7h$，80% 重载运行时间 $T_{80\%} = 5h$，100% 重载运行时间 $T_{100\%} = 7h$，全年运行 330 天，电价按 0.75 元/（kW·h）计算，则每天节约的电能为

$$W = (90\% \lambda_1 v_M T_0 + 40\% \lambda_1 v_M T_{60\%} + 20\% \lambda_1 v_M T_{80\%}) \times 10^{-3}$$
$$= 3.15 \times 25.845 \times (0.9 \times 3 + 0.4 \times 7 + 0.2 \times 5) \times 10^{-3}$$
$$\approx 529\mathrm{kW \cdot h}_\circ$$

年节约电费为 $529 \times 330 \times 0.75 \approx 13.1$ 万元。

另外，根据矿上现场的实际运行记录，电动机工频运行时每天消耗电能为5190kW·h；电动机变频调速时每天消耗的电能为4655kW·h，后一种运行状态比前一种每天节电为535kW·h。可见，每天实际节电效果与理论计算值相近。

6.9　工程实例7：乌海某煤矿多台高压变频器上运长距离胶带输送机调速节能改造

乌海某煤矿的主井胶带输送机系统为了实现胶带输送机的软起动控制，使用了液力耦合器，这种液力传动设备存在维护量大、能耗高、对输送带的强度要求高等弊端，需要对其进行技术改造。采用3台6kV华飞GBP高压变频器驱动输送机电动机，实现3台电动机之间的功率平衡和速度同步，运行良好，节能效果明显。

6.9.1　主井胶带输送机的构成

主井胶带输送机系统的构成如图6-9所示。

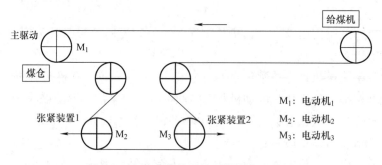

图6-9　主井胶带输送机系统构成示意图

系统设备说明如下：

1）胶带输送机机头主驱动：是煤矿出煤口，胶带输送机从井底运出来的煤经过机头位置时自动抛卸到煤仓。

2）转向轮：卸完煤后的空输运带经过转向轮以及 M_1、M_2 和 M_3 的滚筒返回。

3）胶带输送机张紧装置：其主要作用是调节输送带的松紧程度，防止输送带过松时打滑或重载时溜车，以及输送带过紧导致的胶带输送机异常损伤。

4）胶带输送机逆止保护器：目的是防止胶带输送机重载向下溜车。

6.9.2　主井胶带输送机的主要技术参数

胶带输送机长度：960m。

胶带输送机速度：2.5m/s。

胶带输送机宽度：1000mm。

胶带输送机驱动方式：3 台电动机（6kV、200kW）驱动。

上运角度：16°。

每小时输送能力：$Q = 600t/h$。

6.9.3　输送机一拖一和一拖多驱动方案的比选

技术改造时，对主井胶带输送机采用变频器驱动的两种方案进行了比选：

方案 1：一台变频器拖动多台电动机（一拖多）方案

这个方案中，各电动机定子绕组直接并联，统一由一台变频器驱动。由于采用一台变频器参与控制，具有成本低、占地小的特点。缺点是变频器无法对各电动机的转矩平衡进行独立的控制。

方案 2：一台变频器拖动一台电动机（一拖一）同时变频器间进行同步控制方案

现场每台电动机配置一台变频器，系统中的高压变频器独立控制电动机，同时在主控制系统的协调下实施同步控制。通过同步协调，实现不同电动机的转速相同，力矩和电流平衡。

该方案应用在现场变频器机数量多、单台电动机负载差异大、电动机排列分散的复杂工况下。

综合考虑现场运行特点和产品技术的先进性、可靠性，选用了方案 2，即采用 3 台 6kV GBP 高压变频器控制 3 台电动机。

6.9.4　用 PLC 对变频器进行协调控制的硬件配置

该系统采用 PLC 对变频器进行协调同步控制，如图 6-10 所示。该方案应用于长距离胶带输送机恒转矩负载的调速驱动，在轻载及重载工况下，均能有效控制胶带输送机柔性负载的软起动、软停车。对于"一拖一"方案，由于 3 台电动机参数完全相同且由 3 台完全相同的变频器驱动，故只要各电动机和变频器的电气和机械均差在允许范围内，则采用 PLC 同步控制后 3 台电动机的转矩和转速将会完全一致，从而实现 3 台电动机之间的功率平衡和速度同步，增加胶带输送机的安全性和可靠性。

6.9.5　用 PLC 对变频器进行协调控制的程序协调

多台变频器的同步控制（主 - 从控制）是通过主控制台 PLC 和变频柜之间的通信来实现的。每台变频器的执行参数及状态参数都和主控台 PLC 进行交换，主控台变频器通过 PRO-FIBUS - DP 总线通信方式控制变频器的同步运行、加减速。当主变频器接收到正常起动信号后，主机起动变频器，同时将运行信号、运行

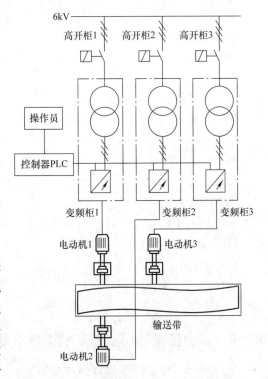

图 6-10　高压变频器控制多电动机同步控制示意图

频率及转矩电流发送给从变频器，从变频器按照主变频器发送来的数据进行起动、运行频率及输出转矩的控制。同时，从变频器将自身的转矩、电流与主变频器发送来的转矩、电流做比较，实现转矩、电流和频率的自调节，从而实现多台变频器的功率平衡。

各流程的程序如下：

1）读从站数据：

```
AN   M   41.0
 = L  20.0
BLD  103
AN   M   41.1
 = L  20.1
BLD  103
CALL "X—GET"
REQ：= L20.0
CONT：= L20.1
DEST—ID：= W#16#4
VAR—ADDR：= P#DB1.DBX3000.0   BYTE8
RET—VAL：= MW36
BUSY：= M41.2
RD：= P#M 110.0   BYTE 8
```

2）写从站数据：

```
AN   M   41.3
 = L  20.0
BLD  103
AN   M   41.4
 = L  20.1
BLD  103
CALL "X—PUT"
REQ：= L20.0
CONT：= L20.1
DEST—ID：= W#16#4
VAR—ADDR：= P#DB1.DBX3500.0   BYTE8
SD：= P#M  118.0   BYTE8
RET—VAL：= MW38
BUSY：= M41.5
```

6.9.6　多台变频器同步控制的调速节能优点

采用多台变频器同步控制的优点如下：

1）实现了多台电动机的功率平衡、转矩一致及电流几乎相等的目的。

2）通过电动机慢速起动（停止）带动胶带输送机软起/软停，缓慢释放长胶带输送机内储存的能量，降低胶带输送机起动（停止）时产生的冲击，对输送带几乎不产生损害，降低了长胶带输送机带强的要求。

3）降低了胶带输送机系统的维护量。

4）实现了重载的平稳起动，该变频器可以在低速状态下输出 2 倍的额定力矩。

5）根据操作人员的控制或者流量传感器的控制可调节运行速度，实现了胶带输送机不同运行速度的控制。

6）节约效果明显，减少了原系统的多次起动/停止操作，根据实际流量的多少、轻载和重载，实现了胶带输送机的不同速度控制，对于负载不均匀的运行，可降低设备的磨损，延长设备的使用寿命，节省能量。

6.10　工程实例 8：同忻煤矿上运胶带输送机高压变频调速系统

同忻煤矿是大同煤矿集团公司的千万吨级的大矿，整个项目由矿井、洗煤厂和装车能力为 2 万 t/列的铁路专用线三部分组成。其中，主斜井胶带输送机是煤矿运输的核心，运行的可靠与否直接影响煤矿的产量。它采用高电压、大功率、多点驱动的变频调速技术，实现了长距离传输和带载运行。各工况条件下可有效控制输送机的软起动/软停车技术，以及整个动态过程中的集中控制方式，在国内煤炭行业具有较高的参考价值和指导意义。

6.10.1　上运胶带输送机的技术参数

该输送机用于由井底煤仓向上输送原煤，输送机的输送倾角为上运 5.13° ~ 3.08° ~ 4.4°，提升高度为 360m。该输送机的主要参数为：带宽 $B = 1800mm$，运量 $Q = 4800t/h$，验带速度 $= 0.5 m/s$（可调），带速 $= 5m/s$，阻燃钢丝绳芯输送带 ST4500（带强为 4500N/mm）长度 $L = 4601m$，负载为恒转矩，装机功率 $= 3 \times 1800kW + 3 \times 1800kW$（6kV）。额定转速为 1493r/min，电动机选用国产防爆电动机，位于输送机头部和中部。头部为功率配比为 2:1 的双滚筒三电动机驱动，中间驱动单元采用功率配比为 1:1:1 的三滚筒三电动机驱动。中间驱动的使用，可以降低承载胶带的最大张力，从而可以使选用胶带强度等级降低，胶带成本下降。变频器的功率为 2250kW，额定输出电压为 6.6kV。

以上技术参数说明：该工程的主斜井上运输送机是长距离、大运量、大功率。

6.10.2　上运胶带输送机起（制）动方式的选择

同忻煤矿主斜井胶带输送机总长度为 4601 m，带宽 1800mm，运量达 4800t/h，是典型的大型化输送设备，因此具有长距离大型输送机存在的普遍特点——输送带振荡。

输送带最大张力通常发生在起动/制动工况下，采用软起动/软制动装置，可以有效缓解动态张力的影响。为了将振荡减小到最小程度，必须选择理想的驱动装置，实现可控软起动：即在设定的起动时间内，通过控制输送机起动加速度，确保输送机平稳起动，达到额定速度，将起动电流与起动张力控制在允许范围之内。为此，从两个方面来减小输送带振荡。

1. 采用合理的可控起动/制动装置，以减小动张力影响

通过动态分析可知，长距离、线路复杂的胶带输送机，最好采用具有可控起动/制动功能的驱动装置，控制输送机按理想的起动、制动曲线起动和制动，以减小输送带及承载部件的动载荷。

2. 最佳的可控起动/停止速度曲线

为了优化胶带输送机的起动和停车特性，在新的控制切换系统中，完善胶带输送机的起动过程，实现优化 S 形曲线起动，使胶带输送机的起动更平稳。同时，胶带输送机也通过变频器可控停车理想的速度曲线停车，使其更加平稳停车。在整个起/停过程中，加/减速度的最大值较小，没有加速度突变，以最大限度地减小起动/制动惯性力和起动/制动冲击作用。

为解决输送带振荡，在主 PLC 中内置西门子研发的胶带控制软件，来变频控制 6 台电动机同步、功率平衡及胶带输送机的平稳起停。

6.10.3　上运胶带输送机的电控系统

该工程的电控系统由集中控制室（配主 PLC 站）、输送带中部分站（见 6.10.5 节）及安全保护系统组成。

在集中控制室，可在操作台上直接控制整部输送机的各种状态，并可实现手动控制、自动控制两种方式。

该工程采用变频器直接驱动方式，可实现速度转矩控制及同步控制，系统整体效率高、节能效果好。

电气控制系统的 PLC（S7 - 400H 系列）主要具有以下功能：

1）胶带输送机的故障检测及保护功能，可对胶带输送机处的堆料、跑偏、温度过高、纵撕等情况进行保护，同时也对井下烟雾状态进行检测；并建立故障排除系统，可在计算机系统的指引下逐步排除故障。

2）监视变频装置运行状态的检测，变频器具有单元过电压、过电流、欠电压、缺相、过热、变频器过载、电动机过载、输出接地、输出短路保护以及对隔离变压器各种保护功能。正常情况下，当上述故障发生时，变频器会自动根据故障级别给出报警或者保护停机，为了增强系统的可靠性，系统又将这些故障信号引入 PLC 系统，经其判断综合后，使系统发出信息或保护停机。

3）电动机的速度给定控制；给定控制根据实际使用要求，可以采用变频器分级给定、PLC 无极给定两种方式。

4）组建上位机系统，增强系统的自动化程度，降低劳动量。

5）实现电动机速度显示与电动机电流监视。

6）显示胶带输送机运输全过程并实现运输统计、管理。

7）故障实时列表和故障历史查询及故障报表输出。

同时电气控制系统还建立冗余系统，见 6.10.4 节。

6.10.4　上运胶带机采用冗余 PLC（S7 - 400H）的必要性

同忻煤矿上运胶带输送机采用西门子 S7 - 400H 冗余技术，其通过将发生中断的单元自动切换到备用单元的方法实现系统的不断工作，H 系统通过部件的冗余实现系统的高可靠性。

使用冗余系统的目的是减少因一个错误或系统维护而导致的产品损失。同忻煤矿作为一个千万 t 级矿井，停车即造成停产，停车的成本是昂贵的。实践证明，冗余系统较高的投资费用因避免产量损失而很快返还。

H 系统的优点是可避免由于单个 CPU 故障造成的系统瘫痪，无扰动切换，不会丢失任何信息。该系统针对同忻煤矿停产成本昂贵、重新开车费用较高的实际情况，起到重要的节能、环保、经济作用，在冗余技术上，采用无人操作的自动旁路技术。旁路时间在 250ms 以内，可从物料上弯曲旁路掉故障功率单元，允许每相有不同的功率单元数量，采用中心点漂移技术发挥单元最大输出能力，可显著提高输出电压能力。同时，其可实现无人操作的自动化控制，满足了该项目现代化建设、自动化管理的要求。该工程安装了西门子冗余系统（一用一备），可自行切换，保证了控制系统的正常工作。

6.10.5　上运胶带输送机的变频驱动系统

变频驱动系统的组成。

输送带头部 3 个驱动：3 台 2250kW 变频器配接 3 台 1800kW 国产防爆电动机，配 1 套主 PLC。

胶带输送机中部 3 个驱动：3 台 2250kW 变频器配接 3 台 1800kW 国产防爆电动机，配 1 套西门子 ET200S 防爆型 PLC（电动机与变频器距离为 2100m）。

主 PLC（内置西门子研发的胶带输送机控制软件）用来保证 6 台电动机同步、功率平衡、胶带平稳起停。胶带头部驱动系统与中部驱动系统之间的通信通过 PROFIBUS 现场总线实现。

因中部的电动机与变频器距离较远，考虑到电机编码器信号及轴承和定子测温信号传输的可靠性，在电动机附近设置 PLC 从站，采用西门子 ET200S 防爆型 PLC，用光纤将电机控制信号接入后通过 PROFIBUS 现场总线传输至地面主 PLC 站。

6 台变频器采用一拖一方式运行，均工作于速度模式，依靠 PLC + Droop Control 功能，确保变频器之间的功率平衡、速度同步。

6.10.6　多机驱动的功率平衡和中间驱动技术

1. 功率平衡的实现

本工程采用多机驱动（6 个驱动电动机），因驱动滚筒围包角和摩擦力不同，出现出力不均衡、各点电动机电流相差太大（可能有的电动机出力不足，有的已严重过载甚至烧毁），直接影响到设备运行的安全与使用寿命，因此要求各电动机功率平衡、出力均衡。本系统由 6 套驱动装置构成，根据现场设备布置，头部 1#与 2#驱动装置同轴，属于刚性连接，3#驱动与它们之间属于柔性连接；中间驱动 4# ~ 6#驱动装置之间属于柔性连接。各电动机间异步转速的同步对设备的安全运行十分重要。

该工程采用"Droop Control"控制技术，系统变频器个体之间没有主从之分，每一台都可以是主，也可以是从，相对都是独立的，只需要接收上位机的速度信号，根据这个速度信号来进行调节控制。

2. 中间驱动控制技术

头部驱动和中间驱动相距 2.1km，从控制上来说，希望头部转起来以后，胶带张力在达到中间驱动前一定范围的时候，中间驱动能够及时地转起来。其关键技术是各驱动点的带速同步、功率配比和功率平衡，中间驱动点数量越多，这种要求就越高。采用的方式是在中间驱动的附近安装了张力传感器，实时监测中间驱动胶带张力，当张力达到设定值的时候，中间驱动能够实时起动。

不同点驱动时，由于胶带的黏弹特性，电动机起动要根据张力的作用进行时间配合，否则就会出现振荡或叠带打滑等现象。

胶带输送机可通过变频器可控停车，满载正常运行时，胶带最大张力为 1052 kN，胶带安全系数为 7.7；空载正常运行时，胶带最大张力为 405kN，胶带安全系数为 20，说明所选胶带的强度在满载/空载正常运行时是足够的。满载正常运行时，传动滚筒处胶带张力比为 1.67；空载正常运行时，传动滚筒处胶带张力比为 1.08，传动滚筒的驱动系数为 2.70，所以满载/空载正常运行时传动滚筒处胶带不会出现打滑现象。

6.10.7　大功率上运胶带输送机的重载起动处理和验带

1. 大功率上运胶带输送机的重载起动处理

大功率上运胶带输送机难免出现带载或重载停车现象，驱动模式必须选择恒转矩或直接转矩控制模式。

在不同的转速下，负载的阻转矩基本恒定，恒转矩负载的功率和转速成正比。起动转矩的问题可以在轻载起动和重载起动两种工况下进行观察，如果起动转矩不够，在重载起动时会出现电动机正反转，电机起动吃力，并会引起机械部分局部振动，影响设备正常运行；电流在升到一定值时就会降到零，这时电机就会被胶带拖着反转。

在大运量情况下出现重载起车困难时，具体处理方法如下：

1）电机应安装轴编码器，保证变频器闭环运行。这可以保证在胶带零转速时也能满转矩，从而保证有足够的起动转矩。

2）变频器选型考虑一定的裕量，变频器的起动转矩是额定转矩的 1.5 倍。

3）将参数重新调整设定，保证重载起车（说明：同忻煤矿原先 6 台变频器的参数设置相同，为提高起动转矩，将参数进行了重新设定）。为此，7# 变频器作为切换使用的变频器，在使用时必须修改如下相对应的参数（见表 6-3）后，方可替代 1#～6# 变频器正常运行。

表 6-3　变频器参数更改对照

参数号与说明	1#～3#变频器参数设置（%）	4#～6#变频器参数设置（%）	原先 1#～6#变频器设置（现在已不用）（%）
漏感 1070	21.7%	23.1%	16.0%
定子阻抗 1080	0.64%	2.82%	0.10%
电流调节器比例增益 3260	0.599	0.637	0.500
电流调节器积分增益 3270	12.517	31.372	25.000
制动时比例增益 3280	0.120	0.127	0.160
制动时积分增益 3290	2.503	6.274	9.600
限幅下垂曲线 3245	5.0%	6.0%	5.0%
过载电流 1140	135.0%	135.0%	127.0%
电动机转矩限制 11190	135.0%	135.0%	127.0%
正向最小速度限制 12090	10.0%	10.0%	0.0%
过热报警 2560	40.0%	40.0%	20.0%

2. 低速验带功能

在胶带输送机安装初期或检修调试时要低速运行，以检查胶带输送机。带速要在0.2m/s以下，以利于人工验带。

6.10.8　使用西门子无谐波高压变频器的优越性

（1）输入谐波小

完美无谐波高压变频器通过将输入变压器进行多重化设计形成多脉冲整流措施，有效消除了输入谐波。从理论上可以推导出：$K = NP \pm 1$（N 为整数），36 脉冲整流时 35 次以下谐波自动抵消。6kV 变频器采用的 36 脉冲的 IGBT 整流电路结构，输入谐波远远小于规定标准，在不用滤波器情况下一般在 2% 左右，不会对电网产生影响。即无须使用滤波器就能达到完美的输入波形。

（2）输入功率因数高

西门子高压变频器输入功率因数可达95%以上，远远高于其他普通电流源型变频器。

（3）输出波形质量高

输出波形质量包括输出谐波、du/dt、共模电压等指标。其中，输出谐波会引起电动机的附加发热和转矩脉动；du/dt 和共模电压会影响电动机的绝缘。变频装置对输出电缆长度及型号无任何要求，电动机不会受到共模电压和 du/dt 的影响。

完美无谐波变频器输出的波形与正弦波非常相似，而且 du/dt 幅值小，不必附加输出滤波器，可以直接使用普通国产异步电动机。2010 年 5 月，由杭州银湖电气设备有限公司专业检测治理高低压谐波的专职机构对该套变频器进行了24h 的周期专业测试，未检测出谐波干扰。

（4）可靠性高

最重要的是其具备其他变频器不可比拟的可靠性，主要体现在电源对其造成的影响：可承受 45% 的电压下降，电动机旋转时可重新起动。

6.10.9　上运胶带输送机的节能效果

同忻煤矿主斜井胶带输送机投产后，煤的产量很不均匀，采用高压变频调速系统后，自动调速、运行可靠，降低了起动冲击，延长了使用寿命，降低了维护成本，节能效果显著。

同忻煤矿主斜井胶带输送机投产后，6 台 1800kW 电动机，正常生产前开机率为 0.75，功率因数为 0.5，负载率为 0.3；矿井投产后，开机率为 0.8，功率因数为 0.8，负载率为0.8。目前，以国内最为常用的 CST 起动方式计算每月耗电量：

投产前为 1800kW（每台电动机功率）×6（台数）×24h（每天小时数）×30（每月30 天）×0.75（开机率）×0.5（功率因数）×0.3（负载率）=874800kW·h。

投产后为 1800×6×24×30×0.8×0.8×0.8kW·h=3981312kW·h。

主斜井胶带输送机使用变频器每月实际发生电量与使用 CST 耗电量的比较见表6-4。

由表6-4 可以看出：2009 年 10 月～2010 年 7 月 10 个月时间内，同忻煤矿共计节电14765696.20kW·h，电费以 0.61 元/（kW·h）计算，该项技术的应用已节约电费14765696.20×0.61 元≈900 万元。若按同忻煤矿千万吨矿井生产能力投产以后，每月可节约电能约 220 万 kW·h，即投产后每月可节约的电费为 220×0.61 万元=134.2 万元。

表6-4　主斜井胶带输送机使用变频器使用变频器每月实际发生电量与使用CST耗电量的比较

月份	产量/t	35kV·A变电站抄录所用电量/kW·h	破碎车间电量(计算电量)/kW·h	主井输送机所用带照明负载/kW·h	主井输送机实际发生电量/kW·h	系数K				若用CST,不用变频器所发生电量(计算电量)/kW·h	使用变频器比CST实际节电量/kW·h	备注
						开机率	负载	功率因数	负载率			
2009年10月	215854	608864.00	371200.00	20000.00	217664.00	0.75	10800	0.5	0.3	874800.00	657136.00	
2009年11月	112774	484079.90	371200.00	20000.00	92879.90	0.75	10800	0.5	0.3	874800.00	781920.10	
2009年12月	112774	482959.90	371200.00	20000.00	91759.90	0.75	10800	0.5	0.3	874800.00	783040.10	①
2010年1月	35000	695360.00	371200.00	20000.00	304160.00	0.75	10800	0.5	0.3	874800.00	570640.00	
2010年2月	206000	808480.00	371200.00	20000.00	417280.00	0.75	10800	0.5	0.3	874800.00	457520.00	
2010年3月	801265	1867840.00	371200.00	20000.00	1476640.00	0.80	10800	0.8	0.8	3981312.00	2504672.00	
2010年4月	1048268	2179440.00	371200.00	20000.00	1788240.00	0.80	10800	0.8	0.8	3981312.00	2193072.00	
2010年5月	1066368	2245520.00	371200.00	20000.00	1854320.00	0.80	10800	0.8	0.8	3981312.00	2126992.00	②
2010年6月	900205	1914320.00	371200.00	20000.00	1523120.00	0.80	10800	0.8	0.8	3981312.00	2458192.00	
2010年7月	1010396	2140000.00	371200.00	20000.00	1748800.00	0.80	10800	0.8	0.8	3981312.00	2232512.00	
合计	5508904	13426863.8	3712000	200000	951 4863.8	—	—	—	—	24280560.00	14765696.20	

① 矿井投产前，使用CST每月耗电量874800kW·h。
② 矿井投产后，使用CST每月耗电量3981312kW·h。

　　2010 年 3 月 ~ 7 月，投产使用高压变频器起动方式后，比使用 CST 每月平均节电 $(2504672.00 + 2193072.00 + 2126992.00 + 2458192.00 + 2232512.00) \div 5kW \cdot h = 11515440 \div 5kW \cdot h = 2303088kW \cdot h$。年平均节电 $2303088 \times 12kW \cdot h = 27637056kW \cdot h$。

　　根据电量/标煤换算公式，每年节省标煤为 $27637056 \times 3.5t = 96729696t$。

　　另外，投产使用高压变频器起动方式后，可靠性提高，估计减少年维检费 820 万元，经济效益巨大。

第7章 下运胶带输送机变频调速系统与节能

从高处到低处存在一定高差的散料运输，一般选用下运胶带输送机，它具有水平胶带输送机的特性及技术要求，可根据输送机上散料量的变化调速，减少输送机的维修量，延长输送机的使用寿命，节约电能。下运胶带输送机不仅正常运行时有电动工况和发电工况之分，而且起动过程也是如此，因此下运胶带输送机的运行工况比上运胶带输送机复杂，更需要安全可靠的电气控制系统。特别是下运胶带输送机上的散料具有一定的位能，可用三电平四象限变频器或 AFE 将位能转换为电能并反馈回电网，使节电效果更显著。另外，必须要对停机或电源突然中断后的下运胶带输送机进行有效的软制动，保证整机的安全与可靠运行。

7.1 下运胶带输送机及其驱动技术

7.1.1 下运胶带输送机的发展和技术特点

在向低处运送散料（如石灰石、矿石、煤炭、水泥等）时，为保证运输的顺畅和运量，传统的方法是在环境复杂的山区从高处到低处，修一条弯弯曲曲的下山公路，大吨位的矿用汽车把散料从山上运往山下，每天 24h 一趟一趟、连续不断运送。修专用的下山公路初投资、车辆设备的日常维修和道路的养护，不但整体运行费用高，浪费油料，污染环境，而且占用大量土地或耕地。近年来，由于胶带输送机技术的不断发展，特别是高强度、大功率、多机驱动、长距离的胶带输送机新技术的采用，使下运胶带输送机替代矿用汽车的散料运输成为发展趋势，并且得到越来越多的应用。例如陕西某水泥厂将物料从灰岩矿山输送到灰岩预均化堆场时，采用长距离下运胶带输送机输送，如图 7-1 所示。

图 7-1 陕西某水泥厂的下运胶带输送机外貌[31]

下运胶带输送机具有水平胶带输送机的一些性质和特点（见第 8 章相关内容），也具有长距离胶带输送机的性质和特点（见第 8 章相关内容），除此外，其主要还具有以下两点特点：

    1）下运胶带输送机的位能可转换为电能反馈回电网，节能效果显著（见 7.1.3 节）。

    2）下运胶带输送机的失电安全制动是保证其平稳运行的关键（见 7.2.1 节）。

7.1.2　下运胶带输送机电动机的电压等级

下行输送系统通常根据驱动电动机的功率决定电动机的电压等级。一般情况下，功率为 1000kW 及以上的下行胶带输送机电动机（特别是输送距离较长的输送机），采用 10kV 或 6kV 电压等级，对于这个等级的电动机变频调速，我国通常称为高压变频调速；功率在 315～1000kW 之间的采用 690V 电压等级，对于这个等级的电动机变频调速，我国通常称为中压变频调速；容量在 315kW 以下的采用 380V 电压等级。无论电动机采用何种电压等级，能量均可以回收，以实现节约能源的目的。[31]

7.1.3　下运胶带输送机两种能量反馈回收传动方式的选择

从高处（如矿山）运送散料到低处需要的地方，只要存在一定的高差，就具有一定的位能，输送机的驱动电动机在散料重力的作用下，可能处在发电状态。进入 21 世纪以后，国内外许多电气公司在直流电逆变回馈电网的技术方面有了进一步发展，把具有这种转换功能的四象限变频器和 AFE 成功应用于现场，可以使这些再生电能反馈回电网，运送的散料量越大，电动机发电量也越多。这样，不用消耗其他能量或消耗很少的电能就可安全地将散料从山上运送到山下，节约大量的电能，降低了生产成本，大大提升了企业的竞争力。

下行输送采用能量回收的运输方式，不损失制动能量或使制动能量转换成热能，因此需要区分定速和变速两种不同的运行方式。[31]

1. 定速运行和能量回收

下行输送采用定速运行时，定速传动装置（如笼型异步电动机）接入电网通电后，其转子的速度小于电动机的同步转速（定子磁场旋转速度），相对于电网频率的转差为负值，这时其只是一个驱动电动机，它驱动输送机和机上的散料下行并从电路中吸取能量。当输送机上的散料产生的下滑力和电动机驱动使电动机高于电网频率运行时，转差将为正值，电动机就处于发电状态，通过四象限变频装置或 AFE 装置可将电能反馈回电网。

2. 变频调速运行和能量回收

下行输送在可调速情况下时，下行胶带输送机驱动装置通过四象限变频装置或 AFE 装置，不仅可以实现正向加速和制动、反向加速和制动，同时速度可调低至零速，以降低胶带输送机打滑的可能性，根据输送机上的散料量变化调速，可减少输送机的维修量，延长输送机的使用寿命。采用四象限变频装置，可以做到定位控制，能实现电动与发电状态的良好转换。这种方法既可以满足调速的要求，也可将下运胶带输送机的位能产生的电能反馈回电网，节电效果显著，开始得到推广应用。

7.1.4　下运胶带输送机变频调速驱动方案的选择

下运胶带输送机变频调速的驱动方案可为单驱动和多驱动。单驱动系统由独立变频器组成，包括整流器和逆变器（见 7.5.11 节图 7-15 和 7.7.4 节图 7-24）；而多驱动系统采用一个共用的整流器和直流（DC）母线，但逆变器是独立的，驱动一个电动机需用一个专用逆变器，它们的控制是相互独立的（见 7.7.4 节图 7-25）。单驱动系统要求的所有性质，多驱动系统也要具备。共用整流器有的由一个 AFE 整流/回馈单元构成，有的由 2 ~ 4 个 AFE 整流/回馈单元并联构成（用于以冗余来提高安全性），此外它还允许提高功率或采用较小的有源前端单元（见 7.5.11 节图 7-18 和图 7-19）。对于多个驱动装置放置在同一个地点的多驱动系统来说，通过共用直流母线供电经常是理想的解决方案。如果系统拥有多台胶带输送机，那么驱动装置将被固定放置在转运点上，以便两条输送带的传动装置可以连接成一个多驱动系统，但每一个系统必须单独考虑以找到最佳设计方案。

与共用直流母线相连接的独立变频器不必具有相同的额定功率，相反，多驱动系统可由大小完全不同的驱动装置组成，功率输出以及电动机速度也可以不同。总的电动机额定安装功率不应超过中心 AFE 整流/回馈单元的额定功率。所有独立电动机的端电压应是相同的，因为可变的变频器输出电压取自共用的直流母线。每个变频器单独与总控制系统相连接，这样才能对电动机进行独立控制。

驱动方案的选择基本取决于输送机中驱动装置的布置形式。例如，按 7.7 节工程实例的方案：下行胶带输送机尾部两台驱动电动机采用多驱动装置，下运胶带输送机头部的一台驱动电动机采用单驱动装置。

7.1.5 下运钢绳芯胶带输送机电力拖动的典型布置

下运钢绳芯胶带输送机电力拖动的典型布置见表 7-1。[20]

表 7-1　下运钢绳芯胶带输送机电力拖动的典型布置

形式	传动方式	典型布置简图	出轴形式与功率配比
向下输送	单滚筒传动	$\alpha_1 \geqslant 200°$　张紧装置	单出轴单电动机 双出轴双电动机
	双滚筒传动	$\alpha_1 \geqslant 200°$　I II　$\alpha_2 \geqslant 210°$	功率配比： $P_I : P_{II} = 1:1$ $P_I : P_{II} = 2:1$ $P_I : P_{II} = 2:2$

注：α 为胶带在传动滚筒上的围包角。

其布置原则应考虑以下几点：

1）采用多传动滚筒的功率比，最好根据等驱动功率单元法任意分配。

2）双传动滚筒尽可能不采用 S 形布置，以便延长胶带的使用寿命，且避免物料粘到传动滚筒上影响功率平衡和加快滚筒磨损。

3）张紧装置一般布置在胶带张力最小处。当水平输送机采用多电动机分别起动时，张紧装置应放在先起动滚筒张力小的一侧。

4）输送机尽量布置成直线形，避免采用有过大的凸弧、深凹弧的布置形式，以利正正常运转。

7.2　下运胶带输送机的特殊制动技术

7.2.1　失电安全制动

下运胶带输送机在正常运行时，借助电动机转子转速达到同步转速时产生的反力矩来限制输送机带速的提高。但当停机或电源突然中断后，物料向下的重力和整个转动部件的惯性力都促使输送带继续向下运行，带速会越来越高，而此时电动机已停机，失去对带速的控制，会造成滚料或飞车事故，故必须要对停机或电源中断后的下运胶带输送机进行制动。制动过程正好与起动过程相反，是一个减速过程，同样存在一个控制制动减速度以及输送带变形与储存能量释放问题，如不加以控制，也会产生较大的动张力，造成巨大的瞬时冲击。除了发生滚料、飞车事故之外，还会损坏输送带与其他部件。因此，下运胶带输送机在制动过程中必须考虑动负载，需克服运动系统的惯性，使输送机逐渐减速至停机为止，同时要使制动时的减速度值能保证物料与输送带间不打滑，确保胶带输送机在制动过程的安全。

目前，散料开采规模的逐渐大型化和开采区域的不断扩大与深入，长距离、大功率下运胶带输送机的应用越来越多，其失电制动时的动态惯性力极大，安全制动成为成败的关键。

7.2.2　下运胶带输送机对制动系统的特殊要求

制动系统是下运胶带输送机的关键组成部分，制动系统功能的完善与否、性能的好坏，直接影响着整机的安全与可靠运行。该系统的主要性能如下[32]：

1）制动力矩可控。对于下运胶带输送机（特别是大功率、下运胶带输送机），一般都要求制动系统能提供平滑的、无冲击的制动力矩，以减小对设备的动应力，从而改善整机的受力状况，延长整机的寿命，提高设备的可靠性。一般要求制动减速度在 $0.1 \sim 0.3 \mathrm{m/s^2}$ 之间。同时，输送带动态制动安全系数不得小于运行安全系数，一般设定输送带安全系数 $n \geqslant 7$。此外，下运胶带输送机的制动装置应有工作制动和安全制动，工作制动圆周力计算时应计入输送量超载系数进行校核，制动安全系数不应小于 1.5。

最后，由于输送机上物料的数量是变化的，输送机及物料折算到电动机轴的转动惯量也是变化的，要保持较稳定的制动减速度，要求制动力矩随转动惯量的变化而变化。

2）具有断电可靠制动功能。对于下运胶带输送机（特别是长距离、大运量的下运胶带输送机），在输送机由额定带速逐渐减速至停车或突然断电自动迅速投入制动时，必须考虑惯性问题，输送带此时仍能平稳、安全、可靠地制动，避免火花和滚料现象的发生，防止出现飞车事故。

3）具有定车功能。在下运胶带输送机带载停车时，如果制动装置没有定车功能，则输送机不可能零速保持，必然造成生产事故。对没有定车功能的制动系统增加机械闸定车，这样既增加了设备，但也增加了出现隐患的可能，一般情况下是不可取的。

4）具有重载起车制动力矩零速保持功能。下运胶带输送机经常会带载制动，这种情况下起车控制比较困难，而且比较危险。如果制动装置没有重载起车制动力矩零速保持功能，起动加速度将不可控，起动时冲击大，这一点对于大倾角下运胶带输送机尤其重要。

5）实现多机制动力矩平衡。长距离、大功率的下运胶带输送机一般采用多点驱动和多机驱动，而制动装置数量应与驱动装置相配套。为防止单台制动装置制动力矩过大而出现滚筒打滑，保证工作可靠性，各台制动装置应能做到制动力矩平衡。

6）尽量做到节能。下运胶带输送机的电动机正常工作时处于发电状态，为了使电动机尽可能多地发电，制动装置应在正常工作时输出最小的制动力。

7）具有防爆性和良好的散热性。下运胶带输送机制动设备的制动力矩随着制动轮表面的温度变化而变化。另外，制动过程中不允许出现火花和表面温度过高的现象，如超过150℃就有引起粉尘（如煤粉尘、小麦粉尘等）爆炸的危险，同时，超温和闸衬磨损会使摩擦式制动器制动力下降，导致飞车事故。为胶带输送机运行安全，制动系统应该易于实现防爆要求或有良好的散热性。

8）对于长距离、大功率下运胶带输送机，为了降低制动惯性力、减小制动器额定制动力矩、降低输送带强度要求，可采用尾部制动，或将长距离分为若干距离较短的下运输送机直接搭接向下运输。由于下运输送带尾部张力大于头部张力，一般将驱动单元和制动装置设在尾部。

9）考虑输送机经济性。在确保下运胶带输送机平稳运行的前提下，再考虑初投资和维修费用低的制动装置。

7.2.3　下运胶带输送机的电气制动

从下运胶带输送机对制动技术的特殊要求出发，它的制动分为电气制动、液力（压）制动和机械制动。

液力（压）制动原理是将系统的动能转换为热能，通过冷却装置把热能耗散掉。

几种机械制动装置不足之处是：阻尼板式制动装置对输送带磨损较严重；盘形闸制动装置须加强制动盘及闸瓦的散热能力，使其温度不超过规定值；液黏制动装置虽然能在多机驱动地点用一个液压站进行多台制动，但要增加一个液压站。

液力（压）制动和机械制动装置，都没有把动能转换为电能反馈回电网，散热性能也不理想，实现多机制动力矩平衡结构较复杂。因此，这里主要介绍电气制动的理论依据。

按照工作原理，电气制动分为能耗制动（动力制动）、涡流制动、晶闸管变频制动等。

1. 能耗制动（动力制动）

能耗制动是在电动机定子绕组与电源断开之后，立即在其两项定子绕组中接直流电，此时流过定子绕组的直流电流产生一个静止磁场，正在旋转的转子切割该磁场的磁力线而产生电磁感应，从而产生制动力矩。但该力矩随着转子转速的降低而减小，所以应另配机械闸，当带速降至正常值的10%～30%时再使用机械闸。

能耗制动的优点是制动力矩大小可调，近年来，随着大功率晶闸管技术（交流整流为直流）和免维护蓄电池等技术的成熟，粉尘防爆和气体防爆电器的大量生产，组成能耗制动的直流电源技术已成熟。

2. 涡流制动

涡流制动是利用涡流效应产生制动力矩，结构与电动机类似，转子由整体的铁磁材料制作，定子绕组中通直流电时，产生直流磁场，被下运胶带输送机带动的转子在磁场中旋转，产生涡流形成制动力矩，将输送机的运动能量转换成热能，制动力矩由电枢绕组中的电流及电枢的转速决定，所以制动力矩可调（利用晶闸管斩波器调节），其同能耗制动一样，只能减速不能停车，必须与机械闸配合使用。

这种制动的优点是制动力矩可以调节，突然停电时，由备用的小型浮充电源供电。缺点是转子转速降低到额定转速的 10% ~ 15% 以下时，制动力矩急剧下降，必须另设起动、制动装置；制动力矩较小，不能频繁起动。因此，其适用于输送量不大、倾角较小的小型下运输送机，目前使用较少。

3. 晶闸管变频制动

晶闸管变频制动装置是指具有四象限变频器（AFE）的变频调速装置，它可改变电动机定子的电源频率，用以改变电动机的转速。当电动机定子的电源频率从 50Hz 渐渐降低时，电动机的反电动势大于变频器的整流电压，电动机的电流方向改变，该反向电流只能从逆变的那组晶闸管中流向电源，这时的工作状态是逆变状态，电动机处于发电工况，将能量向电网反馈，达到制动目的。考虑下运胶带输送机和电动机的惯性，制动时要采用软制动（采用 S 形曲线制动），并且制动时间要足够长，当电动机定子的电源频率为零时，胶带输送机和电动机即停止运转。

对突然停电时的制动，可采用具有消防许可使用证书的应急电源（EPS）或蓄电功率合适的不间断电源（UPS），组成动力制动的直流电源。

它的优点是制动时可将电能反馈给电网，从而节省能源，使驱动电动机的发热情况有所改善。此技术值得在工程中推广。

7.3　工程实例 1：下运长距离胶带输送机的软起动与电气制动

7.3.1　下运长距离胶带输送机技术参数

巴基斯坦 Lucky 水泥厂使用下运长距离胶带输送机，把矿山开采的石灰石运送到厂区，胶带长 1.2 km，下运垂直高度为 60m，运量为 650t/h，电动机功率为 160kW。使用首次研制的 KJQ1 – 300/380 型下运胶带输送机软起动柜和 KJZ1 – 900/30 型下运胶带输送机软制动柜。[33]

7.3.2　选用电气软起动及制动的原因

我国曾常用液力耦合器或调速型液力耦合器作为电动机及负载的中间驱动环节来满足一般长度胶带输送机的传动要求，但胶带长度若大于 4km，则调速型液力耦合器较难满足要求，如北方某矿的一条长度为 4.67km、运量为 3000t/h 的胶带输送机，原方案采用的调速型液力耦合器起动困难，在起动过程中胶带强力跳动，严重影响安全运行，不得不采用进口设备解决。胶带输送机长度、功率的增大，迫切要求既要降低制造成本，又要延长使用寿命。胶带的成本在整个胶带输送机成本中的比重相当大，若降低起动加速度，增长起动时间，从而降低动张力，这样胶带强度可降低，厚度也可减薄，若厚度不减薄则可延长使用寿命，取得更大的经济效益。在目前我国胶带输送机设计规范中，起动加速度限制为 0.1 ~ 0.3m/s²，这对长距离胶带输送机来说是不够的。为降低冲击、增强起动的平稳性，一般要求起/制动加减速度 $a < 0.05\text{m/s}^2$，甚至更小，起动时间达 1min 乃至 2min。这时的安全系数

约可降低 15%（具体设计时要进行计算），从而降低输送带的成本，而对长距离胶带输送机而言更为可观。

由于 CST 在软起动和调速过程中，发热量大，不适合下运胶带输送机在发电制动的工况下使用。另外，当时若采用 CST 技术，无论是进口，还是我国的产品，成本都比较高。最后采用了 7.3.3 节图 7-2 所示软起动及电气制动设备，其性能与 CST 相似，但成本仅为 CST 的 1/8 ~ 1/5[33]。

综上所述，本工程下运胶带输送机驱动不选液力耦合器和 CST，而选用软起动及电气制动设备。

7.3.3　软起动及电气制动的工作原理

该工程下运胶带输送机的软起动与电气制动的主回路如图 7-2 所示。该系统为 380V 供电，被控电动机最大功率为 160 ~ 200kW。其工作原理为调压软起动，在起动过程中，根据输入的 S 形曲线和速度反馈值调节晶闸管的触发延迟角，使其与负载力矩及 S 形曲线相适应，实现闭环控制，当起动到额定速度时，接触器 QF 闭合，u_1 短接，电动机由电网直接供电，运行在高效工作状态。u_2 在下运胶带输送机制动时使用，当系统出现负力矩而要起动或制动时，u_2 工作，u_1 截止。u_2 的可控整流电压输入电动机的两相绕组中，产生一个固定磁场，电动机在负载带动下转动，电动机处于发电状态而产生制动力矩，控制 u_2 整流电压的大小，即可调节制动力矩的大小，从而改变电动机的转速，使之亦按 S 形曲线运行。当突然停电时，蓄电池 G 向电动机 M 供直流电，使电动机产生制动力矩，当电动机的转速降至额定转速的 1/3 时，制动闸抱闸，电动机停止。

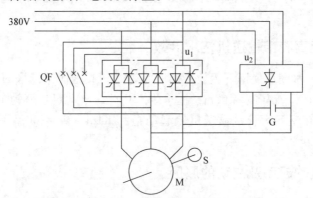

图 7-2　软起动及电气制动主回路原理图

S—速度传感器　u_1—三组反并联晶闸管调压器　QF—交流接触器　G—蓄电池

u_2—晶闸管桥式整流电路　M—工作电动机

该系统的特点及其主要功能如下：

1）系统按 S 形曲线起动，起动时间最长达 67s。

2）S 形曲线由计算机生成，并能根据现场如胶带长度、倾角大小等的不同情况，方便地加以调整，以满足不同工况要求。

3）系统闭环运行，起动、制动时间不随负载的大小而改变。

4）系统能自动判别力矩正负，而使 u_1 或 u_2 投入工作。由于下运胶带输送机在空载时为正力矩，胶带不会下滑，若在重载时，胶带机在负力矩下工作，所以必须自动判别力矩的正负。

5）系统能自动判别是突然停电还是正常停车，从而决定蓄电池是否投入工作。

6）蓄电池 G 在系统正常时处于浮充电状态，投入使用完毕后又转入浮充电状态。

7.3.4 软起动及电气制动的使用效果

根据上述原理，于 1995 年 8 月研制了 KJQ1 – 300/380 型下运胶带输送机软起动柜和 KJZ1 – 900/30 型下运胶带输送机软制动柜，一套下运胶带输送机软起动设备。1996 年 1 月一次调试成功后，正常运行 7 个多月，按 S 形曲线起动、制动，负力矩紧急制动时间为 16s，起动时间为 67s。该装置在巴基斯坦使用成功，证明其原理可行、性能稳定、使用可靠，受到巴基斯坦方的好评。[33]

7.4 下运胶带输送机的节能计算

下运胶带输送机的节能计算可参考 5.5.2 节内容。下运方式时，β 取负值，驱动滚筒圆周力 F_u 由式（5-7）计算，此时若 $F_u < 0$ 的运行状态下，输送机上散料的势能就使电动机处于发电状态。电动机所发的电量可按式（5-12）计算。电动机处于发电状态时，若采用四象限变频器，可以将电动机的发电能量回馈电网，节约大量的电能。这说明：只要有四象限变频驱动并有势能到电能转换的应用场合，该技术均可适用，因此具有较高的实用价值和广泛的应用前景。

显而易见，回收从势能转换的电能是很有意义的，它没有消耗任何自然资源，是一个对环境无任何污染的绿色能源，对社会经济的未来发展意义重大。但一次性投资较大使该技术的推广受到影响。因此，大力推广下运胶带输送机的节能技术，除了技术本身之外，还必须进行多方案的比选，克服投资成本较高的问题。

7.5 四象限变频器在下运胶带输送机中的应用

这里介绍两种能把下运胶带输送机的势能转换为电能并可把电能以三相交流电形式回馈给电网的装置：AFE（Active Front End）整流/回馈单元（网侧逆变器）和四象限变频器，它们在下运胶带输送机的应用，节能效果显著。

7.5.1 两象限变频器限制电动机转换电能回馈电网

中高压变频器的运行象限沿用的是电动机运行象限的定义，定义被驱动电动机的运行象限为变频器的运行象限，即在直角坐标系上，纵轴为电动机的转速，横轴为电动机的转矩，如图 7-3 所示。当电动机输出的转矩与电动机转速的方向相同（如电动机拖动的胶带输送机、风机、水泵等轴负载稳态运行或加速运行）时，电动机运行在电动方式下，变频器从电网获取有功功率并输出给电动机。变频器的电网侧采用单向不可控整流，变频器仅运行在第一象限和第三象限运行，并称为两象限变频器，它因为电网侧采用单向不可控整流而限制电动机转换电能回馈电网。当电动机输出的转矩与电动机转速的方向相反（如电动机拖动

的下运胶带输送机超过同步转速运行，拖动的风机、水泵等轴负
载减速制动运行）时，电动机运行在发电方式下，变频器的电
网侧采用可控整流，从电动机处可获取有功功率并回馈给电网，
变频器可运行在能量回馈方式下，能够运行在四个象限，称为四
象限变频器。

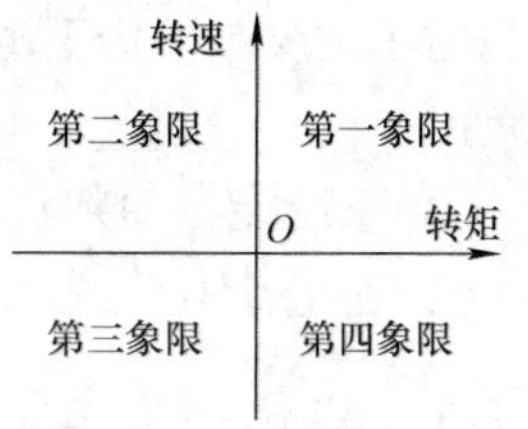

图 7-3　电动机的运行象限

两象限变频器限制势能转换为电能回馈电网的道理如下：一
般的交–直–交变频器前端通常采用固定单向三相桥式二极管整
流的方式，它是二象限变频器，这种变频器将电网提供的三相交流电转换成为直流电，该直
流电再通过大容量的电解电容平滑滤波后供给 IGBT 组成的三相桥式逆变器，逆变成频率和
电压同步调节的交流电源，驱动电动机在不同的频率下运转，如图 7-4 所示。[34]

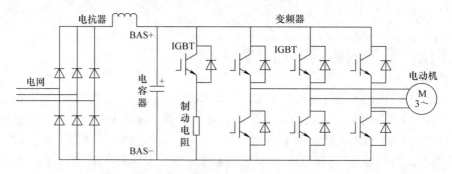

图 7-4　两象限变频器拖动电动机原理图

图 7-4 中，当电动机工作在发电状态时，由势能转换的电能只能回到直流侧的电容，而
不能通过二极管整流电路回到电网，因此转换的电能将只能通过直流侧的直流斩波器流向外
接电阻（制动电阻），变成热能而消耗掉，以避免电容充电过多，造成电压过高，损坏
设备。

7.5.2　四象限变频器（AFE）的电路结构

四象限变频器的电路结构有以下几种：多电平电压源型能量回馈变频器电路结构（见
7.5.5 和 7.5.6 节相关内容）；多重化单元串联电压源型能量回馈变频器电路结构（见 7.5.7
节相关内容）；电流源型能量回馈变频器电路结构（见 7.5.8 节相关内容）。

图 7-7 和图 7-8 所示电路主要由电容滤波器、输入电抗器、网侧逆变器、机侧逆变器、
控制电路等组成。图 7-10 所示电路主要由移相变压器二次绕组、网侧逆变器、机侧逆变器、
控制电路等组成。它们都是由 IPM（Intelligent Power Module，智能功率模块）构成的四象限
变频器。

图 7-7、图 7-8 和图 7-10 中，网侧逆变器又称有源前端（Active Front End，AFE），也
称为整流/回馈单元或可控整流器，负责控制变频器与电网之间的能量交换。

近几年，随着新一代电力电子器件（IGBT 模块）的迅速发展及变频技术的日趋成熟，
将 PWM 技术引入整流器的控制中，使整流电路由原来的全波整流桥改为由 IPM 构成的可控
整流桥。整流桥和逆变桥可以采用相同的电路结构和电子器件。当电动机处于电动状态时，
四象限变频器的工作与两象限变频器的工作是完全一样的。当电动机处于发电状态时，四象

限变频器中原来的逆变电路将作为整流电路工作，而原来的整流电路则作为逆变电路工作，相当于变频器向电网回馈能量，使得整流桥和逆变桥可以采用相同的电路结构和电子器件。其拓扑结构也已从三相电路发展到多相组合及多电平拓扑电路，功率等级从几十瓦发展到千瓦级乃至兆瓦级。

　　网侧逆变器是由三组 IPM 组成的三相全控桥，采用 AFE 自换向技术，该换向技术不借助电网电压进行换向，在任何需要的时刻都可通过对门（基、栅）极的控制使开关器件关断，利用这一特性可以提高整流电路的功率因数。由控制板对三相全控桥实行 PWM 控制，可实现能量在电源侧和直流侧的双向传输，同时系统可将电源侧的功率因数调整到任何希望的数值，且电源侧的电流波形为近似完美的正弦波。内置的 PID 控制器动态调整输入电流，使直流母线电压稳定在设定值，不受电网电压波动的影响。[35]

　　机侧逆变器也是由三组 IPM 组成的三相全控桥，由控制板对三相全控桥实行 PWM 控制，可实现能量在电动机侧和直流侧的双向传输。由于采用了矢量控制技术，使交流异步电动机的调速性能与直流电动机几乎相同。

　　主电路中间的电容滤波器的主要作用是直流回路滤波和储能，以缓冲交流侧与直流侧负载的能量交换，且稳定直流电压，抑制直流谐波电压，能为电动机提供所需的无功功率。由于电解电容的电容量有较大的离散性，使它们承受的电压不相等，可通过在每个电容器上并联阻值相等的均压电阻来均压。

　　控制板中的控制电路括主控制电路、信号检测电路、门极（基极）驱动电路、外部接口电路以及保护电路等几部分，也是变频器的核心。其中，控制电路的主要作用是将检测电路得到的各种信号送至运算电路，使运算电路能够根据要求为变频器主电路提供必要的门极（基极）驱动信号，并对变频器以及异步电动机提供必要的保护。

　　图 7-7 和图 7-8 中的输入电抗器为作为储能元件，为电网与变频器之间的能量流动提供条件，并限制网侧逆变器的电流；同时抑制由电源回路流入的浪涌电压和电流，以及衰减由变频器产生的谐波电流。输入电抗器是保证能量双向流动的关键，关乎系统的稳定、响应的速度和纹波电流的大小，目前最成熟的滤波器是 L 滤波器，此外还有 LC、LCL 滤波器以及由此衍生一些滤波器。网侧电容滤波器用于吸收网侧逆变器产生的开关频率谐波电流，阻止其注入电网，有的还用作电网相位检测。

7.5.3　四象限变频器（AFE）的能量回馈原理

　　四象限变频器输入的交流电应都是三相的，为便于理解，把三相整流电路等效成单相模型电路来阐述四象限变频器的原理，如图 7-5 所示。[35]

　　为简化分析，PWM 整流器模型电路（指四象限变频器整流电路）只考虑基波分量而忽略其谐波分量，并且不计交流侧电阻。这样，稳态条件下的 PWM 整流器交流侧稳态矢量关系如图 7-6 所示。

　　因未对电网电压进行任何控制，可以将它视为 0°，并以其为参考对其他相关的量进行度量，当以电网电动势矢量 E 参考时，通过控制交流电压矢量 U_L 即可实现 PWM 整流器四象限运行。若假设 $|I|$ 不变，$|U_L| = \omega L|I|$ 也固定不变，在这种情况下，PWM

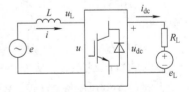

图 7-5　四象限变频器整流电路
单相模型电路

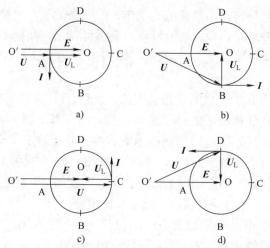

图 7-6　四象限变频器整流器交流侧稳态矢量关系

E—交流电网电动势矢量　U—交流侧电压矢量　U_L—交流侧电感电压矢量　I—交流侧电流矢量

整流器交流电压矢量 **U** 端点运动轨迹构成了一个以｜**U**_L｜为半径的圆。当电压矢量 **U** 端点位于圆轨迹 A 点时，电流矢量 **I** 比电动势矢量 **E** 滞后 90°，此时 PWM 整流器网侧呈现纯电感特性，此时的功率因数为 1，如图 7-6a 所示；当电压矢量 **U** 端点运动至圆轨迹 B 时，电流矢量 **I** 与电动势矢量 **E** 平行且同向，此时 PWM 整流器网侧呈现正电阻特性，如图 7-6b 所示；当电压矢量 **U** 端点运动至圆轨迹 C 点时，电流矢量 **I** 比电动势矢量 **E** 超前 90°，此时 PWM 整流器网侧呈（计交流侧电）现电容特性，如图 7-6c 所示；当电压矢量 **U** 端点运动至圆轨迹 D 点时，电流矢量 **I** 与电动势矢量 **E** 平行且反向，此时 PWM 整流器网侧呈现负阻特性（$\cos\phi = -1$），电能可回馈电网，如图 7-6d 所示。[35]

　　显然，要实现 PWM 整流器四象限运行，关键在于网侧电流的控制：一方面可以通过控制 PWM 整流器交流侧电压，间接控制其网侧电流；另一方面，也可通过网测电流的闭环控制来实现。

　　一般希望变频器的网侧功率因数接近 1，电压矢量 **U** 端点应落在接近图 7-6d 圆图的 BD 直径上。

7.5.4　网侧逆变器（AFE）的技术特点

　　网侧逆变器（AFE）的主要技术特点如下：

　　1）采用 AFE 自换向技术，主电路结构大大简化，节省一组反馈电能的逆变桥，可实现四象限运行。

　　2）AFE 为新一代 AC – DC 流环节。它采用自关断器件 IGBT 作为功率器件，并且采用正弦波的脉宽调制技术，从而避免了晶闸管类功率器件整流/回馈单元由于电网侧故障而容易发生的逆变颠覆的弊端，使 AC – DC 环节的可靠性大幅度提高。

　　3）AFE 网侧整流器采用单独的 CPU 实行 PID 控制，对网侧交流电流的大小和相位进行实时监测和控制，可使网侧功率因数为任意值。

　　4）由于 AFE 的电压与电流波形均已滤波成正弦波形，大大减少了对电网的谐波污染，一般总谐波电流含量小于 0.5%。电压与电流正弦波形间的相位差可以按需要在一定范围内设定，因此功率因数可调。它甚至可以对供电系统进行有源的功率因数补偿。

5）由于直流母线电压可在一定范围内设定，设定值即为稳压值，故 AFE 整流器抵抗电源电压偏低的能力很强，特别适用于供电电压长期偏低的情况。

6）AFE 前端部分的开关与滤波、储能元件安装要求较高，一般均采用高质量的知名公司供货的总成，其前端集成了正弦波的电压/电流滤波器。但需注意，AFE 前端模块的接地结构对 IT 电网与 TT/TN 电网而言是不同的，错用会引起问题。

7）AFE 为四象限运行的整流/回馈单元，由于采用 SPWM 方式，与晶闸管的整流/回馈单元的工作原理完全不同。它在回馈运行时不必有自耦变压器配合。

7.5.5　二电平四象限变频器的能量回馈技术

二电平四象限变频器的电路拓扑结构如图 7-7 所示，主要包括网测滤波器、电抗器、网侧逆变器、直流母线电压测量、机侧逆变器、机侧滤波器几个部分。

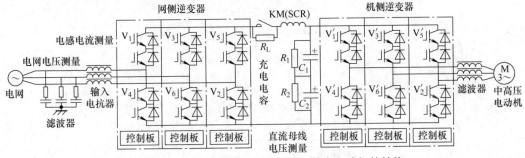

图 7-7　二电平四象限变频器能量回馈主电路拓扑结构

四象限变频器对于机侧逆变器的控制与两象限变频器相同，不同的是，增加了对网侧逆变器的控制。

图 7-7 中直流母线电压测量环节中的 C_1、C_2、R_1、R_2、R_L 和 KM 的作用参见 1.8.2 节内容。

7.5.6　三电平四象限变频器的能量回馈技术

三电平四象限变频器的主电路拓扑结构如图 7-8 所示，它的控制方式与二电平四象限变频器基本相同，不同的是 PWM 发生算法采用三电平 SVPWM。

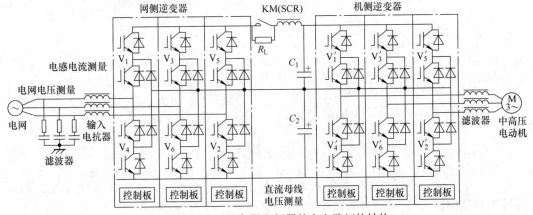

图 7-8　三电平四象限变频器的主电路拓扑结构

图 7-8 中直流母线电压测量环节中的 C_1、C_2、R_L 和 KM 的作用参见 1.8.2 节内容。

7.5.7 多重化单元串联型四象限变频器的能量回馈技术

当输出电压为 6～10kV 并要求能把电能回馈电网时，采用多重化单元串联型四象限变频器，它的主电路拓扑结构如图 7-9 所示，其系统拓扑结构与两象限非能量回馈的系统类似，区别在于每个功率单元内，将原有的二极管不可控整流桥改为 IGBT 逆变器，如图 7-10 所示。此外，为了滤除网侧逆变器产生的开关频率高次谐波电流，阻止其注入电网，在输入侧增加了一组网侧滤波器。

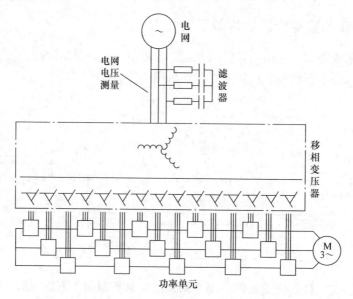

图 7-9　多重化单元串联型四象限变频器的主电路拓扑结构

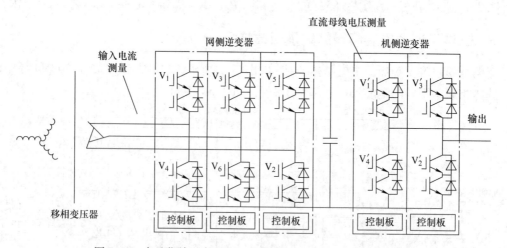

图 7-10　多重化单元串联型四象限变频器的功率单元拓扑结构

与二电平变频器不同，多重化单元串联型四象限变频器可以将移相变压器的绕组漏感作为连接电抗器使用。

　　为了更有效地控制各功率单元的直流母线电压，需要在每个功率单元内设置单独的控制器，执行网侧逆变器的矢量控制算法，该控制算法与二电平能量回馈变频器基本相同，唯一的区别在于使用移相变压器，需要特殊的算法得到每个功率单元电网电压的幅值和相位。

　　当变频器由能量输出状态转入能量回馈状态时，有功功率从电动机流入变频器，造成每个功率单元的直流母线电压上升。各功率单元内的控制器检测到这一上升电压后，将从电网流向功率单元的有功电流的给定值减小至一负数，使功率单元的网侧逆变器向电网回馈有功功率。

　　各个功率单元各自独立地执行这一控制，将有功功率通过统一的移相变压器回馈至电网。由于各个功率单元的结构和参数基本相同，所以这一调节的动态过程也近似相同。从电网侧看，电网电流随负载变化的总的动态过程与单一控制器控制下的变频器（如二电平变频器、三电平变频器等）的动态过程基本相同。

7.5.8　电流源型变频器的能量回馈技术

　　对于采用晶闸管多脉冲整流方式的电流源型变频器，当需要能量回馈时，通过调整晶闸管的触发延迟角，使整流器进入有源逆变状态，可实现有功功率的双向流动，向电网回馈能量。一般这种电流源型变频器可以四象限运行。

7.5.9　ABB 中压四象限（AFE）变频器

　　ACS800 - 17 是 ABB 中压四象限（AFE）控制变频器，它是一款紧凑型变频器，配置了能源可再生供电单元，该传动提供了包括进线侧滤波器在内的能源可再生运行的所有器件，允许能量在电动模式和发电模式之间转换，外形如图 7-11 所示。

　　相对于其他制动方法（如机械制动或电阻制动），ACS800 - 17 更加节能，能量可再生传动具有更加明显的节能优势——能量直接回馈电网，而不会发热消耗掉。当制动功率非常大时，如何处理热消耗是一件很棘手的事情。由于不需要外部制动电阻，安装更简单，占用空间也更小。

　　ACS800 - 17 的性能很强大，它在电动模式和发电模式之间的转换是非常快的，这基于 DTC 技术的快速控制性能。能源可再生供电单元可提升输出电压，这就意味着即使输入电压低于额定值，仍然可以输出满幅额定电压。基于 DTC 的能源可再生供电单元，还可以补偿电网电压的瞬间波动。因此，即使供电电压跌落，设备也不会损害且熔断器也不会熔断。

1. ACS800 - 17 的主要标准特性

1）IP21 防护等级。

2）内置 *LCL* 滤波器。

3）EMC 滤波器，第 2 环境，非限制性销售，遵循标准 EN 61800—3（外形尺寸见表 7-3 中的 R6）（等级 C3）。

4）带有 aR 熔断器的主开关（外形尺寸见表 7-3 中的 R6—R8i）。

5）进线侧交流接触器（外形尺寸见表 7-3 中的 R7i—

图 7-11　ACS800 - 17 外形

R8i，R6)。

6）du/dt 滤波器（外形尺寸见表 7-3 中的 $n \times$ R8i)。

7）带有涂层的电路板。

8）可编程的 I/O 口。

9）长寿命的风扇和电容。

10）输入电气隔离。

11）I/O 扩展和现场总线通信模块插槽。

12）带有起动向导的多语言控制盘。

13）可抽拉式空气断路器（外形尺寸见表 7-3 中的 $n \times$ R8i)。

14）共膜滤波器（外形尺寸见表 7-3 中的 R7i – $n \times$ R8i)。

2. ACS800 – 17 的可选项

1）模拟和数字 I/O 扩展模块。

2）ATEX 认证的电动机保护。

3）柜体加热器。

4）用户端子块。

5）du/dt 滤波器（外形尺寸见表 7-3 中的 R6—R8i)。

6）EMC 滤波器，第 1 环境，限制性销售，遵循标准 EN 61800—3（等级 C2)。

7）现场总线模块。

8）IP22、42、54 或 54R 防护等级。

9）0 或 1 类急停。

10）船用设计。

11）到电动机风扇的输出。

12）脉冲编码器接口模块。

13）电动机防误起动电路。

14）顶进顶出布线方式。

15）1 或 2 个热继电器。

16）3、5 或 8 个 Pt100 继电器。

17）浮地网络接地故障监测。

3. ACS800 – 17 的功率等级

690V ACS800 – 17 的功率等级见表 7-2，外形尺寸见表 7-3。

表 7-2　690V ACS800 – 17 的功率等级

额定等级		无过载应用	轻过载应用		重载应用		噪声等级	散热量	风量	型号代码	外形尺寸
$I_{cont.\,max}$ /A	I_{max} /A	$P_{cont.\,max}$ /kW	I_n /A	P_n /kW	I_{hd} /A	P_{hd} /kW	/dB(A)	/kW	/(m³/h)		
57[①]	86	55	54	45	43	37	73	1.8	500	ACS800 – 17 – 0060 – 7	R6
79	120	75	75	55	60	55	73	2，4	500	ACS800 – 17 – 0070 – 7	R6
93[②]	142	90	88	75	71	55	73	2.8	500	ACS800 – 17 – 0100 – 7	R6
132	192	110	127	110	99	90	74	7	1300	ACS800 – 17 – 0160 – 7	R7i

（续）

额定等级		无过载应用	轻过载应用		重载应用		噪声等级 /dB(A)	散热量 /kW	风量 /(m³/h)	型号代码	外形尺寸
$I_{\text{cont. max}}$ /A	I_{max} /A	$P_{\text{cont. max}}$ /kW	I_{n} /A	P_{n} /kW	I_{hd} /A	P_{hd} /kW					
150	218	132	144	132	112	90	74	8	1300	ACS800 - 17 - 0200 - 7	R7i
201	301	200	193	160	150	132	75	11	3160	ACS800 - 17 - 0260 - 7	R8i
279	417	250	268	250	209	200	75	12	3160	ACS800 - 17 - 0320 - 7	R8i
335	502	315	322	250	251	200	75	16	3160	ACS800 - 17 - 0400 - 7	R8i
382	571	355	367	355	286	270	75	17	3160	ACS800 - 17 - 0440 - 7	R8i
447	668	450	429	400	334	315	75	18	3160	ACS800 - 17 - 0540 - 7	R8i
659	985	630	632	630	493	450	77	32	6400	ACS800 - 17 - 0790 - 7	2 × R8i
729	1091	710	700	710	545	500	77	33	6400	ACS800 - 17 - 0870 - 7	2 × R8i
876	1310	900	840	800	655	630	77	36	6400	ACS800 - 17 - 1050 - 7	2 × R8i
1112	1663	1120	1067	1120	831	800	78	48	10240	ACS800 - 17 - 1330 - 7	3 × R8i
1256	1879	1250	1206	1200	940	900	78	51	10240	ACS800 - 17 - 1510 - 7	3 × R8i
1657	2480	1700	1591	1600	1240	1200	79	67	12800	ACS800 - 17 - 1980 - 7	4 × R8i
2321	3472	2300	2228	2300	1736	1600	79	94①	17920	ACS800 - 17 - 2780 - 7	5 × R8i
2460	3680	2500	2362	2400	1840	1800	79	99②	19200	ACS800 - 17 - 2940 - 7	6 × R8i

注：1. $U_{\text{N}} = 690\text{V}$（范围为 $525 \sim 690\text{V}$），功率值在额定电压 690V 有效。

　　2. 此表数据摘自 ABB 的有关资料。

① 575V 时，为 62A。

② 575V 时，为 99A。

表 7-2 中，额定等级：

$I_{\text{cont. max}}$：40℃不过载情况下的额定输出电流。

I_{max}：最大输出电流。起动时可以连续提供电流 10s，其他情况下的时间长度取决于传动的温度。注意：最大电动机轴功率是 $150\% P_{\text{hd}}$。

无过载应用：

$P_{\text{cont. max}}$：无过载应用的典型电动机功率。

轻过载应用：

I_{n}：连续额定输出电流，温度为 40℃时，每 5min 允许过载 1min，过载电流为 $110\% I_{\text{n}}$。

P_{n}：轻过载应用的典型电动机功率。

重载应用：

I_{hd}：连续额定输出电流，温度为 40℃时，每 5min 允许过载 1min，过载电流为 $150\% I_{\text{n}}$。

P_{hd}：重载应用的典型电机功率。

对于同一个电压等级，无论供电电压如何变化，电流的额定值总是相同的。额定值是环境温度为40℃时的测量数据。温度高于40℃时（最高为50℃），需要降容（1%/℃）处理。

表 7-3　690V ACS800 – 17 的外形尺寸

外形尺寸	宽度 /mm	高度 IP21/22/42 /mm	高度 IP54 /mm	深⑤ /mm	深 （顶进顶出）⑤ /mm	重量 /kg	高度 IP54 /mm
R6	430	2130	2315	646	646	250	2315
R7i	630①	2130	2315	646	646	400	2315
R8i	1230②	2130	2315	646	646	950	2315
2×R8i	2430③	2130	2315	646	776⑥	2000	2315
3×R8i	3230	2130	2315	646	776⑥	3060	2315
4×R8i	3830④	2130	2315	646	776⑥	3600	2315
5×R8i	5130④	2130	2315	646	776⑥	4780	2315
6×R8i	5330④	2130	2315	646	776⑥	4930	2315

注：此表数据摘自 ABB 的有关资料，外形尺寸的代号见表 7-2。

① 如果船用单元配置第 1 环境（C2）或者带 du/dt 的滤波器，宽度为 930mm。

② 如果配置第 1 环境 EMC 滤波器或电动机公共端，宽度为 1530mm。

③ 对于 0640 – 3/0770 – 3/0780 – 5/0870 – 5 类型，如果配置第 1 环境 EMC 滤波器，宽度为 2730mm。

④ 如果顶进，增加 300mm。

⑤ 深度没有计算手柄。

⑥ 如果使用了电动机公共端，深度为 646mm。

7.5.10　西门子中压四象限（AFE）变频器

6SE71 变频柜提供了西门子中压 3AC，380V（ – 15%）~ 480 V（ + 15%），500V（ – 15%）~ 600 V（ + 15%），660V（ – 15%）~ 690 V（ + 15%）三种电压产品，这里仅介绍第三种。

6SE71 变频柜提供了西门子中压（690V）6 脉冲整流单元四象限工作变频器，系统框图如图 7-12 所示，它的选型、订货参数和外形尺寸见表 7-4，在这里的第 2 小节还介绍了它的额定参数。6SE71 变频柜也提供了西门子中压（690V）的具有自换向、脉冲式整流/回馈单元 AFE 的变频柜的主回路框图如图 7-13 所示，它的选型、订货参数和外形尺寸 见表7-5，并且也给出它的额定参数。西门子 6SE71 变频器不同防护等级的外形图如图 7-14 所示。

1. 6 脉冲整流单元四象限工作变频器的系统框图

2. 6 脉冲整流单元四象限工作变频器的额定参数

1）额定电压、电网电压：三相交流 660V（ – 15%）~ 690 V（ + 15%）。

2）变频器输出电压：三相交流 0V ~ 电网电压。

3）额定频率、电网频率：50/60Hz（ ±6%）。

4）输出频率：当 U/f = 常量时，输出为 0 ~ 200Hz；当 U = 常量时，输出为 8 ~ 300Hz。

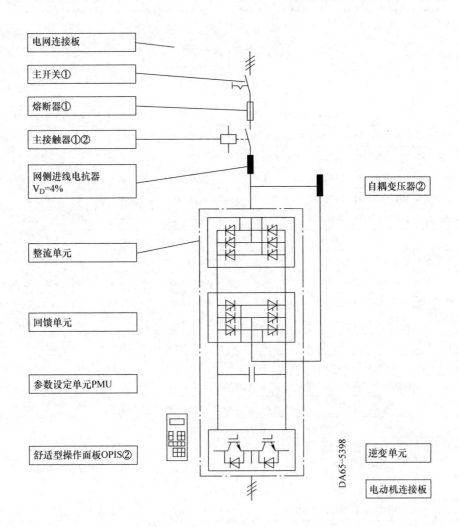

图 7-12　6 脉冲整流单元四象限工作变频器系统框图

①—在 1000~1500kW、660~690V 时，由断路器 3WN6 和附件的控制开关执行主开关、
熔断器和主接触器的功能。②—选件（其余为基本设备），选件②可以选"控制端子板"
"控制电源""自耦变压器""舒适型操作面板 OPIS"等，订货时需询问

5）基本负载电流：0.91 × 额定输出电流。

6）短时电流：60s 时为 1.36 × 额定输出电流或 30s 时为 1.60 × 额定输出电流。

7）周期时间：300s。

8）过载时间：60s（周期时间的 20%）。

9）电网功率因数：电动工作制时，基波功率因数≥0.98，综合功率因数为 0.93~
0.96；发电工作制时，必须对电动工作时的功率因数乘以 0.8。

10）效率：0.97~0.98。

表7-4　6脉冲整流单元四象限工作变频器（电网电压三相交流660V~690V）的选型、订货参数和外形尺寸

额定功率 /kW	输出额定电流 I_{vs} /A	基本负载电流 I_G /A	短时电流 I_{max} /A	输入电流 /A	变频器订货号	2.5kHz时的损耗功率 /kW	设备框架外形尺寸 /mm×mm×mm	重量（约） /kg	冷风流量 /m³/s	声压级 LpA（Im） /dB	BMF型式开关柜外形尺寸（高×宽×深）[2] /mm×mm×mm
55	60	55	82	66	6SE7126-0HD61-4BA0	1.4	1200×2000×600	300	0.34	70	2400×1218×635（76）
75	82	75	112	90	6SE7128-2HD61-4BA0	2.0	1200×2000×600	310	0.34	70	2400×1218×635（76）
90	97	88	132	107	6SE7131-0HE61-4BA0	2.5	1500×2000×600	420	0.51	80	2400×1518×635（77）
110	118	107	161	130	6SE7131-2HE61-4BA0	3.1	1500×2000×600	420	0.51	80	2400×1518×635（77）
132	145	132	198	160	6SE7131-5HE61-4BA0	3.8	1500×2000×600	430	0.51	80	2400×1518×635（77）
160	171	156	233	188	6SE7131-7HE61-4BA0	4.7	1500×2000×600	450	0.51	80	2400×1518×635（77）
200	208	189	284	229	6SE7132-1HE61-4BA0	5.3	1500×2000×600	500	0.51	80	2400×1518×635（77）
250	297	270	404	327	6SE7133-0HH62-4BA0	7.5	2100×2000×600[1]	750	0.66	80	2400×2118×635（79）
315	354	322	481	400	6SE7133-5HF62-4BA0	8.4	2100×2000×600[1]	750	0.66	80	2400×2118×635（79）
400	452	411	615	497	6SE7134-5HF62-4BA0	10.3	2100×2000×600[1]	750	0.66	80	2400×2118×635（79）
500	570	519	775	627	6SE7135-7HG62-4BA0	12.8	2100×2000×600	1420	1.45	85	2400×3018×635（81）
630	650	592	884	715	6SE7136-5HG62-4BA0	15.3	2100×2000×600	1420	1.45	85	2400×3018×635（81）
800	860	783	1170	946	6SE7138-6HG62-4BA0	18.9	2100×2000×600	1420	1.45	85	2400×3018×635（81）
1000	1080	983	1469	1188	6SE7141-1HJ62-4BA0	23.7	2700×2000×600	1900	1.9	85	2500×3618×635（83）
1200	1230	1119	1673	1353	6SE7141-2HJ62-4BA0	30.0	2700×2000×600	1900	1.9	85	2500×3618×635（83）
无平衡电抗器装置											
1300	1400	1274	1904	1540	6SE7141-4HL62-4BA0	30.3	3300×2000×600	2400	3.1	88	2400×4518×635（84）
1500	1580	1430	2149	1738	6SE7141-6HL62-4BA0	34.4	3300×2000×600	2400	3.1	88	2400×4518×635（84）
带平衡电抗器装置											
1300	1400	1274	1904	1540	6SE7141-4HN62-4BA0	31.3	3900×2000×600	2600	3.1	88	2400×5118×635（85）
1500	1580	1430	2149	1738	6SE7141-6HN62-4BA0	35.4	3900×2000×600	2600	3.1	88	2400×5118×635（85）

① 带自耦变压器（通电持续率为25%）的选件柜，宽度已加大300mm。

② BMF型式的更详细的尺寸请查阅有关资料，Rittal型式的估算尺寸可参考本表，详细的准确尺寸请查阅有关资料。

3. 具有自换向、脉冲式AFE的变频器

具有自换向、脉冲式AFE的变频器（电网电压、三相交流660~690V）系统框图如图7-13所示。

4. 具有自换向、脉冲式AFE的变频器的额定参数

1）短时电流：60s时为1.36×额定输出电流或30s时为1.60×额定输出电流，对于直到规格F的柜装置和电网电压最大为575V。

2）电网功率因数：基波参数程序化（工厂设置），综合0.8ind≤cosφ≥0.8cap；

3）如果发电工作状态下电网电压高于允许值，应通过一台自耦变压器调整电网额定电压，这样的话，所出现的最大电网电压就不会超过允许范围。

其余额定参数见上文6脉冲整流单元四象限工作变频器的额定参数。

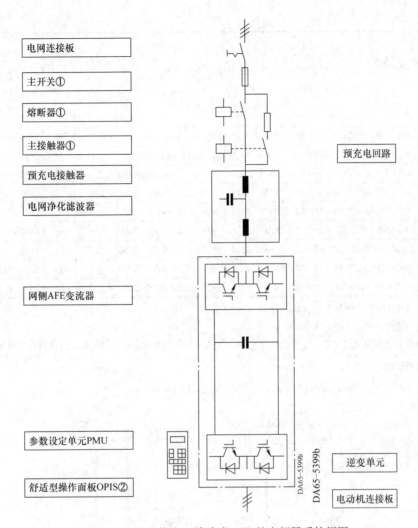

图 7-13　具有自换向、脉冲式 AFE 的变频器系统框图

①—在 1000 ~ 1200kW、660 ~ 690V 时，由断路器 3WN6 和附件的控制开关执行主开关、熔断器和主接触器的功能

②—选件（其余为基本设备），选件②还可以选"控制端子板""防护等级的提高""舒适型操作面板 OPIS"等，订货时需询问

表 7-5　具有自换向、脉冲式 AFE 的变频器（电网电压三相交流 660V ~ 690V）的选型、订货参数和外形尺寸

额定功率 /kW	输出额定电流 I_{vs} /A	基本负载电流 I_G /A	短时电流 I_{max} /A	输入电流 /A	变频器订货号	3kHz 时的损耗功率 /kW	设备框架外形尺寸 /mm × mm × mm	重量(约) /kg	冷风流量 /(m³/s)	声压级 LpA (Im) /dB	BMF 型式开关柜外形尺寸（高×宽×深）[3] /mm × mm × mm
55	60	55	82	60	6SE7126 – OHE61 – 5BAO	2.3	1500 × 2000 × 600	380	0.34	73	2400 × 1518 × 635（87）
75	82	75	112	82	6SE7128 – 2HE61 – 5BAO	3.1	1500 × 2000 × 600	380	0.51	73	2400 × 1518 × 635（87）
90	97	88	132	97	6SE7131 – OHF61 – 5BAO	4.1	1800 × 2000 × 600[2]	800	0.66	83	2400 × 1818 × 635（88）
110	118	107	161	118	6SE7131 – 2HF61 – 5BAO	4.9	1800 × 2000 × 600	810	0.66	83	2400 × 1818 × 635（88）
132	145	132	198	145	6SE7131 – 5HF61 – 5BAO	5.9	1800 × 2000 × 600	880	0.66	83	2400 × 1818 × 635（88）
160	171	156	233	171	6SE7131 – 7HF61 – 5BAO	7.3	1800 × 2000 × 600	900	0.82	83	2400 × 1818 × 635（88）

（续）

额定功率 /kW	输出额定电流 I_{vs} /A	基本负载电流 I_G /A	短时电流 I_{max} /A	输入电流 /A	变频器订货号	3kHz 时的损耗功率 /kW	设备框架外形尺寸 /mm × mm × mm	重量（约）/kg	冷风流量 /（m³/s）	声压级 LpA（Im）/dB	BMF 型式开关柜外形尺寸（高×宽×深）[3] /mm × mm × mm
200	208	189	284	208	6SE7132 - 1HF61 - 5BAO	8.9	1800 × 2000 × 600[1]	1200	0.82	83	2400 × 1818 × 635 （88）
250	297	270	404	267	6SE7133 - OHH62 - 5BAO	14.1	2400 × 2000 × 600[1]	1250	1.15	83	2400 × 2418 × 635 （89）
315	354	322	481	319	6SE7133 - 5HK62 - 5BAO	15,3	3000 × 2000 × 600	1450	1.3	83	2400 × 3018 × 635 （90）
400	452	411	615	407	6SE7134 - 5HK62 - 5BAO	18.8	3000 × 2000 × 600	1600	1.45	83	2400 × 3018 × 635 （90）
500	570	519	775	513	6SE7135 - 7HK62 - 5BAO	22.9	3000 × 2000 × 600	2300	1.9	88	2400 × 3018 × 635 （92）
630	650	592	884	585	6SE7136 - 5HK62 - 5BAO	26.4	3000 × 2000 × 600	2400	1.9	88	2400 × 3018 × 635 （92）
800	860	783	1170	774	6SE7138 - 6HK62 - 5BAO	32.8	3000 × 2000 × 600[1]	2450	2.7	88	2400 × 3018 × 635 （92）
1000	1080	983	1469	972	6SE7141 - 1HM62 - 5BAO	40.4	3600 × 2000 × 600	3400	2.7	88	2500 × 3618 × 635 （93）
1200	1230	1119	1673	1107	6SE7141 - 2HM62 - 5BAO	52.5	3600 × 2000 × 600	3450	2.7	88	2500 × 3618 × 635 （93）

① 由于使用选件 ×39，使柜宽减小 600mm。

② 由于使用选件 ×39，使柜宽减小 300mm。

③ BMF 型式的更详细的尺寸请查阅有关资料，Rittal 型式的估算尺寸可参考本表，详细的准确尺寸请查阅有关资料。

5. 防护等级

西门子 6SE71 变频器不同防护等级的外形如图 7-14 所示。

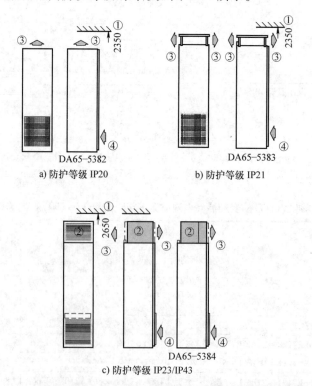

图 7-14　西门子 6SE71 变频器不同防护等级的外形图

①—靠墙安装时，屋顶最小高度　②—选件：顶盖　③—出风口　④—进风口

7.5.11　施耐德中压四象限变频器

本节介绍的施耐德中压四象限变频器选自《施耐德变频器选型手册》，它的电路结构、能量回馈原理等前文相关内容是一样的，但表达方式有所不同，为方便按施耐德的材料进行表达。

1. 施耐德中压四象限变频器的构成

施耐德中压四象限变频器由 AFE 和逆变器（INV）组成，而 AFE 的上游连接至标准的变频器，如图 7-15 所示。AFE 由三个组件组成：有源馈入变流器 AIC、线路滤波器模块 LFC（EMC 滤波器、线路接触器和充电电路）和线路滤波器电抗器 LFM。

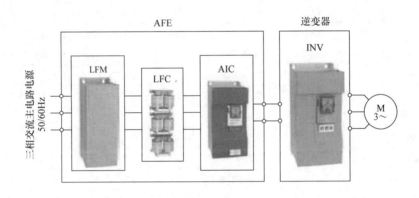

图 7-15　施耐德中压四象限变频器

2. 施耐德中压四象限变频器的常规技术参数

1）电压/频率：三相 AC 575 ~ 600/690V（±10%），50/60Hz（±5%）（短时 30 ~ 70Hz）。

2）过电压等级：Ⅲ类。

3）功率范围：120 ~ 860kW。

4）过载：每 10min 内，15% 持续 60s。

5）工作温度：−10 ~ 45℃（超过 60℃需要降容使用）。

6）保护等级：IP00。

7）控制概念：可通过端子，内建 CANopen 总线或 MODBUS 进行控制，其他现场总线通过选件卡实现。

8）标准：设备和实验以 EN 61800 − 5 − 1 为依据。

3. 施耐德中压四象限变频器的技术参数

施耐德中压四象限变频器的技术参数见表 7-6。

4. 施耐德中压四象限变频器中 AFE 的应用

AFE 配有多种集成功能，因此可以满足下运胶带输送机的复杂需求。其设计可以实现与逆变器组合的简单应用，并可构建用于多台变频器的公共直流母线。

表 7-6　施耐德中压四象限变频器的技术参数

INV		AFE					
		AIC		LFM		LFC	
类型	输出功率/kW	类型	型号	类型	型号	类型	型号
ATV61	ATV61HC11Y	110	6V145	VW3A7270	6V220	VW3A7263	6V220	VW3A7268
	ATV61HC13Y	132	6V145	VW3A7270	6V220	VW3A7263	6V220	VW3A7268
	ATV61HC16Y	160	6V175	VW3A7271	6V220	VW3A7263	6V220	VW3A7268
	ATV61HC20Y	200	6V220	VW3A7272	6V220	VW3A7263	6V220	VW3A7268
	ATV61HC25Y	250	6V275	VW3A7273	6V430	VW3A7264	6V430	VW3A7269
	ATV61HC31Y	315	6V340	VW3A7274	6V430	VW3A7264	6V430	VW3A7269
	ATV61HC40Y	400	6V430	VW3A7275	6V430	VW3A7264	6V430	VW3A7269
	ATV61HC50Y	500	6V540	VW3A7276	2×6V430	2×VW3A7264	2×6V430	2×VW3A7269
	ATV61HC63Y	630	6V675	VW3A7277	2×6V430	2×VW3A7264	2×6V430	2×VW3A7269
	ATV61HC80Y	800	6V860	VW3A7278	2×6V430	2×VW3A7264	2×6V430	2×VW3A7269
ATV71	ATV71HD90Y	90	6V145	VW3A7270	6V220	VW3A7263	6V220	VW3A7268
	ATV71HC11Y	110	6V145	VW3A7270	6V220	VW3A7263	6V220	VW3A7268
	ATV71HC13Y	132	6V175	VW3A7271	6V220	VW3A7263	6V220	VW3A7268
	ATV71HC16Y	160	6V220	VW3A7272	6V220	VW3A7263	6V220	VW3A7268
	ATV71HC20Y	200	6V275	VW3A7273	6V430	VW3A7264	6V430	VW3A7269
	ATV71HC25Y	250	6V340	VW3A7274	6V430	VW3A7264	6V430	VW3A7269
	ATV71HC31Y	315	6V430	VW3A7275	6V430	VW3A7264	6V430	VW3A7269
	ATV71HC40Y	400	6V540	VW3A7276	2×6V430	2×VW3A7264	2×6V430	2×VW3A7269
	ATV71HC50Y	500	6V675	VW3A7277	2×6V430	2×VW3A7264	2×6V430	2×VW3A7269
	ATV71HC63Y	630	6V860	VW3A7278	2×6V430	2×VW3A7264	2×6V430	2×VW3A7269

（1）单一变频器

单一变频器的应用如图 7-16 所示，当在标准驱动器上加装了 AFE 后，其所产生的能量（如下运输送机运行在发电状态时）将被返回至主电源。

（2）公共直流母线

公共直流母线的应用如图 7-17 所示，通过公共直流母线供电经常是群组变频器的理想解决方案（例如在下运胶带输送机尾部两台驱动电动机采用多驱动装置，见 7.7.4 节）。在此情况下，逆变器的总功率可以是 AFE 额度功率的 4 倍。

（3）公共直流母线 AFE 单元并联

公共直流母线 AFE 单元并联的应用如图 7-18 所示，可多达 4 个 AFE 单元的并联用于冗余来提高安全性，此外它还允许提高功率或采用较小的 AFE 单元。

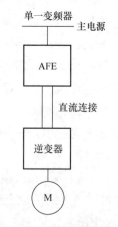

图 7-16　单一变频器的应用

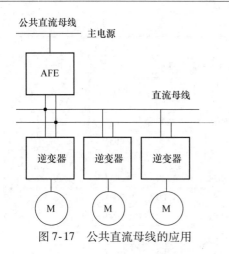

图 7-17　公共直流母线的应用

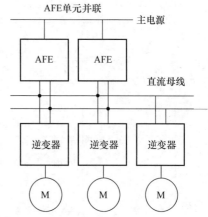

图 7-18　公共直流母线 AFE 单元并联的应用

7.5.12　利德华福四象限高压变频器

北京利德华福电气技术公司生产的异步电机能量回馈型高压变频调速系统为 HARS-VERT – FVA 系列，同步电动机能量回馈型高压变频调速系统为 HARSVERT – FVS 系列，它们融合了先进的 PWM 整流能量回馈技术、电动机无速度传感器矢量控制技术以及可靠的 IGBT 大电流驱动技术，应用在功率单元输入侧，在不增加电抗器的情况下，使得功率单元串联型高压变频器具备了四象限能力，能量可以在电网和电动机之间双向流动。它可应用在需要进行能量回馈的场合，如下运胶带输送机等，也可以应用于需要低速大转矩起动的负载，如上运胶带输送机等。这两个系列的部分产品选型见表 7-7，外形尺寸如图 7-19 所示。

表 7-7　HARSVERT – FVA/FVS 系列产品选型表

电压等级	序号	变频器型号	参考适配电动机参数	尺寸及重量				
				宽度 W /mm	深度 D /mm	高度 H /mm	高度 h /mm	重量 /kg
6kV系列	1	HARSVERT – FVA/ HARSVERT – FVS	06/035	280kW/6kV	4852	1200	2634	2320	3900
	2		06/040	300kW/6kV	4852	1200	2634	2320	4300
	3		06/045	400kW/6kV	4852	1200	2634	2320	4300
	4		06/055	450kW/6kV	4852	1200	2634	2320	4300
	5		06/065	560kW/6kV	5152	1200	2634	2320	4700
	6		06/075	630kW/6kV	5152	1200	2634	2320	4700
	7		06/090	710kW/6kV	5554	1200	2634	2320	5700
	8		06/100	800kW/6kV	5554	1200	2634	2320	5700
	9		06/120	1000kW/6kV	5554	1200	2634	2320	6000
	10		06/140	1120kW/6kV	5554	1200	2634	2320	6500
	11		06/150	1250kW/6kV	6958	1200	2634	2320	7900
	12		06/180	1400kW/6kV	6958	1200	2634	2320	8100
	13		06/200	1600kW/6kV	6958	1200	2634	2320	8600
	14		06/220	1800kW/6kV	6958	1200	2634	2320	9100
	15		06/300	2500kW/6kV	7560	1300	2634	2320	12200

（续）

电压等级	序号	变频器型号	参考适配电动机参数		尺寸及重量				
					宽度 W /mm	深度 D /mm	高度 H /mm	高度 h /mm	重量 /kg
10kV系列	1	HARSVERT – FVA/ HARSVERT – FVS	10/025	315kW/10kV	6054	1200	2634	2320	5100
	2		10/035	450kW/10kV	6054	1200	2634	2320	5500
	3		10/040	500kW/10kV	6054	1200	2634	2320	5700
	4		10/045	630kW/10kV	6054	1200	2634	2320	5900
	5		10/055	710kW/10kV	6054	1200	2634	2320	6200
	6		10/065	800kW/10kV	6054	1200	2634	2320	6400
	7		10/075	1000kW/10kV	7158	1300	2634	2320	7000
	8		10/090	1250kW/10kV	7458	1300	2634	2320	8000
	9		10/100	1400kW/10kV	7458	1300	2634	2320	8400
	10		10/120	1600kW/10kV	7458	1300	2634	2320	8800
	11		10/140	1800kW/10kV	7458	1300	2634	2320	9200
	12		10/150	2000kW/10kV	9366	1400	2634	2320	10400
	13		10/185	2400kW/10kV	9366	1400	2634	2320	11000
	14		10/200	2800kW/10kV	9366	1400	2634	2320	15000
	15		10/220	3000kW/10kV	9366	1400	2634	2320	18000
	16		10/300	4000kW/10kV	9966	1500	2934	2620	20000

注：宽度 W、深度 D、高度 H 和高度 h 的具体位置如图 7-19 所示。

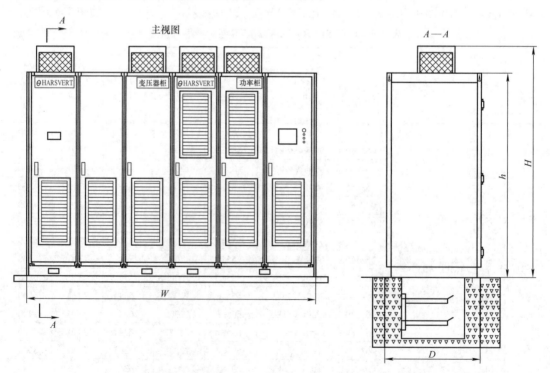

图 7-19　HARSVERT – FVA/FVS 系列产品外形尺寸

7.5.13　合康 HIVERT 矢量控制高压变频器

北京合康亿盛科技有限公司生产的合康 HIVERT – YVF 系列变频器是矢量控制带能量回馈的高压变频器。它是多重化单元串联型四象限高压变频器。与通用高压变频器相比，其具有起动转矩大、动态响应好、调速精度高、调速范围宽等优异性能。矢量控制高压变频器在功率单元内安装能量回馈装置，可使负载制动能量反馈回交流电网。它的技术参数见表7-8，型号标识说明如下：HIVERT – YVF06/077 代表电压等级为 6kV、额定输出电流为 77A（容量为 800kV·A）的矢量控制、四象限运行带能量回馈型变频器，用于驱动额定功率不大于 630kW 的异步电机。

表 7-8　HIVERT – YVF 系列产品技术参数

型号 HIVERT – YVF	06/061	06/077	06/120	10/061	10/096
变频器容量/kV·A	630	800	1250	1000	1600
适配电动机功率/kW	500	630	1000	800	1250
额定输出电流/A	61	77	120	61	96
重量/kg	4750	5100	7300	7000	7500
外形尺寸/（宽/mm）×（高/mm）×（深/mm）	4100×2100×1500			4600×2300×1500	
每相串联单元数	6			9	
额定输入电压/kV	6（−20%～10%）			10（−20%～10%）	
输入频率/Hz	45～55				
调制技术	PWM 技术、带速度传感器的矢量控制技术				
控制电源	AC 220V，1kVA				
输入功率因数	≥0.9（额定负载下）				
效率（含变压器）	≥95%（额定负载下）				
输出频率范围/Hz	0～120				
输出频率分辨率/Hz	0.01				
过载能力	150% 额定电流，1min；200% 额定电流，立即保护				
模拟量输入	两路，4～20mA				
模拟量输出	两路，4～20mA				
上位通信	隔离 RS – 485 接口，MODBUS、PROFIBUS 通信协议				
加减速时间/s	5～1600，连续可调				
开关量输入输出	12 入/9 出				
运行环境温度/℃	0～45				
存储及运输温度/℃	−40～70				
冷却方式	强迫风冷				
环境温度	<90%，不结露				
安装高度/m	<1000（超过1000m时，需降额使用）				

注：本表选自北京合康亿盛科技有限公司的有关资料，设计或订货时要和厂家落实外形尺寸有无变化。

合康 HIVERT – YVF 输入侧隔离变压器二次绕组经过移相，为功率单元提供电源，对 6kV 而言，相当于 36 脉冲同步整流，消除了大部分由单个功率单元所引起的谐波电流，大大抑制了电网侧谐波（尤其是低次谐波）的产生。变频器引起的电网谐波电压和谐波电流含量满足 IEEE 519—1992《电源系统谐波控制推荐规程和要求》和 GB/T 14549—1993《电能质量公用电网谐波》中对谐波含量的要求，无须安装输入滤波器即可保护周边设备免受谐波干扰。

7.6　工程实例2：某石灰石下运胶带输送机采用四象限变频调速装置

目前，国内矿山运送矿石基本上都是用大吨位的矿用汽车从山上往山下一趟一趟运送，浪费油料且污染环境，还占用大量土地。采用变频器驱动的胶带输送机，不但解决了上述问题，而且用变频回馈解决了下运胶带输送机的电能回收问题。下面介绍某水泥有限公司下运胶带输送机采用的四象限变频调速装置。

7.6.1　工程概况

某水泥有限公司由两条500t/d干法水泥生产线，石灰石原料输送采用长距离曲线胶带输送机输送，运量为1800t/d，破碎站至厂区料仓的水平距离约为5451m，矿山破碎站翻卸平台地坪高程约680m，破碎站带式给料机出口高程约662m，胶带输送机终点水泥厂地坪标高290m，胶带输送机头部卸料点高程310m，胶带输送机下运高度约 -352m。

7.6.2　适配的电动机功率估算

7.6.1节的数据表明，1800t石灰石用1h下运了352m，因此可计算出物料向下运动位能变化产生的动能为（忽略摩擦阻力）

$$W = mgh = 1800 \times 1000 \times 9.8 \times 352 J = 6209280 kJ$$

假设该动能经过电机全部转换为电能，则适配的电机功率为

$$P = W/t = 6209280 \div 3600 kW = 1724.8 kW$$

7.6.3　下运胶带输送机的主要技术参数

胶带输送机运量：1800t/h。
胶带输送机水平投影长度：5451m。
胶带输送机最大提升高度： -352m。
电动机额定功率：2×880kW。
电动机电压：三相交流690V（6000V）。
胶带宽度：1400mm。
胶带型号：ST3150。
胶带运行速度：3.3m/s。
最大下运角度：20°。
发电功率：1200kW。
物料粒度：80mm。

7.6.4　四象限变频器调速方案的比选

长距离的下运胶带输送机分为两段，两台交流电机安装在胶带输运机的尾部，采用尾侧驱动方式。下面对三种方案进行比选。

1. 高压交流电机直接驱动方案

电机不经减速器而直接驱动下运胶带输送机。起动时，特别是在带载起动的情况下，会产生很大的机械冲击，使胶带可能拉断，带来严重后果。为实现带载软起动，在起动过程中加入液压制动，但这将极大地增加制动器的运行负载，缩短制动器的使用寿命，并增大制动器的维护工作量。液压制动器是作为下运胶带输送机唯一的应急安全保障设施，不宜在起动时经常使用。

当物料达到一定量时，其位能足以使胶带输送机运行起来，下运胶带输送机拖动电机发电，同频同相且电压比电源电压高时，可将位能转换来的电能送回电网。停车时，为实现软停车，需要加入制动。同样的原因，这种起动、停车时经常使用制动系统的方案不合适。

2. 高压变频器驱动方案

本例下运胶带输送机选用三电平 10kV 或 6kV 四象限变频器，相应选用 10kV 或 6kV 的 880kW 电机，以便用在下运胶带输送机的再生能量场合。但是，这类变频器需要进口，投资大，从经济上考虑此方案不一定合适。因此，选用三电平的 690V 变频器和电机。

3. 中压 690V 四象限变频器驱动方案

三电平的 690V 变频器属于中压范畴，变频器技术较成熟，无须进口，其功能完全能满足下运胶带输送机的工艺要求，另外，690V 变频器主电路所需的开关设备国内也能制造，维修方便，维护费用不高。唯一的缺点是电流较大，为减少线路损耗，变频器接到电机电路的电缆截面面积应足够大，增大了初始投资。

该方案不用液压制动器参与就可以实现长距离胶带输送机的带载软起动、软停车、位能发电回馈电网，以及空载低速验带功能。当时看，这种既容易实现，又能满足使用要求，而且是最经济的方案。液压制动器仅作为下运胶带输送机的应急安全保障设施，是必需的。

比选后，选用希望森兰 690V SB70G1100Q6 矢量控制变频器。

7.6.5　中压四象限矢量控制变频器

希望森兰 690V SB70G1100Q6 矢量控制变频器的额定电压为 690V，额定功率为 1100kW，额定输出电流为 1638A，它的外形如图 7-20 所示，主电路参见 7.5.5 节图 7-7。

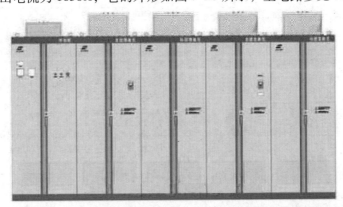

图 7-20　希望森兰 690V SB70G1100Q6 矢量控制变频器外形

在图 7-7 中，电路有两个逆变单元，右面（机侧）逆变单元用于驱动电动机运转，有位能时为电动机提供励磁，并将电动机产生的再生能量由二极管反馈到中间直流环节；左面

（网侧）逆变单元在电机为电动模式时作整流器，在再生时作逆变器将直流环节的再生电能回馈到电网。

本例中，胶带输送机的胶带相当长，其重量大，摩擦力也大，有一部分位能用于克服摩擦力，余下的位能用于发电，发电功率为 1200kW 左右。为保证安全运行，两台电动机（880kW）留有适当的余量。变频器选用希望森兰 690V SB70G1100Q6 矢量控制变频器，在胶带输送机起动时，有时可能是满负载重载软起动，起动力矩要求很大，为可靠性和安全，变频器的容量适当加大。

在图 7-21 和图 7-22 中，变频器 SB70G1100Q6 在 690V 时额定功率为 1330kV·A，额定输出电流为 1638A，根据这些数据和供电系统参数选择图中的断路器和供电线路，以及选择变频器接到电动机电路的电缆截面面积。

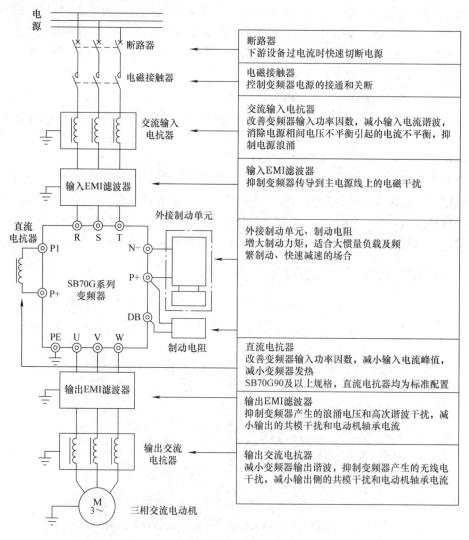

图 7-21　变频器与周边设备的连接参考图

森兰大功率四象限变频器基于 SB70 矢量控制核心技术和森兰独特的能量回馈技术，采用双 PWM 控制技术提高了系统功率因数，并且实现了电动机的四象限运行。能满足各种位势负载的调速要求，可将电动机的再生能量转换为电能送回电网，达到最大限度节能的目的。不仅如此，它还可减少对电网的谐波污染，功率因数接近于1。

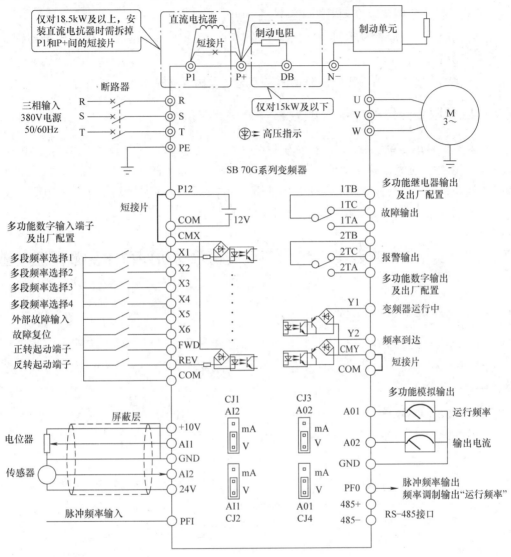

图 7-22　基本运行配线连接参考图

7.6.6　四象限变频器调速系统及功能

本工程下运胶带输送机系统由 PLC 控制，PLC 位于主控室内，主控室远离变频器的安装地点，用通信线连接，传输距离至少在 2km 以上，考虑到信号传输的速率和可靠性，采用 PROFIBUS 协议。PLC 同时还要兼顾液压制动系统和其他安全系统的控制，实现联锁综合保护。为避免变频器对控制系统的干扰，回馈单元之前应安装正弦波滤波器，使回馈到电网的波形经滤波后接近正弦波形；另外在电动时，增大了整流回路的内阻，降低了非线性器件二极管整流产生的畸变电流对电网的污染。为补偿长线分布电容的影响，并抑制变频器输出的谐波分量，抑制电压脉冲的尖峰，延长电动机的绝缘寿命，变频器的输出应安装输出电抗器。

胶带输送机采用四象限变频器调速系统后，可实现如下功能：

1）可实现长距离胶带输送机带载情况下的软起动、软停车、位能发电、电能回馈、空载低速验带功能。

2）下运胶带输送机采用变频器驱动后，节能效果显著（见7.6.7节内容）。

7.6.7　四象限变频器调速的节能效果

7.6.2节估算出适配的电动机功率为1724.8kW，实际上，胶带输送机的胶带相当长，其重量大，摩擦力也大，有一部分位能用于克服摩擦力，余下的位能用于发电，发电功率估算为1200kW。下运胶带输送机按每天运行24h，每年运行11个月计算，年总发电量（即回馈电网的电能）为964.8万kW·h，节能十分可观。[36]

7.7　工程实例3：陕西某水泥厂下运胶带输送机四象限变频调速装置

7.7.1　输送水泥的工艺流程

陕西某水泥厂的胶带输送机将开采出的灰岩经破碎车间破碎，再经破碎出料胶带输送机、中间胶带输送机、下运胶带输送机输送至厂区的灰岩预均化堆场（见图7-1），工艺流程如图7-23所示。

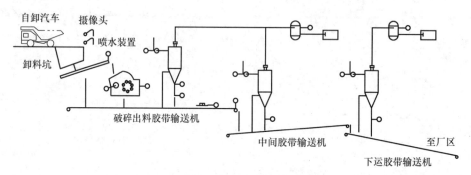

图7-23　某水泥厂的工艺流程示意图[31]

破碎车间、破碎出料胶带输送机、中间胶带输送机、下运胶带输送机的尾部驱动等由破碎车间的10kV配电站供电，下运胶带输送机头部驱动由厂区配电站供电，配电站距驱动电动机的距离小于100m。

7.7.2　胶带输送机的主要参数

胶带输送机的总输送长度为4610m，高度差为160m，最大输送速度为3.5m/s，额定输送能力为1800t/h。下行胶带输送机的高度差为165.5m。

破碎出料胶带输送机、中间胶带输送机、下运胶带输送机的技术参数见表7-9。

表 7-9　胶带输送机的技术参数[31]

项目	破碎出料胶带输送机	中间胶带输送机	下运胶带输送机
中心间隔距离/m	24.00	559.482	4127.207
高度差/m	0	+5.3	-165.5
最大倾斜角（°）	0	2.08	-7.21
胶带宽度/mm	1800	1200	1200
电动机安装功率/kW	37	250	1×315（头）；2×315（尾）
调速方式	定速	变频调速	四象限变频调速
驱动形式	头部驱动	头部驱动	头尾驱动
拉紧方式	尾部螺旋拉紧	头部重锤拉紧	头部液压拉紧
胶带速度/(m/s)	1.25	5	3.5

7.7.3　下运胶带输送系统两种能量回收方式的选择

下运胶带输送系统采用能量回收的运输方式，不损失制动能量或使制动能量转换成热能，因此需要区分定速运行的能量回收和变速运行的能量回收，参见 7.1.3 内容。

本工程中，下运胶带输送机以调速驱动装置为基础，因此选用变速运行的能量回收，它具有四象限（4Q）性，可矢量控制，不仅可以实现正向加速和制动、反向加速和制动，同时速度可调低至零速，降低了胶带输送机打滑的可能性。采用四象限变频装置，甚至可以做到定位控制。

7.7.4　下运胶带输送机四象限变频调速装置调速方案的选用

四象限变频装置调速方案的选用主要包括变频装置电压等级的选择和变频调速驱动方法的选择。

1. 变频装置电压等级的选择

本工程下运胶带输送机的三个驱动电动机功率皆为 315kW，按 7.1.2 节的介绍，可以选择 380V 的变频装置，也可以选择 690V 的变频装置。采用 380V 的变频装置，直接连接至配电站的低压母线，其功率单元的电流是 690V 的 2 倍，功率单元及逆变器的价格较高；采用 690V 的变频装置，会增加整流变压器（容量约为 450kV·A），但功率单元的电流仅是 380V 的 1/2，功率单元及逆变器的价格相对较低。综合比较，采用 690V 变频装置比较经济（需要说明的是，不同品牌变频装置的价格不一样）。

2. 变频调速驱动方法的选择

输送机的变频调速驱动方案可为单驱动系统或多驱动系统。该工程对驱动装置的布置方案是：下行胶带输送机尾部两台驱动电动机采用多驱动装置，下行胶带输送机头部的一台驱动电动机采用单驱动装置。

（1）单驱动配置的装置

头部单驱动变频装置由破碎车间的 10kV 配电站、450kV·A 的 10/0.72kV 配电变压器、滤波装置、功率单元、逆变器等组成，如图 7-24 所示。

（2）多驱动系统配置的装置

尾部多驱动系统装置由厂区的 10kV 配电站、一台 1000kV·A 的 10/0.72kV 配电变压器、滤波装置、功率单元、两台电动机分别装有独立的逆变器，逆变器与共用的直流母线相连。这些逆变器的运行是彼此独立的，如图 7-25 所示。多驱动系统在"中心"单元产生所需的直流电压，并将其输入共用直流母线中，母线连接专用的、独立运行的逆变器。

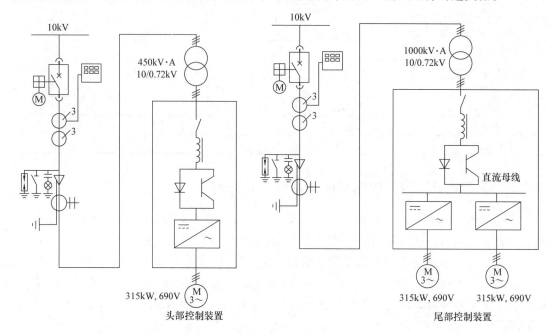

图 7-24　下运胶带输送机头部单驱动配置装置　　图 7-25　下运胶带输送机尾部多驱动系统控制装置

（3）控制方案

下运胶带输送机长 4127.207m，在头端装有一台额定功率为 315kW/690V 的电动机，尾部装有两台额定功率为 315kW/690V 的电动机。三台电动机完全相同，可以互换，所以只需一台备用电动机。多驱动系统设置在下运胶带输送机的尾部配电室，采用一台容量为 1000kV·A 的变压器。两台电动机分别装有彼此独立的逆变器，并使用自带的 PROFIBUS–DP 与计算机控制系统相连。

7.7.5　下运胶带输送机的紧急制动和机械调节制动

1. 紧急制动

下运胶带输送机所用的防护方法与其他下运或上运输送设备相同。运行时，载有物料的下运胶带输送机必须保证供电并防止失电停机，驱动装置的供电中断和机械损坏都会引起胶带和荷载失控，正确进行制动是防止这些情况发生的关键。实际上，所有高度发生变化的输送机，除了驱动装置自己提供的制动力外，还需要一个机械制动装置，该装置可在驱动装置无法制动时使用，并对停止后的输送机起固定作用。

对于下运胶带输送机来说，还需要施加一个调节力矩，使荷载以合适的速率减速。力矩过大会造成胶带应力过大，使得制动辊和胶带之间出现打滑现象。当制动辊和胶带之间的阻力下降且胶带起动打滑时，情况就会变得很危险，这时几乎无法将胶带停下来。这就是为什么要用驱动装置以正常的制动方式施加一个 20s 调节力矩的重要性，这种力矩也可用制动器施加。通过测定并比较两个速度值可检测胶带是否打滑：第一个速度可在驱动电动机上或驱动辊上测得，另一个是输送机系统的空转速度或直接从胶带上测得。如果检查出胶带打滑，应立即松开制动直到两个测速点上的速度相同，随后通过调节制动力矩重新制动。另外，制动器必须能够提供足够大的固定力，使装满物料而又停运的输送机安全地保持静止。

2. 机械调节制动

只用电动机来制动相对较简单，因为制动力矩与电动机（发电机）的电流有直接的关系，只要调节电流就可直接调节力矩。而在紧急情况下使用的机械制动需要一些附加的机械调节装置才能施加合适的制动力矩。要做到这点，需结合使用荷载传感器，这些传感器测定制动力矩，然后通过液压系统将正确的制动信息提供给盘式制动器，在这些信息的基础上，施加合适的制动力矩而不会给胶带施加应力。

7.7.6　下运胶带输送机的控制和保护措施

1. 胶带控制

胶带输送机头部一台电动机的逆变器和尾部两台电动机的逆变器是彼此独立的，并通过各自的 PROFIBUS – DP 与计算机控制系统相连。

胶带输送机系统要求有一个包括驱动控制器和胶带控制系统的控制系统。驱动控制器提供起动、运行和停止所需的速度和转矩。控制系统根据胶带输送机各种保护装置的状态，执行运转和停止指令，如跑偏、打滑、撕裂、张紧力调整、拉绳等。对于输送口的下料料斗，还应设置料位开关，以正确反映胶带输送机的进料情况。胶带控制系统包括胶带输送机的各种保护装置、操作员站、起动信号系统、联锁、起停顺序、调速及能量回收等。

2. 保护措施

放置在下运胶带输送机上的大量物料储有很高的势能，任何情况下都必须保证安全控制。从人员和设备的安全考虑，需要遵守较高标准。拉绳开关是为紧急情况下的安全操作而考虑的，由一条沿输送机设置的钢丝绳操控。任何一点拉住钢丝绳都会使拉绳开关动作，启动安全紧急停止电路或机械制动器。每个拉绳开关都是双向的，上有两根方向相反的钢丝绳，内部的弹簧机构使拉绳开关具备自动复位功能。由于拉绳（钢丝绳）悬挂环的阻力、钢丝绳自身重力以及钢丝绳与拉绳开关连接位置的角度关系，双向拉绳开关的设置间隔应为20～30m，以保证拉绳开关的灵敏性。跑偏开关设置在胶带的两侧，用于检测胶带偏离中心线的程度，分轻度跑偏与重度跑偏，轻度跑偏报警，重度跑偏则需停机检修，因此跑偏开关的安装位置应与胶带输送机的运行保持一致，以减少误停情况。

拉绳开关是为紧急情况设置的，比如，有设备及人身安全情况发生时，需要立即停止胶带输送机，拉动拉绳开关的钢丝绳，胶带输送机就应立即停止，因此拉绳开关的触点应直接接至控制电路中，不经过计算机柜 I/O 点。这是常规使用的方法，其优点是直接、可靠；缺点是控制电缆随胶带输送机的长度而增加，成本较高，由于控制电缆电压降的原因，无法应用于较长的胶带输送机，计算机系统也无法记录是哪个位置的拉绳开关动作了。另一种编码通信式拉绳开关通过网线或光纤连接各个拉绳开关，并连接至计算机系统，优点是适用于任何长度的胶带输送机，计算机系统可以根据编码确定哪个位置的拉绳开关动作了，缺点是不直接作用于控制电路，可能会由于通信或计算机系统的原因发生拒动的情况。跑偏开关反映胶带输送机胶带的运行情况，经过计算机系统 I/O 柜，可以记录胶带输送机的运行情况，为检修保养提供必要的数据。对于胶带输送机，可以通过检测胶带及比较滚筒速度，判断是否出现打滑情况，从而计算机系统起动电动制动装置或调整液压拉紧装置，或调整胶带输送机的速度。

7.7.7　下运胶带输送机的节能（发电量）估算

下运胶带输送机采用四象限变频装置，不仅可以解决胶带输送机的正常运行问题，同时回收的电能可以大大降低运行成本。目前还没有较为精确的计算方法计算下运胶带输送机的发电量，本工程用一种简易的方法来进行效益的估算。[31]

由于下运胶带输送机的能量传输主要是势能转换为电能，考虑到机械、空气、摩擦、效率等因素，估算的综合系数 k 取 $0.45 \sim 0.55$。

根据势能的定义——$E = mgh$，按单位时间内势能考虑，由于单位时间内产生的势能是落差、流量、时间的函数，故

$$E = \iiint \Delta Q g \Delta h \Delta t$$

式中　E——势能（J）；

　　ΔQ——流量（kg/h）；

　　g——重力加速度，取 $g = 9.8 \text{m/s}^2$；

　　Δh——高度（落差）（m）；

　　Δt——时间（h）。

因此势能转换为电能的公式计为

$$P = kE$$

式中　P——功率（kW）。

按额定流量考虑（$1 \text{W} = 1 \text{J/s}$，$1 \text{kW} = 1000 \times 3600 \text{J} = 3.6 \times 10^6 \text{J}$），有

$$P = kQght = (0.45 \sim 0.55) \times 1800 \times 1000 \times 9.8 \times 165.3 \div (3.6 \times 10^6) \text{kW}$$
$$\approx 364 \sim 445 \text{kW}$$

即 1h 可以提供 $364 \sim 445 \text{kW} \cdot \text{h}$ 的电能。

按照每天两班、每班 8h 的设计运转时间计算，胶带输送机连续工作时间为 $14 \sim 16 \text{h}$。每天的发电量为 $5096 \sim 7120 \text{kW} \cdot \text{h}$。

电价按 0.906 元/（$\text{kW} \cdot \text{h}$）计算，每天节约电费 $4617 \sim 6450$ 元。

第8章 长距离胶带输送机的变频调速系统与节能

中、高压变频调速控制应用于长距离胶带输送机的高性能调速驱动时,在轻载及重载工况下,均能有效控制胶带输送机柔性负载的软起动/软停车动态过程,实现各胶带输送机驱动点之间的功率平衡和速度同步,并提供可调的验带速度,由此降低快速起动/快速停车过程对机械和电气系统的冲击,避免撒料与叠带,有效抑制胶带输送机动态张力波可能对胶带和机械设备造成的危害,延长输送机使用寿命,增加输送系统的安全性和可靠性,可获得显著节能效果。因此,中、高压变频调速系统在长距离胶带输送机中逐渐得到广泛应用。

8.1 长距离胶带输送机的特性及发展

胶带输送机运送煤、铁矿石、石灰石、化肥、粮食乃至木料等散料物品的运送是胶带输送机目前最常见的应用。为达到更高的生产效率和更低的输送成本,要求输送机单机长度和功率均要增大。长距离、大功率胶带输送机是大运输量输送设备,具有输送连续、设备可靠、自动化程度高、设备维护工作量小、可与工厂总控制系统联网统一管理、输送线路的布置占有土地少等特点;同时,物料在输送过程中相对稳定,扬尘点少,对环境污染小,所以长距离胶带输送机在我国得到较快发展。近年来国内部分长距离胶带输送机输送线见表8-1。

表8-1 近年来国内部分长距离胶带输送机输送线

项目名称	物料	基本参数				投产日期
		能力/(t/h)	带宽/m	带速/(m/s)	长度/km	
天津煤炭长廊	煤	6 000	1.8	5.6	8.9	2003年
豫龙水泥有限公司	石灰石	5 000	1.2	3.5	8.1	2004年
华润(黄骅港)水泥	石灰石	1 800	1.2	4	8.2	2005年
江阴福州电厂	煤	3 800	1.8		3.7	2006年
秦皇岛煤炭五期	煤	8 900	2.2	4.8	11.2	2006年
天津神华煤炭码头	煤	6 700	2.0	5.6	16.5	2006年
陕西省彬煤集团	煤	800	1.0	3.0	9.3	2008年
昌江华盛天涯水泥有限公司扩建的2号输送机	石灰石	1500		3.5	8.4	2008年
某水泥有限公司	石灰石	1800	1.4	3.3	5.5	2012年

长距离胶带输送机不仅仅距离长,对水平长距离胶带输送机来说,它具有水平胶带输送机的性质和特点;对上运长距离胶带输送机来说,它具有上运胶带输送机的性质和特点;对下运长距离胶带输送机来说,它具有下运胶带输送机的性质和特点。这些长距离胶带输送机除上述特点外,还具有长距离胶带输送机的特有性质和特点。

　　长距离胶带输送机通常要求高性能的驱动以满足重载起动、动张力控制、速度同步及功率平衡、低速验带等工况要求，若长距离胶带输送机仅用刚体动力学特性方法进行分析，其精度已不能满足实际工程的需要，必须对长距离胶带输送机的动力状态进行分析，建立胶带动力学的数学模型，求得输送机在起动和制动过程中，输送带上不同点随时间的推移所发生的速度、加速度和张力的变化，对设计提出改进和调整措施，确定优化的设计和控制参数，剔除不确定因素带来的隐患。

　　国内现有长距离胶带输送机大都采用高压、大功率、多机驱动方式运行，输送机系统中大功率电动机的软起动/软停车、各驱动点输送带速度的一致以及各个电动机的转矩平衡，是输送机安全运行的关键因素。对于长距离胶带输送机来说，特别是长度大于 3km 的胶带输送机，选用中、高压变频调速系统来解决上述问题是适宜的。长距离胶带输送机变频调速驱动的主要特点是：起动转矩大、运行平稳、维护简单；可在轻载、重载等各种工况下可靠、有效地控制胶带输送机柔性负载的软起动/软停车整个动态过程；在全过程中实现胶带输送机各驱动电动机之间的功率/转矩平衡和速度同步；提供可调验带速度；降低快速起动/快速停机过程对机械和电气系统的冲击；避免撒料与叠带；有效抑制输送机动态张力波可能对输送带和机械设备造成的危害；延长输送机使用寿命；增加输送系统的安全性和可靠性。

8.2　长距离胶带输送机对电力驱动的技术要求

8.2.1　对起动/停车驱动方式和装置的选择

　　目前，我国胶带输送机设计规范中，起动加速度限制为 $0.1 \sim 0.3 \mathrm{m/s^2}$，这对长距离胶带输送机来说是不够的。为降低冲击、增强起动的平稳性，一般要求起、制动加减速度 $a < 0.05 \mathrm{m/s^2}$，甚至更小，要求起动时间较长，达 1min 乃至 2min。[33] 为减小张力波的危害，要选择合适的起停车曲线，例如，选择 S 形曲线进行起动，确保输送机平稳起动，达到额定速度，使驱动电流与起动张力控制在允许范围之内，见 5.1.3 节内容。

　　以前，我国常用液力耦合器、调速型液力耦合器或配 CST 驱动，来满足一般长度胶带输送机的传动要求，但胶带长度若大于 4km，则调速型液力耦合器较难满足上述要求。

　　近些年来，变频器以其丰富的软件功能配置及较灵活的通信能力，使长距离胶带输送机的变频调速除了能满足上述要求外，还对长距离胶带输送机的多点（滚筒）驱动，实现了功率平衡和规定的验带速度。还可对长距离胶带输送机的运行进行监控，特别是使长距离胶带输送机的变频调速节能效果显著，理论成熟，工程实践多，这些是液力耦合器、调速型液力耦合器或配 CST 驱动难以做到的。

　　综上所述，长距离胶带输送机的起停及运行驱动方式应选择变频调速。

8.2.2　长距离胶带输送机的多滚筒驱动

　　随着散料生产机械化程度的提高，胶带输送机运输距离越来越长（见表 8-1），单条输送机的装机功率越来越大，以致在输送带张力条件下采用单滚筒驱动不能产生所需的牵引力。另外，因胶带是黏性材料，具有弹性，胶带张力在传送过程中具有滞后性，如果使用单滚筒驱动，驱动点附近张力非常大，而胶带的尾部却不能及时获得驱动力，即前部胶带张力过大，尾部却没有受力，严重时会出现断带现象。因此，长距离胶带输送机多采用双滚筒驱动或三滚筒驱动（两个或两个以上驱动滚筒的驱动系统称为多滚筒驱动）。除此之外，由于生产规模的扩大，胶带机输送的运量也要增大，所以传统的单滚筒驱动方式已不能满足大功率的要求，需要采用多滚筒驱动大型长距离胶带输送机。

多滚筒驱动技术用几个较小的驱动单元，共同来满足总功率的要求，这样有利于设备的小型化、通用化和降低成本，便于安装、搬运、维修等；而且由于围包角大，可使输送带最大张力减小。但在这种驱动方式下，由于几个驱动单元外特性的差异、设备制造差异、安装误差、负载变化及各驱动滚筒输送带受力大小不同等原因，造成电机功率失衡，不利于提高效率；同时，若偏载严重，可能会导致电机烧坏等事故发生。因此，双滚筒驱动时功率平衡的控制是非常必要的。为了简化问题，在软起动过程中不考虑功率平衡，待起动完毕进入工况时，再投入功率平衡。

对水平长距离胶带输送机来说，它的双滚筒、三滚筒传动典型配置及出轴形式与功率配比参见表 5-1；对上运长距离胶带输送机来说，它的双滚筒传动典型配置及出轴形式与功率配比参见表 6-1；对下运长距离胶带输送机来说，它的双滚筒传动典型配置及出轴形式与功率配比参见表 7-1。

8.2.3　用张力控制起动多点（滚筒）驱动长距离胶带输送机

上文介绍了长距离胶带输送机的软起/软停方式，在有些多点（滚筒）驱动长距离胶带输送机起动或运行一段时间后，原设定的延时时间不合理，不适应原有的多滚筒（机）顺序、延时起动控制，此时应依据张力波在胶带中传播的速度，由两点驱动之间的距离计算出延时时间，从而设定起动控制方案。这种起动控制方案在实际工程应用中，经常会出现以下现象：

1）延时时间短，导致第 2 驱动在起动时出现瞬时打滑。

2）延时时间过长，胶带输送机在起动时局部张力过大。

3）运行一段时间后，延时时间不合理，需重新调整。

通过对上述现象的分析得出，张力波在胶带中传播的速度理论在某些情况下已不适应原有的多机顺序起动控制，因为两驱动点之间力的传播时间不是固定的，而是一个动态、不确定的量，它与两驱动点间胶带张紧程度、物料量、温度及环境条件等均有关。为了保证胶带输送机能够无冲击顺序起动，必须保证当第 1 驱动的力传递到第 2 驱动时，使此处胶带变形所产生的力满足胶带不打滑条件，第 2 驱动方可起动。只有这样，才能准确无误地确定顺序起动延时的长短，较好地解决胶带输送机在各种工况下的起动问题。

在实际工程中，将原有的张力波传递延时控制改为张力控制（见图 8-1），在输送机第 2 起动点设置张力传感器，解决了上述起动问题。

图 8-1 中，胶带输送机起动时，先起动头部电动机，当胶带单边张力达到设定值 T（胶带夹角 α）时，测力装置发出一个开关量起动信号，起动测力装置处的电动机，胶带输送机在正常运行时，也要通过张力传感器检测胶带张力大小，从而通过微调驱动装置速度的方式保持两个驱动点间的张力平衡，实现张力控制。

为有效测量胶带张力，在综合各种传感器及各种操作方案的基础上，借鉴胶带输送机用皮带秤的设计原理对张力传感器进行控制，不仅能消除胶带、滚筒、支架等的重量对传感器

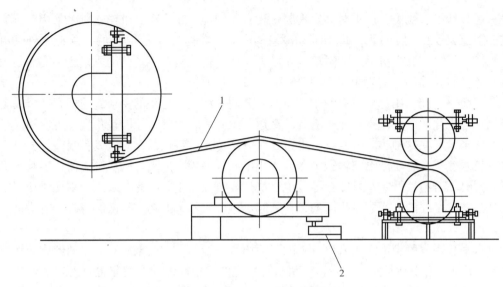

图 8-1　张力控制示意图[37]

1—胶带　2—张力传感器

的影响（可消除皮重的影响），还可以使传感器所测得的张力值稳定，即使胶带有振动现象，所测胶带张力值也稳定，测量精度比较高。[37]

8.2.4　双滚筒驱动牵引力的理想和实际分配

大功率长距离胶带输送机多采用多滚筒驱动，因多滚筒的各电动机特性不尽一致及机械传动部分加工和安装误差等诸多因素，使驱动滚筒围包角和摩擦力不同，出现出力不均衡、各点电动机电流相差太大（可能有的电动机出力不足，有的已严重过载甚至烧毁），直接影响到设备运行的安全与使用寿命，因此要求各电动机功率平衡、出力均衡。对于多电动机的功率不平衡，一般控制在 ±5%，若大于该值，则必须加以调整，如多个电动机用同一速度调节器（PID）对速度进行控制，即可有效地解决。

1. 双滚筒驱动牵引力的理想分配

胶带输送机所需要的牵引力是通过驱动滚筒与输送带的摩擦而产生的，当电动机经减速机带动驱动滚筒转动时，输送带与滚筒相遇点的张力大于分离点的张力，张力之差为滚筒所传递的牵引力 F。胶带输送机的（头部）双滚筒驱动受力分析如图 8-2 所示，其中输送带的张力用 T 表示，第一个下标为滚筒号，第二个下标中的 1 和 2 分别表示输送带与滚筒的相遇点和分离点。若主要考虑摩擦条件，研究（头部）双滚筒驱动的受力，可得出：摩擦条件仅仅决定两驱动滚筒能否承担所分配到的牵引力。在设计中，总是使牵引力的分配与各滚筒的摩擦条件一致，即将理想分配比取整，通常是 1 或 2，这样有利于满足设备的

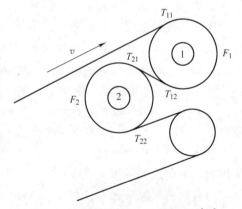

图 8-2　头部双滚筒驱动受力分析[38]

通用性。

则两滚筒牵引力的理想分配比为

$$r = \frac{F_1}{F_2} = \frac{T_{12}(e^{\mu\alpha_1} - 1)}{T_{21}\left(1 - \dfrac{1}{e^{\mu\alpha_2}}\right)} = \frac{e^{\mu\alpha_1} - 1}{1 - \dfrac{1}{e^{\mu\alpha_2}}}$$

式中　μ——滚筒与输送带之间的摩擦因数；

　　　α_1——滚筒 1 的围包角；

　　　α_2——滚筒 2 的围包角。

2. 双滚筒驱动牵引力的实际分配

双滚筒驱动胶带输送机正常运行的特征是任一滚筒和输送带之间没有相对滑移，即至少有一点，输送带和驱动滚筒两者的速度是相等的。根据此条件，可以求出两滚筒提供的牵引力的实际分配比，见式（8-1）。[38] 通常情况下，考虑到设备的通用性，胶带输送机驱动系统中两个滚筒电动机和减速机型号应选择一致，即两个滚筒电动机特性基本相同，两个电动机的同步转速相同，减速机的传动比也相同。对于具体的胶带输送机，影响牵引力分配比的因素，如各机械传动装置的传动比和效率、输送带的拉伸刚度和各驱动滚筒的半径（各驱动滚筒的半径存在误差，主要是由于长期磨损和黏性物料附在滚筒表面，导致各滚筒实际运转半径的偏差增大，当超过允许值时，应及时对滚筒进行维修）等都已确定，而总阻力 W_0 由运量等因素决定，因此牵引力的调节只靠调节电动机的供电频率来实现。当头部第 1 个滚筒的牵引力过大时，可通过降低头部第 1 个滚筒电动机的频率、升高第 2 个滚筒电动机的频率来调节牵引力平衡。当头部第 1 个滚筒的牵引力过小时，可通过升高头部第 1 个滚筒电动机的频率、降低第 2 个滚筒电动机的频率来调节牵引力平衡。

$$r_{1/2} = \frac{F_1}{F_2} = \frac{\dfrac{R_1}{R_2}A_2 f_{1/2} W_0 + \dfrac{R_1}{R_2} f_{1/2} - 1}{1 - \dfrac{R_1}{R_2} f_{1/2} + \left(\dfrac{1}{E} + \dfrac{R_1}{R_2} A_1 f_{1/2}\right) W_0} \tag{8-1}$$

式中　F_1——图 8-2 中第 1 个滚筒牵引力（N）；

　　　F_2——图 8-2 中第 2 个滚筒牵引力（N）；

　　　R_1——图 8-2 中第 1 个驱动滚筒的半径（m）；

　　　R_2——图 8-2 中第 2 个驱动滚筒的半径（m）；

　　　A_1——图 8-2 中第 1 个驱动装置常数，与电动机特性、减速比、滚筒半径和传动效率有关；

　　　A_2——图 8-2 中第 2 个驱动装置常数，与电动机特性、减速比、滚筒半径和传动效率有关；

　　　$f_{1/2}$——$f_{1/2} = \dfrac{f_1}{f_2}$ [f_1 为图 8-2 中第 1 个驱动电动机的输入电压频率（Hz）；f_2 为图 8-2 中第 2 个驱动电动机的输入电压频率（Hz）]；

　　　E——输送带的拉伸刚度（N）；

　　　W_0——总阻力（N）。

两滚筒传递的最大功率之比和最大牵引力之比相同。

由式（8-1）可以看出，影响牵引力分配比的因素有：

1）各机械传动装置的传动比和效率。

2）输送带的拉伸刚度。

3）各驱动滚筒的半径，驱动滚筒的半径存在误差，主要是由于长期磨损和黏性物料附在滚筒表面，导致滚筒实际运转半径增大。

4）总阻力 W_0。

5）电动机的供电频率 f。

对于具体的输送机，因素1）~3）都已确定，4）由运量等因素决定，因此牵引力的调节只靠调节电动机的供电频率 f 来实现。

8.2.5　多机功率平衡控制策略和程序设计

1. 多机功率平衡控制策略[38]

在电动机的实际控制中，电动机功率是一个间接量，实际控制量近似以电动机定子电流或转子转矩代替。过去常用的功率平衡方法是采集各电动机的转速和电流，计算出各电动机的平均电流及工作状态，对处于发电状态的电动机，增大驱动该电动机的变频器频率，使其工作在电动状态后再进行功率平衡控制；当两台电动机都处于电动状态时，对电流大于平均电流的电动机，减小驱动该电动机的变频器频率，对电流小于平均电流的电动机，增大驱动该电动机的变频器频率，最终实现各电动机的功率平衡。

在实际运行中，由于电动机的出力和速度是一个时间惯性环节，特别是变频器驱动的输送机系统是一个大滞后、非线性环节，如果按照上述方法直接调节，则有可能出现调节速度慢、超调甚至不稳定的现象，影响整个系统的正常运行。如果采用工业现场常用的 PID 方法调节，则难以建立系统准确的数学模型，且负载变化频繁、PID 参数难以整定以及只适应一种工况，这些缺点导致仅用 PID 调节难以达到理想的控制效果。

因此，基于主 - 从控制的 PID 控制方法在工业上得到了广泛应用，控制器只控制主变频器，主变频器的速度输出（或转矩输出）作为其余变频器的速度给定（或转矩给定），同时所有变频器分别实行 PID 闭环控制。加在主电动机上的速度命令和负载的任何扰动都会被从电动机反映并且跟随，较好地实现了功率平衡，但是任何从电动机上的扰动却不会反馈回主电动机，也不会影响到其他的从电动机。因此，这种控制方法只能应用于对速度和功率平衡控制精度不是很高的工业生产中，对于散料输送机的控制达不到理想的控制精度。

考虑到模糊控制和 PID 控制的特点，在牵引力的实际分配比理论的基础上，拟采用带速度补偿的模糊 PID 控制方法进行功率平衡控制，其控制策略如图 8-3 所示。在 PLC 中设计一个比较器，通过 PROFIBUS – DP 读取变频器 VF1 和 VF2 的输出转矩 T_1、T_2 并在比较器中进行比较，根据式（8-1）和现场实测数据，采用模糊 PID 方法计算出速度补偿 Δn_1、Δn_2，对变频器的给定输入速度 n_e 进行修正，以此作为两台变频器的速度给定，以修正后的速度给定和两台电动机 M1 和 M2 的实际速度 n_1、n_2 作为 PID 控制器的输入，将经过 PID 运算后的结果调节变频器的频率 f_1、f_2，最终实现两台电动机的速度和转矩同步，达到较为理想的功率平衡控制效果。为防止出现输送带与滚筒打滑现象，对电动机设有最大速度差保护，即当两台电动机的速度差 $|\Delta n|$ 达到允许转速差 Δn_e 以上时，不再进行功率平衡调整（不再考虑速度补偿）。

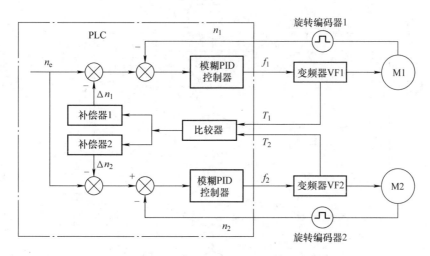

图 8-3　双滚筒驱动功率平衡控制策略图[38]

2. 功率平衡控制程序设计

功率平衡是为了解决多机驱动时功率分配不均的问题，通过功率平衡，使驱动机在各自的设计功率附近，从而保证了各驱动电动机可靠运行。按照前面提出的功率平衡控制策略（参见图 8-3）和 5.6.2 节设计的模糊 PID 控制器，实际设计应用的一种功率平衡流程如图 8-4 所示，图中 n_0 为两台电动机的同步转速，其他符号含义同前面一节和 5.5 节。

8.2.6　长距离胶带输送机的中间驱动技术

随着胶带输送向大型化方向发展，其长度越来越长，但由于受到输送带强度与驱动装置的限制，使用的输送机单机长度不允许无限制地加长。采用中间驱动技术，使驱动功率分散开来，这样可以降低输送带的最大张力，降低输送带强度，使单元驱动装置小型化，通用性强，降低整机成本。中间驱动技术的关键是驱动装置的负载分配及各驱动装置的起动顺序和时间间隔，中间驱动点数量越多，这种要求就越高。在 8.4.1 节表 8-2 中的 2 号输送机长 8445m，它采用了中间驱动技术，即头部用 $2 \times 450kW$ 电动机驱动，中部用 $2 \times 450kW$ 驱动，尾部用 $1 \times 450kW$ 的电动机驱动。

8.2.7　长距离胶带输送机的功率平衡目标和验带速度

设计规范规定，验带速度为 $0.3 \sim 0.5 m/s$，若输送带长度为 5km，则验带时间长达 3 ~ 5h，即使验带时是空载运行，也须作长时运行考虑。[33]

PLC 电气控制系统功率平衡追求的目标是：

1）在满载起动时能够实现每个主电动机同时平衡出力，直至达到每个电动机的最大驱动能力，实现胶带输送机的满载顺利起动。

2）在运行时能够保障每个电动机都不长时过载，防止电动机及传动系统的损坏。

事实上，影响电动机功率平衡的因素主要可以分为两类：第一类是静态影响因素，主要取决于原始的参数设计，好的设计可以使静态功率平衡达到理想效果；第二类是动态影响因素，所产生的功率不平衡是瞬态过程，动态功率平衡问题主要取决于消除动态功率不平衡所

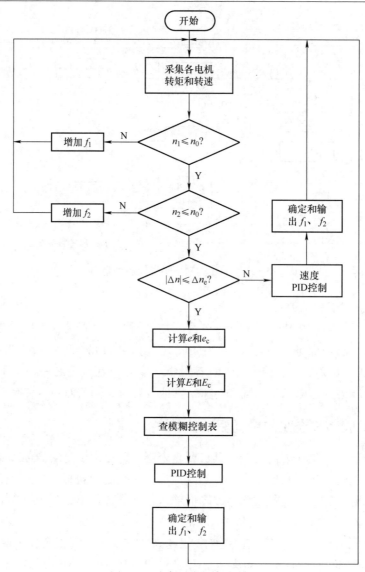

图 8-4　功率平衡程序流程图

用系统的响应速度，能达到工程上响应速度的要求，对动态功率平衡就起作用，否则就达不到预期效果。

8.3　工程实例1：大唐锡林浩特矿业公司平运长距离多驱动胶带输送机变频调速系统

以大唐锡林浩特矿业公司东二号露天煤矿二期工程剥离系统 B1106 带式输送机为例，说明平运长距离多点驱动的输送机变频调速系统。

8.3.1　平运长距离胶带输送机的主要参数

大唐锡林浩特矿业公司某工程的 B1106 胶带输送机，水平机长 1228m，由 5 台 1800kW 电动机驱动；其中，头部 1#电动机和 2#电动机为同轴驱动电动机，头部 3#电动机和 4#电动机为同轴驱动电动机,尾部为单驱电动机。

8.3.2　多滚筒驱动配电方案和控制系统硬件

配电方案为:机头、机尾分别设移动变电站为头部驱动电动机和尾部驱动电动机配电,头、尾驱动电动机均采用西门子罗宾康型变频器进行变频。控制器需提供 PROFINET 和 PROFIBUS – DP 主站通信接口。

8.3.3　多滚筒驱动系统的 PROFIBUS 网络通信

头部 S7 – 300 控制器通过 PROFIBUS – DP 网络控制输送机头部的 4 台驱动电动机,尾部 S7 – 300 控制器通过 PROFIBUS – DP 网络控制尾部的 1 台驱动电动机。头部和尾部的控制器通过 PROFINET 光纤网络通信。控制网络系统如图 8-5 所示。

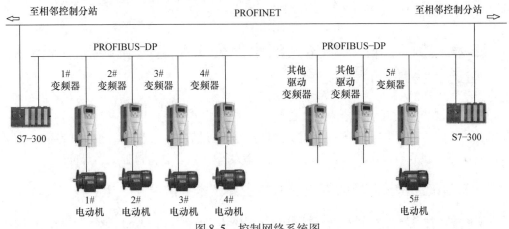

图 8-5　控制网络系统图

为达到该工程多滚筒长距离输送机系统控制的通信干网要求,驱动控制系统采用 PRO-FIBUS – DP(以下简称 DP,其内容可参考第 3 章有关内容)和 PROFINET 相结合的控制网络。DP 主要采用 RS – 485 传输技术,作为常用的串行通信协议,其使用双绞线作为传输介质,这样的传输设备结构简单,成本低廉;此外,RS – 485 的二线差分平衡传输方式具有的另一优点是抗干扰能力很强。

PROFINET 是 1999 年开始开发的工业以太网技术,其带宽高达 100Mbit/s,它在通信速率、数据传输量等方面都远超 DP,而且网络拓扑形式也多种多样,此外 PROFINET 的 IRT 技术使循环周期达到 $250\mu s$,这也是 DP 不能达到的。PROFINET 技术由 PROFINET IO 和 PROFINET CBA 组成,OFINET IO 用于对现场分布式 IO 进行控制,与原来 DP 在现场级的作用基本相同,PROFINET CBA 用于控制器与控制器之间的通信,其下属的 IO 设备控制信息已在各自的控制内完成。

8.3.4　变频器控制(速度同步和转矩平衡)方式

胶带输送机负载情况比较复杂,它的负载由摩擦力产生,总体上表现为电动机转子输出轴上的恒转矩负载,因此需要较大的起动转矩。采用速度闭环矢量控制方式,可获得全速度范围的高精度调速性能及动态性能,并具有极佳的低速性能。胶带输送机的起动命令由头部

PLC 发出，分别经 DP 和 PROFINET 传给头部驱动的变频器和尾部驱动的变频器。在起动和运行过程中，所有驱动电动机应尽可能保证转矩平衡（即出力相同），该任务由设在头部的 S7－300 控制器完成，其实现方法可分为两种：一种为速度给定控制；另一种为速度跌落控制。

速度给定控制是将头部驱动的 1#电动机设定为主驱动电动机，在起动过程中，头部 S7－300 控制器实时读取变频器的瞬时转矩，并通过 DP 传给 2#～4#驱动变频器，通过 PROFINET 传给尾部的 S7－300，尾部控制器再通过 DP 传给 5#驱动变频器，以此保证各驱动电动机的功率平衡；此外，还需通过速度限制来保证设备的安全。

速度跌落控制是罗宾康变频器本身集成的控制功能，其主要用于变频器驱动多台电动机耦合到同一负载，需要实现负载电流均衡的场合。速度跌落量与变频器负载电流成正比，变频器负载电流越大，速度跌落越多；变频器负载电流越小，速度跌落越少；速度跌落越少的变频器将承担越多的负载，由此实现变频器和电动机之间的平衡。

8.4　工程实例2：昌江华盛天涯水泥公司平运超长距离多驱动胶带输送机变频调速系统

以海南昌江华盛天涯水泥有限公司二期扩建燕窝岭矿山至厂区石灰石输送项目为例，介绍采用 PROFINET 和 PROFIBUS－DP 总线相结合的通讯方式，把 PLC 与人机界面、变频器及远程 I/O 相连接，解决了长距离输送系统控制设备多和集中控制难度大等问题。

8.4.1　工艺布置和长距离胶带输送机的主要技术参数

本项目输送物料为破碎后的石灰石，物料粒度为 0～75mm（占90%），物料容重为 $1.45t/m^3$，输送距离为 17km，输送机宽度为 1.2m，平均输送能力为 1500t/h，带速为 3.5m/s，共由 4 台胶带输送机组成，如图 8-6 所示。其中，2 号输送机中部约 990m 穿山洞，2 号和 3 号输送机头尾部约 50m 为室内布置，其余地段为室外敞开式廊道。输送机部分参数见表 8-2。[40]

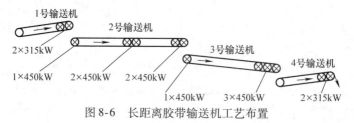

图 8-6　长距离胶带输送机工艺布置

表 8-2　输送机部分参数

序号	长度/m	提升高度/m	电动机配置	制动形式	驱动形式
1 号	900	42	头部驱动 2×315kW	抱闸制动器	$YOX_{VS}650$ 限矩型液力耦合器
2 号	8445	0	头部＋中部＋尾部驱动（2＋2＋1），5×450kW	盘式制动器	变频器
3 号	6395	−32	头部驱动＋尾部驱动（3＋1），4×450kW	盘式制动器	变频器
4 号	1366	27	头部驱动，2×315kW	抱闸制动器	$YOX_{VS}650$ 限矩型液力耦合器

8.4.2　对控制系统的主要要求

对控制系统的主要要求如下:

1) 应将整条输送线的所有输送机及其保护控制的电控设备视为一个完整的集监控、保护和信号为一体的机电一体化产品 (包括高低压电动机的起停控制设备), 并保证在技术上的合理性、完整性和可靠性。

2) 每台胶带输送机可实现现场慢速验带运行, 能实现软起动和软停车, 其加/减速度的幅度不超过 $0.05\mathrm{m/s^2}$, 确保设备在正常停车和紧急停车 (如突然断电) 时的平稳, 不致产生"飞车"和撒料。

3) 胶带输送机正常运行中要求多台驱动电动机功率平衡, 电流误差小于 3%。

4) 胶带输送机的控制系统能与工厂中央控制系统联网, 实现集中化操作和信息化管理。

5) 配备跑偏、拉线、纵撕、堆煤、打滑、信号、温度和压力等保护传感器, 并能在人机界面上一一对应显示, 以便及时排除故障, 可实时显示各电动机变频器及保护传感器的工况和状态等。此外, 还具有长距离胶带输送机沿线起动预告和故障报警功能。

8.4.3　多点驱动控制技术和联锁集控

控制系统共设 5 个控制站, 分别设在每台胶带输送机的头部和 2 号输送机的中间驱动部位。图 8-7 所示为集中控制系统网络拓扑图, 集控系统的主站 1 设在 4 号输送机头部, 主要完成 4 号输送机所有机电设备的控制和保护传感器信号的采集, 将其他分站上传的数据信息进行处理, 并发出集中控制指令, 同时将系统信息通过工业以太网上传至厂区的中央控制室, 接受中央控制室的统一控制。分站 2 设在 3 号胶带输送机头部, 完成 3 号输送机头部机电设备的控制和距头部 3200m 范围内保护传感器信号的采集。分站 3 设在 2 号胶带输送机头部 (即 3 号胶带输送机尾部), 完成 2 号输送机头部和 3 号输送机尾部机电设备的控制以及距该分站 3200m 范围内保护传感器信号的采集。分站 4 设在 2 号胶带输送机中部, 完成 2 号输送机中间驱动部位机电设备的控制以及距该分站 3200m 范围内保护传感器信号的采集。分站 5 设在 1 号胶带输送机头部, 完成 1 号输送机头部机电设备的控制和保护传感器信号的采集。

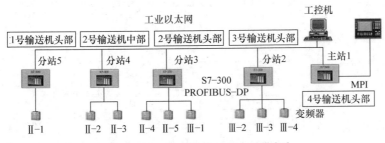

图 8-7　集中控制系统网络拓扑图[40]

8.4.4　控制技术和联锁集控的配置

控制站均选用西门子公司 S7 – 315 系列 CPU 作为控制核心, 该 CPU 集成了 PROFINET

和 PROFIBUS – DP 两种总线通信接口。各控制站之间采用 PROFINET 总线实现长距离通信，通信介质为光缆。控制站与其就近的变频器之间采用 PROFIBUS – DP 总线实现通信。

人机界面采用工业级计算机和工业级触摸屏，二者互为操作备份。上位机选用研华工业级控制机，通过 CP5611 接口卡使工控机与 PROFIBUS – DP 相连。上位机监控软件采用 WINCC 组态软件，触摸屏操作面板选用 TP270 10in 面板，通过 MPI 与主站 PLC 实现通信。

8.4.5　多站点通信的软件实现

控制主站与各分站通过工业以太网交换机总线用网络拓扑结构实现通信，控制站点之间通过访问各自交换机的 IP 地址实现数据双向通信。控制站与就近变频器通过 PROFIBUS – DP 总线实现数据交换，ABB 公司的变频器属于符合 PROFIBUS – DP 规约的第三方设备，将其 GSD 文件复制后粘贴到主站的组态软件中，就可以组态从站的通信接口。打开主站硬件组态窗口，在 PROFIBUS – DP 网络上添加 ABB 变频器设备并组态通信接口区。数据传输开始之前，先对设备设定站地址和波特率，站地址必须和实际设备上拨码开关设定的地址一致。建立主站与从站之间的控制变量地址映射表后，通过编程实现主、从站之间的数据通信。

8.4.6　根据张力分时起动多驱动点的电动机

2 号和 3 号输送机均为多点、多电动机驱动，由于输送带具有黏弹特性，张力在输送带中的传递需要一定的时间，各质点才能依次开始运动。若这一段时间不够长，输送带与传动滚筒保持正常传动所需的摩擦力就会丧失，造成输送带在传动滚筒上打滑而不能正常起动；反之，若时间过长，输送机的下输送带将承受非常大的张紧力，影响输送带的使用寿命。

以 2 号输送机为例介绍分时起动：先同时起动机头 2 台变频器，通过 PROFIBUS – DP 总线监测安装在输送机中部张力传感器（见图 8-8）的变化，当张力传感器实测的数据（保存在数据寄存器 MD162 中）发生变化（±5%）时，起动中部 2 台变频器；同样，当尾部张力传感器发生变化（±5%）时，起动尾部 1 台变频器。[40]

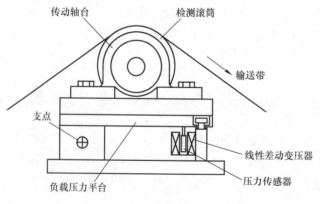

图 8-8　张力传感器安装示意

8.4.7　多驱动点负载均衡和速度同步

胶带输送机的驱动电动机间均存在刚性连接和柔性连接。刚性连接为 2 台电动机同轴连接，柔性连接则通过胶带实现。刚性连接时，主机采用速度控制，从机跟随主机的转矩给定。柔性连接时，主机和从机由同一速度给定值来控制，从机不能采用转矩控制的原因是从机胶带和滚筒间摩擦力突然下降时传动单元的输出转矩会引起电动机飞转。

以 3 号输送机的 4 台变频器为例来介绍电动机间的速度同步，将机头 3 台变频器中的一台定义成主机，另两台为 1 号从机和 2 号从机，机尾变频器为 3 号从机，通过 PROFIBUS - DP 总线对主机参数进行设置。

刚性连接正常工作时，1 号从机的速度调节器输出为零，从机跟随主机的转矩给定。当负载减小时，控制功能激活速度调节器，从机的实际转速开始迅速上升，当转速偏差的绝对值超过设定值时，速度调节器将一个负值加入转矩给定，电动机的转矩受到限制，从而防止了电动机转速的进一步升高。

柔性连接正常工作时，2 号从机跟随主机同一速度给定。在任何工作条件下，转差率功能保证了主机和从机传动负载的均匀分配。

1）从机驱动滚筒与胶带的摩擦力下降引起打滑，降低从机的输出转矩可以防止转速上升。

2）主机负载增大，内部转矩给定增加，以保持恒速，主机的转差率增加，速度略微下降。

3）从机若比主机运行稍快，当摩擦力恢复正常大小时，从机负载增大，引起内部转矩给定值的增加。从机的转差率增加，实际速度下降，主机负载增大。

以上过程循环重复，直到重新获得平衡。

8.4.8　制动方案

经过对现场情况的仔细研究，发现尽管该长距离输送线随着地势变化有很多起伏点，但经过详细计算，4 台输送机电动机均无超过同步转速的运行工况，2 号和 3 号输送机配置的变频器无须回馈制动功能，故按平运长距离胶带输送机处理。输送机的制动仅需变频器与配套的盘式制动器相互配合即可实现（见表 8-2 中的制动形式）。

8.5　工程实例 3：梅花井矿井上运长距离胶带输送机变频调速系统

梅花井矿井上运长距离胶带输送机应用变频调速控制后，在轻载及重载工况下，均能有效控制胶带输送机柔性负载的软起动/软停车动态过程，实现各胶带输送机驱动点之间的功率平衡和速度同步，并提供可调验带速度，由此降低快速起动/快速停车过程对机械和电气系统的冲击，避免撒料与叠带，有效抑制胶带输送机动态张力波可能对胶带和机械设备造成的危害，延长输送机使用寿命，增加输送系统的安全性和可靠性。

8.5.1　上运长距离胶带输送机的主要技术参数

梅花井矿井年生产能力为 12M，主斜井胶带输送机主要技术参数如下：运量 $Q = 3100\text{t/h}$、带宽 $B = 1600\text{mm}$、带速 $v = 0 \sim 6.5\text{m/s}$、机长 $L = 1790\text{m}$、倾角 $\alpha = 16°$、胶带 ST6300、配低速变频电动机 2 台（3500kW、4160V、$n = 60\text{r/min}$），采用双驱动胶带输送机控制系统。矿井一期运量 $Q = 1300\text{t/h}$，采用 $v = 0 \sim 2.5\text{m/s}$ 速度运行。

8.5.2 采用变频调速的 S 形曲线软起动/软停止

在以往胶带输送机工程设计中，使用调速型液力耦合器等机械和液压方式的驱动设备，效率低、维护复杂、工作环境差、不能调速运行、非线性、起动电流大，而且由于大的起动加速度，导致胶带持续波动，张力特性较差，无法对长距离输送的动态优化和安全起动提供有效的保证。

为了改善胶带张力和动态性能，本工程采用优化的 S 形曲线数学模型（见图 8-9）。优化的 S 形曲线起动前设有一个低速预张紧过程，使长胶带内部的张力分布基本均匀后再按 S 曲线加速起动，避免张力波的传播和叠加引起长距离输送机的剧烈振荡，这要求驱动器具有很高的低速性能。

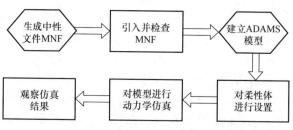

图 8-9   优化的 S 形曲线数学模型

8.5.3 变频调速系统的组成和双机驱动的主从控制

本工程双驱动胶带输送机控制系统由四部分组成：变频器——西门子 SINAMICS GM150 系列 4160V 中压变频器；变频电动机——3500kW、4160V 电动机；变频变压器——24 脉冲移相变频器；S7 - 300 PLC 控制部分。

系统包括两个闭环控制，即速度闭环和转矩闭环。以速度闭环控制模式工作的驱动器定义为主驱动，以转矩闭环控制模式工作的驱动器定义为从驱动。S7 - 300 PLC 作为主从控制器，协调各驱动器之间的控制关系。

用于主从控制的 S7 - 300 PLC 作为给定函数发生器，给出优化的 S 形曲线起动函数，作为变频器主驱动的速度给定信号，同时主驱动接收来自电动机轴编码器的脉冲信号，作为速度负反馈信号。主传动速度输出将跟随 S 形给定曲线上升，而主传动输出转矩控制信号给从驱动，实现电流调节和功率平衡。停车过程类似此调节过程，输送机卸料完毕，正常停车指令给出，S 形曲线开始下降，由变频器控制软停车过程；当速度降低到允许机械抱闸时，各驱动装置断电停车。

主传动为闭环速度控制模式，从传动则为闭环转矩控制。主、从传动之间通过通信连接，并对变频器参数进行设置，当主传动进行维护或出现故障时，通过变频器间的控制联锁，其中一台从传动变频器自动升为主传动，以确保输送带仍能在降负载下工作。即通过参数设置及工程软件组态，可将任意一台驱动设为速度闭环主驱动，其余为转矩闭环从驱动，PLC 和各主、从驱动间采用 PROFIBUS - DP 实现通信，组成一个相对独立的多机传动系统。

为减少变频器的谐波，在变频器的配置上采用 24 脉冲，从而大大降低电网谐波含量。

8.5.4 变频调速系统的上位监控系统

胶带输送机电控系统包括了以下几大部分：高压供电系统（包括高压柜内微机综合保护系统）、变频驱动系统、胶带监控系统。这几大部分通过网络连接组成一个相互配合、协调工作的监控系统，其网络拓扑结构如图 8-10 所示。

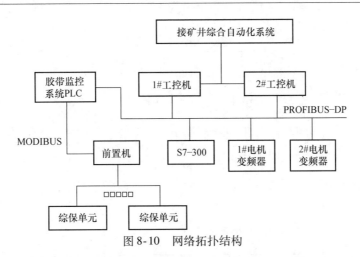

图 8-10　网络拓扑结构

由图 8-10 可以看出，该监控系统是整个矿井自动化系统的一个控制子系统。两台工控机、胶带监控系统 PLC、两台变频器，通过 PROFIBUS – DP 网络连接；胶带监控系统 PLC 及高压柜综保单元通过 485 接口（MODIBUS 协议）相连。

两台工控机为冗余配置，作为上位机负责整个系统的操作控制、图形监视及报警，还可进行数据处理、历史事件记录及数据查询等。同时，工控机作为上位机，还很方便把信息上传到矿井综合自动化系统中。

8.6　工程实例 4：哈密某矿用多台高压变频器上运长距离胶带输送机变频调速系统

8.6.1　上运长距离胶带输送机的主要技术参数

主要技术参数如下：运送物料为原煤（粒度 0~300mm）；松散密度为 0.9t/m³；运输量为 3000t/h；机长 $L = 1270$m；倾角，输送机倾斜上运，主斜井井筒角度为 16°，出井口变为 10°；提升高度 $H = 345$m；带宽 $B = 1600$mm；带速 $v = 4.5$m/s；主机功率为 4×1400kW；主机电压为 6kV。

8.6.2　胶带输送机变频调速系统的组成

变频调速系统主要由高压变频调速装置、电源柜、控制系统等构成。矿方供电电源为 10kV，选用 4 台高压开关柜作为 4 台变频器的 10kV 电源主装备，变频调速装置采用一体化设计，集成隔离变压器和变频器两部分，隔离变压器采用可靠性极高、绝缘等级为 H 级、免维护设计的干式变压器。

变频器选用无谐波高压变频器。电动机功率为每台 1400kW，考虑到输送机的起动转矩较大，故选用 4 台容量为 1600kW 的高压变频器，而且每台变频器功率单元的电流值选为 200A，每台电动机的额定电流为 167A，完全满足输送机机起动时的过载要求，变频器输出电压为 0~6kV。

4 台变频器采用一拖一方式运行，即用 4 台高压变频器分别驱动 4 台普通异步电动机。

变频调速系统结构如图 8-11 所示。

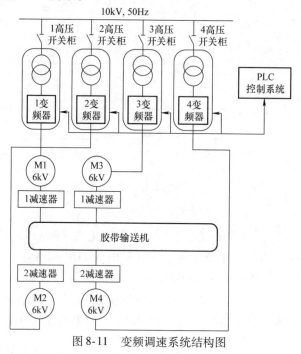

图 8-11　变频调速系统结构图

8.6.3　多机驱动的速度同步和转矩平衡

1. 多机驱动的速度同步和转矩平衡控制目标

（1）速度同步目标

可控制所有多机驱动胶带输送机上的电动机，使所有驱动电动机滚筒处的输送带线速度（输送带张力）尽量一致，避免因各驱动点张力不同致使输送带拉伤、撕裂。输送带的线速度并非电机转速，它和滚筒的直径成正比。

（2）电动机转矩平衡目标

对于一滚筒双驱（或多驱）的情形，控制该滚筒的多台驱动电动机的输出转矩相同，出力一致，避免出力不均衡导致某些电动机过载或烧毁。

2. 多机驱动的速度同步和转矩平衡控的主电路控制模式

（1）主从控制

本工程的 4 台电动机分别由 4 台变频器驱动运行，4 台变频器工作于主从同步模式，由控制系统 PLC 指定其中 1 台变频器为主机，另外 3 台为从机并接受主机控制，主机采用矢量控制技术进行速度调节，从机接受主机的转矩给定信号处于速度跟随状态，以保证 4 台电动机的输出转矩平衡。

为了防止受指定的主机变频器或电动机和机械系统出现故障而导致整机停产，PLC 在接收到主机系统故障信号时，可以再自动指定（通过外部 DI）另外一台变频器作为主机，从而使输送机可以减载运行而不至于停产。

（2）"转矩环"和"速度环"双环控制

变频调速系统中包含两种控制模式：速度限幅控制模式（速度环）和转矩平衡控制模

式（转矩环）。

在"速度环"控制模式中，主机和从机按照主机的统一电动机转速信号运行，控制各台变频器拖动的电动机以相同转速运行，即电动机转速一致。由于滚筒的直径较大，难免存在制造误差；另外，电动机转速也不可能达到完全一致：所以"速度环"控制模式不能保证输送带各驱动点的线速度一致。而"转矩环"模式控制的主机按照给定速度指令计算出相应的输出转矩，同时控制所有从机和主机按照这个同一转矩输出，从而使得各台变频器拖动的电动机以相同转矩运行，进而使得各驱动点的带速一致。因此，该胶带输送机变频调速系统采用"转矩环"和"速度环"双环控制模式，以"转矩环"作为正常（主控）控制，"速度环"作为（备控）保护。正常工作中，"速度环"不起作用，"转矩环"控制各台电动机同转矩输出，保证了各电动机出力一致，并且最大限度地保证了各驱动点的输送带速度一致。当电动机堵转或跳带发生，并且导致电动机转速变化超出设定幅度时，系统启用"速度环"调节转速；当转速回到设定范围内后，"速度环"自动退出，重新进入"转矩环"控制。这样不但保证了输送带速度一致，同时也保证了各电动机的转矩一致。

8.6.4　胶带输送机变频调速系统的 PLC 控制

PLC 控制系统是整个多机驱动胶带输送机变频调速系统的重要组成部分，它与变频调速装置配合实现了系统功能。本工程 PLC 控制系统的核心器件采用施耐德公司的 QUANTUM 系列 PLC，并采用冗余结构，保证系统可靠运行，控制部分主要包含以下设备：1 个主站、1 个配电室分站、1 个温度采集分站、1 台 DELL 服务器和 1 套组态软件。PLC 控制系统结构如图 8-12 所示。

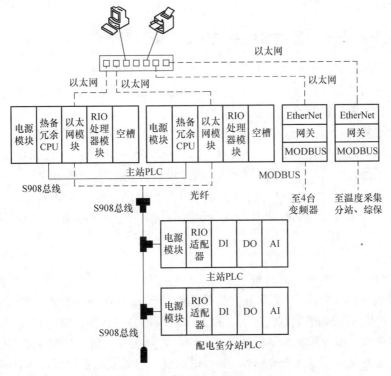

图 8-12　PLC 控制系统结构图

（1）主站

主站是整个系统的核心，不仅完成对主斜井胶带输送机的控制，同时负责与变频器、供配电系统和保护系统等交换信号，共同完成系统功能。

（2）配电室分站

主要负责配电室设备信号的采集和控制，配电室分站与主站之间通过施耐德 S908 总线进行通信，以保证系统可靠供电。

（3）温度采集分站

负责采集主斜井电动机、减速器和滚筒等的 PT100 温度信号，并可将温度信号上传至主站，温度超限时可实现停车保护。

（4）服务器和组态软件

DELL 服务器中安装 Vijeo Citect 单机版组态软件，可通过组态画面直观显示集控系统各种设备的运行及故障情况，并具有各种报表显示及打印功能，方便矿方管理。

8.7　工程实例 5：冀东海德堡下运长距离胶带输送机多点驱动控制系统

8.7.1　下运长距离胶带输送机的主要技术参数

冀东海德堡（泾阳）水泥有限公司的下运长距离胶带输送机主要技术参数为：长度为 9342m，运量为 800t/h，带速为 3.0m/s，输送倾角为 - 5.5079° ~ 2.4110°，总装机容量为 1200kW，采用头尾 1:2 配置。

8.7.2　下运长距离胶带输送机的系统构成、硬件配置和功能

本实例下运长距离胶带输送机驱动采用机头单驱、机尾双驱的多点驱动方式来满足驱动功率的要求，选用 ABB 公司的 ACS800 系列变频器外加国产制动电阻来实现软起动、软停止，并配置了自动液压张紧装置和盘式制动器。

控制系统主要由 1 个控制主站和 7 个控制从站构成。控制主站设在输送机尾部，1#控制从站设在输送机头部，两者相距 9342m，采用 PROFIBUS - DP 开放式现场总线，实现主机、从机在起动、运行、停机及各种保护信号、辅助设备控制之间的网络通信，通信介质为光缆。其余控制从站分别为 1# ~ 3#变频器、输送机头部输送带张力在线监测站、自动液压张紧装置控制站（张紧装置分站）以及盘式制动器控制站（制动器分站）。控制系统网络结构拓扑如图 8-13 所示。

1. 控制主站

作为 PROFIBUS - DP 主站，系统选用 CPU315 - 2DP 模块化 PLC，它集成了 ROFIBUS - DP 和 MPI 现场总线接口装置，具有强大的处理能力（具有 0.3ms 处理 1024 语句的速度）。PLC 程序在上位机 STEP7 中编制完成后下载到 CPU315 中并储存，CPU 可自动运行该程序，根据程序内容读取总线上所有 I/O 模块的状态字，控制相应设备。控制主站由操作台和低压控制箱组成，负责实现机尾 2 台变频器、2 台电动机、盘式制动器及就近 4700m 范围内输送机保护传感器数据的通信和信号采集。

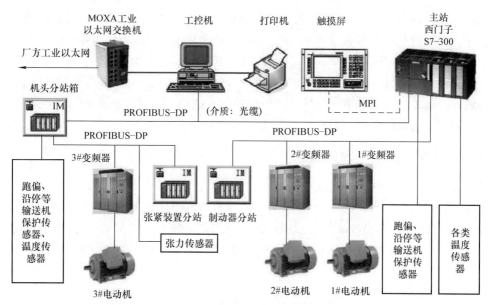

图 8-13　控制系统网络结构拓扑

控制主站的人机界面由工控机和触摸屏组成，二者互为备份。工控机通过 CP5611 接口卡与 PLC 相连，触摸屏通过 MPI 与主站 PLC 实现通信，这样工控机与现场总线就连接成能完成组态、运行、操作等功能的完整的控制网络系统。工控机监控软件为西门子公司的WINCC 组态软件，而基于 Windows CE 操作系统的触摸屏与工控机共同实现动态显示、报警、趋势、控制策略、控制网络通信等功能，并提供一个友好、完善的用户界面。

2. 1#控制从站

1#控制从站设在机头低压控制箱内。由于输送机的控制属于一个整体，机头从站只是采集、执行附近设备的状态信号和控制命令，所以系统从站没有选择带 CPU 结构的智能从站，而是选用 ET200 作为远程 I/O，通过适配器实现总线通信。ET200 完成从站附近所有 I/O、AI 模块状态字的读取，控制相应设备。

3. 2#~4#控制从站

自动液压张紧装置、盘式制动器均配套有控制系统，因其 PLC 为 SIMATIC S7 – 200 系列，故将其作为智能从站，在该系统模块化的 PLC 框架下增添了 ROFIBUS – DP 总线模块，与主站实现通信。输送机头部输送带张力在线监测仪配置了支持 PROFIBUS – DP 总线协议通信的选件卡，作为 4#控制从站将输送带张力实时地上传至主站。

4. 5#~7#控制从站

3 台 ABB 公司的 ACS800 系列变频器通过 RPBA –01 适配器（选件）将传动单元连接到PROFIBUS – DP 网络。在 PROFIBUS – DP 网络上，传动单元被当成从属设备。通过 RPBA –01、PROFIBUS – DP 适配器模块，主站可以向传动单元发出控制命令（起动、停止、允许运行等），发送速度或转矩给定信号以及向 PID 调节器发送一个过程实际值或一个过程给定信号，同时还可从传动单元中读取状态信号和实际值，并对传动单元进行故障复位。

8.7.3　PROFIBUS 实现控制站软件通信

控制主站、1#~4#控制从站均为西门子公司 SIMATIC S7 系列的 PLC，具有 PROFIBUS –

DP 总线通信接口，ABB 公司变频器属于符合 PROFIBUS – DP 规约的第三方设备，将其 GSD 文件复制后粘贴到主站的组态软件中，可以组态 5# ~ 7#控制从站的通信接口。打开主站硬件组态窗口，在 PROFIBUS – DP 网络上添加 ABB 变频器设备并组态通信接口区。

　　数据传输开始之前，先设定设备的站地址和波特率。站地址必须和实际设备上拨码开关设定的地址一致。然后建立主站与从站之间的控制变量地址映射表，建立好控制变量地址映射表后，通过一定程序实现主站和从站之间的数据通信。

8.7.4　多点驱动控制系统的特点

　　控制系统与变频调速装置相配合，具有如下性能特点：

　　1）提供合理优化的可控起停功能，控制输送机按理想的 S 形速度曲线实现起停。

　　2）转矩和速度控制精确平滑，保持输送带动态张力最小，减少对负载机械的冲击。

　　3）电动机驱动能提供精确的负载分配控制，平衡精度≤1%，不会出现输送带打滑现象。

　　4）具备低速验带功能，运行速度（0 ~ 3m/s）方便调节。

　　5）采用一拖一的配置方式，同滚筒上的 2 台电动机不出现机械振动现象。

　　6）采用国产制动电阻替代原装进口产品，节省了投资。

　　由于本工程的长距离胶带输送机属于下运工况，在运行过程中电动机有负功率输出。ABB 公司变频器配套的原装进口制动电阻价格非常昂贵，结合制动电阻阻值近似计算法和参照说明书选型这两种方法，设计、制造了制动电阻，满足该下运胶带输送机的能耗制动要求，节省了投资，提高了系统的性价比。

8.7.5　多点驱动各主电动机的分时起动

　　输送带具有黏弹特性，动张力在输送带中的传递需要一定的时间，各质点才能依次开始运动，在长距离输送机中，这一段时间如果不够长，就会丧失输送带与传动滚筒保持正常传动所需的摩擦力，造成输送带在传动滚筒上打滑而不能正常起动；反之，若时间过长，胶带输送机的下输送带将承受非常大的张紧力，而对输送带的使用寿命造成影响。这一点在长距离胶带输送机中体现尤为明显。本工程控制系统在先起动输送机尾部 2 台主电动机后，借助安装在输送机头部的张力在线监测传感器，实时检测输送带张力变化。当检测到张力变化达到预定值时，起动头部主电动机，从而实现长距离胶带输送机多点驱动各主电动机的分时起动。

8.7.6　多点驱动各主电动机的负载均衡

　　胶带输送机机尾 2 台电动机同轴，属于刚性连接，机头电动机与机尾电动机则通过输送带连接，属于柔性连接。刚性连接时，主机采用速度控制，从机跟随主机的转矩给定。由于传动带的摩擦力是变化的，所以从机不能采用转矩控制，从机输送带摩擦力的突然下降会引起电动机飞转，这是因为在转矩控制下，传动单元会维持一定的输出转矩。为保证主机和从机传动负载分配均匀并且平滑，应该使用转差率功能。此时主机和从机由同一速度给定值来控制。

第9章 港口胶带输送机的变频调速系统与节能

作为水陆联运连接的港口，煤炭、矿石、粮食、水泥、化肥等散料的运输是大进大出，工艺系统也相对复杂，需要采用多种专业化装卸设备和若干条胶带输送机组成装卸系统，规模大、耗电大，需要专用的 35kV 变电站（甚至 110kV 变电站）为胶带输送机系统供电。因装卸工艺布置和地区地质条件等因素的影响，可能会出现胶带输送机水平运输、上行运输、下行运输、长距离运输以及上述几种条件同时出现的情况。

目前，港口散料胶带输送机系统大部分是固定工频和电压的电机拖动，只有个别散料运输系统采用了变频调速系统，但收到了显著的节能效果和经济效益。因此对新建项目以及传统系统的改造，变频调速系统的市场推广潜力很大。

9.1 港口胶带输送机系统的设备和装卸工艺

9.1.1 港口现代化散料专用装卸机械设备

为适应港口大宗干散货吞吐量的快速增长和船舶大型化的要求，港口胶带输送机系统需要采用多种专业化装卸设备和若干条胶带输送机组成若干个装卸系统，单机设备主要有翻车机、斗轮堆取料机、胶带输送机、散货装船机、桥式抓斗卸船机、链斗式连续卸船机、门座式起重机等。为介绍港口胶带输送机系统的装卸工艺，除胶带输送机外，将上述单机设备简介如下。

1. 翻车机

翻车机是一种用来翻卸铁路敞车散料的大型机械设备，其可将有轨车辆翻转或倾斜使之卸料，如图 9-1 和图 9-2 所示。

图 9-1 转子式翻车机

图 9-2 三车翻车机

　　根据结构，翻车机可分为 O 形和 C 形。一般 O 形翻车机用于翻卸旋转车钩车辆；C 形翻车机既能翻卸非旋转车钩车辆，又能翻卸旋转车钩车辆。一般大型煤炭堆场，煤炭来源地多，铁路集港车辆复杂，通常选用对车辆适用性强、可靠性高的 C 形翻车机。

　　根据一次翻卸车辆数，翻车机可分为单车翻车机、双车翻车机、三车翻车机和四车翻车机。早期的设备只能翻卸 1 节车皮，只好选用单翻式。但单车翻车机比双车翻车机效率低很多，不能满足大型储运煤炭堆场年卸车能力的要求，后来，一般选用双车翻车机。最近几年，各部门要求使用越来越大型化的翻车机，如秦皇岛港煤五期配备 3 台三车翻车机，翻卸的车辆全部为旋转型车钩；曹妃甸港煤码头起步工程配备 2 台四车翻车机，翻车次数为 27 次/h，单机翻车能力为 7780t/h。

　　翻车机的翻卸角度一般能达到 175°，可以方便迅速地将敞车内的物料卸出，效率高，翻车机及其调车系统还可以实现自动化控制。翻车机布置在翻车机房内，设有格栅、接卸漏斗、给料机、胶带输送机等设备，还有定位车（Positioner）、拨车机（Pusher）（对应于非旋转车钩）、夹轮器、逆止器（对应于非旋转车钩）等车辆定位设施。除此之外，翻车机房内还安装有控制、通风、除尘、维修及供水、供电等配套设备。

　　重车和空车进出翻车机平台，车辆都经过动态轨道衡计量：重车线、空车线设夹轮器；翻车机出口设逆止器；在翻车机平台两端，设有可调式平台，以满足不同敞车作业的需要。

　　作为最普遍的散货物料卸车设备，翻车机卸车系统广泛地应用在港口，并成为国内外港口最为普遍的机械化卸车方式。

2. 斗轮堆取料机

　　斗轮堆取料机有堆料和取料两种作业方式，如图 9-3 和图 9-4 所示。堆料由胶带输送机运来的散料经尾车卸至臂架上的胶带输送机，从臂架前端抛卸至料场。通过整机的运行，臂架的回转、俯仰可使料堆形成梯形断面的整齐形状。取料是通过臂架回转和斗轮旋转实现的。物料经卸料板卸至反向运行的臂架胶带输送机上，再经机器中心处下面的漏斗卸至料场胶带输送机运走。通过整机的运行，臂架的回转、俯仰可使斗轮将储料堆的物料取尽。

图 9-3　斗轮堆取料机　　　　　　　　　　　　图 9-4　堆取料机

3. 散货装船机

　　散货装船机是用于大宗散货装船作业的连续式机械，它与后方胶带输送机系统相衔接，是一种高效率的港口装船机械。按货种可分为煤炭装船机（见图 9-5）、矿石装船机等。

装船机是用于散料码头装船时使用的大型散料机械。装船机一般由臂架皮带机、过渡皮带机、伸缩溜筒、尾车、走行装置、门架、塔架、俯仰装置、回转装置等组成。大型散料装船设备在港口等行业特别是一些大宗散料集散中心的高速、稳定、集效、滚动式发展中，发挥着重要作用。装船机通常是连续装船作业的，因此必须有与之配套的设备提供连续的物料流使装船机可连续装船。如粮食码头的粮仓给料，煤码头的料场中斗轮取料机的连续给料等。因此，未来装船机

图 9-5　煤炭装船机

的一个最大的发展趋势是自动化程度会越来越高。

4. 桥式抓斗卸船机

卸船机是码头前沿的重大接卸设备，对系统的工作效率起着重要的作用，因此各大港口均按码头停靠最大船型（为达到系统最大生产率）选用高效、可靠的卸船机。目前，我国煤炭、矿石码头的卸船机大部分采用抓斗式卸船机。

桥式抓斗卸船机在轨道上运行作业，门架下净空高度可通运输车辆，如图 9-6 所示。它由起升机构/开闭机构、小车牵引机构、俯仰机构、大车行走机构、落料回收装置、臂架挂钩与金属结构、电气与控制系统设备等构成。作业时，抓斗从船舱内抓取物料提升至锥形料斗上方并放料，物料经振动给料器送至下方码头胶带输送机系统。

桥式抓斗卸船机完成一个抓斗循环动作需要三个主要工作机构，即抓斗起升/下降机构、抓斗闭合/打开机构、小车行走机构。桥式抓斗卸船机的核心部分为抓斗小车行走

图 9-6　唐山曹妃甸矿石码头
三期使用的桥式抓斗卸船机

机构，经过几十年的发展，抓斗小车经历了自行小车和钢丝绳牵引式小车，近几年又发展到了四卷筒单小车牵引式。

桥式抓斗卸船机与连续卸船机相比，通常认为其最大的缺点是不利于环境保护。最近几年，通过在取料点、机上物料转载点、受料漏斗以及抓斗上采取多种防治污染措施，抓斗卸船机的环境污染已可以得到有效控制。除此之外，桥式抓斗卸船机的技术新进展主要体现在小车结构上。

5. 链斗式连续卸船机

世界上大宗散货（如铁矿石、煤炭等）的主要卸船设备为抓斗卸船机，目前国内最大的单机卸船额定能力达到 3000t/h，已接近抓斗卸船机经济运行的极限。随着国内铁矿石需求量的增加，价格也不断攀升，为了控制铁矿石到岸成本，海运船型越来越大型化。因此，如何提高码头上卸船设备的卸船效率、降低卸船成本、缩短船舶在港时间、加快船舶周转等

问题，变得日益突出。

链斗式连续卸船机凭借其高效率（链斗式连续卸船机卸船效率通常可达65%以上，而抓斗卸船机的卸船效率通常维持在50%～55%。考虑清仓工艺，在同样额定卸船效率条件下，连续卸船机的实际能力要比抓斗卸船机大约20%。）、节能（链斗式连续卸船机由于没有频繁加减速和起制动，其电耗约为抓斗卸船机的70%，且清仓机使用少，其燃油消耗约为抓斗卸船机的50%）、环保（物料在链斗式连续卸船机的卸船过程中，能实现密闭输送，不会造成物料的撒漏及扬尘，环境污染小）的优势，以及日益成熟的技术，正逐步进入追求高效率的码头。宝钢主原料码头三期延长改造工程以及唐山港曹妃甸港区矿石码头二期工程均采用链斗式连续卸船机作为其主力卸船设备，单机卸船额定能力达到3600t/h。

链斗式连续卸船机主要由以下几部分组成：链斗取料提升机构、斗式提升机头旋转机构、受料机构、臂架旋转机构、臂架俯仰机构、行走机构及带式输送机系统等。卸船作业时，链斗从船舱内将物料挖起，通过提升卸入受料机构，再转入臂架中的胶带输送机，最后通过中心漏斗、出料带式输送机进入码头上的胶带输送机系统。

大型链斗式连续卸船机目前在国内处于起步阶段，尽管其存在耐磨性和抗波浪力等方面的问题，但是凭借其高效、节能、环保的优势，更符合我国发展的国情，必将在国内港机市场占有一席之地。

6. 粮食机械式连续卸船机

卸船机是粮食码头作业必不可少的设备，20世纪80年代以前，我国多数港口基本以抓斗作为主要卸粮设备。80年代后，国外相关单位先后研制了多种不同形式的机械式连续卸船机，并广泛应用在世界各大港口。近些年来，我国有关部门均在努力改善国内粮食流通能力，机械式连续卸船机在粮食卸船上的应用日渐增多。

7. 门座式起重机

门座式起重机是桥架通过两侧支腿支承在地面轨道或地基上的臂架型起重机，可沿地面轨道运行，下方可通过铁路车辆或其他地面车辆，可转动的起重装置装在门形座架上。门形座架的4条腿构成4个"门洞"，可供铁路车辆和其他车辆通过。门座式起重机大多沿地面或建筑物上的起重机轨道运行，进行起重装卸作业。

门座式起重机是随着港口事业的发展而发展起来的，为便于多台起重机对同一条船进行并列工作，普遍采用转动部分与立柱体相连的转柱式门座式起重机，或转动部分通过大轴承与门座相连的滚动轴承式支承回转装置，以减小转动部分的尾径，并采用了减小码头掩盖面（门座主体对地面的投影）的门座结构。

门座式起重机有起升、回转、变幅和运行机构，前三种机构装在转动部分上，每一周期内都参加作业。转动部分上还装有可俯仰的倾斜单臂架或组合臂架及驾驶室。运行机构装在门座下部，用以调整起重机的工作位置。带斗门座式起重机还装有伸缩漏斗、胶带输送机等附加设备，以提高门座式起重机用抓斗装卸散状物料时的生产率。除电气保护装置外，还装有起重量或起重力矩限制器、起重机夹轨器等安全装置。

装卸用门座式起重机主要用于港口和露天堆料场，用抓斗或吊钩装卸。起重量有5t、10t、16t，一般不超过25t，现在也有40t或更大的，不随幅度变化。工作速度较快，故生产率常是重要指标，如图9-7所示。

单机自动化是系统自动化的重要组成部分。我国的大型散货机械多采用PLC控制以达到自动化的目的，装卸船舶作业可实现无线遥控。一般在中控室均设有系统模拟屏，可对系统实行实时控制、自动报警、自动停机、自动启动等操作。

图 9-7　带抓斗门座式起重机

在电气传动方面，世界总的趋势是由直流调速向交流变频调速方向发展，且有取代的趋势。我国交流变频调速技术已在港口大型移动的旋转和行走机构上开始应用，提升机构的应用也正在试验中。

我国港口的单机和中控室的信息一般都是通过电缆传输，现已在个别码头应用无线传输。

尽管当前桥式抓斗卸船机、带斗门机和普通门机组成的间歇式机械仍是我国港口的主力卸船机型，但高效、低能耗、低噪声、低污染的连续卸船机近年来在我国港口得到广泛应用和认可，但其中有的是从国外引进的，如 1000t/h 的布勒埋刮板卸船机（卸散粮）、750t/h 夹皮带卸船机（卸散粮）、600t/h 的波纹挡边带卸船机（卸散粮）、400～500t/h 螺旋卸船机（卸散化肥）等。中外合作设计制造的有 1200t/h 的 L 形链斗式连续卸船机（卸煤炭）。我国自行设计制造的有 200～1200t/h 的悬链斗式连续卸船机（卸煤炭、黄沙、铁矿石）、1600t/h 的斗轮卸船机（卸铁矿石）等。

9.1.2　专用煤炭装卸码头的工艺流程

1. 翻车机卸车工艺

由于底开门专用运煤列车系统需要专用运煤列车，而此类车型目前尚未普遍采用，所以铁路卸车系统目前国内通常选用对各种车型适应性强的 C 形翻车机、双车 C 形翻车机系统作业。对于 C70、C64 非旋转车钩车辆的翻车卸煤过程以及 C80 旋转车钩车辆的翻车卸煤过程，这里就不赘述了。

下面介绍冻煤的卸车，对于冬季到港的运煤列车，由于冻煤的出现而给翻卸车作业带来困难。为解决冻煤问题，目前冬季在装车时，广泛采用喷洒煤炭防冻液来减轻煤炭冻结现象。

因为空车线人工清车速度满足不了翻车机作业速度要求，对于翻卸后粘接有极少量煤炭的个别车辆，考虑在空车返回集结线中采用人工清扫处理。

对于极其严重的冻煤车，在空车线和重车线采用人工卸车，卸下的煤炭通过单斗装载机、自卸汽车倒运到堆场。

2. 码头装船系统工艺

大型煤炭码头一般根据年通过能力来设置专用装船机。专用装船机采用具有移动、俯仰、伸缩机构的直爬式尾车装船机，海侧轨一般距码头前沿 6m，专用装船机额定装船能力为 6000t/h。

在专用装船机门架下方并排若干条胶带输送机，中心距一般为 4m，栈桥下净空高度为码头面上 4.5m，专用装船机装料溜筒可以回到岸上进行维修。

3. 堆场堆、取料系统工艺

堆场堆、取料系统设若干条轨道梁基础，每条轨道梁基础上设有两台堆取料机和两条堆取料线。若考虑港口配煤作业的要求，则在轨道梁基础上设配煤取料机，配煤取料机能够向两条堆取料线给料。

4. 胶带输送机系统工艺

大型煤炭胶带输送机系统卸车额定能力为 5000 ~ 6000t/h，装船额定能力为 6000t/h，为方便统一管理，设备选择尽可能一致，系统流程举例如下：

铁路敞车→翻车机→地下输煤胶带输送机→地面输煤胶带输送机→装船机→散货船。

铁路敞车→翻车机→地下输煤胶带输送机→地面输煤胶带输送机→堆取料机→散料堆场。

堆取料机→胶带输送机→装船机→散货船。

堆取料机→胶带输送机→堆取料机→散料堆场胶带输送机→装船机→散货船。

卸船机→胶带输送机→堆取料机→散料堆场。

9.1.3　专用铁矿石码头卸料堆取工艺流程

专用铁矿石码头卸料堆取工艺流程举例如下：

桥式抓斗卸船机→胶带输送机→堆取料机→散料堆场。

链斗式连续卸船机→胶带输送机→堆取料机→散料堆场。

抓斗门座式起重机→胶带输送机→堆取料机→散料堆场。

堆取料机→胶带输送机→钢厂。

9.1.4　专用散粮和散化肥的装卸流程

1. 专用散粮码头卸粮堆取工艺流程

1000t/h 埋刮板卸船机→胶带输送机→粮食筒仓。

船上吸粮机→胶带输送机→粮食筒仓。

粮食筒仓→胶带输送机→自卸汽车。

2. 专用散化肥码头卸货工艺流程

抓斗式门座式起重机→胶带输送机→灌包机→码包机。

抓斗式门座式起重机→胶带输送机→耙料库。

耙料库→胶带输送机→灌包机→码包机。

综上所述：港口散料装卸系统都使用了很多胶带输送机，具有输送连续、可靠、自动化程度高、设备维护工作量小、可与工厂总控制系统联网统一管理、输送线路按布置占有土地少等特点；同时物料在输送过程中相对稳定、扬尘点少、对环境污染小。

9.2　港口胶带输送机系统的控制和管理

9.2.1　控制及信息管理系统的组成和功能

20 世纪 70 年代，某大型煤炭输出港的胶带输送机系统曾采用 100 多台继电器控制柜进行控制，20世纪90年代以来，港口煤炭胶带输送机系统基本都采用PLC集中控制代替继电器（RLC）的集中控制。

9.1节介绍了港口几种主要散料的装卸工艺，由于系统中的胶带输送机数量差别较大，对其系统的控制和管理功能要求也不同，为叙述方便，这里以某大型煤炭输出港的PLC集中控制和计算机管理为例介绍，仅供参考。

1. 工程的控制及信息管理系统

1）两台AB可编程序控制器（PLC）CONTROLLOGIX系统。存储容量大于2000KB，存储器留有20%的裕量，在需要时能方便地扩展内存，配置无线电通信所需的通信模块，开关量I/O模块采用DC 24V 32。

提供3台手提式编程器用于系统PLC的编程。编程器具有在线和离线编程功能，提供有PCMCIA接口卡槽，可在PLC网上对网络中任一PLC进行检测及在线编程。

2）彩色图形监控操作站（CGP）。AB工控机，1.44MB软驱；48XCD–ROM光驱；19in液晶彩显。标准的键盘和鼠标；标准并行口和串行口；系统软件、操作软件、应用软件；机箱可提供附加驱动器和插卡空间及PCI/EISA和PCI扩展槽的空间。CGP上可按要求通过控制网络对PLC进行编程。CGP监控软件包括1套开发版和10套运行版。

CGP配HP A4激光打印机3台、HP A4激光彩色打印机1台及HP A3激光打印机1台；管理PC和工作站配置HP A4激光打印机22台；管理网络配置HP A3激光打印机1台；编程器配置HP A4便携式激光打印机3台。

3）信息管理系统。信息管理系统是指由设于中央控制室（CCR）的网络交换机、网络打印机、工作站微机、HUB等设备组成一个计算机局部网络。该网络能完成信息管理系统的各项管理工作。信息管理系统应能与PLC、管理PC进行数据传输，把接收到的各类数据，经处理后按统一要求进行生产作业管理。系统有很好的扩展能力，后续增加的个人计算机能很方便地接入该计算机网络系统。

4）胶带输送机现场控制装置。装置的配置为：拉线急停开关、胶带输送机跑偏检测开关、胶带输送机速度检测器、胶带输送机纵向撕裂检测器、溜槽堵塞检测器、料流检测开关、机侧操作箱、起动预告电笛、电动闸板限位开关、排水器开关、裙板上下限位开关、胶带输送机制动器释放开关等。电动机过温检测器开关和胶带运机张紧限位开关由胶带运输机设备提供。现场设备的保护等级为不低于IP65。

2. 控制及信息管理系统的功能及要求

（1）控制系统网络

控制系统网络是一个实时网络，能够长期连续运行。控制系统网络具有网络在线编程和系统离线编程功能。在系统正常运行情况下，系统可在不断电的情况下替换某些部件。控制系统网络自身由不同类型的设备和系统组成，主要功能如下：流程控制操作；处理操作指令；自动收集设备状态数据并指示设备运行和设备故障状态；流程联锁和逻辑控制；实时数据采集和处理；系统与各子系统的有线数据通信；系统与各子系统的有线信号传输；接收火车和船舶的人工输入数据；控制系统网络全系统故障自诊断。

（2）流程作业监控系统

控制系统以设于中控室的彩色图形工作站（CGB）为控制中心，对系统的工艺和除尘等设备进行控制，该控制系统由PLC、CGP等主要控制操作设备组成，完成生产工艺流程中作业的实时管理、设备控制、系统操作、流程画面及图形显示、监控等工作。

　　（3）作业实时管理系统

　　控制系统的 PLC 可以采集与控制系统流程操作相关的实时数据和信息。通过工业控制网络与 CGP 和管理 PC 相连，高速传输 CGP 和管理 PC 所需的实时数据，经 CGP 和管理 PC 对数据进行分类、处理、存储（CCR 操作人员也可通过用户键盘输入实时处理所需的数据或对所输数据进行人工干预），CGP 和管理 PC 的数据管理系统可完成实时作业管理系统及作业管理报表功能。

　　（4）信息管理功能

　　实时作业管理产生的信息和报表提供给管理计算机系统，经过对有关数据的加工和处理后形成各种数据文件。信息管理具有下列功能：装船作业管理；卸车作业管理；设备管理；物资管理；能源管理；数据信息管理；人事档案管理；财务工资管理。报表具有下列功能：根据用户需要和公司有关文件的规定，完成计划统计报表、货运报表、调度报表和机电报表；查询功能，对所有报表、报表中的任意项目及特殊数据进行查询，对网络中的原始数据进行查询（查询的时间范围可以任意确定）。

9.2.2　胶带输送机系统的控制操作方式

　　9.2.1 节讲述的某大型煤炭输出港的 PLC 控制系统分为中控室自动操作方式、中控室集中手动操作方式和现场就地测试操作方式。通过控制室操作台上的选择开关和现场就地操作箱内的选择开关，选择不同的操作方式。控制室操作台还设有用于系统紧急停车的急停按钮，当按下急停按钮后，运行设备全部停机。各种操作方式下，所有设备的状态信号能在 CGP 画面上显示。

1. 中控室自动操作方式

　　当中控室选择开关处于自动位置和现场就地操作箱选择开关处于远控位置时，中控室可完成自动操作方式，该操作方式至少能完成下述控制功能：

　　1）流程设定和选择。中控室操作员根据装船和卸船信息报告，通过监控操作站的用户键盘和鼠标将有关信息输入控制系统，并根据堆场堆存情况、胶带输送机及各单机的设备完好情况等综合信息，由控制系统自动选择最佳工作流程，供操作员参考（由操作员自行选定工作流程方式）。操作员选定流程后，中央控制系统的 PLC 将把料种、堆存位置、流程信息等信号选送至有关的单机司机室内显示。

　　2）流程起动和停止。流程设定完成，并确认各单机准备完毕以及电动挡板、电动裙板、除铁器、排水器等设备置于正确的位置后，起动流程中的胶带输送机系统，起动前胶带输送机沿线报警铃给出 30s 报警。起动顺序为逆料流起动，即从下游设备到上游设备顺序起动。正常停机时，流程的停止顺序为顺料流停机，即从上游设备到下游设备顺序停机。

　　3）故障停机和紧急停机。作业过程中如果设备发生故障，故障设备和上游设备立即停机，下游设备待物料排清后顺序停机。中控室操作台上设有急停按钮，当发生紧急情况时，操作员可以操作该按钮，使胶带输送机系统紧急停机。

　　4）当中控室操作员所设定的作业量达到时，控制系统使首端机器停止给料，其信号在相关单机的司机室和中控室显示。

2. 中控室集中手动操作方式

当中控室选择开关处于集中手动位置和现场就地操作箱选择开关处于远控位置时，中控室可完成集中手动操作方式，操作人员通过 CGP 的鼠标（或操作键盘）逐个起动设备。该种操作方式下的设备运行有联锁控制关系，当设备故障时，故障点上游设备立即停机，故障点下游设备顺序停机。

3. 现场就地测试操作方式

当中控室选择开关处于就地位置和现场就地操作箱选择开关处于测试位置时，中控室自动操作方式解除联锁，通过现场设备附近的就地操作箱，操作设备进行仅带跑偏和拉线紧急停车联锁的运行。该操作方式主要在现场设备的维修和设备调试时使用，不作为正常的生产作业操作。

除以上方式外，还有装船机移舱操作、胶带输送机除尘器控制、行走机械的防碰撞、各单机的控制等方式。

9.3　港口胶带输送机运行负载特性和控制的发展趋势

9.3.1　胶带输送机系统的运行特性应满足港口生产要求

因港口装卸工艺布置和地区地质条件等因素的影响，会出现胶带输送机水平运输、上行运输、下行运输、长距离运输以及上述几种条件同时出现的情况。所以港口胶带输送机的运行负载特性具有前面相应胶带输送机的特性及技术要求，可分别参见 5.1.2 节、5.1.3 节、5.2.1 节、6.1 节、7.1 节、7.2 节和 8.2 节的有关内容，除此之外，它必须考虑港口生产的特点，满足港口生产对胶带输送机的以下几点要求：

1）港口胶带输送机运输中，由于散料装卸船而频繁换舱，或者更换散料堆存区域导致运输系统频繁起停，要求输送机的驱动系统能够适应港口输送机频繁起停，保证输送机在低速下具有良好的起动性能。

2）港口大运量的散料运输，有的为提高效率而减少胶带机起停时间，要求输送机能够满载起/停；有的在出现任何故障需要紧急停车时，要求能满载停机，在需要的时候或故障排除后，能在满载下顺利起动。

3）港口散料装卸工艺复杂，要求胶带输送机系统具备良好的调速性能，可在大范围内进行调速，以适应不同生产率的运输。

4）港口散料运输企业是能源消耗大户，胶带输送机的能耗控制是节能工作的中心环节。例如，秦皇岛港大型胶带输送机数量为 271 条，总长度近百千米，具有功率大、胶带长、运转复杂、能源消耗量大等特点，2009 年全港电力消耗总量为 31467.97 万 kW·h，其中胶带输送机的能源消耗占 66% 以上，可见港口胶带输送机系统在稳定运行条件下实现节能控制是必要的。

9.3.2　港口胶带输送机系统采用变频调速控制是发展趋势

为使输送机起停时产生的冲击减至最小，降低胶带带强，降低机械系统的损耗，20 世纪 70 年代港口胶带输送机主要采用绕线转子异步电动机串接电阻或频敏电阻器，设备接线复杂，故障率高，绕线转子异步电动机起动或停止时，串接电阻或频敏电阻器将电能转换为热能消耗掉，消耗很多电能。还有，采用这种起停方式的异步电动机，集电环常被烧损，维修工作量大。如某港口煤码头工程中，半年左右就需要维修一次（参见 5.3.2 节内容），后来的港口胶带输送机已很少采用这种方法，胶带输送机的电动机驱动多采用调速型液力耦合器装置。

调速型液力耦合器控制胶带输送机的特点见 5.3.3 节内容，这种液力耦合器的效率低、能耗高，不利于节能；对胶带的强度要求高，起动电流大而且由于大的起动加速度，往往导致胶带持续波动，张力特性较差，速度调整的精度较低，无法对长距离输送胶带的动态优化和安全起动提供有效的保证。当单机功率大于 500kW 时，调速型液力耦合器往往不能满足工况要求。设备在低速运行时所能提供的驱动力矩小，满载起动难度大，且产生的热量大，需要充足的冷却水源，不能满足港口的满载起停要求，所以目前其在大型港口胶带输送机系统中的应用越来越少。

除港口外，有些行业将 CST 用于大型、重载长距离胶带输送机的驱动系统，但其初投资高，后期维修费用高，见 5.3.4 节内容。CST 驱动每小时满载起动不能超过 5 次，说明输送机的驱动系统采用 CST 驱动不能够适应港口输送机频繁起停的工况，并不能保证输送机在低速下具有良好的起动性能，且其节能效率较低。这些就是目前港口胶带输送机几乎没有使用 CST 的原因。

近些年来，胶带输送机多采用变频调速，具有控制方式多样、成本低、维护方便等优点。变频器本身可配置很丰富的软件功能并且具有较灵活的通信能力，胶带输送机驱动选择变频调速系统的优点可见 5.3.5 节。

关于港口耗能大户对节能的要求，采用调速型液力耦合器和 CST 驱动都不能大量节能，而对胶带输送机的空载、轻载进行变频调速，节约电能效果显著。

还要说明一点，近年来，随着我国经济的发展，港口散料码头（如铁矿石、煤炭）装船或卸船的效率不断提高，而建港条件相对变差，长距离、大功率的胶带输送机在港口运输中的应用越来越多。8.2.1 节内容说明了液力耦合器、CST 驱动方案的不足，认为长距离胶带输送机的起停及运行驱动方式选择变频调速系统是适宜的。

综上所述：中、高压变频器驱动方式不仅使胶带输送机在起动方面有优良的性能，在运行方面也能满足 9.3.1 节讲述的港口生产对胶带输送机的频繁重载起停、频繁切换工况、流量变化等生产特点，而且高效节能。所以港口胶带输送系统采用变频调速控制是发展趋势。

9.4　港口胶带输送机运行时运量变化造成节能空间大

港口胶带输送机除额定负载运行外，往往是轻载运行，甚至是空载运行，例如胶带输送机正常起、停时的空载、轻载运行；翻车机卸到胶带输送机上的散料量变化，造成胶带输送机的空载、轻载运行；取料机在堆场不同位置时胶带承载量的变化，造成胶带输送机的空载、轻载运行；装（卸）船机移舱时与之有关的胶带输送机空转。上述原因造成胶带输送机的轻载、空载运行，使之效率低下、功率因数低，电能浪费严重，存在较大的节能空间（参见 5.5 节内容），若采用额定工频以下的适当频率使电动机运行在较低速度，就可以节约电能。

9.4.1　胶带输送机起动、停止时的空转和设计选型造成的轻载

港口胶带输送机正常情况下应从下游设备到上游逆料流空载起动；正常停机时，先停止给料，从上游设备到下游设备顺料流轻载或空转一些时间后停车。胶带输送机设计选型时，为保证胶带输送机安全可靠运行，往往根据装卸工艺和最大运输能力要求进行设备选型，选用的电动机等级靠大不靠小，实际运行所需功率远低于所选择的电动机功率，电动机是轻载运行，甚至是空载运行（具体可参见 5.5.1 节有关内容）。

9.4.2　翻车机卸到胶带输送机上的散料量是变化的

9.1.1 节已介绍翻卸铁路敞车散料的翻车机。一般翻车机逆时针方向旋转为正翻卸煤过程，从零位起动，缓慢翻转，敞车翻转到 170°~180°时，将散料卸到地下的地面胶带输送机上，由地面胶带输送机将卸下的散料运送到指定的地方。翻车机顺时针方向为回翻，即使空车皮返回平台零位过程。由于火电厂和钢厂对物料的需求量逐渐增加，同时所翻卸的敞车载煤量越来越大，而且效率要求越来越高，所以车型也越来越多元化。北方的煤炭装船港口，先后使用单车翻车机、双车翻车机，甚至三车翻车机（见图 9-2）。为提高效率，多车翻车机采用不摘钩敞车。从翻卸铁路敞车散料的过程可以看出，卸到地面胶带输送机上的散料重量是不均匀的，也是变化的。

9.4.3　取料机在堆场不同位置时胶带的承载量变化

散料取料机作业时需要沿胶带输送机来回往复运动，胶带上的有料段长度在变化，即胶带的承载量在变化。假如胶带输送机由东向西贯穿整个堆场，由东端运出散料，取料机流量固定不变，取料机在东端时，胶带输送机所承载的散料量小，取料机越往西，胶带输送机所承载的散料量就越大，移到最西段，胶带输送机将满载运行，电动机以额定转速运转。胶带输送机所承载的散料量，随取料机在堆场的位置不同而变化，如上所述，取料机除在最西段时，大部分时间堆场胶带输送机所承载的散料量是轻载，而电动机仍在额定电压和频率下运行，造成电能浪费。

对于上面的情况，目前主要有堆、取料机位置检测法和电机电流两种方法来检测取料机在堆场位置不同时胶带输送机承载量的变化，可根据运量变化采用变频调速节能，当运量减少到一定程度时，甚至可减少一台电机拖动而节能（港口堆场一般较长，常采用多机拖动，但其他与之相关的装卸工艺胶带输送机仍在轻载运行）。

9.4.4　装（卸）船机移舱时与之有关的胶带输送机空转

散物料装（卸）船作业过程中，装（卸）船设备需多次周期性地变换舱位进行物料装（卸）载以保持船体平衡，通常称之为移舱。

为了提高散货装（卸）船效率，装（卸）船机移舱操作一般采用空载运转移舱。例如，当散料输送系统中的带称累计值达到设定值后，中央控制系统的 PLC 向装船机、取料机或翻车机控制室发出移舱准备信号，取料机悬臂的旋转将自动停止，或者翻车机将停止下一次的翻转卸料，此时所有胶带输送机不停。装船机司机室设有移舱时间设定装置，根据事先制定的装船计划，设定装船机移舱所需要的时间。

　　当胶带输送机上的物料全部卸完后，装船机司机开始移舱作业。移舱完毕后，装船机司机发出移舱完毕信号，由取料机司机重新起动取料机的旋臂，或者翻车机控制室开始翻转卸料。

　　实际作业中移舱用时较多，造成的流程空载运行时间较长。经统计，秦皇岛港煤五期工程年装船 2000 余艘次，平均每条船移舱时间约为 1h。由于移舱过程中不能上料，此时整条流程上的所有胶带输送机只能空载运行，能源白白浪费；而如果将整条流程停止，待移舱完毕后再起动，又会造成起动时间较长，作业效率降低。

　　若移舱期间原流程全部的胶带输送机继续调频低速空载运转，会收到显著的节能效果。

9.5　工程实例 1：罗泾矿石码头 42 台胶带输送机变频调速系统

　　上海港罗泾港区二期工程矿石码头位于长江口南支河段南岸、上海市宝山区罗泾地区境内，隔江与崇明岛相望，码头装卸以铁矿石、石灰石、焦炭等散货为主，设计年吞吐量为2200 万 t，其中约 300 万 t 的铁矿石等货种经胶带输送机直接输送到宝钢集团浦钢分公司厂内高炉。2005 年 6 月 13 日，陆域吹填开工，于 2007 年 6 月 1 日工程建成。2008 年 7 月 14日，罗泾港区二期工程通过国家验收。

9.5.1　矿石码头概况和装卸工艺简介

　　罗泾港区二期工程矿石码头是规模大、功能多、工艺系统复杂的矿石进出口码头。该工程共有 11 个装卸船泊位，17 台大型装卸、堆取料设备，共 42 台胶带输送机（58 台驱动电动机，总容量为 1.64 万 kW），工艺流程多达四大类共 31 个，可同时运行 8 个流程（2 个矿石卸船、1 个辅料卸船、3 个装船、2 个去钢厂），如图 9-8 所示。多台胶带输送机，多驱动电动机、多电动机容量种类、生产工况复杂、流程起停频繁、用电量巨大。[44]

　　1）11 个装卸船泊位：2 个 20 万 t 级（减载）矿石卸船泊位，1 个 5000t 级非金属矿石卸船泊位，8 个装船泊位（其中 2000 ~ 5000t 级矿石装船泊位 7 个），1 个 15000t 级矿石装船泊位。

　　2）17 台大型装卸、堆取料设备：4 台 2100t/h 的桥式抓斗卸船机［配备在 20 万 t 级（减载）矿石卸船泊位］，1 台 800t/h 的桥式抓斗卸船机（配备在非金属矿石卸船泊位），1台 4200t/h 的移动装船机（配备在直取装船泊位），3 台 2100t/h 的移动回转式装船机（配备在其他 7 个装船泊位），4 台取 2100t/h、堆 4200t/h 的斗轮堆取料机（配置在靠码头侧 4 条堆取合一作业线上），2 台 4200t/h 的堆料机（配备在公用堆场后侧的 2 条堆料线上），3 台1500t/h 的斗轮取料机（配备在公用堆场后侧的 3 条取料线上）。

　　3）42 台胶带输送机的主要技术参数如下：

　　每条卸船胶带输送机技术参数为 4200t/h，带宽为 1.6m，带长为 10559m，带速为3.15m/s，共 19 条。

　　每条装船胶带输送机技术参数为 2100t/h，带宽为 1.4m，带长为 4004m，带速为2.5m/s，共 8 条。

　　每条辅料卸船胶带输送机技术参数为配送能力为 800t/h 的胶带输送机，带宽为 1.0m，带长为 1627m，带速为 2.5m/s，共 3 条；配送能力为 1500t/h 的胶带输送机，带宽为 1.2m，带长为 3332m，带速为 2.0m/s，共 10 条。

另外，还有 2 台到钢厂的胶带输送机。

4) 四大类工艺流程如下：

① 卸船──→堆场堆料。

② 卸船──→装船。

③ 堆场取料──→装船。

④ 堆场取料──→后方钢厂。

①~③码头装卸工艺总计 25 个作业流程。装卸工艺系统不但满足港口散货大进大出的物流要求，还解决了港区堆场向后方钢厂供料精细化、小流量、多批次、高可靠性的配送要求，向后方钢厂供料有 6 个作业流程。

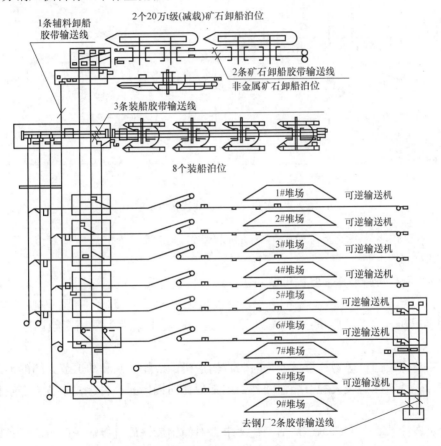

图 9-8　胶带输送机布局及驱动分布图

9.5.2　胶带输送机采用变频调速的原因

根据罗泾港区二期工程矿石码头 42 台胶带输送机的装卸工艺特点，全部选择变频调速的主要原因如下：

1) 从 9.5.1 节可知，40 台胶带输送机都属于长距离胶带输送机，它们通常要求高性能的驱动以满足重载起动、动态张力控制、速度同步及功率平衡、低速验带等工况要求，因此要求变频调速装置的输出具有高精度及高动态特性，而由 9.3.2 节内容可知，液力耦合器和 CST 驱动系统往往难以实现。罗泾港区二期工程矿石码头为了优化胶带输送机的起动和停车特性，驱动系统采用变频调速优化的 S 形曲线起动，使胶带输送机起动更平稳，并通过变频器可控停车，由此降低快速起动/快速停车过程对机械和电气系统的冲击，避免撒料与叠带，有效抑制胶带输送机动态张力波可能对胶带和机械设备造成的危害，延长输送机使用寿命，增加输送机系统的安全性和可靠性。图 9-9 所示为罗泾港区二期工程矿石码头现场实测优化 S 形曲线示波图。这些长距离胶带输送机采用变频调速系统后，可满足港口装卸工艺要求。

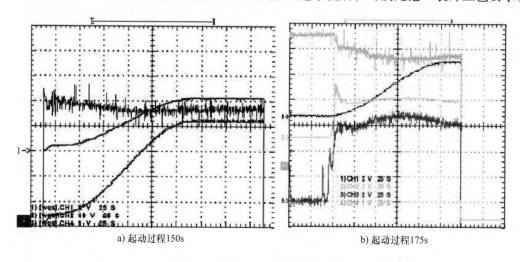

a) 起动过程150s　　　　　　　　　　b) 起动过程175s

图 9-9　实测优化 S 形曲线张力示波图

2）采用变频驱动系统能自动控制电动机起动过程电流，降低总配电难度。实时自动检测驱动电机的故障隐患，极大地提高了胶带输送机系统的稳定性和可靠性。

3）使用变频调速装置来取代机械调速方式，特别是在变转矩应用场合，它的最大好处是节能。罗泾港区二期工程矿石码头 42 台胶带输送机配置 58 台中压 690V、功率 45 ~ 630kW 驱动电机，电机总容量达 1.64 万 kW，运行时耗电量大，采用变频调速节能具有重要意义。

除 5.4 节介绍的运送物料重量变化时胶带输送机的节能控制和 9.1 节介绍的港口运行存在的空载、轻载工况有较大的节能空间外，本工程在向钢厂的小料运输中也存在空载运行情况，浪费电能多。

为满足罗泾特殊工艺向钢厂精细配送要求，对浦钢炼铁厂直接输送矿石原料，输送工艺特性是多品种（22 种）、多批次（27 次/d）、小运量（4.57 ~ 46min/次），流量动态变化大（400 ~ 1200t/h）。如果使用传统的 10kV 电动机直接起动驱动控制方式或普通长度使用的机械、液压驱动系统，电气设备特性要求不允许 15min 内停机再起动，由此而产生的相关胶带输送工艺流程中机械和电气设备的空载运行率很高，电能浪费严重，而变频调速系统具有灵活起动/停机功能，使罗泾矿石码头向浦钢精细配送矿石原料，装船输送工艺流程和卸船清仓流程的合理、稳定、顺行操作以及极大地降低生产用电损耗（降低生产运行成本）成为可能，实现了系统的高效起停控制和调速运行，具有机械和液压调速方式不可比拟的优势。另外，通过精确的驱动数学模型可实现优化的动态驱动过程、可调速度运行及验带功能。由此可降低机械和胶带的投资，并有效延长转动部件（如齿轮箱、托辊、滚筒）的使用寿命，保护输送机系统的安全。

4）42 台胶带输送机采用变频调速系统易与目前 PLC 控制设备相结合。

① 根据现场控制系统的实际情况，变频器与现有控制系统的通信可通过变频器配置的 I/O 接口、设备总线及通信口来实现。

② 多机驱动变频器自成系统，在调试过程中，变频器将被设置成主 - 从控制，以便实现变频器之间的转速同步、负载分配以及变频器的重载起动，控制系统只需与主驱动装置相连。实际的功率平衡和速度同步是长胶带输送机现场所需的关键技术，而机械和液压驱动系统往往难以实现。

综上所述，无论从满足港口的工艺要求、驱动系统的稳定性和可靠性、技术安全角度，还是从经济角度（特别是节约电能）来看，罗泾矿石码头 42 台胶带输送机没有采用传统的液力耦合器或 CST 驱动，皆采用变频调速系统是必要的而且是最佳的选择。

9.5.3　胶带输送机变频调速系统的构成

罗泾矿石码头 42 台胶带输送机全部采用中压变频调速系统，系统中每台驱动装置包括：10/0.7kV 变频变压器、690V 中压变频器、三相异步变频电动机及相关选件等。控制与通信系统采用现场总线接口，各驱动点最终通过工业光纤连接成完整的驱动控制系统，实现输送机系统逻辑控制运行要求。对每个工艺流程用 PLC 控制，使多台胶带输送机逻辑联锁操作满足装卸工艺要求，实现了胶带输送机的变频软起动、长距离胶带输送机的优化 S 形曲线起动和停车、可重载起动、可调低速验带速度和功率平衡、速度同步好、工作损耗低、低速运行稳定，多机同步驱动容易实现，在流量或输出较低的情况下，通过变频调速节能效果明显提高。

10/0.7kV 变频变压器，690V 中压变频器、三相异步变频电动机的主要性能介绍如下[44]：

1. 10/0.7kV 变频变压器

10/0.7kV 变频器是通过 10/0.7kV 变频变压器与电网连接，只需一个双绕组变压器。对于每台胶带输送机，通过对所对应的变频变压器的矢量组的优化组合，使得变频器对电网的谐波影响最小。每一区域通常配置 2 台或 2 台以上双绕组变频变压器，配置为 10kV ± 2 × 2.5%/700V、2500kV·A、D/yn - 116% 与 10kV ± 2 × 2.5%/700V、2500kV·A、D/d - 126%，给本区域的 3 ~ 5 台变频器和电动机供电。变压器裕度不小于 1.4，码头共配置 12 台 2500kV·A、10/0.7kV 变频变压器。

驱动系统（变频器和变频电动机）通过变频变压器与电网隔离。

2. 690V 中压变频器

58 台变频器全部选用 SEMENS 6SE71 系列产品作为标准配置，变频器的功率部分包括：

1）6 脉冲配置的晶闸管整流器。

2）具有电容器的直流环节。

3）三相逆变器。

中压变频器的特点如下：

1）应用 PWM 技术：负载侧逆变器需要 PWM 技术以便提供正弦输出和以电动机所需转

速提供频率控制。逆变器部分的控制是通过控制每个 IGBT 功率器件的触发信号来实现的，根据事先准备好的减小谐波影响的脉冲波形，逆变器可向电动机提供良好的输出波形，特别是低转速时的平滑转矩性能。

2）应用矢量控制技术：使用矢量控制技术（由西门子开发并完善），交流调速的范围与动态响应可与直流调速相比拟，甚至超过直流调速的性能，它的获得主要是将电动机的转矩电流与励磁电流进行分离和单独控制。

3. 变频电动机

长距离胶带输送机通常要求高性能的驱动以满足重载起动、动态张力控制、速度同步及功率平衡、低速验带等工况要求，因此要求变频调速装置的输出具有高精度及高动态特性的中、高压变频器及变频电动机。

普通定速电动机在设计上只考虑了额定运行点的最佳效率及功率因数，而在全调速频域内无法达到令人满意的调速精度和综合品质因数。

变频电动机除了考虑上述要求外，同时还考虑了高次谐波及 du/dt 对绝缘的影响，以及高、低频轴电流的影响。综上所述，该工程 42 台胶带输送机中的 58 台驱动电动机选用了配套的变频电动机。

9.5.4　胶带输送机变频调速系统的控制方式

罗泾矿石码头 42 台胶带输送机都是根据设计与工艺要求配置的，其中有 7 台胶带输送机是可逆胶带输送机（头尾各一台电动机驱动），其他胶带输送机均为头部 1 台或 2 台电动机驱动，总共 58 台中压 690V、功率 45 ~ 630kW 电动机。在每个驱动点对电动机进行控制和保护，并设置单驱动装置或主 - 从式多驱动装置。通过系统参数设置，可指定某驱动装置为主驱动或从驱动方式。

对于本工程的恒转矩传动系统，采用 DTC 技术或每台电动机使用一个 1024 脉冲或更高分辨率的增量型脉冲编码器，结合闭环力矩控制技术，以获得较高的动态特性和速度精度。变频器采用先进的控制方式，能够精确控制任何标准笼型电动机的速度和转矩。

根据工艺要求和功率测算，控制方式有三种：单端单驱、单端双驱及双端双驱。[44]

1. 单端单驱

1 台西门子的 6SE71 变频柜驱动 1 台电动机，部分单端单驱不带码盘。当单端单驱带码盘且电动机安装距离超过码盘编码器能力长度时，加装 SBP 板（脉冲编码器板）连接码盘信号，如图 9-10 所示。

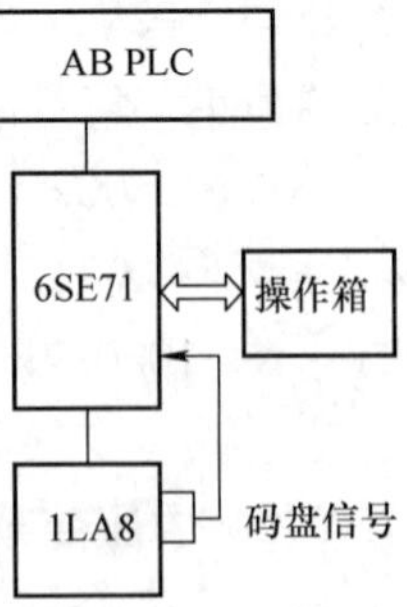

变频器状态（如运行、电压、电流等）通过 PRFIBUS - DP 传到中控系统。

图 9-10　单端单驱码盘信号

2. 单端双驱

2 台西门子 6SE71 变频柜驱动 2 台电动机，2 台驱动柜间用 SIMOLINK（Siemens Motion Link，以光纤电缆为传输介质的数字串行数据传输协议）通信完成主 - 从同步控制，实现转速同步、负载分配以及变频器的重载起动。所有单端双驱的电动机均带码盘，若电动机安装距离超过码盘编码器能力长度，加装 SBP 板（脉冲编码器板）连接码盘信号。变频器状态（如运行、电压、电流等通过）DP

（DP为PLC的一种通信方式，这种方式使得PLC可通过PROFIBUS的DP通信接口接入PROFIBUS现场总线网络，从而扩大PLC的使用范围）传到中控系统。控制系统只需与主驱动装置相连，从变频器状态先通过SIMOLINK传到主变频器，和主变频器数据一起传送到中控系统，如图9-11所示。

3. 双端双驱

2台西门子6SE71变频柜驱动2台电动机，2台驱动柜间用DP光缆通信完成主–从同步控制，所有双端双驱的电动机均带码盘，若电动机安装距离超过码盘编码器能力长度，加装SBP板（脉冲编码器板）连接码盘信号。变频器状态（如运行、电压、电流等）通过CP342–5 DP总线传到中控系统。就地AB PLC通过就地DP网络完成主变频器和从变频器同步控制和与中控系统的数据交换。实现转速同步、负载分配以及变频器的重载起动，如图9-12所示。

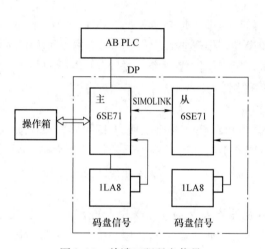

图9-11　单端双驱码盘信号

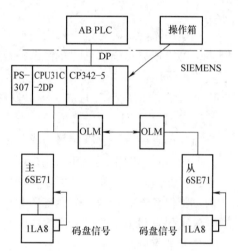

图9-12　双端双驱码盘信号

9.5.5　PLC、现场总线和工业以太网组成的控制网络

罗泾矿石码头整个自动化层采用三层网络结构：现场设备网络、现场控制网络及工业以太网。网络之间可实现无缝连接，通过三层网络实现监控系统、控制器和现场设备的连接，实现流程的顺序控制与故障监测。

1. 现场设备网络

将生产应用中的现场控制及传感设备智能化，分别通过PRFIBUS – DP、ANYBUS、IN-TER – BUS等设备网上的高性能现场总线完成现场设备与控制器之间的控制；信息、诊断数据的传递；提供现场设备的可靠性、易维护性和智能化，降低安装费用并缩短工期。变电所中压综合保护单元、低压保护/测量单元、皮带秤、除铁器等采用设备现场总线协议接入各PLC站。

本工程的PLC站采用罗克韦尔（AB公司的PLC），它的所有处理器模块、通信模块、I/O模块及端子均可以带电插拔，对于I/O模块，不仅可以在底板带电的情况下插拔模块，同时也可以在端子带电的情况下插拔模块。I/O模块自身具有强大的模块诊断功能，所有

I/O 参数的设定无需硬件设置，全部通过软件组态，易于快速配置 I/O 系统。同时，I/O 模块为高等级的隔离模块，即不仅是用户端（现场）和系统端（背板）的隔离，而且模块没有公共端，模块的每个通道与通道之间都是高隔离的。

2. 现场控制网络

现场控制网络具有以下特点：信息响应实时性高，传输的信息长度小，具有很强的可靠性和安全性。整个现场控制网系统的 I/O 点数约为 10000 点，主要分成四个区域：装船、卸船、进堆场和出堆场。在 4#变电所、3#变电所、2#变电所、2B#变电所以及除尘加压泵房共设有 5 个 PLC 站。把每个区域对应的操作员站、控制胶带输送机转运的现场 PLC 以对等方式接入本区的交换机，和其他各区以工业以太环网连接。通过冗余的工业以太环网（Control Net）连接，构成集散式控制体系结构。各区域之间相对独立且结构类似。对所有的被控点，变频器设备间都设有远程 I/O 站，堆场沿胶带输送机设总线站，则就近接入各个 PLC 控制站。

这里还需要说明的是，采用的控制层网络——Control Net 是高效率的。Control Net 上的节点，可以根据每个节点的特性选择巡检、定时和逢变则报等多种工作方式，这极大地降低了网络上无用信息的传输，有效地利用了网络带宽，提高了网络效率。在 2B#变电所的 Control Net 上混合构成高效的主 – 从、多主和对等通信网络。

3. 工业以太网

监控信息层由快速以太网构成，采用服务器/客户机结构，通过工业以太网和各 PLC 通信，同时和系统的生产管理系统相连。以双机热备服务器为核心，服务器采用冗余结构，当一台服务器故障时，客户机可以自动登录到另外一台服务器上，可以保证在任意一台服务器中时刻都保存着完整的整个系统的数据。

管理信息层由千兆以太网构成，与监控网络由硬件防火墙隔离，采用设置在 DMZ 区的冗余实时数据库服务器作为控制网与管理网之间的网关。通过数据库管理系统，可实现全港的信息集成。

9.5.6　胶带输送机运用变频器的相关问题

1. 谐波污染与抑制[44]

目前，中高压变频器输入部分使用晶闸管或整流二极管等非线性整流器件，其输出部分一般采用的 IGBT 等开关器件，在变频驱动时会产生谐波污染，谐波引起电网电压畸变，影响电网的供电质量，高次谐波会增加电动机的铜耗、铁耗，也可能影响周边电器的正常工作。本工程中采用以下抑制措施：

1）利用变压器联结组标号相位差抵消谐波，根据预测和模拟仿真分析，谐波产生的最大根源是 690V 变频驱动的胶带输送机，分别选用 D/yn – 11 和 D/do 不同联结组标号的变压器组合，通过变压器的接法使反馈到 10kV 侧的谐波电流及谐波电压值降至最低。在变、配电系统中，针对 690V 变频驱动的胶带输送机的流程对配电进行组合优化，使之做到：①变压器二次侧两段母线所带负载尽量相同；②两段不同母线负载同时运行的概率最大；③变压器相位差为 30°；④变压器的容量相同，变压器的阻抗相同。

选用不同的变压器联结组标号，利用相位关系抵消谐波外，还选用标准的晶闸管 6 脉冲配置的变频驱动设备与变压器组合，构成了虚拟 12 脉冲配置。2#变电所、2#B 变电所、3#

变电所和 4#变电所共设置 12 台容量匹配、联结组标号不同的 10/0. 69kV 整流变压器，使得变频驱动设备对电网的谐波影响达到最小。变频器通过变频变压器与电网连接，采用不共地方案中压驱动系统（变频驱动控制设备和电机）通过变压器与 10kV 电网隔离开，隔离谐波对上一级电网的影响。

2）胶带输送机电动机驱动变频器自带补偿措施，功率因数 $COS\phi > 0. 9$，其硬件配置有快速熔断器、交流进线电抗器、6 脉冲整流器、输出侧内置 du/dt 滤波器、EMC 滤波器和共膜滤波器等保护和谐波滤除部件。

3）考虑到预测和模拟仿真分析的结果可能与现场实际情况不一定完全吻合，在各 690V 配电室预留滤波器柜位置，根据系统运行中的实际测量值配置相应的谐波处理装置。

4）该工程的总体设计中考虑在变电所进行中压补偿。补偿方案采取无触点式动态无功补偿装置，实时跟踪补偿无功功率，其动态响应非常快，响应时间 ≤20ms，采用光电触发技术，过零投切，补偿过程无投切冲击，不产生涌流、动态抑制系统谐波，最大限度地延长了电容器使用寿命，实现了一次系统和二次系统隔离，解决了干扰问题，保证了触发精度，补偿后 $COS\phi > 0. 9$。

本工程若把原来的 6 脉冲整流器更换为 24 脉冲整流器或更多脉冲整流器，将有利于更好地抑制谐波污染。

2. 变频器的散热问题[44]

变频器的故障率随温度的升高而升高，呈指数上升，使用寿命随温度升高而呈指数下降，环境温度升高 10℃，变频器使用寿命减半。因此使用变频器时必须考虑散热问题。

本工程采用智能型变频房温度控制技术，开发一套变频房远程温度实时动态监控系统，在变频房内安装了温感设备，并在空调机控制板上加装远程控制装置，利用通信手段将变频房内的温度实时传递到中控室，在中控室上位机的画面上动态反映。一旦温度超出 28℃，上位机画面报警，中控人员可以直接远程起动空调设备。

9. 6　工程实例 2：曹妃甸港煤码头 15 台胶带输送机变频调速系统

9. 6. 1　工程简介

曹妃甸煤码头起步工程建设 5 个专业化煤炭装船外运泊位：5 万 t 级（DWT）泊位 1 个、7 万 t 级（DWT）泊位 2 个、10 万 t 级（DWT）泊位 2 个。码头的设计年运量为 5000 万 t。

装卸机械设备系统配备 4 台四车翻车机（4 线 4 翻，27 次/h），单台翻车机卸车能力为 8640t/h。胶带输送机采用坑底胶带输送机从翻车机空车方向出线的布置方式，胶带输送机共 8 台，总长约 22771m。堆场位于码头后方，堆存能力为 398. 2 万 t。堆场设备采用斗轮式取料机、悬臂式堆料机和胶带输送机方案，配置 5 台堆料机和 8 台取料机，采用堆、取分开工艺和翻装直装工艺，堆料机能力为 7780t/h，取料机能力为 6000t/h。码头设置 4 台移动伸缩式装船机，可适应装载 1. 5 万 ~10 万 t 级船舶的需要，装船机能力为 6000t/h。29 台胶带输送机（其中取装流程共 15 台输送机）和主要设备的名称、规格和胶带输送机长度见表 9-1，装卸设备系统总平面工艺布置如图 9-13 所示。[45]

表 9-1　胶带输送机和主要设备的名称、规格和胶带输送机长度

序号	设备名称	规格型号	数量	备注
1	BM1 胶带输送机		1	长度为 844.5m
2	BM2 胶带输送机		1	长度为 1122.5m
3	BM3 胶带输送机		1	长度为 1409.5m
4	BM4 胶带输送机		1	长度为 1454.5m
5	BJ1 胶带输送机		1	长度为 306.8m
6	BJ2 胶带输送机	$B=2000\text{mm}$	1	长度为 314.8m
7	BJ3 胶带输送机	$v=4.8\text{m/s}$	1	长度为 606.8m
8	BJ4 胶带输送机	$Q=6000\text{t/h}$	1	长度为 614.8m
9	BQ1 胶带输送机		1	长度为 1296.8m
10	BQ2 胶带输送机		1	长度为 1296.8m
11	BQ3 胶带输送机		1	长度为 1288.8m
12	BQ4 胶带输送机		1	长度为 1288.8m
13	BD1 胶带输送机		1	长度为 1343.5m
14	BD2 胶带输送机		1	长度为 1343.5m
15	BD3 胶带输送机		1	长度为 1343.5m
16	BD4 胶带输送机		1	长度为 1343.5m
17	BD5 胶带输送机		1	长度 1343m
18	BH1 – 1 胶带输送机		1	长度为 145.75m
19	BH2 – 1 胶带输送机		1	长度为 145.75m
20	BH1 – 2 胶带输送机	$B=2000\text{mm}$	1	长度为 148.75m
21	BH2 – 2 胶带输送机	$v=5.8\text{m/s}$	1	长度为 148.75m
22	BH1 – 3 胶带输送机	$Q=7780\text{t/h}$	1	长度为 148.25m
23	BH2 – 3 胶带输送机		1	长度为 148.25m
24	BH1 – 4 胶带输送机		1	长度为 148.35m
25	BH2 – 4 胶带输送机		1	长度为 148.35m
26	BH1 – 5 胶带输送机		1	长度为 1206.59m
27	BH2 – 5 胶带输送机		1	长度为 1209.03m
28	BF1 胶带输送机		1	长度为 445.25m
29	BF2 胶带输送机		1	长度为 441.91m
30	翻车机	四翻式，27 次/h	2	CD1，CD2
31	堆料机	$Q=7780\text{t/h}$，$S=9\text{m}$，$R=47\text{m}$	5	S1，S2，S3，S4，S5
32	取料机	$Q=6000\text{t/h}$，$S=12\text{m}$，$R=55\text{m}$	8	R1 – 1，R1 – 2，R2 – 1，R2 – 2 R3 – 1，R3 – 2，R4 – 1，R4 – 2
33	装船机	$Q=6000\text{t/h}$，$S=22\text{m}$	4	SL1，SL2，SL3，SL4

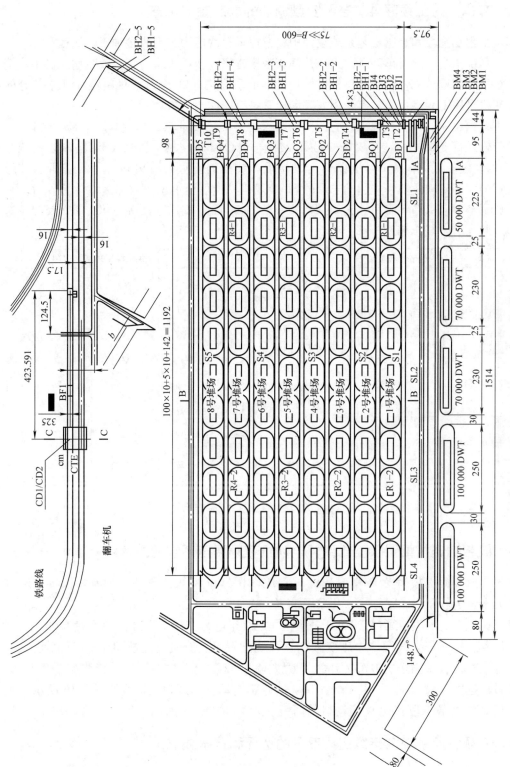

图 9-13 装卸设备系统总平面工艺布置

9.6.2　煤码头的工频翻堆工艺及变频调速的取装系统工艺

起步工程在翻堆和装船工艺系统设计中，根据堆存的能力，形成多种工艺流程：

翻堆系统工艺为：火车→翻车机→接卸胶带输送机→转接机房→转接胶带输送机→转接机房→堆场胶带输送机→悬臂堆料机→堆场。翻堆系统共有 20 个卸车堆料流程（本部分的胶带输送机采用工频运行而没有采用变频调速系统，因此不再赘述）。

采用变频调速的取装系统工艺为：斗轮取料机→堆场胶带输送机（BQ）→转接机房→转接胶带输送机（BJ）→转接机房→码头胶带输送机（BM）→装船机（SL）。取装系统共有 32 个取料装船流程，从 1 号堆场/2 号堆场取料装船的流程如图 9-14 所示。按取料装船工艺流程的倒序起动设备，先起动末端的 SL 装船机，走行至泊位停靠船区域，悬臂为水平位置，放下悬臂前部卸料溜筒，起动悬臂胶带机 1min 后，依次起动 BM、BJ、BQ 胶带输送机，最后起动 R 斗轮取料机。

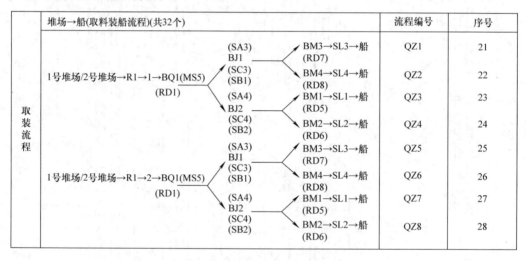

图 9-14　从 1 号堆场/2 号堆场取料装船的流程图[45]

9.6.3　胶带输送机配置双驱或四驱电动机变频调速系统的主接线

本工程取装流程共 15 台胶带输送机，全部采用 ACS800 变频器进行驱动。胶带输送机驱动单元配置为双驱或四驱方式，共采用 34 套变频器。

变频调速系统的主接线包括 10kV 开关柜、三绕组电力变频变压器、690V 变频器、变频电动机以及连接的变频线缆。中压变频调速系统配置是：胶带输送机 BJ1 ～ BJ4 配置双驱 435kW 电动机及胶带输送机 BM3 ～ BM4 配置四驱 435kW 电动机的调频主接线如图 9-15 所示；胶带输送机 BM1、BQ1 ～ BQ4 配置双驱 615kW 电动机的调频主接线如图 9-16 所示；胶带输送机 BM2 配置双驱 690kW 电动机的调频主接线如图 9-17 所示。

9.6.4　变频调速系统主接线组成部分的选择和技术要求

变频调速系统的主接线包括 10kV 开关柜、三绕组电力变频变压器、690V 变频器、变频电机以及连接的变频线缆。

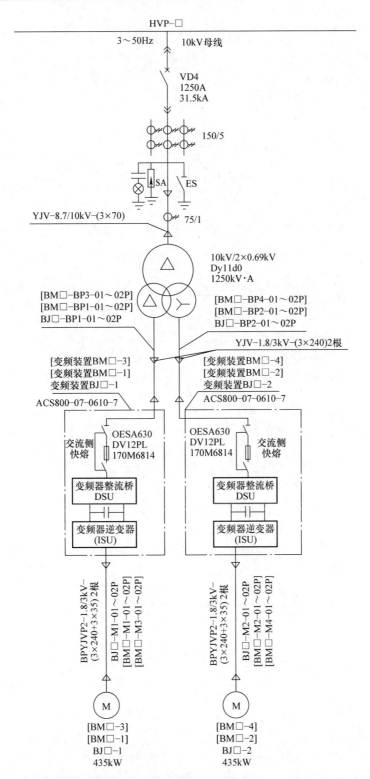

图 9-15　BJ1 ~ BJ4 配置双驱 435kW、BM3 ~ BM4 配置四驱 435kW 电动机的调频主接线图

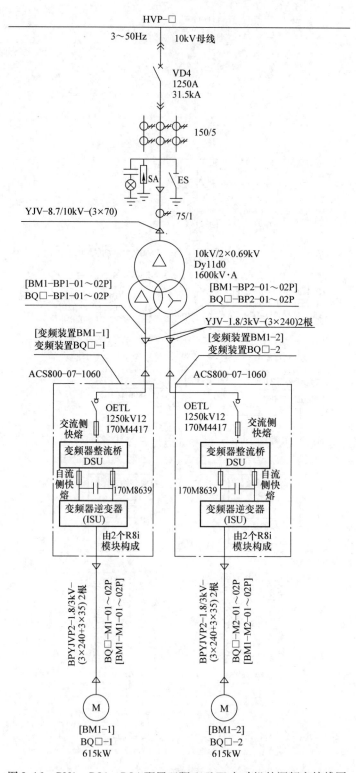

图 9-16　BM1、BQ1～BQ4 配置双驱 615kW 电动机的调频主接线图

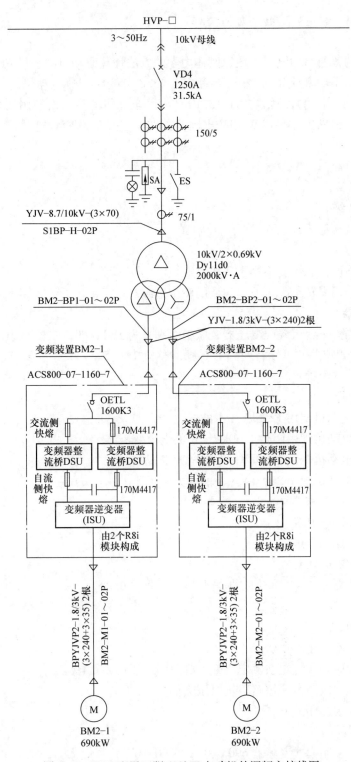

图 9-17 BM2 配置双驱 690kW 电动机的调频主接线图

1. 10kV 开关柜

如图 9-15 ~ 图 9-17 中所示，变频调速系统的 10kV 开关柜全部选择 10kV 真空开关柜，额定电流为1250A，额定短路电流为31.5kA。

2. 变频电机

胶带输送机的普通驱动电机一般以刚体力学的方法计算驱动电动机轴功率（参见5.5.2节驱动电动机轴所需功率计算），然后要考虑1.13.8节变频调速电动机的选用、1.13.9节调速运行频率变化对电动机的影响，1.13.10节变频电动机的特点及使用场合进行选择。本工程选择435kW、615kW、690kW变频电动机的双驱，435kW变频电动机的四驱。对它们还有如下要求[46]：

冷却方式：风冷。

绝缘等级：F级。

温升等级：B级。

轴承：非驱动端绝缘轴承。

工作制：S1。

电机轴机械强度：能承受不小于2倍转矩。

电机转子：采用铜转子，可适应频繁的转矩过载。

3. 电力变压器

变频器输入侧为一台三绕组变压器，联结组别号为Dy11/d0，二次绕组的丫接法和△接法能够产生30°的相位差，可以将变频器6脉冲整流中的5、7次等主要谐波进行消除或减小，降低高次谐波的干扰。

变压器容量如下：

双驱435kW电动机配用1250kV·A的电力变压器。

四驱435kW电动机配用两台1250kV·A的电力变压器。

双驱615kW电动机配用1600kV·A的电力变压器。

双驱690kW电动机配用2000kV·A的电力变压器。

对它们还有如下要求[46]：

电压等级：$10kV \pm 10\% / 2 \times 0.69kV$。

连接组别号：Dy11/d0。

绝缘水平：AC35/AC5。

接地屏：变压器一二次之间加接地屏防电磁干扰。

短路阻抗：6%。

过载能力：200%，不小于10s。

过励磁能力：不小于110%。

电压比偏差：两二次绕组在额定负载下输出的电压偏差$\leqslant 1\% U_N$。

阻抗偏差：两二次绕组的短路阻抗电压降偏差$\leqslant 3\%$。

绝缘等级：H级（干式）。

4. 690V 变频器

选用直接转矩控制模式变频器690V的ACS800 - 07：

435kW电动机选配用690V ACS800 - 07 - 0610 - 7变频器。

615kW电动机选配用690V ACS800 - 07 - 1060 - 7变频器。

690kW电动机选配用690V ACS800 - 07 - 1160 - 7变频器。

上面这三种变频器型号代码所代表的功率等级、外形尺寸、噪声等级和可选项等可从 9.6.6 节的表 9-2 ~ 表 9-5 中查出。

9.6.5　变频电力电缆的选择和最大电缆距离

本工程从变频器输出到变频电机的电力电缆，都选择了变频器专用电缆，这种电缆的芯数一般为"3 + 3"或"3 + 3 + 1（总屏蔽层）"，它可以降低变频器谐波对电缆及设备的不良影响，各种电压等级变频器专用电缆的具体的性能、规格、结构参数见参考文献 6，由于目前国家还未出台相关统一的标准，本工程选用 BPYJVP2—1.8/3kV—（3 × 240 + 3 × 35）。本工程还要求采用耐压等级不低于 1000V 的电缆，电缆载流量选择可根据实际负荷情况选择。

本工程电缆耐压等级为 1.8/3kV。

变频器到电机的距离：

ACS800 - 07 - 0610 - 7 型变频器允许的最大电缆连接距离为 300m。

ACS800 - 07 - 1060 - 7 和 ACS800 - 07 - 1160 - 7 型变频器允许的最大电缆连接距离为 500m。

9.6.6　变频器 690V 的 ACS800 - 07 的主要技术参数

港口胶带输送机系统使用的中压变频器柜可为通用变频器型，由于曹妃甸新建专业化煤炭装船外运泊位中使用了 34 套 ACS800 - 07 柜体式传动变频器，为更好地在港口推广变频调速技术，更多地了解 690V 的 ACS800 - 07 柜体式传动变频器，这里介绍 ACS800 - 07 柜体式传动变频器的控制模式、规格、外形尺寸、噪声等级和配置等，690V、50Hz 和 60Hz 电网供电的 ACS800 - 07 的 IEC 功率等级主要参数见表 9-2，690V、50Hz 和 60Hz 电网供电的 ACS800 - 07 的外形尺寸见表 9-3。

ACS800 - 07 的电机控制模式为直接转矩控制（DTC），检测两相电流和直流电压并用于控制。第三相电流也被检测，用于接地故障保护。

ACS800 - 07 的模块灵活，560kW 以下的传动基于紧凑的单传动模块，模块包括整流单元和逆变单元，大型传动的整流模块提供 6 或 12 脉冲运行方式，将三相交流电压转为直流电压；整流单元和逆变单元之间的电容器组用来存储电能，稳定中间回路直流电压；逆变器采用三相 IGBT，将直流电转为交流电，反之亦然，通过 IGBT 的导通和关断来控制电机的运行。大型的传动包括分离的即插式接口的整流单元和逆变单元，该方案维护方便，提供冗余的并联运行，如果一个模块失效了，传动设备断开该失效模块后，可以继续降容运行。

表 9-2　690V、50Hz 和 60Hz 电网供电的 ACS800 - 07 的 IEC 功率等级主要参数

ACS800 - 07 容量（型号代码）	额定等级		无过载应用	轻过载应用		重载应用		噪声等级 /dB(A)	散热量 /kW	风量 /(m³/h)	外形尺寸
	$I_{\text{cont. max}}$ /A	$I_{\max}$ /A	$P_{\text{cont. max}}$ /kW	I_{2N} /A	P_N /kW	I_{2hd} /A	P_{hd} /kW				
-0070 - 7	79	104	75	73	55	54	45	63	1.22	405	R6
-0100 - 7	93	124	90	86	75	62	55	63	1.65	405	R6

（续）

ACS800 - 07 容量（型号代码）	额定等级		无过载应用	轻过载应用		重载应用		噪声等级	散热量	风量	外形尺寸
	$I_{cont.\,max}$ /A	I_{max} /A	$P_{cont.\,max}$ /kW	I_{2N} /A	P_N /kW	I_{2hd} /A	P_{hd} /kW	/dB（A）	/kW	/（m³/h）	
-0120-7	113	172	110	108	90	86	75	65	1.96	405	R6
-0140-7	134	190	132	125	110	95	90	71	2.80	540	R7
-0170-7	166	263	160	155	132	131	110	71	3.55	540	R7
-0210-7	166/203	294	160	165/195	160	147	132	71	4.25	540	R7
-0260-7	175/230	326	160/200	175/212	160/200	163	160	71	4.80	540	R7
-0320-7	315	433	315	290	250	216	200	72	6.15	1220	R8
-0400-7	353	548	355	344	315	274	250	72	6.65	1220	R8
-0440-7	396	656	400	387	355	328	315	72	7.40	1220	R8
-0490-7	445	775	450	426	400	387	355	72	8.45	1220	R8
-0550-7	488	853	500	482	450	426	400	72	8.30	1220	R8
-0610-7	560	964	560	537	500	482	450	72	9.75	1220	R8
-0750-7	628	939	630	603	630	470	500	73	13.9	3120	1×D4+2×R8i
-0870-7	729	1091	710	700	710	545	560	73	17.1	3120	1×D4+2×R8i
-1060-7	885	1324	800	850	800	662	630	73	18.4	3120	1×D4+2×R8i
-1160-7	953	1426	900	915	900	713	710	74	20.8	3840	2×D4+2×R8i
-1500-7	1258	1882	1200	1208	1200	941	900	75	27.8	5040	2×D4+3×R8i
-1740-7	1414	2115	1400	1357	1400	1058	1000	75	32.5	5040	2×D4+3×R8i
-2120-7	1774	2654	1700	1703	1700	1327	1250	76	40.1	6240	2×D4+4×R8i
-2320-7	1866	2792	1900	1791	1800	1396	1400	76	43.3	6950	3×D4+4×R8i
-2900-7	2321	3472	2300	2228	2200	1736	1600	77	51.5	8160	3×D4+5×R8i
-3190-7	2665	3987	2600	2558	2500	1993	1900	78	58.0	9360	3×D4+6×R8i

注：1. 表中外形尺寸由字母代号表示，如 R6，具体尺寸见表 9-3。

2. 表中（>500kW）的传动的结构尺寸由整流模块的结构尺寸和数量来表示，如 2×D4+4×R8i，具体尺寸见表 9-3。

表 9-3　690V、50Hz 和 60Hz 电网供电的 ACS800 - 07 的外形尺寸

外形尺寸	宽度 /mm	6 脉冲宽度（配备开关和快熔） /mm	12 脉冲宽度（配备开关和快熔） /mm	高度 IP54 /mm	深 /mm	深（顶进顶出） /mm	重量 /kg
R6	—	430①	—	2315	646	646	—
R7	—	830②	—	2315	646	646	—
R8	—	830③	—	2315	646	646	—

（续）

外形尺寸	宽度 /mm	6 脉冲宽度 （配备开关和快熔） /mm	12 脉冲宽度 （配备开关和快熔） /mm	高度 IP54 /mm	深 /mm	深 （顶进顶出） /mm	重量 /kg
$1 \times D4 + 2 \times R8i$	1330	1730	1830	2315	646	776	890
$2 \times D4 + 2 \times R8i$	1630	2130	2130	2315	646	776④	1200
$2 \times D4 + 3 \times R8i$	1830	2330	2330	2315	646	776④	1350
$2 \times D4 + 4 \times R8i$	2230	2730	2730	2315	646	776④	1680
$3 \times D4 + 3 \times R8i$	2030	2630	2630	2315	646	776④	1540
$3 \times D4 + 4 \times R8i$	2430	3030	3030	2315	646	776④	1870
$3 \times D4 + 5 \times R8i$	2630	3230	3230	2315	646	776④	2020
$3 \times D4 + 6 \times R8i$	2830	3430	2430	2315	646	776④	2170

注：表中的字母代号、整流模块的结构尺寸和数量所代表的功率等级见表 9-2。

① 如果配置第 1 环境 EMC 滤波器，宽度为 1030mm。

② 如果配置第 1 环境 EMC 滤波器，宽度为 1230mm。

③ 深度没有计算手柄。

④ 如果使用了公共电机端，深度为 646mm。

表 9-2 中参数含义如下：

额定等级：

$I_{cont.\,max}$：40℃不过载情况下的额定输出电流。

I_{max}：最大输出电流。起动时可以连续提供电流 10s，其他情况下的时间长短取决于传动的温度。注意：最大电机轴功率是 150% P_{hd}。

无过载应用（典型值）：

$P_{cont.\,max}$：无过载应用的典型电机功率。

轻过载应用（典型值）：

I_{2N}：连续额定输出电流。在 40℃时，每 5min 允许过载 1min，过载电流为 110%I_N。

P_N：轻过载应用的典型电机功率。

重载应用（典型值）：

I_{2hd}：连续额定输出电流，在 40℃时，每 5min 允许过载 1min，过载电流为 150%I_N。

P_{hd}：重载应用的典型电机功率。

对于同一个电压等级，无论供电电压如何变化，电流的额定值总是相同的。额定值为环境温度为 40℃的测量值。温度高于 40℃时（最高为 50℃），需要降容（1%/℃）处理。

ACS800 - 07 可选项

型号代码包含了传动单元型号规格和配置的相关信息，如"ACS800 - 07 - 0170 - 3 + P901"，"ACS800 - 07 - 0170 - 3"表示基本配置。"P901"为可选项，表示涂层电路板。

主要可选项的描述见表 9-4 和表 9-5，详细的选项代码可参见 ACS800 订货信息。

表 9-4　ACS800 - 07 可选项 1

选项		说　明
产品系列		ACS800 系列
型号	-07	柜体式传动单元，基本配置（不带任何可选项）：6 脉冲整流桥，IP21 防护等级，带 aR 熔断器的熔断开关，控制盘 CDP312R，无 EMC 滤波器，标准应用程序，电缆底进底出，涂层电路板，一套中文手册
	U7	柜体式传动单元（USA），基本配置（不带任何可选项）：6 脉冲整流桥，UL 型号 1，带 T/L 熔断器的熔断开关，控制盘 CDP312R，无 EMC 滤波器，标准应用程序 US 版本（三线自动开关设置），电缆槽架进线，外形规格为 R8 的有共模滤波器，无涂层板，一套用户手册
容量		例如，-0170（表示传动输出能力为 170kV·A）
电压等级（黑体字为额定值）	-3	AC380/**400**/415V
	-5	AC380/400/415/440/460/480/**500**V
	-7	AC525/575/600/**690**V
防护等级	+B053	IP22（UL 型号 1）
	+B054	IP42（UL 型号 2）
	+B055	IP54（UL 型号 12）
	+B059	带排气管道接头的 IP 54R
结构	+C121	船用结构（加固型结构与紧固件，根据 A1 类别标记导体、门把手，自熄型材料）
	+C129	UL 列出的（仅供 ACS800 - 07 单元）：US 类主熔断开关，115V 控制电压，US 电缆进线槽，UL 认可的元件，最高电压 600V
	+C134	CSA 标记主熔断开关，底进低出，115V 控制电压，CSA 认可的元件，最高电压 600V
电阻制动	+D150	制动斩波器（不含制动电阻，制动电阻需外配）
	+D151	制动电阻（不适于 IP54/IP54R）
滤波器	+E200	EMC/RFI 滤波器，C3 类，第二环境，接地网，仅用于 R5
	+E202	EMC/RFI 滤波器，C2 类，用于第一环境 TN（接地）系统，限制性销售（A 类限制，不适用于 690V，外形尺寸为 R7 的宽度增 200mm，R8 的宽度增加 400mm）
	+E210	EMC/RFI 滤波器，C3 类，用于第二环境 TN/IT（接地/浮地）系统，R5 之外
	+E205	du/dt 滤波器
	+E206	正弦波滤波器（不适于 R5、R6、0260 - 7、0490 - 7、0610 - 7，一些型号的输出电流降低）
	+E208	共模滤波器（不适于 R5、R6）
进线选项	+F250	进线接触器（配合急停功能）
柜体选项	+G300	柜体加热器（防低温，防潮，外部供电）
	+G304	AC115V 控制电压
	+G307	用于外接控制电压的端子（例如使用 UPS 时）
	+G313	到电机加热器的输出（外部供电）
进出线方式	+H351	顶进
	+H353	顶出
	+H356	带侧出的直流母排

表 9-5　ACS800 – 07 可选项 2

选项		说　　明
现场总线	+ K451	DeviceNet 适配器
	+ K452	LONWorks 适配器
	+ K454	PROFIBUS – DP 适配器
	+ K458	MODBUS 适配器
	+ K462	ControlNet 适配器
	+ K456	AF100 适配器
	+ K457	CANOpen 适配器
	+ K466	以太网适配器
I/O 扩展	+ L500	模拟 I/O 扩展
	+ L501	数字 I/O 扩展
	+ L502	脉冲编码器接口
	+ L503	DDCS 通讯模块 3
	+ L509	DDCS 通讯模块 2
	+ L508	DDCS 通讯模块 1
	+ L504	附加 I/O 端子块
	+ L505	热敏电阻继电器（1 件或 2 件，不能与 L506 或 L513 一起选择）
	+ L506	Pt100 继电器（3、5 或 8 件，不能与 L506 或 L513 一起选择）
	+ L513	用于 ATEX 认证温度保护的 PTC（需要防误起动功能）
	+ L515	I/O 扩展适配器
辅助风扇起动器	+ M600	1 ~ 1.6A
	+ M601	1.6 ~ 2.5A
	+ M602	2.5 ~ 4A
	+ M603	4 ~ 6.3A
	+ M604	6.3 ~ 10A
	+ M605	10 ~ 16A
应用程序	+ N687	智能泵控制
	+ N661	卷曲控制
	+ N652	提升机控制
	+ N653	应用编程模块
	+ N654	纺纱控制
	+ N697	灵活提升控制
	+ N668	三角波控制
	+ N669	离心机控制
	+ N671	系统应用
	+ N682	多块编程
特殊选项	+ P901	涂层电路板（已经作为标准配置）
	+ P902	客户定制
	+ P904	延长保质期
	+ P913	特殊颜色
安全特性	+ Q950	防误起功能
	+ Q951	类型 0 的紧急停车（故障时立即切断电源，需要 F250）
	+ Q952	类型 1 的紧急停车（可控急停方式，需要 F250）
	+ Q954	用于 IT（浮地）系统的接地故障监视

9.6.7　胶带输送机变频调速系统的谐波计算和治理措施

　　曹妃甸煤码头工程共新建 6 座 10kV 变电所，各变电所 10kV 电源分别引自港区的 110kV 变电站 I 段和 II 段母线，1～5 号变电所为双电路 10kV 电源（分别引自 110kV 变电站 I 段和 II 段母线），6 号变电所为单回路 10kV 电源，10kV 电源侧的短路容量约为 150MV·A。该工程装备了 2 台翻车机、5 台堆料机、8 台取料机、4 台装船机，取装流程的 15 台胶带输送机全部采用变频器方式驱动。这些设备在运行过程中不仅会产生大量的无功功率，而且由于设备驱动多采用变频调速装置，会向系统注入大量谐波。根据上述设备厂家提供的各单机谐波值，以及变频器方式驱动的胶带输送机运行时的谐波值，可采用两种方法进行谐波值的计算：其一，按需要系数公式计算（这里略去）；其二，按最严重情况来考虑，即同一次谐波同时在峰值出现计算，计算出谐波对各变电所 10kV 母线的影响应不超过 GB/T 14549—1993《电能质量　公用电网谐波》限值规定（见表 9-6）。第二种谐波叠加方法计算的结果与国家谐波限定值标准相比较的结果见表 9-7。

表 9-6　《电能质量　公用电网谐波》GB/T 14549—1993 的限值规定

标准电压 /kV	短路容量 /MV·A	谐波次数及谐波电流允许值/A										
		3	4	5	6	7	8	9	10	11	12	13
10	150	30	19.5	30	12.8	22.5	9.6	10.2	7.7	13.95	6.5	11.85
电压总谐波畸变(%)		4										

表 9-7　谐波叠加方法计算的结果

位置	所供电设备	5	7	11	13
标准值（按 150MV·A）		30	22.5	13.95	11.85
1 号变电所 I 段母线	BQ1、BQ3、BQ4、BQ5、BQ6 胶带输送机变频电源	5×0.89	5×0.34	5×2.91	5×2.31
	BJ1、BJ3 胶带输送机变频电源	2×0.66	2×0.24	2×2.20	2×1.70
	BJ5 胶带输送机变频电源（预留）	0.66	0.24	2.20	1.70
叠加值		6.436	2.386	21.150	16.648
1 号变电所 II 段母线	BQ2、BQ7 胶带输送机变频电源	2×0.89	2×0.34	2×2.91	2×2.31
	BJ2、BJ4 胶带输送机变频电源	2×0.66	2×0.24	2×2.20	2×1.70
	BJ4 胶带输送机变频电源	0.66	0.24	2.20	1.70
叠加值		3.101	1.144	10.221	8.015
1 号变电所 I 段 + II 段母线		9.537	3.530	31.372	24.663
与标准值差		−20.463	−18.970	17.422	12.813
3 号变电所 I 段母线	S1、S3、S5 堆料机	3×1.12	3×1.12	3×1.44	3×1.40
叠加值		3.360	3.360	4.320	4.200
3 号变电所 II 段母线	S2、S4 堆料机	2×1.12	2×1.12	2×1.44	2×1.40
叠加值		2.240	2.240	2.880	2.800
3 号变电所 I 段 + II 段母线		5.600	5.600	7.200	7.000

（续）

位置	所供电设备	5	7	11	13
与标准值差		−24.400	−16.900	−6.750	−4.850
4 号变电所 I 段母线	BM1 胶带输送机变频电源	0.89	0.34	2.91	2.31
	BM2 胶带输送机变频电源	1.02	0.37	3.44	2.65
	BM3、BM4 胶带输送机变频电源	2×1.32	2×0.47	2×4.40	2×3.39
	BM5 胶带输送机变频电源（预留）	1.32	0.47	4.40	3.39
	SL1、SL3 装船机	2×2.817	2×1.05	2×5.547	2×2.632
	SL5 装船机（预留）	2.817	1.05	5.547	2.632
	R1、R3、R5、R7 取料机	4×1.193	4×0.395	4×1.868	4×1.322
叠加值		19.082	6.855	43.670	28.315
4 号变电所 II 段母线	BM1 胶带输送机变频电源	0.89	0.34	2.91	2.31
	BM2 胶带输送机变频电源	1.02	0.37	3.44	2.65
	BM3、BM4 胶带输送机变频电源	2×1.32	2×0.47	2×4.40	2×3.39
	BM5 胶带输送机变频电源（预留）	1.32	0.47	4.40	3.39
	SL2、SL4 装船机	2×2.817	2×1.05	2×5.547	2×2.632
	R2、R4、R6 取料机	3×1.193	3×0.395	3×1.868	3×1.322
叠加值		15.072	5.410	36.255	24.361
4 号变电所 I 段 + II 段母线		34.155	12.265	79.925	52.677
与标准值差		4.155	−10.235	65.975	40.827
110kV 变电所 10kV I 段母线		28.879	12.601	69.140	49.163
110kV 变电所 10kV II 段母线		20.413	8.794	49.356	35.177
110kV 变电所 10kV I 段 + II 段母线		49.292	21.395	118.497	84.340
与标准值差		19.292	−1.105	104.547	72.490

从表 9-7 看出，不设置静止补偿无功发生器（SVG）装置时，1 号变电所 10kV 母线的 11 次和 13 次谐波超过国家标准的限值规定，4 号变电所 10kV 母线的 5 次、11 次和 13 次谐波超过国家标准的限值规定，110kV 变电所的 10kV 母线的 5 次、11 次和 13 次谐波超过国家标准的限值规定。因此，本工程为减小变频器谐波影响，采用以下技术措施：

1）变频调速系统的供电电源与其他设备的供电电源相互独立，在变频器的输入侧安装变频电力变压器，隔离变频器注入电网的谐波电流。变频变压器采用三绕组变压器，联结组标号为 Dy11d0，二次绕组一个为丫接法、一个为△接法，这两个二次绕组产生 30° 的相位差，满足 12 脉冲输入整流桥（虚拟）的要求。选用 12 脉冲变压器供电，可以消除 $12n \pm 1$（$n = 1, 2, 3, \cdots$）次以外的谐波，降低高次谐波对电网的干扰。

2）变压器一、二次绕组之间加接地屏蔽，防止电磁干扰。

3）在变频器输入侧与输出侧串接合适的滤波器，达到抑制谐波的目的。

4）电动机和变频器之间采用变频电缆—BPYJVP2—1.8/3kV—（$3 \times 240 + 3 \times 35$），并与其他弱电信号线缆在不同的电缆桥架中分别敷设，避免辐射干扰。

5）各变电所设置 SVG，可补偿谐波源产生的谐波含量，并可进行无功补偿，详见9.6.8 节。

需要说明的是，上面计算使用的供电设备不一定和变电所最后施工后的有关母线的供电设备完全一致，主要为给胶带输送机变频系统在设计阶段的谐波计算做参考。

9.6.8　各变电所采用 SVG 进行无功补偿和谐波治理的计算

通过 SVG 与国内其他装置的对比，可知采用 SVG 进行无功补偿和谐波治理是目前无功功率控制领域内的最佳方案。下面对各变电所配置 SVG 容量进行分析计算，使变电所的功率因数维持在较高的水平，并且使各变电所 10kV 母线的谐波电压畸变低于国家标准。

1. SVG 与国内其他装置的对比

无功补偿分为静态无功补偿和动态无功补偿。在港口装卸设备运行中，电气负载波动很大，无功负载不稳定，采用静态无功补偿装置已经无法满足要求，因此港口工程供电系统大多采用动态无功补偿装置。

目前常用的动态无功补偿装置有无功补偿器（SVC）和静止无功补偿发生器（SVG）两种。SVC 主要分为 TCR 型和 MCR 型：TCR 型是通过控制晶闸管的导通角和导通时间，控制流过电抗器电流的大小和相位，实现感性无功的连续可调，从而实现容性无功的动态补偿；MCR 型利用磁控电抗器电抗值连续可调原理，实现感性无功的连续可调，从而实现容性无功的动态补偿。

静止无功补偿发生器（Static Var Generator，SVG）。又称高压动态无功补偿发生装置或静止同步补偿器，它不需采用大容量的电容、电感元件，而是采用电能变换技术实现无功补偿，与其他补偿设备的最大区别在于既可以输出近似正弦波的无功电流（不含谐波，用于电网补偿），也可以输出设定次数的谐波电流（用于负载谐波滤波），即 SVG 输出电流是完全有源可控的，完全满足用户的需要。由于 SVG 装置是直接电流控制，所以输出电流可以限幅，不会发生谐振或者谐波电压放大的情况，设备的安全性比较高。而其他补偿设备均为无源方式，依靠无源器件自身属性进行无功补偿，在长期运行过程中，如果系统运行情况改变、电抗器及电容器参数发生变化，易导致谐波电压放大，影响系统安全性。而且 SVG 装置响应速度快并可以连续调节无功输出，这使得同容量 SVG 装置的动态补偿及电压稳定控制能力是同容量 TCR 或 MCR 的 1.2 倍以上，非常适合在高电压、大容量无功补偿环境中使用。并且由于 SVG 装置采用模块化冗余主电路，即使一个功率模块出现故障，整个设备仍可继续运行在额定容量，从而提高了运行的稳定性。SVG 装置与 TCR 型和 MCR 型补偿装置的主要性能指标比较见表9-8。

表9-8　SVG 装置与 TCR 型和 MCR 型补偿装置的主要性能指标比较

补偿类别	SVG 型补偿	TCR 型补偿	MCR 型补偿	SVG 型补偿的优势与特点
无功补偿能力	感性/容性双向可调	只能提供感性无功	只能提供感性无功	由于无须滤波，可对 SVG 配套电容器组进行扩容或改造，以满足可能的工况变化带来的新需求
谐波特性	自身具备滤波能力	自身产生较大谐波，需配滤波支路	自身产生一定谐波，需配滤波支路	SVG 在不需要增加滤波支路的情况下，对 5 次、7 次、11 次、13 次谐波有较好的治理效果

(续)

补偿类别	SVG 型补偿	TCR 型补偿	MCR 型补偿	SVG 型补偿的优势与特点
占地面积	小	大	大	SVG 装置占地面积为其他两种装置的 1/3 ~ 1/2
响应速度	1ms	40 ~ 60ms	100 ~ 200ms	SVG 装置响应速度更快
损耗	0.5% ~ 0.8%	0.9% ~ 1.2%	1.0% ~ 2.0%	SVG 装置损耗小
噪声	55dB	65dB	70dB	由于没有相控电抗器和磁控电抗器，SVG 装置噪声小

　　由表 9-8 可以看出，SVG 在无功补偿能力和谐波控制水平上，有着无可比拟的优势，是目前无功功率控制领域的最佳方案。因此，本工程选用南车株洲电力机车研究所有限公司（现为中车株洲电力机车研究所有限公司）的 SVG，它的一次系统图如图 9-18 所示。

2. 各变电所配置 SVG 容量的分析计算

　　本工程 1 ~ 4 号变电所主要负责煤港区内中高压设备，如胶带输送机、取料机、装船机、堆料机和翻车机的供电，胶带输送机的功率因数为 0.85，取料机、装船机、堆料机和翻车机的功率因数为 0.8，这些功率因数是在较高负载率下测得的，然而，实际使用中这些设备往往是在低负载率下运行，这时的功率因数会降低至 0.8 以下。除中高压设备的供电外，还要给低压设备供电，如胶带输送机廊道照明、除尘设备等。5 号和 6 号变电所主要为煤港区内的各建筑物单体、水泵等低压设备供电。低压设备的功率因数一般在 0.71 ~ 0.73 之间。为减少线路损耗并提高用电承载率，相关部门要求功率因数一般在 0.9 以上，因此必须对这些设备进行无功补偿。

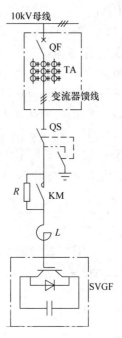

图 9-18　中压 SVG 一次系统图

SVGF—SVG 变流器（SVGF – 2000/10）

L—连接电抗器（CKSG – 10kV/8mH/116A）

R—充电电阻（CH – J – 200RJ）　KM—真空接触器

（JCZ5 – 12J/D630）　QS—隔离开关（GN24 – 12D2/630）

　　本工程低压设备负载安装容量不大且用电负载多以稳定用电负载为主，所以 110kV 变电所内的低压补偿设备采用电容器 + 电抗器的组合形式。而对中高压设备，不但要进行无功补偿，而且还要对高压设备产生的谐波进行治理，所以选择 10kV SVG，它对于无功功率变化有较快的反应速度，可将功率因数维持在较高的水平。下面对煤码头各变电所 SVG 最终配置容量做简介，以供参考。

　　1）1 号变电所 I 段和 II 段母线的谐波情况见表 9-9。

表 9-9　1 号变电所 I 段和 II 段母线的谐波情况

	谐波次数	HRI$_5$	HRI$_7$	HRI$_{11}$	HRI$_{13}$
I 段	谐波值	6.44A	2.39A	21.15A	16.65A
	需消谐电流	3.44A	0A	19.75A	15.46A
	消谐后电流	3A	2.25A	1.4A	1.19A
II 段	谐波值	3.1A	1.14A	10.22A	8.02A
	需消谐电流	0A	0A	8.82A	6.83A
	消谐后电流	3A	2.25A	1.4A	1.19A

按最严重情况考虑，即各次谐波同时在峰值出现，I 段母线需消谐电流 I_h = 3.44A + 19.75A + 15.46A = 38.65A

基波补偿电流为 28.87A，对于 SVG 装置，SVG 每相取 11 个模块，每个电压控制在 900V，每相最大交流输出电压为 11 × 900/1.414V ≈ 7001V。SVG 需求容量 Q_{1I} = 3 × 7001 × (38.65 + 28.87)/1000kVar ≈ 1418kVar。

II 段母线需消谐电流 I_h = 8.82A + 6.83A = 15.65A，SVG 需求容量 Q_{1II} = 3 × 7001 × (15.65 + 28.87)/1000kVar ≈ 935kVar。

在进行 SVG 设计时，按 1.3 倍裕量考虑，故 Q_{1I} ≈ 1843kVar，Q_{1II} ≈ 1216kVar。

2）3 号变电所 I 段和 II 段母线的谐波情况见表 9-10。

表 9-10　3 号变电所 I 段和 II 段母线的谐波情况

	谐波次数	HRI$_5$	HRI$_7$	HRI$_{11}$	HRI$_{13}$
I 段	谐波值	3.36A	3.36A	4.32A	4.2A
	需补偿电流	0.36A	1.11A	2.92A	3.01A
	消谐后电流	3A	2.25A	1.4A	1.19A
II 段	谐波值	2.24A	2.24A	2.88A	2.8A
	需补偿电流	0A	0A	1.48A	1.61A
	消谐后电流	2.24A	2.24A	1.4A	1.19A

I 段母线需消谐电流 I_h = 0.36A + 1.11A + 2.92A + 3.01A = 7.4A，基波补偿电流为 115.5A，SVG 需求容量 Q_{3I} = 3 × 7001 × (7.4 + 115.5)/1000kVar ≈ 2581kVar。

II 段母线需消谐电流 I_h = 1.48A + 1.61A = 3.09A，SVG 需求容量 Q_{3II} = 3 × 7001 × (3.09 + 115.5)/1000kVar ≈ 2491kVar。

由于 3 号变电所需要滤除的谐波数据不大，可以不考虑裕量，故取 Q_{3I} = 2581kVar，Q_{3II} = 2491kVar。

3）4 号变电所 I 段和 II 段母线的谐波情况见表 9-11。

表 9-11　4 号变电所 I 段和 II 段母线的谐波情况

	谐波次数	HRI$_5$	HRI$_7$	HRI$_{11}$	HRI$_{13}$
I 段	谐波值	19.082A	6.855A	43.67A	28.315A
	需补偿电流	10.082A	0.475A	39.485A	24.76A
	消谐后电流	9A	6.38A	4.18A	3.56A

（续）

	谐波值	15.072A	5.41A	36.255A	24.361A
II 段	需补偿电流	9.672A	1.36A	33.744A	22.228A
	消谐后电流	5.4A	4.05A	2.5A	2.1A

I 段母线需消谐电流 $I_h = 10.082A + 0.4751A + 39.485A + 24.76A = 74.802A$，基波补偿电流为 75.06A，SVG 需求容量 $Q_{4I} = 3 \times 7001 \times (74.802 + 75.06)/1000 \text{kVar} \approx 3148 \text{kVar}$。

II 段母线需消谐电流 $I_h = 9.672A + 1.36A + 33.744A + 22.228A = 67.004A$，SVG 需求容量 $Q_{4II} = 3 \times 7001 \times (67.004 + 75.06)/1000 \text{kVar} \approx 2984 \text{kVar}$。

在进行 SVG 设计时，按 1.3 倍考虑裕量，故 $Q_{4I} \approx 4092 \text{kVar}$，$Q_{4II} \approx 3879 \text{kVar}$。

4）消谐治理后，110kV 变电所 I 段 10kV 母线和 II 段 10kV 母线谐波值见表 9-12。

表 9-12 110kV 变电所 I 段 10kV 母线和 II 段 10kV 母线谐波值

	谐波次数	HRI_5	HRI_7	HRI_{11}	HRI_{13}
110kV 变电所 10kV I 段	谐波值	15A	10.88A	6.975A	5.925A
110kV 变电所 10kV II 段	谐波值	10.64A	8.55A	5.301A	4.503A
110kV、10kV 叠加	谐波值	25.64A	19.43A	12.276A	10.428A
150MV·A 允许值	谐波值	30A	22.5A	13.95A	11.85A

110kV 变电所 I 段母线和 II 段母线叠加消谐前后对比见表 9-13。

表 9-13 110kV 变电所 I 段母线和 II 段母线叠加消谐前后对比

	谐波次数	HRI_5	HRI_7	HRI_{11}	HRI_{13}
110kV 变电所 10kV 侧叠加	消谐治理前谐波电流值	49.292A	21.395A	118.497A	84.34A
	消谐治理后谐波电流值	25.64A	19.43A	12.276A	10.428A
	消谐治理后总电压 THD%（5~13 次）	3.1%			

5）煤码头各变电所 SVG 最终配置容量。根据以上计算结果，按照最严重谐波情况来考虑 SVG 容量配置，见表 9-14。

表 9-14 各变电所 SVG 最终配置容量

变电所编号	I 段计算容量/kVar	II 段计算容量/kVar	最终配置容量/kVar	两段母线配置容量/kVar
1 号变电所	1844	1216	2000	4000
2 号变电所（只考虑补偿）	1800	1800	2000	4000
3 号变电所	2581	2491	2500	5000
4 号变电所	4092	3879	4300	8600
5 号变电所（只考虑补偿）	500	500	1000	2000

结论：根据设计阶段各变电所母线上的供电设备参数计算的结果（见表 9-14），理论上可保证胶带输送机变频调速系统投入使用后，注入电网的谐波电流和 10kV 母线电压总谐波

电压畸变率低于国家标准，同时胶带输送机变频调速系统不会对其他设备造成不良影响。

9.6.9　胶带输送机多机变频驱动的主从控制

由 9.6.3 节可知，本工程取装流程的胶带输送机驱动单元配置为双驱或四驱，它们采用的主从控制[46]。

1. 主从控制

胶带输送机 BJ1 ~ BJ4 配置双驱 435kW 电动机、胶带输送机 BM3 ~ BM4 配置四驱 435kW 电动机；胶带输送机 BM1、BQI ~ BQ4 配置 615kW 双驱电动机；胶带输送机 BM2 配置 690kW 双驱电动机。对于同一条胶带输送机的双驱或四驱，采用主从驱动控制方式，设置其中一台变频器为主机，其余变频器为从机，外部控制信号只与主机连接，主机通过一个光纤通信模块（RDCO - 02）控制从机。主机是典型的速度控制，从机跟随主机的转矩或速度给定，从而实现主从同步，进而保证负载的均匀分配。

2. 主从机故障联锁接线

为保证从机出现任何故障时主机都会停止运行，单独使用一根电缆将从机故障信息传送给主机。通过参数 30.18 COMM FAULT FUNC 和参数 30.19 MAIN REF DS T—OUT 可以监控主从连接。其中，参数 30.18 定义了当检测到主从连接故障时，对故障采取的处理（NO/FAULT/WARNING）；参数 30.19 用于设置从监测故障到故障处理（参数 30.18）所用的时间。

3. 与 PLC 控制系统接线

根据工艺要求，胶带输送机设有就地操作和远程操作两种方式。胶带输送机设机侧操作箱，可通过操作箱上选择开关选择就地操作和远程操作。机侧操作箱上设置速度选择开关，在就地操作时，可选择全速、半速、验带速度（0.1 倍全速）运行，速度给定通过 RDCU - 02（主控板）上的 DI3 和 DI4 端子实现；在远程操作时，通过通信方式接收外部系统 PLC 发出的速度给定，变频器 DI 给定信号权限高于通信方式。通信给定与 DI 给定控制通过 RD-CU - 02（主控板）上的 DI5 端子实现切换，如图 9-19 所示[46]。

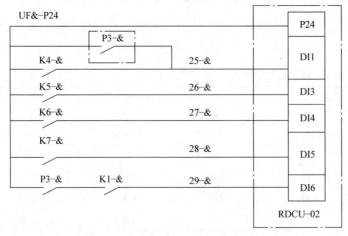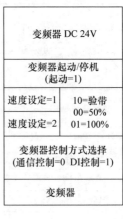

图 9-19　变频器控制 I/O 板

4. 与控制系统通信

ACS800 变频器可根据需要配置各种通信适配器，通过选择不同的适配器，变频器可以与多家产品的上位系统或 PLC 通信。本工程 PLC 选用 AB 公司 L63 系列产品，变频器相应选择了 DEVICENET 通信适配器，型号为 RDNA - 01。通过通信方式，中控室上位画面可实时显示电机的电压、电流、转速、功率等参数。

ACS800 变频器通过将参数 98. 02 设置为 FIELDBUS 来起动，激活模块设置参数组 51；98. 07 将定义进行通信的协议，通常为 ABB DRIVES。在参数组 51 中的参数设置完成之后，必须检查传动单元的控制参数组设置，必要时做出相应调整。

9. 6. 10　胶带输送机运用变频器的相关问题

1. 散热问题[46]

ACS800 变频器运行的工作环境是 - 15 ~ 50℃ 之间，变频器散热问题如果处理不好，会影响到变频器的使用，甚至造成变频器的损坏。本工程选用大型工业级空调作为变频器室散热的重要手段。变频器投入运行后，还要求现场维护人员进行定期保养维护，这样才能使变频器的散热系统正常工作，使变频器的工作环境在允许范围之内，进而保证变频器安全可靠运行。

2. 内部元件更换[46]

本工程选用的 ACS800 - 07 - 0610 - 7、ACS800 - 07 - 1060 - 7 和 ACS800 - 07 - 1160 - 7 三种型号变频器，其中 ACS800 - 07 - 0610 - 7 为单模块结构的变频器，ACS800 - 07 - 1060 - 7 和 ACS800 - 07 - 1160 - 7 为整流模块与逆变模块分体且模块均为可抽出式的手车结构。

1) ACS800 - 07 - 0610 - 7 采用整流 - 逆变一体化结构的模块结构，为方便维修和模块更换，本项目配置了 ACS800 - 07 - 0610 - 7 内置模块的专用小车，维修人员可通过拆除模块底部与母排连接的固定螺栓后，直接将安装在滑轨上的模块拖出，并把拖出的模块安放在专用小车上（小车高度可根据现场情况调节），维修人员可通过小车来转运和维修该功率模块，如图 9-20 所示。

2) ACS800 - 07 - 1060 - 7 和 ACS800 - 07 - 1160 - 7 采用抽出式结构的变频装置，都是手车结构设计，因此同型号变频器的整流和逆变的功率模块的手车可以直接互换，模块互换后无须调整任何参数，设备重新上电后即可投入运行。

9. 6. 11　胶带输送机运用变频器的节能

胶带输送机系统采用变频调速后，装船机采用无负载运转移舱作业时，在事先制定装船机移舱所需要的时间内，全部胶带输送机持续调频低速空载运转，提高了装船效率，同时还节约电能。

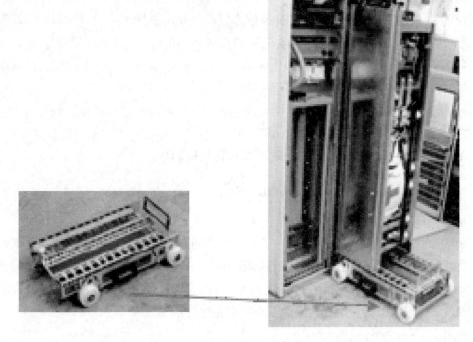

图 9-20　ACS800 – 07 – 0610 – 7 内置模块的专用小车

9.7　工程实例 3：黄骅港三期 20 台胶带输送机应用能量回馈型变频器节能的工程实例

　　黄骅港是我国西煤东运第二条大通道的出海口，黄骅港三期工程依托一期工程和二期工程的现有资源（即一期工程和二期工程仍然采用以"传统车船驱动式"作业模式为主、"船舶作业驱动式"作业模式为辅的一种混合运营模式），采用以"筒仓堆存驱动式"作业模式为主、"船舶作业驱动式"作业模式为辅的一种混合运营模式，充分体现"资源节约型、环境友好型"的港口建设。

　　黄骅港三期工程设计能力为 5000 万 t/年，包括新建 2 套四车翻车机系统、24 座筒仓、4 个 5 万 t 级装船泊位（#9、#10、#11、#12）、装船机、胶带输送机系统以及配套设备及设施。胶带输送机系统中的 20 台胶带输送机采用中压变频技术控制。通过中压变频控制，传输系统实现了软起/软停的功能，并实现低、中、高三种速度转换。通过一段时间试运行，能量回馈型变频器逐步在黄骅港工程中得到应用，取代了原有的工频运载模式，运行更安全，节能效果显著。该工程已于 2012 年 12 月投入运行。

9.7.1　胶带输送机系统简介

　　如图 9-21 所示，黄骅港三期煤码头胶带输送机系统工艺流程如下：

　　卸车流程：火车→翻车机→胶带输送机（BF10 ~ BF11）→胶带输送机（BH11 ~ BH14）→胶带输送机（BD7 ~ BD10）→卸料小车→筒仓。

取料装船流程：筒仓→活化给料机→胶带输送机（BQ7～BQ10）→胶带输送机（BC6～BC9）→胶带输送机（BM8～BM11）→装船机→船舶。

车船直取流程：火车→翻车机→胶带输送机（BF10～BF11）→胶带输送机（BH10）→胶带输送机（BC6～BC9）→胶带输送机（BM8～BM11）→装船机→船舶。

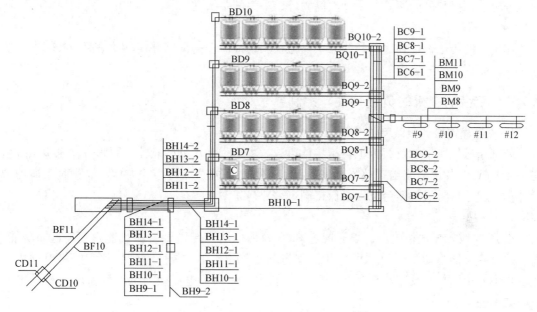

图 9-21　黄骅港三期工艺流程总图[47]

在黄骅港三期工程取料装船系统中，BQ7～BQ10（功能为出仓装船）额定效率为4000t/h；BC6～BC9（功能为出仓装船或直取）额定效率为8000t/h；BM8～BM11（功能为出仓装船或直取）额定效率为8000t/h。BC、BQ、BM线胶带输送机首次采用中压变频器驱动电机运输。其中，BQ线胶带输送机包括 BQ7-1、BQ7-2、BQ8-1、BQ8-2、BQ9-1、BQ9-2、BQ10-1、BQ10-2；BC线胶带输送机包括 BC6-1、BC6-2、BC7-1、BC7-2、BC8-1、BC8-2、BC9-1、BC9-2；BM线胶带输送机包括 BM8、BM9、BM10、BM11。通过 BQ-BC-BM 共20台三线胶带输送机组合形成水平倾斜的运输系统，实现煤炭装船功能。

上述胶带输送机是由驱动装置、拉紧装置、传送带中部构架和托辊组成传送带作为牵引及承载构件，借以连续输送散碎物料或成品件。通用胶带输送机由传送带、托辊、滚筒及驱动、制动、张紧、改向、装载、卸载、清扫等装置组成。结构简图如图9-22所示。

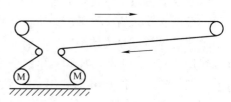

图 9-22　煤炭码头胶带输送机的结构简图

（1）输送带

使用常用的橡胶带，适用于工作环境温度为 -15～40℃，物料温度不超过50℃。输送散料为平行移动。

（2）托辊

分单滚筒、双滚筒、多滚筒（用于大功率）等，有平行托辊、调心托辊、缓冲托辊承载分支，用于输送散料；调心托辊用于胶带的横向位置，避免跑偏；缓冲托辊装在受料处，以减少物料对胶带造成的冲击。

（3）滚筒

分驱动滚筒和分向滚筒。驱动滚筒为传递动力的主要动力。

（4）张紧装置

作用是使传送带达到所需的张力，以免在驱动滚筒上打滑，并使驱动滚筒与托辊之间的挠度保证在规定范围之内。

9.7.2　胶带输送机的负载特性与控制要求

1. 胶带输送机的负载特性

胶带输送机所带的负载为恒转矩特性负载。本工程采用的变频器控制胶带输送机系统常态下需要软起/软停，当出现故障，满载起动时需要超过额定转矩的力矩，停止时为惯性减速停车。起停机时需要多台电动机保持同步。

2. 控制要求

以 BM8 胶带输送机为例，煤炭通过 BM8 胶带输送机传送到装船机上，实现运输功能。要求通过变频器驱动 3 台 615kW 电机并保持同步，使出力相同。在惯性停车时将电动机产生的再生能量回收并反馈给电网，得到再生利用，提高节电成效。BM8 胶带输送机的电动机参数见表 9-15。

表 9-15　BM8 胶带输送机的电动机参数[48]

电动机参数	额定功率/kW	额定电压/V	额定电流/A	额定频率/Hz	额定转速/(r/min)
数值	615	690	705	0~50	0~1000

9.7.3　能量回馈型变频器 ACS800-17（690V）的特点和性能

1. 能量回馈型变频器的选择[48]

黄骅港三期工程中，BC、BQ、BM 线胶带输送机都采用了多电动机驱动，要求胶带输送机中的各电动机同步且变频器有很好的主从链接，最好无需外部 PLC 即可选成熟特定的主从控制应用软件，从而改善产品质量并且降低成本。为节约电能，要求根据实际运量动态地调节带速，提高有效负载率，把全速运行中浪费的电能节约下来，用低、中、高三种速度转换取代传统的固定工频电压和频率的全速拖动模式；将惯性停车时电动机产生的再生能量回收并反馈给电网，得到再生利用。在实际应用中，考虑到故障停机重起时，需满力矩起动，选型应选择恒转矩型并高选一档。对此，本工程选择 ABB 公司的 ACS800-17 能量再生型变频器，除 7.5.9 节介绍该能量再生变频器的性能外，还具备以下优势：

ACS800-17 是采用直接转矩控制（DTC）技术的全数字交流变频器，它能够在没有光码盘或测速电动机反馈的条件下，精确控制任何标准笼型电动机的速度和转矩。ACS800-17 标准变频器模块的所有功率范围内都是 IGBT 功率模块，并且在变频器内部设置了进线电抗器，从而有效地抑制了高次谐波对电网的影响；为满足不同应用的需要，ACS800-17 提供了全范围的制动能力。ACS800 - 17 紧凑型的设计使系统所需的 EMC 滤波器（可选项）可以安装在变频器内部，而无需任何附加空间和电缆。同时，ACS800 - 17 内部还可以安装 3 个可选模块：I/O 扩展模块、现场总线适配器、脉冲编码器接口模块等。在大多数应用中，磁通制动或带有制动斩波器和制动电阻的动态制动都可以提供有效制动功率。ACS800 - 17 产品可以将再生能量回馈给电网而不是消耗在制动电阻上，这在持续回馈的负载或大惯性负载减速的应用中很有益处。ACS800 - 17 变频器满足多种应用要求，特别是节约电能的应用。

2. ACS800 - 17 的技术数据[48]

供电电网连接：三相供电电压，$U_{61N} = (525 \sim 690)V \pm 10\%$；频率为 48 ~ 63Hz，最大变化率为 17%/s；短路能力为 65kA，1s；不平衡度最大为电网额定线电压的 ±3%；基波功率因数 $\cos\Phi_1 = 0.98$（额定负载下）；额定功率下的效率大于 98%。

电机连接：三相输出电压为 $0 \sim U_{61N}$；电机控制软件，ABB 的直接转矩控制（DTC）；频率控制为 $0 \sim \pm 300Hz$；频率分辨率为 0.01Hz；功率极限为 $1.5P_{hd}$；过电流保护值为 $3.75I_{2hd}$；弱磁点为 8 ~ 300Hz；开关频率为 3000Hz（平均）；转矩控制时的转矩阶跃上升时间，开环 <5ms（在额定转矩下），闭环 < 5ms（在额定转矩下）；非线性，开环为 ±4%（在额定转矩下），闭环为 ±1%（在额定转矩下）。速度控制时的静态精度，开环为 10%（电动机滑差），闭环为 0.01%（额定速度）；动态精度，开环为 0.3% ~ 0.4% s（100% 转矩阶跃），闭环为 0.1% ~ 0.2% s（100% 转矩阶跃）。

3. ACS800 - 17（690V）的特点[48]

ACS800 - 17 变频器将 DTC 技术和模糊控制理论合二为一，成为高性能、低成本的变频器调速产品，并且性能大大优于矢量控制变频器。

在 DTC 中，定子磁通和转矩被作为主要的控制变量。高速数字信号处理器与先进的电机软件模型相结合，使电机的状态每秒钟被更新 4 万次。由于电动机状态以及实际值和给定值的比较值被不断更新，逆变器的每一次开关状态都是单独确定的，这意味着传动可以产生最佳的开关组合并对负载扰动和瞬时掉电等动态变化做出快速响应。DTC 中不需要对电压、频率分别控制的 PWM 调制器，因此没有固定的斩波频率，在实际运行中，不会产生其他变频器驱动电动机时所发出的那种高频噪声，同时也降低了变频器本身的功耗。

ACS800 - 17 内置交流电抗器，明显降低了进线电源的高次谐波含量，大大降低了变频器的电磁辐射，同时保护了整流二极管和滤波电容器免受电压、电流的冲击。

ACS800 - 17 内置 5 个标准应用宏（工厂宏、手动/自动宏、PID 控制宏、顺序控制宏、转矩控制宏）和 2 个用户宏（自定义宏）。PID 控制宏，可直接用于压力、风量、流量等类型的过程控制，而不需要任何附加电路。

丰富、灵活的自适应性编程，如同一个小型的 PLC 安装在变频器内部。在无需任何附加软硬件支持的情况下，用户可以自由地定义程序块的输入、程序块与 I/O 口或控制器的连接，以实现逻辑运算、数学计算和过程控制的功能。

ACS800 - 17 控制盘有 4 种不同的键盘模式：实际信号和故障记录显示模式、参数模式、功能模式和传动选择模式。在实际信号显示模式中，可以同时监视 3 个实际信号，如频率、转速、电流、流量等。

启动向导功能使 ACS800 - 17 的调试变得非常简便。当用户第一次给传动上电时，启动向导会引导用户完成所有的调试步骤，用户不必再担心会忘记设置某组参数。

4. ACS800 - 17 采用直接转矩控制的性能[48]

电源断电时的运行：ACS800 - 17 将利用正在旋转的电动机的动能继续运行，即只要电动机旋转并产生能量，ACS800 - 17 将继续运行。

零速满转矩：由 ACS800 - 17 带动的电动机能够在零速时获得额定转矩，并且不需要光码盘或测速发电机的反馈。而矢量控制变频器只能在接近零速时实现满力矩输出。

起动转矩：DTC 提供的精确的转矩控制使得 ACS800 - 17 能够提供可控且平稳的最大起动转矩。最大起动转矩能达到 200% 的电动机额定转矩。

自动起动：ACS800 - 17 的自动起动特性超过一般变频器的飞升起动和积分起动的性能。因为 ACS800 - 17 能在几毫秒内测出电机的状态，任何条件下可在 0.48s 内迅速起动。而矢量控制变频器所需时间则大于 2.2s。

磁通优化：在优化模式下，电动机磁通被自动地适应于负载以提高效率，同时降低电动机的噪声。得益于磁通优化，基于不同的负载，变频器和电动机的总效率可提高1% ~10%。

磁通制动：ACS800 - 17 能通过提高电动机的磁场来提供足够快的减速。ACS800 - 17 持续监视电动机的状态，在磁通制动时也不停止监视。磁通制动也能用于停止电动机或从一个转速变换到另一个转速；其他品牌的变频器所使用的直流制动是不可能实现此功能的。

精确速度控制：ACS800 - 17 的动态转速误差在开环应用时为 0.3%s，在闭环应用时为 0.1%s。而矢量控制变频器在开环时大于 0.8%s，闭环时为 0.3%s。ACS800 - 17 变频器的静态精度为 0.01%。

精确转矩控制：动态转矩阶跃响应时间在开环应用时能达到 1~5ms，而矢量控制变频器在闭环时需 10~20ms，开环时为 100~200ms。

危险速度段设置：可使电动机避免在某一速度或某一速度范围上运行的功能，例如避开机械共振点（带）。ACS800 - 17 可以设置 5 个不同的速度点和速度范围，电动机通过危险速度范围时按照加速或减速积分曲线加速或减速。

9.7.4 胶带输送机多机变频驱动的主从控制

胶带输送机多机变频调速系统的核心问题是胶带输送机系统中的转速同步和转矩平衡。采用主从传动使得负载能均匀于分配于传动中，一般通过光纤连接可以控制若干个从传动，使从动的电动机达到转速同步和功率平衡。

ABB 公司专门为多机传动应用而设计了主从控制技术：系统由两个以上 ACS800 变频器驱动，电动机轴通过齿轮、链条或传送带相互耦合连接在一起；主机通过光纤串行通信链路来控制从机，负载可以均匀地分配在传动单元之间，无需外部 PLC 即可选特定的应用软件"主从控制（+N651）"，增加专门应用的特性和保护功能。因现场负载为胶带输送机，主机为典型的速度控制，其他从动单元跟随主机的速度给定运行。主、从机电动机轴采用柔性连接，从机使用速度控制模式，因为传动单元之间允许存在微小的速度差，保证了负载均衡分配并且平滑，如图 9-23 所示[48]。

图 9-23 中，传输媒介为光纤，塑料芯，直径为 1mm，塑料护套；衰减为 0.23dB/m；站间最大长度为 10m；串行通信类型为同步、全双工；传输速率为 4Mbit/s；传输时间间隔为 4ms；协议为 ABB 分布式通信系统（DDOC）。

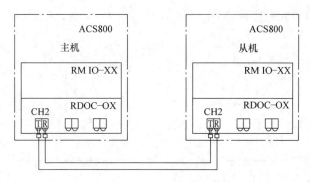

图 9-23　主 – 从控制示意图

T—发送　R—接受　RM IO—I/O 和控制电路板，环形结构连接

例如，从机将跟随主机的同一速度给定，在任何工作条件下，转差率功能保证了主、从机传动负载的均匀分配：

从机驱动轮摩擦力下降，引起打滑，降低从机的输出转矩可以防止转速上升。

主机负载增加，内部转矩给定增加，以保持恒速。主机转差率增加，速度略微下降。

从机现比主机运行稍快，当摩擦力恢复到正常值时，从机负载增大，引起内部转矩给定值增加。从机的转差率增加，实际运行速度下降，主机负载增大。

以上过程循环往复，直到重新获得平衡。

9.7.5　变频器防误起动功能

ACS800 – 17 配备了可选的防误起功能单元 AGPS 板。防误起动功能使功率半导体的控制电压信号被封锁，使逆变器不能产生输出电压，电动机无法起动。通过使用该功能，短时操作（像清扫）或对非电气元件维护时就不需要切断电源了。使用该模式时，传动单元及其机械负载必须停止。操作人员可通过控制台上的开关来激活防误起动功能，开关带锁定功能并增设开关指示。ACS800 – 17 防误起功能控制电路如图 9-24 所示[48]。

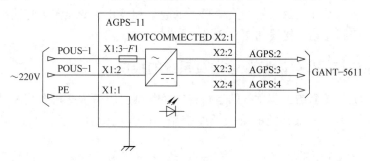

图 9-24　ACS800 – 17 防误起功能控制电路图

9.7.6　变频电控系统主电路

1. 变频电控系统主电路接线

现场通过两台电动机拖动胶带输送机，为实现出力均衡，选用两台同型号变频器，之间用主从控制的模式使运行系统同步。鉴于负载间为柔性连接，允许存在速度差，主、从机均

使用速度控制信号。两台变频之间的通讯通过光纤实现，电控系统原理图如图 9-25 所示[48]。

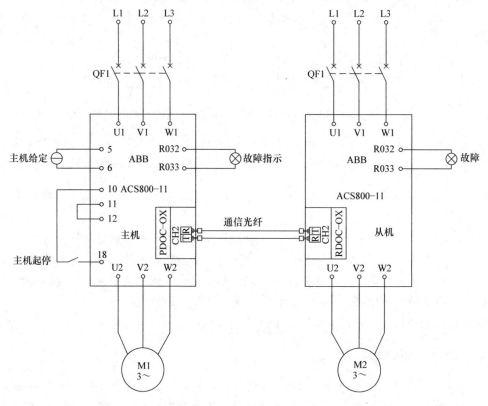

图 9-25　电控系统原理图

2. 变频器控制系统接线

由上位机将模拟信号（4 ~ 20mA）给定到变频器的模拟信号输入端，变频器根据得到的变量实现调速。数字开关量信号切换变频器的起动和停止。变频器本身输出一个可设定的故障信号反馈。变频器端子接线如图 9-26 所示[48]。

9.7.7　中央控制室 PLC 对胶带输送机系统的控制

中央控制系统负责全场工艺设备的运行控制，包括对胶带输送机系统及其附属设备的直接控制以及对所有单机 PLC 系统的统一调度控制，以保证所有设备按照选定的工艺流程作业运行。

控制系统在功能上是一个整体，但其网络结构分为三部分，即工业以太网、控制网和设备层，网络之间可互相通信。

工业以太网主要完成数据采集、流程控制、数据传送、监视、操作、实时数据收集、图形复制等功能。

控制网主要由 PLC 组成，完成翻堆和取装流程作业、筒仓安全监护、消防系统和泵房系统的基础数据采集和功能控制，控制网通信速率为 10Mbit/s。

设备层主要负责被控对象的状态采集和执行命令发布。

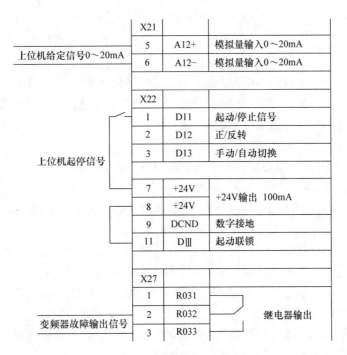

图 9-26　变频器端子接线图

这里仅介绍应用 PLC 对胶带输送机系统的控制[49]。中央控制系统采用 ROCKWELL 公司 AB ControlLogix 平台，PLC 选型为 1756 – L73。本系统在工程 15 号、16 号变电所 PLC 间各设置 1 套独立的 PLC 系统，分别负责卸车——堆存、给料——装船工艺流程操作，2 个 PLC 系统之间通过工业以太网实现数据通信，负责所有流程胶带输送机及附属设备，如可提升导料槽、伸缩头、翻板、除水器、皮带秤、除铁器、除尘器等设备的状态采集和控制，并负责和装船机 PLC、卸料小车 PLC、翻车机 PLC、筒仓除尘泵房 PLC 的数据通信。

胶带输送机驱动电机控制有三种方式：工频直起、6kV 变频控制和 690V 变频控制。装船流程胶带输送机全部采用 690V 变频控制，用于移舱、平舱及起动过程的速度调节；卸料线 4 台距离长、提升高度大的胶带输送机采用 6kV 变频控制，主要是利用变频起动时间可调以及高起动力矩的特性，提高胶带输送机重载起动的可靠性。

中央控制系统设计有自动操作、集中手动操作和现场机侧操作三种方式，通过操作台上的选择开关和现场机侧操作箱内的选择开关，进行操作方式选择。操作台还设有用于系统紧急停车的急停按钮，当按下急停按钮后，运行设备全部停机。在各种操作方式的设备运行中，所有设备的状态信号都能在 CGP 画面上显示。设于现场控制室的 CGP 也可用来设定自动操作方式和集中手动操作方式。

1. 自动操作方式

当中央控制室控制台选择开关处于自动位置且现场机侧操作箱选择开关处于远控位置时，即进入自动操作方式，该操作方式能完成下述控制功能：

1）流程设定和选择。操作员根据管控一体化系统下达的装船和卸车流程命令，并经操作员确认后，由控制系统进行流程操作。

2）流程起动和停止。流程设定完成，起动流程中的胶带输送机系统，起动前胶带输送机沿线给出30s报警。起动顺序为逆料流起动（正常起动）或顺料流起动（必须采取安全有效地防止散料的撒落措施）。正常停机时，流程的停止顺序为顺料流停机，即从上游设备到下游设备顺序停机。

3）故障停机和紧急停机。作业过程中，如果设备发生故障，故障设备和上游设备立即停机，下游设备待物料排清后顺序停机。操作台上设有急停按钮，当发生紧急情况时，操作员可以操作该按钮，使胶带输送机系统紧急停机，该按钮至现场所有设备的急停联锁采用硬线连接。

4）起动过程中满足下列联锁：磁分离器与所在胶带输送机同步起动；除尘器先于胶带输送机运行，停机时待流程胶带输送机停止后5min内停机。

5）当达到操作员所设定的作业量时，出现选择画面供操作员确定并由控制系统使首端机器停止给料，其信号应在相关单机的司机室和控制室显示。

6）系统允许多流程同时运转。程序设计时已考虑所有的配煤流程，配煤流程的选定方式采用首尾端大机选定或筒仓选定两种方式，同时结合筒仓工艺特点，开发完成了一套完善的筒仓混配煤作业模式。基于仓容量保证和筒仓受力均衡要求，建立了单仓装卸料数学模型，控制卸料小车和活化给料机运转；结合混配煤要求及装船线胶带输送机输送量要求，以皮带秤流量为参考依据，通过变频器控制胶带输送机带速，调节给气量控制活化给料机的给煤量大小，建立一套闭环随动调节系统，实现精确配煤。

2. 集中手动操作方式

当中央控制室控制台选择开关处于就地位置且现场机侧操作箱选择开关处于远控位置时，即进入集中手动操作方式，操作人员通过CGP的鼠标（或操作键盘）逐个起动设备，该种操作方式下的设备运行保持所有联锁控制关系。当遇有故障时，故障点上游设备立即停机，故障点下游设备顺序停机。

3. 现场机侧操作方式

当中央控制室控制台选择开关处于就地位置且现场机侧操作箱选择开关处于机侧位置时，自动操作方式解除联锁，通过现场设备附近的就地操作箱，操作设备进行仅带拉线急停开关联锁的运行。现场机侧操作方式不通过PLC，但PLC能监测其状态。该操作方式主要用于现场设备的维修和设备调试，不作为正常的生产作业操作。

9.7.8　胶带输送机应用变频器的几种节能方式

本工程胶带输送机应用变频器的节能主要有以下几方面。

1. 以皮带秤流量为参考依据，通过变频器变频控制胶带输送机带速节能

程序设计时已考虑所有的配煤流程，配煤流程的选定方式采用首尾端大机选定或筒仓选定两种方式。基于仓容量保证和筒仓受力均衡要求，建立了单仓装卸料数学模型，控制卸料小车和活化给料机运转；结合混配煤要求及装船线胶带机输送量要求，当装船线胶带机输送量小于额定输送量时，以皮带秤流量为参考依据，通过变频器控制胶带输送机带速在额定转速下运转而节能。

2. 当配煤种类不变移仓时，可增加流程重起重停模式节能

当配煤种类不变移仓时，由于胶带输送机系统采用变频调速，重载起动平稳，胶带输送机在任意时刻停机再起动时均无问题，低频运行可输出1.5倍的额定转矩。因此，装船机移舱作业时可增加流程重起重停模式，不必考虑电机起动时间间隔的问题，减少输送机空载运行时间，提高装船效率，同时还起到了节能的效果。

3. 胶带输送机惯性停车时再生能量回馈节能

本工程对混配煤作业的配煤比例有较高的要求，因此需要精确控制仓底活化给料机对应筒仓出料口的出料能力，同时还要预防各出料口出料不均造成的筒仓料位不平衡和仓容率降低。控制方法如下：筒仓底部单条胶带输送机运行时，根据皮带秤预设定值，在每排筒仓底部并行的两条胶带输送机间进行自动切换；利用筒仓设置的 6 套雷达料位计检测筒仓内煤位分布的不平衡度，达到设定值时自动切换至另一条胶带输送机工作，料位检测的联锁切换等级高于皮带秤的联锁切换；单条胶带输送机对应同一筒仓的 3 个出料口，当少于 3 个出料口同时工作时，3 个出料口之间也设置有定时轮换功能。自动切换前的胶带输送机采用惯性停车时再生能量回馈节能。

另外，当某煤种装船量达到预设值后，该装船线上的胶带输送机采用惯性停车，并利用再生能量回馈节能。

有关四象限变频器的电路原理、主电路的构成、控制方法等可参考第 7 章内容，在此不在赘述。

参 考 文 献

[1] 方大千，朱丽宁，等．变频器、软启动器及 PLC 实用技术手册［M］．北京：化学工业出版社，2014.

[2] 宋卫平，陈新，赵健，等．二十四脉冲变压整流器原理及其仿真模型研究［J］．电气传动自动化，2011，32（2）：4 – 9.

[3] 李鸿儒，于霞，孟晓芳，等．西门子系列变频器及其工程应用［M］．2 版．北京：机械工业出版社，2013.

[4] 常瑞增．中压电动机的工程设计和维护［M］．北京：机械工业出版社，2011.

[5] 伸明振，赵相宾．高压变频器应用手册［M］．北京：机械工业出版社，2009.

[6] 常瑞增．电缆的选型与应用［M］．北京：机械工业出版社，2016.

[7] 岂兴明．PLC 与变频器快速入门与实践［M］．北京：人民邮电出版社，2011.

[8] 刘青菊．PLC 在胶带输送机上的应用［J］．神华科技，2011，9（4）：85 – 89.

[9] 孙剑锋．变频调速驱动系统中常用现场总线综述［J］．工业仪表与自动化装置，2006（4）：9 – 12.

[10] 刘美俊．PROFIBUS 现场总线的通信原理［J］．机床电器，2005，32（2）：51 – 54.

[11] 黄俊．PROFIBUS 现场总线技术及其应用［J］．制造业自动化，2003（2）：41 – 44.

[12] 樊秀芬．现场总线 PROFIBUS – DP 在长距离带式输送机监控系统中的应用［J］．煤矿机械，2009（12）：205 – 207.

[13] 李卫松．高压变频器在峨胜水泥九里制造二厂 5000t/d 生产线的应用［J］．变频技术应用，2013，8（6）：115 – 117.

[14] 任英．高压变频调速技术在发电厂中的应用［J］．电工电气，2012（12）：33 – 35.

[15] 张文超．高压变频器在矿井主通风机上的应用［J］．煤矿机电，2013（2）：96 – 98.

[16] 郇学贤，郝海潮．合康高压变频器在金隅水泥熟料生产线高压风机中的应用［J］．变频器世界，2014（1）：94 – 96.

[17] 成都希望森兰变频器制造有限公司．自来水厂恒压供水系统中的变频器应用［J］．变频技术应用，2014（1）：93 – 95.

[18] 王方军，胡令芝．高压变频器在电厂循环水泵上的应用［J］．变频器世界，2012（1）：86 – 89.

[19] 何军红，仝维，吴旭光．长距离胶带输送机变频调速控制系统设计及应用［J］．电子测量技术，2008（3）：20 – 22.

[20] 顾永辉，等．煤矿电工手册（修订本）：第三分册 煤矿固定设备电力拖动［M］．北京：煤炭工业出版社，1997.

[21] 程军，李愈清，陆文涛．基于变频调速的煤矿带式输送机节能控制方法［J］．电气传动，2013，43（11）：61 – 64.

[22] 郑阳平．带式输送机智能控制系统的研究与实现［J］．煤矿机械，2014（3）：139 – 142.

[23] 孙伟，王慧，杨海群．带式输送机变频调速节能控制系统研究［J］．工矿自动化，2013（4）：98 – 101.

[24] 陈一兵．煤矿带式输送机节能技术的应用［J］．煤矿机电，2014（4）：112 – 114.

[25] 张连明．曹跃煤矿主斜井强力带式电控技术［J］．内蒙古煤炭经济，2012（4）：58 – 60.

[26] 杨彦飞．马道头煤矿主斜井带式输送机电控系统［J］．科技创新导报，2013（6）：97.

[27] 陈鼎智．海州煤矿主斜井运煤系统变频驱动技术的设计与应用［J］．煤矿机电，2013（1）：87 – 91.

[28] 唐宝国，杨喆．高压变频器在神华宁煤金凤煤矿主斜井皮带机上的应用［J］．变频器世界，2012（12）：83 – 86.

[29] 朱强力. 多台高压变频器同步控制技术在乌海公务素煤矿三号主井皮带上的应用 [J]. 科技视界, 2013 (9)：126 – 127.

[30] 畅永顺, 张智勇. 高压变频技术在大型煤矿主斜井带式输送机的应用 [J]. 同煤科技, 2012 (1)：15 – 19.

[31] 李金海, 梁晓林, 张巍川. 下行胶带输送机的控制方案探讨 [J]. 水泥技术, 2014 (3)：35 – 38.

[32] 孟海霞. 下运带式输送机制动技术分析 [J]. 内蒙古煤炭经济, 2008 (5)：63 – 65.

[33] 王里, 陈一平, 刘永忠. 下运长胶带输送机软起动与电制动 [J]. 煤炭科学技术, 1996 (1)：25 – 27.

[34] 常瑞增. 浅析整流回馈单元在港口起重设备节能改造中的作用 [J]. 港工技术, 2012 (1)：54 – 57.

[35] 孙文志. 基于 AFE 技术改善变频器性能的原理与实践 [J]. 电气自动化, 2008 (5)：32 – 33.

[36] 杜俊明. 森兰 SB70 690V 1100kW 大功率变频器在胶带输送机上的节能运用 [J]. 变频器应用, 2013 (2)：93 – 95.

[37] 王瑀, 张荣建. 多点驱动带式输送机起动方案存在的问题及解决方法 [J]. 起重运输机械, 2012 (1)：92 – 93.

[38] 赵永秀, 李忠, 赵峻岭. 煤矿双滚筒驱动带式输送机的电动机功率平衡 [J]. 西安科技大学学报, 2010 (6)：738 – 742.

[39] 常江. 长距离多驱动带式输送机控制系统设计 [J]. 科技与企业, 2013 (1)：269.

[40] 谭栋才. 超长距离带式输送机集中控制系统的设计及应用 [J]. 水泥, 2014 (2)：51 – 53.

[41] 姜友林, 黄快, 李俊. 长距离大功率带式输送机采用变频控制方案浅析 [J]. 陕西煤炭, 2009 (1)：45 – 46.

[42] 樊秀芬. 高压变频调速系统在矿用多机驱动带式输送机的应用 [J]. 煤矿机电 2010 (4)：86 – 88.

[43] 谭栋才. 多点驱动控制系统在长距离下运带式输送机上的应用 [J]. 煤矿机械, 2008 (12)：184 – 186.

[44] 姚青. 变频驱动技术在上海港罗泾矿石码头皮带输送系统中的运用 [J]. 港口科技, 2009 (8)：24 – 32.

[45] 张德全. 曹妃甸港煤码头装卸系统空载联动试运转技术 [J]. 中国港湾建设, 2011 (5)：80 – 84.

[46] 石凤杰. ACS800 变频器在曹妃甸煤炭码头带式输送机中的应用 [J]. 中国高新技术企业, 2012 (4)：61 – 62.

[47] 宋桂江. 黄骅港三期工程装卸工艺应用 [J]. 中国高新技术企业, 2012 (7)：71 – 75.

[48] 李云超, 靳立开. 能量回馈型低压变频器在黄骅港三期皮带机控制系统中的应用 [J]. 中国港湾建设, 2013, 33 (增刊)：35 – 41.

[49] 乔朝起, 吕崇晓, 闫育俊. 黄骅港三期工程中央控制系统设计实现 [J]. 中国港湾建设, 2013, 33 (增刊)：9 – 14.